信 息 技 术 人 才 培 养 系 列 教 材

Java Web
开发技术与实战

微课版

千锋教育 | 策划 张劳模 贾艳波 | 主编 王智 张晓洁 | 副主编

人 民 邮 电 出 版 社
北 京

图书在版编目（CIP）数据

Java Web开发技术与实战 : 微课版 / 张劳模, 贾艳波主编. -- 北京 : 人民邮电出版社, 2025.1
信息技术人才培养系列教材
ISBN 978-7-115-62968-5

Ⅰ. ①J… Ⅱ. ①张… ②贾… Ⅲ. ①JAVA语言—程序设计—高等学校—教材 Ⅳ. ①TP312.8

中国国家版本馆CIP数据核字(2023)第192716号

内 容 提 要

Java Web 开发是基于 B/S 架构的应用程序开发，它在 Java EE 方向的学习中起着承上启下的作用。本书从 Web 开发初学者的角度出发，通过通俗易懂的语言和精心设计的案例，详细地介绍 Java Web 开发的基础知识。全书共 10 章，分别为网页开发基础、Java Web 概述、Servlet 详解、会话跟踪、JSP 技术、EL 和 JSTL、MVC 设计模式、Servlet 高级应用、Java Web 的数据库操作、宠物领养信息管理系统。

本书既可作为高等院校计算机等相关专业的教材，也可作为程序设计爱好者的入门用书。

◆ 主　　编　张劳模　贾艳波
　副 主 编　王　智　张晓洁
　责任编辑　李　召
　责任印制　王　郁　陈　犇

◆ 人民邮电出版社出版发行　　北京市丰台区成寿寺路 11 号
　邮编　100164　　电子邮件　315@ptpress.com.cn
　网址　https://www.ptpress.com.cn
　三河市祥达印刷包装有限公司印刷

◆ 开本：787×1092　1/16
　印张：21.75　　2025 年 1 月第 1 版
　字数：534 千字　　2025 年 1 月河北第 1 次印刷

定价：69.80 元

读者服务热线：(010)81055256　印装质量热线：(010)81055316
反盗版热线：(010)81055315
广告经营许可证：京东市监广登字 20170147 号

前言

“Java Web 开发”是高等院校计算机专业的核心课程之一，也是 Java 方向系列课程中的主干课程，是培养 Java EE 方向程序员的主要课程。本书旨在帮助任课教师更好地开展教学活动，着重培养学生进行动态 Web 应用开发的能力，帮助学生总结和巩固所学知识。

本书结合当前软件企业和计算机行业对 Java Web 程序员的任职要求，以及高校计算机专业对培养学生网站设计和开发基本能力的要求进行设计。本书采用“理论讲解→演示案例→章节案例→综合项目”的结构，详细讲解网页开发基础、Java Web 应用的运行环境、Servlet 技术、JSP 技术、EL 和 JSTL、Java Web 的数据库操作等知识，并且通过“宠物领养信息管理系统”项目的介绍，让学生熟悉 Java Web 项目开发的完整过程。本书立足基础、由浅入深、案例新颖、难度适中，采用案例驱动的形式，使用贴近企业和行业的案例题材，让学生应用所学知识解决企业的真实需求。本书坚持“以技能培养为主，知识够用为度”的教学思路，内容上以理论服务实践，从 Java Web 基础知识到 Java Web 技能应用，再到综合项目实现，让学生能够对所学知识点做到融会贯通并举一反三。

本书特点

1. 案例式教学，理论结合实战

（1）经典案例涵盖所有主要知识点

- 根据每章重要知识点，精心挑选案例，促进隐性知识与显性知识的转换，将书中隐性的知识外显或显性的知识内化。
- 案例包含运行效果、实现思路、代码详解。案例设置结构合理，方便教学和自学。

（2）企业级项目，帮助读者掌握前沿技术

- 引入“宠物领养信息管理系统”项目，对其进行精细化讲解，厘清代码逻辑，从动手实践的角度，帮助读者逐步掌握前沿技术，为高质量就业赋能。

2. 立体化配套资源，支持线上、线下混合式教学

- 文本类：教学大纲、教学 PPT、课后习题及答案。
- 素材类：源代码包、实战项目、相关软件安装包。

- 视频类：微课视频、面授课视频。
- 平台类：教师服务与交流群、锋云智慧教辅平台。

3. 全方位的读者服务，提高教学和学习效率

- 人邮教育社区（www.ryjiaoyu.com）。教师通过社区搜索图书，可以获取本书的出版信息及相关配套资源。
- 锋云智慧教辅平台（www.fengyunedu.cn）。教师可登录锋云智慧教辅平台，获取免费的教学和学习资源。该平台是千锋教育专为高校打造的智慧学习云平台，传承千锋教育多年来在 IT 职业教育领域积累的丰富资源与经验，可为高校师生提供全方位的教辅服务，依托千锋先进的教学资源，重构 IT 教学模式。
- 教师服务与交流群（QQ 群号：777953263）。该群是人民邮电出版社和图书编者一起建立的，专门为教师提供教学服务，分享教学经验、案例资源，答疑解惑，以期提高教学质量。

教师服务与交流群

致谢及意见反馈

本书的编写和整理工作由高校教师及北京千锋互联科技有限公司高教产品研发部共同完成，其中主要的参与人员有张劳模、贾艳波、王智、张晓洁、郑鑫、苏雪华、邢梦华、吕春林等。除此之外，千锋教育的 500 多名学员参与了本书的试读工作，他们站在初学者的角度对本书提出了许多宝贵的修改意见，在此一并表示衷心的感谢。

在本书的编写过程中，我们力求完美，但书中难免有疏漏之处，欢迎各界专家和读者朋友给予宝贵的意见，联系方式：textbook@1000phone.com。

编者

2024 年 8 月

目录

第 1 章 网页开发基础

本章学习目标

- 熟悉 HTML 的常用标签。
- 熟悉 CSS 的常用属性和选择器。
- 掌握 JavaScript 的基础知识。
- 掌握 Bootstrap 框架的下载和使用。
- 掌握 Bootstrap 框架的常用组件用法。

掌握基础的网页开发技术是学习 Java Web 开发的重要前提。互联网时代，大家对网页都非常熟悉。网页中展示的内容包括文本、图片、动画和视频等，以及对它们所做的美化，还包括通过网页上的按钮来完成的网页“动作”效果。其中，页面中的元素和美化操作是以 HTML 和 CSS 为基础的，网页的交互使用 JavaScript 实现。本章将对 HTML 技术、CSS 技术和 JavaScript 技术等网页开发基础知识进行讲解，并介绍如何使用当下流行的前端开发框架——Bootstrap。

1.1 HTML 技术

如果将浏览器比作展示网页内容和实现用户交互的舞台，那么 HTML 就是剧目的组织者。网页中所呈现的所有内容都需要由 HTML 进行合理的安排。学习 HTML 技术需要充分了解它的各种标签及其使用方式。

1.1.1 HTML 简介

HTML（Hypertext Markup Language，超文本标记语言）是一种用于创建网页的标准标记语言，它是互联网上应用最广泛的一种标记语言。HTML 文件是由 HTML 标签（也称作标记或命令）组成的描述性文本，通过 HTML 标签描述网页中的文本、图片、动画、声音、表格、链接等。HTML 文件也称作 Web 页面。HTML 文件的扩展名为“.html”（推荐）或“.htm”。

企业级开发中，一般采用前后端分离的方式，从而使前后端工程师只需要专注于前端或后端的开发工作。因此，项目的静态页面通常由专门负责网页制作的前端工程师设计和制作，后端工程师只需了解页面元素，能够使用和修改页面中的元素，并在项目运行时能够展示出相应的后台数据即可。编写 HTML 文件可以借助如 Dreamweaver、WebStorm 等软件开发工具。本书中不介绍如何使用这类专业工具制作网页，读者只需要了解页面元素的构成，能够实现基本的页面效果即可。

1.1.2 HTML 文件的结构

学习任何一门语言，首先要掌握它的基本格式。百度首页在生活和工作中的使用频率非常高，如图 1.1 所示。

图 1.1　百度首页

这个网页看起来很简单，其背后却有很多功能。接下来通过模仿百度首页的基本样式介绍 HTML 文件的内部构成。在浏览器中输入百度的网址并按 Enter 键后，可以看到浏览器的标题栏变成了“百度一下，你就知道”，实现这一功能的代码如例 1-1 所示。

【例 1-1】htmlDemo1.html

```
1  <html>
2  <head>
3      <meta charset="UTF-8">
4      <title>百度一下，你就知道</title>
5  </head>
6  <body>
7  </body>
8  </html>
```

用浏览器打开例 1-1 生成的文件，显示效果如图 1.2 所示。

图 1.2　例 1-1 的显示效果

通过例 1-1 可以看出，HTML 文件可以分为三大部分。

1. HTML 部分

HTML 部分以<html>标签作为整个 HTML 文件的开始，以</html>标签结束，如例 1-1 的第 1 行和第 8 行代码。此标签用于告知浏览器这两个标签之间的内容是 HTML 文件。

2．头部

头部以<head>标签开始，以</head>标签结束。这部分的作用是放置 HTML 文件的信息，其中包含网页导航栏中的标题及网页中的不可见内容，如描述、关键字等。标题放在<title>和</title>标签之间，如例 1-1 的第 4 行代码所示。<meta charset="UTF-8">定义网页编码格式为 UTF-8。

3．主体部分

主体部分以<body>标签开始，以</body>标签结束。这部分的内容是网页的可见部分，包含网页中显示的文本、图片和链接等。百度首页展示的内容放在这两个标签之间即可。

提示

<!DOCTYPE>声明不是 HTML 标签，它是指示 Web 浏览器关于页面使用哪个 HTML 版本进行编写的指令。

本节中介绍了 HTML 文件的基本结构，开发者要想创建出更生动的网页，需要使用 HTML 的标签。

1.1.3 HTML 的常见标签

HTML 提供了很多标签，用于设计页面中的文本、图片和定义超链接等。使用这些标签能让页面更加生动。

1．HTML 标签概述

根据标签的组成特点，HTML 标签可以分为两类：单标签和双标签。顾名思义，单标签只由一个标签就可以实现功能，例如
、<hr/>、<input/>等；双标签由“开始标签”和“结束标签”两个部分组成，例如<html>和</html>、<title>和</title>等。如果只使用一个属性就能够完整描述功能，此时可以使用单标签，提高代码可读性；内容较多时则需要使用双标签。双标签可以在标签中嵌套内容，但单标签不可以。

除上述两种标签外，在 HTML 中还有一种特殊的标签——注释标签。与其他编程语言的注释作用相同，注释标签能够提高代码的可读性，并且不会显示在页面上。注释标签的语法格式如下。

```
<!--注释内容-->
```

需要注意的是，注释内容虽然不会显示在页面上，但是开发者在浏览器中查看网页源代码时可以看到。

2．排版标签

（1）标题标签

在 Word 文档中，可以轻松实现不同级别的标题呈现。在 HTML 中设定了<h1>～<h6>这 6 个标题标签，层级依次递减。标题标签的语法格式如下。

```
<h1>标题内容</h1>
```

（2）段落标签

对于一个长文本，通常都需要将其分成若干个段落。在 HTML 中设定了<p>和</p>标签实现文本段落划分。<p>标签的语法格式如下。

```
<p>文本内容</p>
```

（3）换行标签

在 HTML 中，一个段落的文本会从左到右依次排列，直到浏览器的右端，然后自动换行。如果希望某段文本强制换行显示，就需要使用换行标签
。

（4）水平线标签

在网页中经常看到有一些水平线将段落与段落之间隔开，从而使得文档结构清晰，层次分明。在 HTML 中可以通过<hr/>标签实现横跨网页的水平线。

（5）<div>标签和<span>标签

<div>标签和<span>标签本身没有任何属性。只有对它们应用样式时，内容才会产生视觉上的变化。div（Division）代表分割、分区，<div>标签用于定义文档中的结构和为 HTML 提供结构和背景。span 表示跨度、跨距或者范围，<span>标签用于组合文档内的行内元素，默认不换行，长度由内容决定。<div>标签和<span>标签的语法格式如下。

```
<div>内容</div>
<span>内容</span>
```

（6）居中标签

HTML 页面中的内容默认从左到右依次排序。如果想让页面中的内容居中显示，可以使用<center>和</center>标签，将需要居中显示的内容放在这两个标签中间。

接下来通过一个案例演示上述排版标签的用法，实现简单的新闻简报页面。关键代码如例 1-2 所示。

【例 1-2】htmlDemo2.html

```
<html>
<head>
    <meta charset="UTF-8">
    <title>今日新闻</title>
</head>
<body>
<center><h1>今日早报 </h1></center>
<center><div>时间：2022 年 05 月 18 日  7:30</div></center>
<center><p>国家广电总局推出网络剧片发行许可证；iOS 15.5 正式版发布</br>以下是今日新闻为你梳理的 5 月 18 日的早报新闻。</p></center>
<h2>国家广电总局推出网络剧片发行许可证</h2>
<p>网络剧、网络电影正式结束“上线备案号”时代，迎来“许可证”时代。</p>
<hr/>
<h2>苹果 iOS 15.5 正式版发布</h2>
<p>苹果公司昨日向所有用户发布了 iOS 15.5 和 iPadOS 15.5 正式版。</p>
<hr/>
<span>未经正式授权严禁转载本文，侵权必究。</span>
</body>
<html>
```

用浏览器打开例 1-2 生成的文件，显示结果如图 1.3 所示。

图 1.3　例 1-2 的显示结果

3. 列表标签

HTML 中提供了列表标签用于将文本以列表的形式依次排列。列表的最大特点就是整齐有序，采用列表标签可以更加自由和便捷地进行页面布局。根据使用场景不同，HTML 提供的常用列表可以分为两大类：无序列表和有序列表。

（1）无序列表

<ul>标签表示 HTML 页面中项目的无序列表，一般会以项目符号呈现列表项，而列表项使用<li>标签定义。无序列表的基本语法格式如下。

```
<ul>
    <li>列表项 1</li>
    <li>列表项 2</li>
    <li>列表项 3</li>
    ……
</ul>
```

上述语法中，<ul>和</ul>中只能嵌套<li>和</li>，直接在<ul>和</ul>标签中输入其他标签或文字的做法是不合法的。<li>与</li>之间相当于一个容器，可以容纳所有元素。接下来通过一个案例演示无序列表的基本使用，模仿百度词条页面目录的效果。关键代码如例 1-3 所示。

【例 1-3】htmlDemo3.html

```
<html>
<head>
    <meta charset="UTF-8">
    <title>我和我的祖国（2019 年陈凯歌总执导电影-百度百科</title>
</head>
<body>
<h1>我和我的祖国</h1>
<h2>目录</h2>
<ul>
     <li><h3>1 剧情简介 </a></h3></li>
     <li><h3>2 演职员表 </a></h3></li>
```

```
        <ul>
            <li>演员表</li><br/>
            <li>职员表</li>
        </ul>
        <li><h3>3 角色介绍</h3></li>
        <li><h3>4 音乐原声</h3></li>
        <li><h3>5 幕后花絮</h3></li>
        <li><h3>6 获奖记录</h3></li>
        <li><h3>7 影片评价</h3></li>
    </ul>
    </body>
    </html>
```

使用浏览器打开例 1-3 生成的文件，显示效果如图 1.4 所示。

图 1.4　例 1-3 的显示效果

（2）有序列表

<ol>标签表示 HTML 页面中项目的有序列表，每一个列表项使用<li>标签表示。有序列表中的项是有先后顺序的。有序列表的语法格式如下。

```
<ol>
    <li>列表项 1</li>
    <li>列表项 2</li>
    <li>列表项 3</li>
    ……
</ol>
```

在有序列表中，开发者不需要自行编写每个列表项的序号，HTML 在进行解析时会自动生成从 1 开始的序号。排名数据可以使用有序列表。接下来通过一个案例演示有序列表的基本使用，实现一个各大城市的人口数量排名列表（表中数据来自 2021 年第 7 次人口普查数据），如例 1-4 所示。

【例 1-4】htmlDemo4.html

```
<html lang="en">
<head>
    <meta charset="UTF-8">
```

```
    <title>2021 年各省份人口数量排名</title>
</head>
<body>
<h3>排名    省份    常住人口数（万人）</h3>
<ol>
   <li>     广东   12684 </li>
   <li>     山东   10169.99 </li>
   <li>     河南   9883 </li>
   <li>     江苏   8505.4 </li>
 </ol>
 </body>
 </html>
```

使用浏览器打开例 1-4 生成的文件，显示效果如图 1.5 所示。

图 1.5　例 1-4 的显示效果

4. 文本标签

在 HTML 中，<font>标签用于指定网页文本的字体、大小和颜色。<font>标签的基本语法格式如下。

```
<font 属性="属性值">文本内容</font>
```

所有的主流浏览器都支持<font>标签。在 HTML5 中，不再支持<font>，而是使用 CSS 代替。

5. 图像标签

网页中有各式各样的图片，在 HTML 中显示图片需要使用图像标签<img>。<img>标签的基本语法格式如下。

```
<img src="URL" width="value" height="value" border="value" alt="提示文字">
```

上述语法中，src 属性用于指定图片的来源，width 和 height 属性分别用于指定图片的宽度和高度，border 属性用于指定图片外框的宽度，alt 用于指定当图片无法显示时的提示文字。

6. 超链接标签

浏览网页时，单击页面的一些元素可以跳转到另外一个网页。通过<a>标签在 HTML 中创建超链接，就可以实现页面之间的相互跳转。<a>标签的语法格式如下。

```
<a href="目标地址",target="目标窗口的弹出方式">文本或图片</a>
```

用作超链接的标记可以是一段文字、一张图片或者图片的一部分。在浏览网页时，单击超链接就可以跳转到超链接所指向的资源。

接下来通过一个案例演示上述 3 个标签的基本使用。在百度首页的左上角有一些指向百度相关频道的超链接，现使用超链接标签模仿页面的跳转，并插入图片。关键代码如例 1-5 所示［示例中仅演示部分 URL（Uniform Resource Locator，统一资源定位符）的跳转］。

【例 1-5】htmlDemo5.html

```
<body>
<p align="left">
    <font  size="4">
        <a href="http://news.baidu.com/">新闻</a>
        <a href="http://www.hao123.com/">hao123</a>
        <a href="http://map.baidu.com/">地图</a>
        <a href="http://tieba.baidu.com/">贴吧</a>
        <a href="">视频</a>
        <a href="">图片</a>
         <a href="">网盘</a>
         <a href="">更多</a>
     </font>
 </p>
 <center>
     <a href="http://www.baidu.com/"><img src="baidu.png" width="300" height="144"></a>
 </center>
 </body>
```

使用浏览器打开例 1-5 生成的文件，显示效果如图 1.6 所示。

图 1.6　例 1-5 的显示效果

图 1.6 中，“新闻”“hao123”“地图”“图片”等都是超链接，当用户单击相应超链接后，将跳转至对应的页面。

7．表格标签

在 HTML 中，创建表格的标签是<table>和</table>，先用<tr>和</tr>标签将表格划分成行，再用<td>和</td>标签把每行分成单元格。表格标签的语法格式如下。

```
<table>
    <tr>
        <td>
            单元格内的内容
        </td>
    </tr>
</table>
```

除上述 3 种标签外，还可使用<caption>和</caption>标签设置表格标题，使用<th>和</th>标签设置表头。接下来通过一个案例演示表格标签的基本使用，模仿小说搜索量排行榜，如例 1-6 所示。

【例 1-6】htmlDemo6.html

```
<body>
<table align="center" border="1">
    <caption>小说搜索量排行榜</caption>
    <tr>
        <th>排名</th>
        <th>趋势</th>
```

```
            <th>关键词</th>
            <th>今日搜索</th>
        </tr>
        <tr>
            <td>1</td>
            <td><img src="img/up.png"></td>
            <td>西游记</td>
            <td>12</td>
        </tr>
        <tr>
            <td>2</td>
            <td><img src="img/down.png"></td>
            <td>三国演义</td>
            <td>1253</td>
        </tr>
        <tr>
            <td>3</td>
            <td><img src="img/up.png"></td>
            <td>活着</td>
            <td>452</td>
        </tr>
    </table>
</body>
```

使用浏览器打开例 1-6 生成的文件，显示效果如图 1.7 所示。

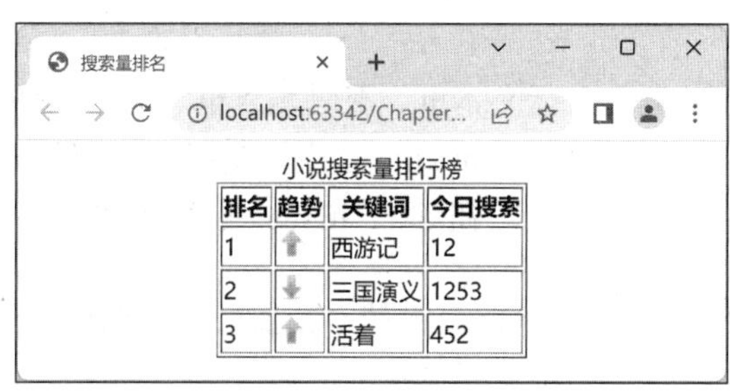

图 1.7　例 1-6 的显示效果

说明

在实际开发中，表格常用来设计页面。在页面中创建一个没有边框的表格，可以利用该表格将页面划分为几个区域，然后分别对几个区域进行设计。

8. 表单标签

表单在网页中的作用是供访问者填写信息，具有收集数据信息的功能，它是用户与网页交互信息的重要手段。当用户填写完信息并做提交操作时，表单的内容就会从客户端的浏览器传送到服务器上，经过服务器上的 Servlet 等处理程序处理后，再将反馈信息传送回客户端的浏览器上，从而使网页具有交互性。

表单有 3 个基本组成部分，它们分别是表单域、表单控件和提示信息。其中，提示信息用于提示用户对表单控件进行填写等操作。下面介绍表单中常用的标签。

（1）表单域

表单域相当于一个容器，用于容纳所有的表单控件和提示信息，包含处理表单数据所用的 Servlet 程序的 URL。表单域以<form>标签开头，以</form>标签结尾，可以定义数据的采集范围，<form>和</form>中包含的数据将被提交到服务器中。<form>标签的基本语法格式如下。

```
<form action="url" method="get|post" name="" onSubmit="" target="">
</form>
```

<form>标签的属性如表 1.1 所示。

表 1.1　　<form>标签的属性

属性	说明
action	用于指定处理表单数据程序的 URL 地址
method	用于指定数据传送到服务器的方式，它有 get 和 post 两个值： get 是默认值，表示将输入的数据追加在 action 指定的地址后面，并传送到服务器；post 表示将输入的数据按照 HTTP（HyperText Transfer Protocol，超文本传送协议）中的 post 传输方式传送到服务器
name	用于指定表单的名称，开发者可以自定义值
onSubmit	用于指定当用户单击“提交”按钮时触发的事件
target	用于指定数据结果显示在哪个窗口中，它有_blank、_self、_parent 和_top 这 4 个值：_blank 表示在新窗口中打开目标文件；_self 表示在同一个窗口中打开，一般不用设置；_parent 表示在上一级窗口中打开，一般使用框架页时常用；_top 表示在浏览器的整个窗口中打开，忽略任何框架

（2）表单控件

表单控件包含文本输入框、多行文本框、密码输入框、单选按钮、复选框和下拉列表等。使用<input/>标签可以实现表单控件。<input/>标签是使用较频繁的表单控件之一，通过这个标签可以向页面中添加文本、密码、按钮等。<input/>标签的语法格式如下。

```
<input type="控件类型"/>
```

上述语法中，type 属性是<input/>标签最基本的属性，用于指定不同的控件类型，该属性的可选项如表 1.2 所示。

表 1.2　　type 属性的可选项

可选项	描述	可选项	描述
text	文本输入框	button	普通按钮
password	密码输入框	submit	提交按钮
file	文件上传	date	时间、日期
radio	单选按钮	hidden	隐藏域
checkbox	复选框	image	图像域

除了 type 属性外，<input/>标签还有很多其他的属性，其中比较常用的有 id、name、value、placeholder 等，分别用于指定控件的 ID、名称、默认值和提示信息。接下来通过一个案例演示<input/>标签的使用，创建一个注册页面，关键代码如例 1-7 所示。

【例 1-7】htmlDemo7.html

```
<body>
<form action="#" method="post" name="register">
```

```
    <table align="center">
        <tr>
            <td><label for="username">用户名</label></td>
            <td><input id="username" name="username" placeholder="请输入账号" type="text"></td>
        </tr>
        <tr>
            <td><label for="password">密码</label></td>
            <td><input id="password" name="name" placeholder="请输入密码" type="password"></td>
        </tr>
        <tr>
            <td>性别</td>
            <td>
                <input name="gender" type="radio" value="male">男
                <input name="gender" type="radio" value="female">女
            </td>
        </tr>
        <tr>
            <td>爱好</td>
            <td>
            <input name="hobby" type="checkbox" value="sport">运动
            <input name="hobby" type="checkbox" value="film">电影
            <input name="hobby" type="checkbox" value="game">游戏
            </td>
        </tr>
        <tr>
            <td><label for="birthday">出生日期</label></td>
            <td><input id="birthday" name="birthday" type="date"></td>
        </tr>
        <tr>
            <td align="center" colspan="2"><input id="btn_sub" type="submit" value="注册"></td>
        </tr>
    </table>
</form>
</body>
```

使用浏览器打开例 1-7 生成的文件，显示效果如图 1.8 所示。

图 1.8　例 1-7 的显示效果

在例 1-7 中，分别使用<input/>标签定义了文本输入框控件、密码输入框控件、单选按钮控件、日期控件和提交按钮控件。在上述代码中，还使用了<label>和</label>标签，为鼠标用户改进了可用性。当用户单击<label>标签中的文本时，浏览器就会自动将焦点转到和该标签相关联的控件上，提高用户体验。

9．下拉列表框标签

在 HTML 中，<select>和</select>标签可以在页面中创建下拉列表框，<option>标签定义了下拉列表框中的可用选项。<select>标签的基本语法格式如下。

```
<select>
    <option>可用选项</option>
</select>
```

接下来，通过一个案例演示<select>标签的基本用法，实现待办事项选择的“事项状态”下拉列表框，关键代码如例 1-8 所示。

【例 1-8】htmlDemo8.html

```
<body>
<label>事项状态</label>
<select class="form-control" name="isDone">
    <option value="进行中">进行中</option>
    <option value="已完成">已完成</option>
</select>
</body>
```

使用浏览器打开例 1-8 生成的文件，显示效果如图 1.9 所示。

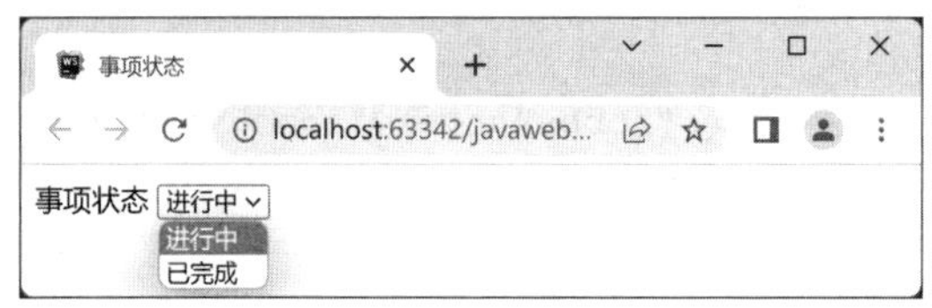

图 1.9　例 1-8 的显示效果

1.1.4　HTML5 新增功能

HTML5 于 2008 年正式发布，并在 2012 年形成稳定版本。与以往的 HTML 版本相比，HTML5 在字符集、标签和属性等方面都进行了改进，更符合现代网络发展要求，在互联网中得到了非常广泛的应用。在 HTML5 中，新增了以下内容。

1．字符集

在 HTML5 中，使用<meta>标签的新属性 charset 来设置字符编码，示例代码如下所示。

```
<meta charset="UTF-8">
```

2．新增标签

（1）<section>标签

<section>标签主要定义页面的某个内容区块，其可以是章节、区段、头部页眉、底部页脚或页面其他区块，强调分段或分块。<section>标签可以与标题标签结合起来使用。示例代码如下。

```
<section>
  <h3>今日待办事项</h3>
  <input type="text" value="请输入……"/>
</section>
```

上述代码相当于使用<div>标签在页面中定义一个区域，但<section>标签和<div>标签不一样，它不是用来定义区域样式的，而是用来定义一个明确的主题，通常含有一个标题。但如果是文章，通常会使用<article>标签来代替。

（2）<article>标签

<article>标签表示页面中的独立的内容，与上下文不相关，例如博客中的一篇文章或公众号上的一段用户评论等，强调独立性。一个<article>标签也可以有头、尾、主体等内容。接下来通过一个案例演示<article>标签的使用，模拟公众号文章，关键代码如例 1-9 所示。

【例 1-9】htmlDemo9.html

```
<body>
<article>
    <header>
        <h3>在校大学生可以考取的计算机证书有哪些？</h3>
        <h5>作者：千问千知</h5>
    </header>
    <p>
        大学生内卷有多严重，相信大家都深有感触，马上就带大家一起来了解一下在校大学生可以考取的计算机证书有哪些
        ......
     </p>
     <footer>
         阅读：999 评论：666
     </footer>
 </article>
 <body>
```

使用浏览器打开例 1-9 生成的文件，显示效果如图 1.10 所示。

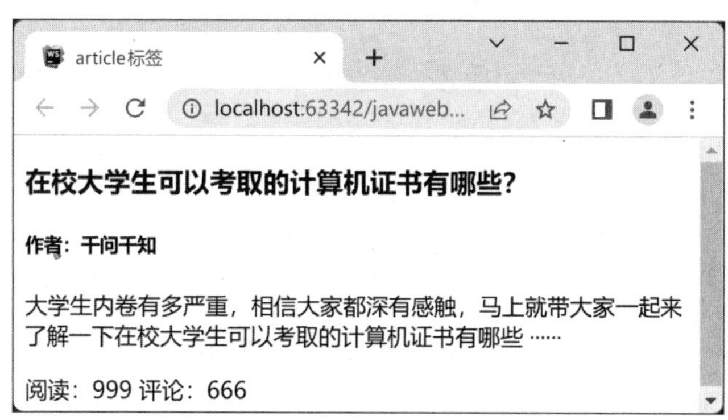

图 1.10　例 1-9 的显示效果

（3）<header>标签

<header>标签用于放置整个页面或页面中某个区块的标题，可以包含搜索框、Logo 图片等内容，在例 1-9 中演示了<header>标签的使用。<header>标签与<head>标签不同，HTML 页面中可以使用多个<header>标签。

（4）<footer>标签

<footer>标签用于定义页面或区域底部，通常用于放置页面底部内容，在例 1-9 中演示了<footer>标签的使用。一个页面可以包含多个<footer>标签，该标签也可以出现在<section>标

签或<article>标签中。HTML5 出现之前，这部分一般用<div>来定义。

（5）<fieldset>标签

在 HTML 页面中，<fieldset>标签内容的周围将绘制边框，该标签通常用于将表单内的相关元素分组，在相关表单元素周围绘制边框。还可以使用<legend>标签来为<fieldset>标签设置标题。接下来，通过一个案例演示<fieldset>标签和<legend>标签的用法，为例 1-8 的事项状态添加边框和标题，关键代码如例 1-10 所示。

【例 1-10】htmlDemo10.html

```
<body>
<fieldset>
    <legend>用户注册</legend>
    <!--省略例 1-8 的下拉列表框-->
</fieldset>
</body>
```

使用浏览器打开例 1-10 生成的文件，显示效果如图 1.11 所示。

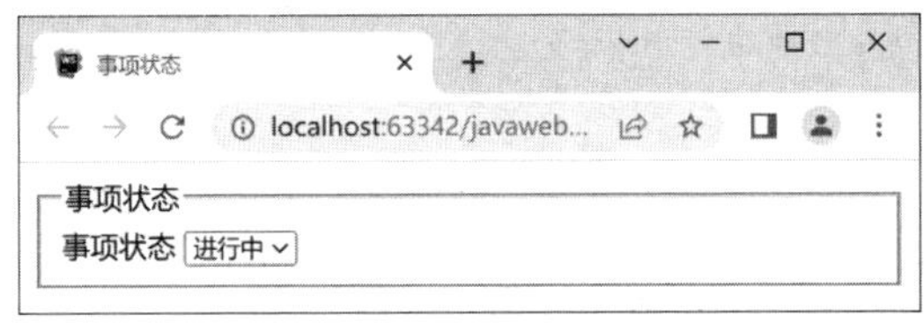

图 1.11　例 1-10 的显示效果

此外，也可以为例 1-7 的注册页面添加边框和标题，显示效果如图 1.12 所示。读者可以自行尝试。

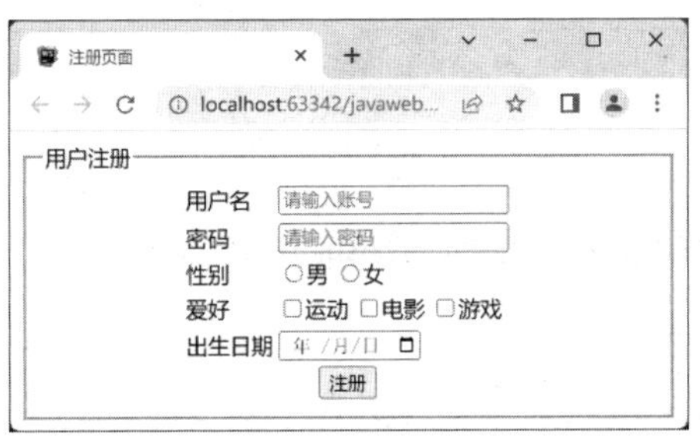

图 1.12　为注册页面添加边框和标题

3．新增的<input>标签类型

HTML5 中新增了很多<input>标签的类型，为开发者带来了极大的方便。其中包括 email、url、color、number、range 等，它们分别表示文本框必须输入 E-mail 地址、URL 地址、颜色、数值和指定范围的数值等。

1.2　CSS 技术

在网页制作时采用 CSS 技术能够对网页中元素显示效果、位置的排版进行像素级精确控制。CSS 不仅可以静态地修饰网页，还可以配合各种脚本语言动态地对网页各元素进行格式化。

1.2.1 CSS 简介

HTML 是一种"超文本标记语言"。"超文本"是指页面内可包含图片、链接，甚至音乐、程序等非文字元素。"超文本标记语言"是标准通用标记语言下的一个应用，也是一种规范和标准。

CSS（Cascading Style Sheets，层叠样式表）弥补了 HTML 在显示属性设定上的不足。CSS 定义如何显示 HTML 元素，如同 HTML 中的字体标签和颜色属性所起的作用，并且 CSS 增加了一些概念，如类、层等，可以实现文字的重叠、定位等。

CSS 样式通常保存在外部的.css 文件中，开发者只需要编辑一个简单的 CSS 文档就可以改变页面的布局和外观。这样既简化了网页的格式代码，也避免了在修改页面数量庞大的网站时，一个一个地修改网页，减少了很多重复的工作。CSS 是真正实现了网页表现和内容分离的一种样式设计语言。

CSS 的定义由 3 个部分构成：选择器（Selector）、属性（Properties）和属性值（Value）。其语法格式如下。

```
选择器{属性 1:属性值 1;属性 2:属性值 2;……}
```

- 选择器：选择器用来定义 CSS 的样式名称。HTML 中的所有标签都是通过不同的 CSS 选择器来控制的。
- 属性：属性是 CSS 中最重要的部分。常用的属性有字体属性、文本属性、背景属性、边界属性、布局属性和表格属性等。
- 属性值：属性值是 CSS 某属性的有效值。属性和属性值之间用":"分隔。

1.2.2 CSS 的引入方式

为 HTML 文档使用 CSS，需要在 HTML 文档中引入 CSS。引入 CSS 的方式有 3 种，分别是行内式、内嵌式、链接式等，其中内嵌式和链接式常被使用。接下来介绍这些方式。

1. 行内式

行内式是在标签内部的 style 属性中设定 CSS 样式，它适合于修改简单样式。示例代码如下。

```
<div style="color: red; font-size: 12px;">Java Web 开发实战 </div>
```

上述语法中，style 是标签的属性，用于设置当前标签的样式，双引号中间的内容需要符合 CSS 的语法规范。这种方式书写烦琐，没有体现结构和样式分离的思想，不推荐使用，仅在对当前元素添加简单样式时考虑使用。

2. 内嵌式

内嵌式通常在<head>标签中加入<style>标签，将样式代码写在<style>和</style>标签之间，从而对多个 HTML 标签进行统一修改。示例代码如下。

```
<head>
    <title>标题</title>
    <style type="text/css">
```

```
        P { color: #FF0000;}
    </style>
</head>
```

在上述语法中，<style>标签一般位于<title>标签后。因浏览器是从上到下解析代码的，将 CSS 代码放在头部便于其提前被解析加载，避免网页内容加载后没有样式导致排版混乱等问题。该方式对 CSS 代码所在的页面有效，可以对该页面的样式进行统一设置，但对于局部来说却不够灵活，使用链接式则可以解决这一问题。

3. 链接式

链接外部 CSS 样式表是最常用的一种引用 CSS 的方式，具体是将 CSS 样式定义在一个单独的文件中，然后通过<link/>标签将该 CSS 文件链接到 HTML 文件中。其语法格式如下。

```
<link rel="stylesheet" type="text/css" href="CSS 文件路径" />
```

在上述语法中，需要指定<link/>标签的 3 个属性，具体如下。

- rel：定义当前文件和所链接的文件之间的关系，指定为“stylesheet”，表示被链接的文件是样式表文件。
- type：定义所链接文件的类型，指定为“text/css”，表示被链接的文件为 CSS 文件。
- href：定义所链接 CSS 文件的绝对路径或相对路径。

接下来通过一个案例演示链接式的使用。首先创建名称为 style.css 的 CSS 文件，代码如下所示。

```
p{  color: blue;font-family: "宋体" ;font-size: 200%; }
li{ color:red;  }
```

然后创建名称为 cssDemo1.html 的 HTML 文件，其关键代码如例 1-11 所示。

【例 1-11】cssDemo1.html

```
<head>
    <meta charset="UTF-8">
    <title>CSS 链接式</title>
    <link href="style.css" rel="stylesheet" type="text/css"/>
</head>
<body>
<p>我是 p 段落</p>
<ol>
    <li>选项一</li>
     <li>选项二</li>
 </ol>
 </body>
```

使用浏览器打开例 1-11 生成的文件，显示效果如图 1.13 所示。

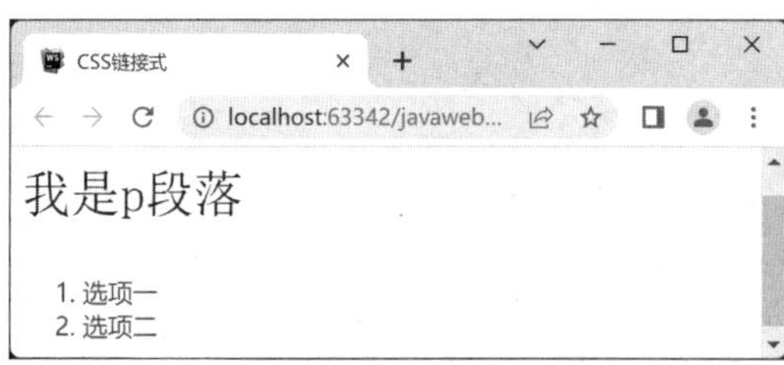

图 1.13　例 1-11 的显示效果

1.2.3　CSS 的常用属性和选择器

要使用 CSS 对 HTML 页面中的元素实现一对一、一对多或者多对一的控制，首先要找到需要使用样式的目标元素，这时就需要用到 CSS 选择器。CSS 的常用选择器有标签选择器、类选择器和 id 选择器。下面将对这 3 种选择器进行详细介绍。

1．标签选择器

一个完整的 HTML 页面是由很多不同的标签组成的。标签选择器指用 HTML 标签名称作为选择器，按标签名称分类，为页面中某一类标签指定统一的 CSS 样式。基本语法格式如下。

```
标签名{属性 1:属性值 1;属性 2:属性值 2;}
```

上述语法中，标签选择器能快速为页面中同类型的标签统一样式，但是它不能设计差异化样式。

2．类选择器

类选择器使用类名来选择元素，前提是要在 HTML 文件中给标签定义一个 class 的属性：class="类名"，使用“.”进行标识，后面紧跟类名，基本语法格式如下。

```
.类名{属性 1:属性值 1;属性 2:属性值 2;}
```

上述语法中，类选择器可以根据指定的类名找到对应的元素，然后设置属性。在 HTML 中，每个标签可以同时绑定多个类名。

3．id 选择器

id 选择器可以为标有特定 id 的 HTML 元素指定特定的样式。根据元素 id 来选择元素具备唯一性，这意味着同一 id 在同一文档页面中只能出现一次。id 选择器以“#”进行定义，后面紧跟 id 名，基本语法格式如下。

```
#id 名{属性 1:属性值 1;属性 2:属性值 2;}
```

上述语法中，id 名即 HTML 标签的 id 属性中的值。大多数 HTML 标签都可以定义 id 属性，标签的 id 值是唯一的，只能对应于文档中某一个具体的标签。

接下来通过一个案例演示上述 3 种选择器的基本使用，关键代码如例 1-12 所示。

【例 1-12】cssDemo2.html

```
<html>
<head>
    <meta charset="utf-8">
    <title>小千新闻网</title>
    <style>
        /*标签选择器*/
        body {
            font: 28px 'Microsoft YaHei';
        }
        h3 {
            text-align: center;
            font-weight: 400; /* 文字不加粗 */
        }
        p {
            text-indent: 2em; /* 首行缩进两个字符 */
```

```
        }
        /*类选择器*/
        .gray {
            color: gray;
            text-align: center;
            font-size: 12px;
        }
        .search {
            color: blue;
            width: 170px;
        }
        .pic {
            /* 想要图片居中对齐,需要<p>标签添加水平居中的代码 */
            text-align: center;
        }
        /*id 选择器*/
        #button {
            font-weight: 700;
        }
    </style>
</head>
<body>
<h3>长二丁一箭四星发射成功! 北京三号卫星服务全球市场</h3>
<div class="gray">2021-06-11 15:52:58 <a href="#">小千新闻网</a>
    <input class="search" type="text" value="请输入查询资料..."/>
    <input id="button" type="submit" value="搜索"/>
</div>
<hr/>
<p>2021 年 6 月 11 日 11 时 03 分,在我国太原卫星发射中心,长征二号丁运载火箭托举北京三号卫星直冲云霄,同时搭载的还有海丝二号卫星、仰望一号卫星、太空试验 1 号天健卫星。</p>
<p class="pic"><img src="img/rocket.jpeg"/></p>
<p>随后,四颗卫星全部进入预定轨道,发射任务取得圆满成功。</p>
</body>
</html>
```

使用浏览器打开例 1-12 生成的文件，显示效果如图 1.14 所示。

图 1.14　例 1-12 的显示效果

在例 1-12 中，第 7～16 行代码在<style>标签中定义了 3 个标签选择器，分别用于设置<body>标签定义的元素的字体大小为 28px，字体为 Microsoft YaHei（微软雅黑），<h3>标签定义的元素居中对齐，字体粗细为 400，<p>标签定义的元素首行缩进 2 个字符；第 18～30 行定义了 3 个类选择器，分别用于将页面中 class 属性为“gary”的元素字体颜色设置为灰色、使文本居中和设置字体大小为 12px，将 class 属性为“search”的元素字体颜色设置为蓝色、组件宽度设置为 170px，将 class 属性为“pic”的元素设置为居中；第 32～34 行代码定义了一个 id 选择器，用于设置 id 属性为“button”的元素字体粗细为 700。

除了选择器，CCS 还提供了很多属性用于网页的美化，CSS 的常用属性如表 1.3 所示。

表 1.3　CSS 的常用属性

属性名称	功能描述
background	设置背景属性，如背景颜色、背景图片、背景图片大小、背景图片的开始位置、是否及如何重复背景图片等
border	设置边框属性，如边框颜色、边框样式、边框宽度等
font	设置字体属性，如字体大小、字体粗细、字体颜色等
font-family	设置元素的字体系列
margin	设置外边距属性
padding	设置内边距属性
text-align	设置块级元素中文本的水平对齐方式，属性值有 left、center、right
text-indent	设置文本缩进。属性值为长度单位，表示文本块左侧边缘的偏移量
height	设置元素高度
display	设置对象的显示形式

1.3　JavaScript 基础

JavaScript 是 Web 开发者必须学习的 3 种语言之一。这 3 种语言中，HTML 定义了网页的内容，CSS 描述了网页的布局，JavaScript 控制了网页的行为。JavaScript 是互联网上非常流行的脚本语言，这门语言可用于 HTML 网页设计和 Web 程序开发，更广泛用于服务器、PC（Personal Computer，个人计算机）、笔记本电脑、平板电脑和智能手机等设备。JavaScript 代码是可插入 HTML 页面的编程代码，JavaScript 代码插入 HTML 页面后可由所有的现代浏览器执行。

1.3.1　JavaScript 简介

JavaScript 是一种广泛应用于客户端网页（浏览器）开发的脚本语言，可用来给 HTML 网页添加动态功能，比如响应用户的各种操作等。JavaScript 是一种基于对象（Object）和事件驱动（Event Driven）并具有安全性能的脚本语言，目前大部分情况下它是由网页浏览器来执行的。JavaScript 采用小程序段的方式实现编程。JavaScript 是一种基于对象的语言，同时也可以看作面向对象的，这意味着它能运用自己已经创建的对象。因此，JavaScript 许多功能可以来自脚本环境中对象的方法与脚本的相互作用。JavaScript 是由网页浏览器来执行的，与操作系统环境无关，并且计算机安装了支持 JavaScript 的浏览器就可正确执行 JavaScript 代码。Java 由 Sun 公司开发，是更复杂、更强大的语言，并能应用于各种场合。

1.3.2 JavaScript 的基本使用

1. JavaScript 的语法

JavaScript 和 Java 尽管在语法上有些相似，但它们是完全不同的两种语言。与 Java 语言一样，JavaScript 语言也严格区分大小写，且使用花括号标记代码块，它提供了两种注释：单行注释（//）和多行注释（/*　*/）。不同之处是 JavaScript 不要求必须以分号（;）作为语句的结束标记。如果语句的结束处没有分号，JavaScript 会自动将该行代码的结尾作为语句的结尾，但是这里推荐加上分号，养成良好的编码习惯。

2. 变量

与 Java 语言不同，JavaScript 语言是弱类型语言，其在定义变量时只需要使用关键字 var 即可，但是变量名的命名规则与 Java 语言的相同：由字母、数字、下画线（_）和美元符号（$）组成。声明变量的语法格式如下。

```
var num=123;
var str="JavaWeb";
```

3. 数据类型

JavaScript 的数据类型比较简单，JavaScript 的常用数据类型如表 1.4 所示。

表 1.4　JavaScript 的常用数据类型

数据类型	含义	说明
Number	数值型	数值型数据不区分整型和浮点型
String	字符串型	字符串型数据是用单引号或双引号标识的一个或多个字符
Boolean	布尔型	只有 true 和 false 两个值
Object	对象类型	一组数据和功能的键值对集合
Null	空值	用于定义空的或者不存在的引用
Undefined	未定义值	指变量未声明或已声明但未赋值

4. 运算符

运算符是用于完成赋值、计算或比较数据等一系列操作的符号。JavaScript 中的常用运算符包括赋值运算符、算术运算符、比较运算符、逻辑运算符和三元运算符 5 种。接下来分别进行介绍。

（1）赋值运算符

赋值运算符用于将直接量、常量、变量或表达式的值赋予一个变量，它可以分为简单赋值运算符和复合赋值运算符，其中复合赋值运算符一般与算术运算符或位运算符相结合，在赋值的同时完成算术运算或位操作。JavaScript 的赋值运算符如表 1.5 所示。

表 1.5　　JavaScript 的赋值运算符

运算符	示例	等同于
=	x=y	—
+=	x+=y	x=x+y
−=	x−=y	x=x−y
*=	x*=y	x=x*y
/=	x/=y	x=x/y
%=	x%=y	x=x%y

（2）算术运算符

算术运算符用于在程序中进行算术操作。JavaScript 的算术运算符如表 1.6 所示。

表 1.6　　JavaScript 的算术运算符

运算符	描述	运算符	描述
+	加法	%	取模（余数）
−	减法	++	递加
*	乘法	—	递减
/	除法		

（3）比较运算符

比较运算符用于对两个数据进行比较，结果为布尔型。JavaScript 的比较运算符如表 1.7 所示。

表 1.7　　JavaScript 的比较运算符

运算符	描述	运算符	描述
==	等于	>	大于
===	等值等型	<	小于
!=	不相等	>=	大于或等于
!==	不等值或不等型	<=	小于或等于

（4）逻辑运算符

逻辑运算符用于判断运算符两侧表达式的逻辑运算结果的真假，结果为布尔型，常用于条件语句和循环语句中。JavaScript 的逻辑运算符如表 1.8 所示。

表 1.8　　JavaScript 的逻辑运算符

运算符	描述	示例（x=6，y=3）
&&	and	(x < 10 && y> 1)，结果为 true
||	or	(x==5 || y==5)，结果为 false
!	not	!(x==y)，结果为 true

（5）三元运算符

三元运算符也称条件运算符，其语法格式如下。

```
条件表达式?表达式 1:表达式 2;
```

上述语法中，如果条件表达式的结果为 true，则运算结果为表达式 1，否则为表达式 2。三元运算符的基本使用示例代码如下。

```
<script type="text/javascript">
    var a = 5;
    var b = 10;
    alert(a> b ? true : false)
</script>
```

上述代码中，因为 a 的值小于 b 的值，所以条件表达式的结果为 false，则此时整个表达式的结果就是 false，通过 alert()语句弹出内容为“false”的对话框。

1.3.3 流程控制语句

在一个程序执行的过程中，语句的执行顺序对程序的结果是有直接影响的，即程序的流程对运行结果有直接的影响。语句流程控制用来控制程序中各条语句的执行顺序，它可以把语句组合成能完成一定功能的代码块。流程控制方式主要有顺序结构、条件结构和循环结构。其中顺序结构是流程控制中最简单、最常用的结构，结构内的所有语句按顺序执行，只有上一条语句执行完成后，才执行下一条语句。接下来对条件结构和循环结构的基本用法进行详细介绍。

1．条件结构

在多数情况下，程序并不是按既定的顺序执行的，而是根据不同情况进行判断，然后执行不同的操作，这种流程称为条件结构，也称为选择结构。对于条件结构，JavaScript 中提供了 if-else 条件语句和 switch 条件语句。

（1）if-else 条件语句

if 条件语句也称作 if-else 条件语句，语法格式如下。

```
if(条件表达式){
     代码块 1;
}else{
     代码块 2;
}
```

上述语法中，if 和 else 是 JavaScript 的关键字，条件表达式必须包含在一个圆括号之内，表达式返回布尔值。代码块由一条或多条 JavaScript 语句组成。如果条件表达式返回的值为 true，则执行代码块 1；如果条件表达式返回的值为 false，则执行代码块 2。若代码块仅包含一条语句，语句可以不使用花括号“{}”包含。若程序不需要处理条件表达式返回 false 值的情况，else 部分可以省略，那么就只能处理条件表达式结果为 true 的情况。

（2）多重条件结构

当开发者需要基于多个条件进行判断时，可使用多重条件结构或 switch 条件语句来实现。多重条件结构语法格式如下。

```
if(条件表达式 1){
     代码块 1;
```

```
}
else if(条件表达式2){
     代码块2;
}
else if(条件表达式3) {
     代码块3;
}
……
else {
     代码块n;
}
```

多重条件结构从上到下逐个对条件进行判断，一旦满足条件就执行与该条件相关的语句，并跳过其他的条件判断；若不满足任一条件，则执行最后一个 else 后的代码块；若没有最后的 else 语句，则不执行任何操作，执行该结构后面的语句。

（3）switch 条件语句

switch 条件语句也属于条件结构，它是典型的多路分支语句，其作用和多重条件结构的作用基本相同，但是 switch 条件语句的语法同 if-else 条件语句的语法不太相同，且它允许在找不到一个匹配条件时默认执行一组语句。switch 条件语句的语法格式如下。

```
switch(表达式){
    case 常量表达式1:
        代码块1;
        break;
    case 常量表达式2:
        代码块2;
        break;
    case 常量表达式3:
        代码块3;
        break;
    ……
    default:
        代码块n;
        break;
}
```

上述语法中，表达式可以是任意表达式或变量，当表达式的结果和常量表达式的值相等时，执行该常量表达式后的代码块；如果没有匹配到相等的值，则执行 default 后面的代码块。

2. 循环结构

循环结构是程序中一种很重要的结构。其特点是，在给定条件成立时，重复执行某程序段，直到条件不成立为止。给定的条件成为循环条件，反复执行的程序段称为循环体。JavaScript 语言提供了三种形式的循环结构，分别是 for 循环结构、while 循环结构和 do-while 循环结构。

（1）for 循环结构

for 循环不仅可以用于循环次数已经确定的情况，还可以用于循环次数不确定而只给出循环条件的情况。for 循环的语法格式如下。

```
for (表达式1; 表达式2; 表达式3) {
    循环体;
}
```

上述语法中，表达式 1 通常用来给循环变量赋初值，一般是赋值表达式，也允许在 for 循环外给循环变量赋初值，此时可以省略该表达式；表达式 2 通常是循环条件，一般为关系表达式或逻辑表达式；表达式 3 通常可用来修改循环变量的值，一般是赋值语句。

（2）while 循环结构

while 循环利用一个循环条件来控制是否要重复执行循环体。与 for 循环相比，while 循环无论是语法还是执行流程都更加简单易懂。while 循环的语法格式如下。

```
while (条件表达式) {
    循环体;
}
```

while 循环常用于循环次数不确定的情况。在使用 while 循环时，一定要保证循环可以正常结束，避免形成死循环。

（3）do-while 循环结构

do-while 循环也是利用一个循环条件来控制是否继续重复执行循环体。与 while 循环不同的是，do-while 循环会先执行一次循环体，再去判断是否重复执行。do-while 循环的语法格式如下。

```
do{
    循环体;
}while(条件表达式);
```

do-while 循环与 while 循环相同，也常用于循环次数不确定的情况。

1.3.4　DOM 与 BOM

DOM（Document Object Model，文档对象模型）是一个与平台和编程语言无关的接口，通过这个接口，程序和脚本可以动态地访问和修改文档的内容、结构和样式。另外，DOM 也提供了处理事件的接口，它允许捕获和响应用户以及浏览器的动作。本节将对 DOM 和 BOM 进行详细的介绍。

1．节点

浏览器会根据 DOM，将结构化文档（如 HTML 文档和 XML 文档）解析成一系列的节点，再由这些节点组成一个 DOM 树状（DOM Tree）结构。HTML 的 DOM 树状结构如图 1.15 所示。

在网页开发中，开发者要想操作页面上的某个部分，需要先获取到该部分对应的元素，再对其进行操作。

DOM 的最小组成单位称为节点（Node），文档的树状结构由不同类型的节点组成。节点有 7 种：Document（HTML）、Element（元素）、Text（文本）、Comment（注释）、Attribute（属性）、DocumentType（doctype 标签）和 DocumentFragment（文档片段）。就像 Java 中所有的对象都继承自 Object 一样，浏览器提供一个原生的节点对象 Node（Node 是一个函数），DOM 的所有节点都继承自 Node，Node 又继承自 Object，因此它们具有一些共同的属性和方法。在 DOM 中可以通过某个节点的子节点找到该元素，其语法格式如下。

```
文档对象 = 子节点对象.parentNode;
```

Node 对象的常用属性如表 1.9 所示。

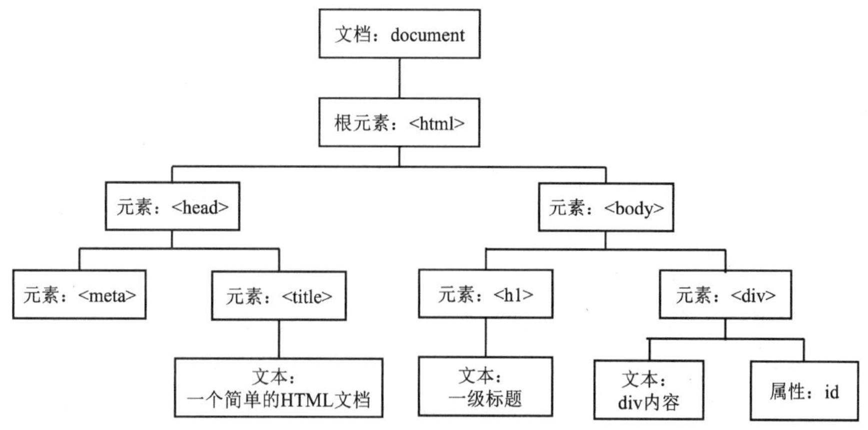

图 1.15　HTML 的 DOM 树状结构

表 1.9　　Node 对象的常用属性

属性	类型	描述
parentNode	Node	返回节点的父节点，没有父节点时为 null
childNodes	NodeList	返回节点到子节点的节点列表
firstChild	Node	返回节点的首个子节点，没有则为 null
lastChild	Node	返回节点的最后一个子节点，没有则为 null

通过遍历节点可以找到文档中指定的元素，但是这种方法有些麻烦。Document 对象提供了直接获取文档中指定元素的方法，具体如下。

（1）通过元素的 id 属性获取元素

Document 的 getElementById()方法可以通过元素的 id 属性获取元素。例如，获取 id 属性值为 userId 的元素的代码如下。

```
document.getElementById("userId");
```

（2）通过元素的 name 属性获取元素

Document 的 getElementsByName()方法可以通过元素的 name 属性获取元素。因为多个元素可能有相同的 name 值，所以该方法返回值为一个数组，而不是一个元素。如果想获得具体的元素，此时可以通过数组索引实现。例如，获取 name 属性值为 userName 的元素的代码如下。

```
document.getElementsByName("userName")[0];
```

2. BOM 相关知识

BOM（Browser Object Model，浏览器对象模型）提供了独立于内容且可与浏览器窗口进行交互的对象，其核心对象是 window。

window 下又提供了很多对象，这些对象用于访问浏览器，被称为浏览器对象。window 各内置对象之间按照某种层次组织起来的模型统称为 BOM，如图 1.16 所示。

从图 1.16 可以看出，BOM 包含 DOM（document）等核心对象 window，其他的对象称为 window 的子对象。这些子对象是以属性的方式添加到 window 对象中的。

window 对象是浏览器顶级对象，具有双重角色，既是 JavaScript 访问浏览器窗口的一个接口，又是一个全局对象，定义在全局作用域中的变量、函数都是 window 对象的属性和方法。

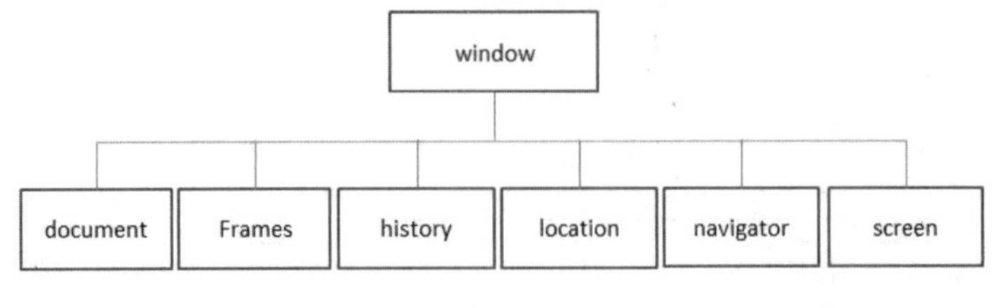

图 1.16　BOM

window 对象提供了很多事件，下面介绍两个比较常用的事件。

（1）window.onload 加载事件

在网页开发中可通过 window 对象调用 window.onload 事件实现窗口（页面）加载事件。当文档内容（包括图像、脚本文件、CSS 文件等）完全加载时会触发该事件，并调用该事件对应的事件处理函数。

JavaScript 代码是从上往下依次执行的，如果要在页面加载完成后执行某些代码，并把这些代码写到页面中，开发者可以把这部分代码写到 window.onload 事件处理函数中，因为 window.onload 事件是等页面内容全部加载完毕再去执行事件处理函数的。

window.onload 事件有以下两种注册方式。

```
//方式 1
window.onload=function(){};
//方式 2
window.addEventListener("load",function(){});
```

需要注意的是，window.onload 注册事件的方式只能写一次，如果有多个 window.onload 注册事件，那么会以最后一个为准。如果使用 window.addEventListener 注册事件，则不会受注册次数的限制。

（2）document.DOMContentLoaded 加载事件

document.DOMContentLoaded 事件会在 DOM 加载完成时触发。这里所说的加载不包括 CSS。相比之下，Flash 插件执行速度更快，适用于需要动态交互和动画效果的页面。但是，当页面图片很多时，用户访问该页面，window.onload 事件触发可能需要较长的时间，从而不能实现交互，会影响用户的体验，这种情况下使用 document.DOMContentLoaded 事件更为合适。需要注意的是，document.DOMContentLoaded 事件有兼容性问题，需要浏览器是 IE 9 以上版本。

1.3.5　JavaScript 的事件处理

通过前面的学习，我们可知 JavaScript 可以以事件驱动的方式，无须经过服务器端程序直接对客户端的输入做出响应，也就是说，JavaScript 是事件驱动的。它可以使在图形界面环境下的一切操作变得简单。接下来将对事件处理程序及事件进行详细介绍。

1．什么是事件处理程序

JavaScript 与 Web 页面之间的交互是通过用户操作浏览器页面时触发相关事件来实现的。例如，在页面载入完毕时将触发 onload 事件，当用户单击按钮时将触发按钮的 onclick 事件等。事件处理程序则是用于响应某个事件而执行的处理程序。事件处理程序可以是任意

JavaScript 语句，但通常使用特定的自定义函数（Function）来对事件进行处理。

2．JavaScript 常用事件

大多数浏览器内部对象都拥有很多事件，接下来以表格的形式给出常用的事件及何时触发这些事件。JavaScript 的常用事件如表 1.10 所示。

表 1.10　JavaScript 的常用事件

事件	何时触发
onabort	对象的加载被中断时触发
onblur	对象失去焦点时触发
onchange	元素或窗口本身失去焦点时触发
onclick	单击鼠标时触发。当鼠标指针的焦点在按钮上，并按下 Enter 键时，也会触发该事件
ondbiclick	双击鼠标时触发
onerror	出现错误时触发
onfocus	元素或窗口本身失去焦点时触发
onkeydown	键盘上的按键（包括 Shift 键或 Alt 键等）被按下时触发，如果一直按着某键，当返回 false 时，取消默认动作
onkeypress	键盘上的按键被按下，并产生一个字符时触发。也就是说，当按下 Shift 键或 Alt 等键时，不一直按住某个键，会不断触发。当返回 false 时，取消默认动作
onkeyup	释放键盘上的按键时触发
onload	页面完全载入后，在 window 对象上触发：所有框架都载入后，在框架集上触发；标记指定的对象完全载入后，在其上触发
onmousedown	单击任何一个鼠标按键时触发
onmousemove	鼠标指针在某个元素上移动时持续触发
onmouseout	将鼠标指针从指定的元素上移开时触发
onmouseover	鼠标指针移到某个元素上时触发
onmouseup	释放任意一个鼠标按键时触发
onreset	单击重置按钮时触发
onresize	窗口或框架的大小发生改变时触发
onscroll	在任何带滚动条的元素或窗口上滚动时触发
onselect	选中文本时触发
onsubmit	单击提交按钮时触发
onunload	页面完全卸载后，在 window 对象上触发；或者所有框架都卸载后，在框架集上触发

3．事件处理程序的调用

在使用事件处理程序对页面进行操作时，最主要的是如何通过对象的事件来指定事件处理程序，指定方式主要有以下两种。

在 JavaScript 中调用事件处理程序，首先需要获得要处理对象的引用，然后将要执行处

理函数的值赋予对应的事件。示例代码如下。

```
<input name="bt_save" type="button" value="保存">
<script language="javascript">
    var b_save=document.getElementById("bt_save");
    b_save.onclick("单击了保存按钮")
</script>
```

在 HTML 中分配事件处理程序，只要在 HTML 标签中添加响应的事件，并在其中指定要执行的代码或者函数即可。示例代码如下。

```
<input name="bt_save" type="button" value="保存" onclick="alert("单击了保存按钮")">
```

1.4 Bootstrap 框架基础

1.4.1 Bootstrap 框架简介

Bootstrap 是 Twitter 开源的基于 HTML、CSS、JavaScript 的前端框架。它是为实现快速开发 Web 应用程序而设计的一套前端工具包。它支持响应式布局，并且在 v3 版本之后坚持移动设备优先。

Bootstrap 提供了优雅的 HTML 和 CSS 规范，它由动态 CSS 语言 Less 写成。Bootstrap 一经推出后颇受欢迎。国内一些移动开发者较为熟悉的框架，如 WeX5 前端开源框架，也是基于 Bootstrap 源代码进行性能优化而来的。

Bootstrap 是一个开源的基于 HTML、CSS、JavaScript 的简洁、直观、强悍的前端开发框架。Bootstrap 框架的流行得益于它非常实用的功能和特点，它的核心功能和特点如下。

（1）页面布局。布局对于每一个项目都是必不可少的，Bootstrap 的页面布局能够适应各种设备，实现高效开发。Bootstrap 的页面布局用法十分简单，按照 HTML 模板应用即可达到快速布局的目的。

（2）页面内容。页面内容排版的好坏直接决定网页风格、页面设计是否好看。Bootstrap 从全局出发，定制页面排版、代码风格、表单、表格、图片等格式，从而实现页面的统一性。

（3）通用工具类。Bootstrap 定义了全局的通用样式类与可扩充的类，以增强基本 HTML 的样式呈现。例如，边框、颜色、文本、阴影、浮动和隐藏等，开发者可利用这些工具类实现快速开发页面的目的，减少 CSS 样式的代码编写量。

（4）基本组件。基本组件是 Bootstrap 的核心之一，Bootstrap 拥有几十个可重复应用的交互组件。例如，按钮、弹出框、下拉式菜单、分页、导航栏等。应用这些组件可大幅度提升用户的交互体验感，使产品更具吸引力。

（5）jQuery 插件。Bootstrap 内含大量 jQuery 插件，这些 jQuery 插件主要用于帮助开发者提高页面的互动性。常见插件有工具提示框（Tooltip）、模态框（Model）、折叠（Collapse）、轮播（Carousel）等。

1.4.2 Bootstrap 框架的下载和使用

读者在下载 Bootstrap 之前应对自身的开发水平进行评估，掌握 CSS 和 HTML 技术可较轻松地学习 Bootstrap。

1. Bootstrap 框架的下载

进入 Bootstrap 官方网站，获取 Bootstrap 的下载地址，如图 1.17 所示。

图 1.17　下载 Bootstrap 的网站

单击“Download”超链接进入下载页面，如图 1.18 所示，单击相应的按钮，下载 Bootstrap。

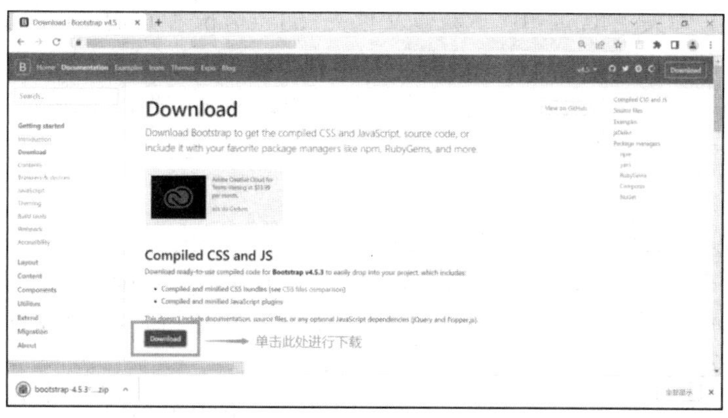

图 1.18　下载页面

单击图 1.18 中的“Download”按钮，进行 Boostrap 编译代码的下载。下载完成后的文件名为 bootstrap-4.5.3-dist.zip，进行解压，在解压文件中会看到 css、js 和 font 这 3 个文件夹。其中比较重要的是 css 和 js 文件夹，这两个文件夹中还有很多个子文件，如图 1.19 所示。

图 1.19 中主要包括 css 文件夹中的样式文件以及 js 文件夹中的脚本文件。其中，文件名中不含“min”关键字的是预编译的文件（如 bootstrap.js），而包含“min”关键字的文件（如 bootstrap.min.js）是编译且压缩好的文件（体积小，下载速度快），用户可根据实际需求选择引用相应文件。在实际项目开发中，为了提高文件下载速度，一般会选用压缩好的文件。

bootstrap-4.5.3-dist › css

bootstrap.css
bootstrap.css.map
bootstrap.min.css
bootstrap.min.css.map
bootstrap-grid.css
bootstrap-grid.css.map
bootstrap-grid.min.css
bootstrap-grid.min.css.map
bootstrap-reboot.css
bootstrap-reboot.css.map
bootstrap-reboot.min.css
bootstrap-reboot.min.css.map

bootstrap-4.5.3-dist › js

bootstrap.bundle.js
bootstrap.bundle.js.map
bootstrap.bundle.min.js
bootstrap.bundle.min.js.map
bootstrap.js
bootstrap.js.map
bootstrap.min.js
bootstrap.min.js.map

图 1.19　Bootstrap 文件结构

2．Bootstrap 的使用

下载 Bootstrap 压缩包到本地后，即可安装、使用 Bootstrap。Bootstrap 是优先为移动设备优化代码，然后使用媒体查询来扩展组件的。为确保页面渲染效果，开发者在进行开发时必须先在<head>标签中添加响应式的元标签，具体代码如下。

```
<meta name="viewport" content="width=device-width,initial-scale=1, shrink-to-fit=no">
```

使用 Bootstrap 框架的方法很简单，可以分为本地引入和在线引入两种。

（1）本地引入

在本章项目文件夹 Chapter01 下新建文件夹 bootstrap 和它的子文件夹 css 和 js，将 bootstrap.min.css 和 bootstrap.min.js 文件分别复制到 css 文件夹和 js 文件夹中，然后在需要使用 Bootstrap 时编写代码引入 Bootstrap 文件。引入 Bootstrap 文件的示例代码如下。

```
<!-- 引入Bootstrap核心CSS文件 -->
<link rel="stylesheet" href="bootstrap/css/bootstrap.min.css">
<!-- 引入Bootstrap 核心 JavaScript 文件 -->
<script src="bootstrap/css/bootstrap.min.js"></script>
```

上述代码通过<link>标签引入 bootstrap.min.css 文件，其中，href 属性的值为本地文件路径；通过<script>标签引入 bootstrap.min.js 文件，设置 src 属性值为本地文件路径。

（2）在线引入

开发时还可以使用第三方的 CDN（Content Delivery Network，内容分发服务）服务引入 Bootstrap 的核心文件。Bootstrap 中文网为 Bootstrap 构建的 CDN 加速服务可使页面访问速度更快，加速效果明显。使用 CDN 服务引入 Bootstrap 文件的示例代码如下。

```
<!--引入Bootstrap基础样式-->
<link rel="stylesheet" href="https://stackpath.bootstrapcdn.com/
bootstrap/4.5.3/css/bootstrap.min.css">
<!--引入Bootstrap的 JavaScript 文件，置于bootstrap.min.js之后-->
<script src="https://stackpath.bootstrapcdn.com/bootstrap/4.5.3/js/
bootstrap.min.js"></script>
```

1.4.3　Bootstrap 框架的常用组件

Bootstrap 常用组件包括按钮、导航栏、面包屑导航、分页、列表和表单等。Bootstrap 组件的应用方式非常简单，开发者只需将符合规范的工具类名和页面结构组合起来，即可轻松地应用 Bootstrap 组件。接下来将对 Bootstrap 常用组件进行详细讲解。

1. 按钮

Bootstrap 内置了几种预定义的按钮样式，每种样式都有自己的语义目的，并且添加了一些额外的功能，以进行更多的控制。下面通过一个案例演示 Bootstrap 中按钮的实现方式，实现一些常用的按钮，关键代码如例 1-13 所示。

【例 1-13】bootstrapDemo1.html

```
1  <head>
2    <meta charset="UTF-8" name="viewport" content="width=device-width, initial-scale=1.0">
3    <title>按钮</title>
4    <link rel="stylesheet" href="bootstrap/css/bootstrap.min.css">
5  </head>
6  <body>
7  <div class="container">
8    <button type="button" class="btn btn-primary text-nowrap">注册</button>
9    <button type="button" class="btn btn-success btn-lg">登录</button>
10    <button type="button" class="btn btn-danger btn-sm">设置</button>
11    <button type="button" class="btn btn-info">搜索</button>
12    <button type="button" class="btn btn-warning">确定</button>
13    <button type="button" class="btn btn-secondary">取消</button>
14  </div>
15  </body>
```

使用浏览器打开例 1-13 生成的文件，显示效果如图 1.20 所示。

图 1.20　例 1-13 的显示效果

例 1-13 中，第 4 行代码引入 Bootstrap 核心 CSS 文件，第 7～14 行代码定义按钮结构，设置按钮的 type 属性值为 button，其中第 8 行代码中按钮的类名为 btn 和 btn-primary，表示在 btn 类名的基础上添加 btn-primary 类名，用于实现主按钮的样式。除了 btn-primary 类名外，bootstrap 还提供了 btn-success、btn-danger、btn-info、btn-warning、btn-secondary 等类名，实现效果分别如图 1.20 中的第 2～6 个按钮所示，其中“登录”和“设置”按钮还分别使用了 btn-lg 和 btn-sm 属性实现大按钮和小按钮。

2. 导航栏

导航栏是一个将商标、导航以及别的元素放置到一个简洁导航页头的容器代码组合，它很容易扩展，而且在折叠插件的帮助下，可以轻松地与其他内容整合。接下来通过一个案例演示导航栏的实现方式，实现 QQ 空间的导航栏，关键代码如例 1-14 所示。

【例 1-14】bootstrapDemo2.html

```
<ul class="nav">
    <li class="nav-item">
        <a href="#" class="nav-link">说说</a>
    </li>
    <li class="nav-item">
        <a href="#" class="nav-link">相册</a>
```

```
7         </li>
8         <li class="nav-item">
9             <a href="#" class="nav-link">日志</a>
10         </li>
11         <li class="nav-item">
12             <a href="#" class="nav-link disabled">访客</a>
13         </li>
14     </ul>
```

使用浏览器打开例 1-14 生成的文件，显示效果如图 1.21 所示。

图 1.21　例 1-14 的显示效果

例 1-14 中，第 1 行代码定义<ul>标签，设置类名为 nav，表示导航栏的最外层“盒子”，第 2～13 行代码在“盒子”内部定义类名为 nav-item 的<li>标签，表示导航栏的导航列表，并在每一对<li>标签内部定义类名为 nav-link 的<a>标签，表示导航项链接的内容。

3．面包屑导航

在传统导航的页面结构中，使用 Bootstrap 的面包屑导航组件自动添加分隔符，并呈现导航层次和网页结构，从而指示当前页面的位置为访客创造良好的用户体验。接下来通过一个案例演示面包屑导航的实现方式，关键代码如例 1-15 所示。

【例 1-15】bootstrapDemo3.html

```
1 <nav aria-label="breadcrumb">
2     <ol class="breadcrumb">
3         <li class="breadcrumb-item"><a href="#">主页</a></li>
4         <li class="breadcrumb-item"><a href="#">关于我们</a></li>
5         <li class="breadcrumb-item active">联系我们</li>
6     </ol>
7 </nav>
```

使用浏览器打开例 1-15 生成的文件，显示效果如图 1.22 所示。

图 1.22　例 1-15 的显示效果

在例 1-15 中，定义<nav>标签，并设置 aria-label 属性值为 breadcrumb，表示使用面包屑导航。其中，第 2 行代码定义类名为 bread crumb 的<ol>有序列表；第 3～4 行代码，在有序列表中定义<li>标签，设置类名为 breadcr umb-item，分别表示“主页”链接和“关于我们”链接；第 5 行代码中 active 类用于实现切换状态。

4．分页

在前端页面开发的过程中，经常会使用到分页器的功能。分页器的功能是帮助用户快速跳转到指定页码的页面。例如，当用户想要打开指定页面时，不需要用户多次操作，可实现一步到位的效果，提高了用户的使用体验。接下来通过一个案例演示分页的实现方式，关键代码如例 1-16 所示。

【例 1-16】bootstrapDemo4.html

```
<nav class="row mt-5">
    <!--<span>标签代替<a>标签，激活以及禁用状态 -->
    <div class="col">
        <ul class="pagination">
            <li class="page-item disabled"><span class="page-link">上一页</span></li>
            <li class="page-item"><span class="page-link">1</span></li>
            <li class="page-item active"><span class="page-link">2</span></li>
            <li class="page-item"><span class="page-link">3</span></li>
            <li class="page-item"><span class="page-link">下一页</span></li>
        </ul>
    </div>
</nav>
```

使用浏览器打开例 1-16 生成的文件，显示效果如图 1.23 所示。

图 1.23　例 1-16 的显示效果

在例 1-16 中，定义了类名为 row mt-5 的<nav>标签，作为分页外部的“盒子”，表示使用行在水平方向创建一组列；在<nav>内部定义类名为 col 的<div>标签，能够根据屏幕大小选择列的布局样式；在<div>标签内部定义类名为 pagination 的<ul>标签，表示使用分页组件的无序列表；在<ul>标签内部定义类名为 page-item 的<li>标签，表示分页的无序列表中的每一个项。

5. 列表

在学习 Bootstrap 常用组件之前，为了实现列表页面结构，首先要编写列表结构，然后根据列表结构的样式需求编写烦琐的 CSS 代码。为了提高开发的效率，开发者在 Bootstrap 中可以直接通过列表组件来实现列表页面结构。接下来通过一个案例演示列表的实现方式，实现图书分类展示，关键代码如例 1-17 所示。

【例 1-17】bootstrapDemo5.html

```
<head>
    <meta charset="UTF-8">
    <title>列表</title>
    <link rel="stylesheet" href="bootstrap/css/bootstrap.min.css">
</head>
<body>
<div class="list-group">
    <button type="button" class="list-group-item list-group-item-action active" aria-current="true">
```

```
            书籍分类
        </button>
        <button type="button" class="list-group-item list-group-item-action">武侠</button>
        <button type="button" class="list-group-item list-group-item-action">科幻</button>
        <button type="button" class="list-group-item list-group-item-action list-group-item-danger">体育</button>
        <button type="button" class="list-group-item list-group-item-action">计算机</button>
        <button type="button" class="list-group-item list-group-item-action">科技</button>
        <button type="button" class="list-group-item list-group-item-action">校园</button>
    </div>
    </body>
```

使用浏览器打开例 1-17 生成的文件，显示效果如图 1.24 所示。

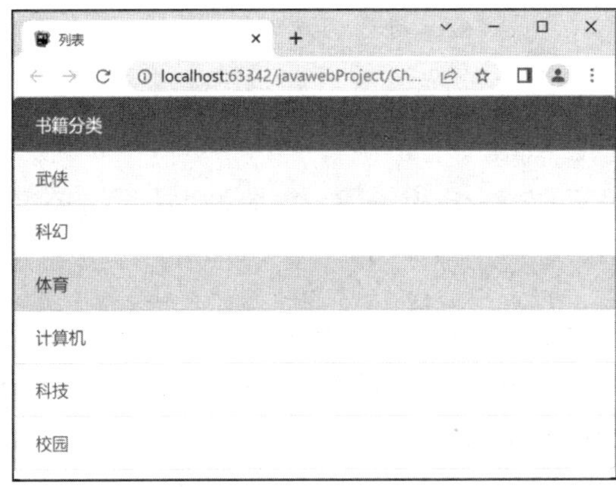

图 1.24　例 1-17 的显示效果

6. 表单

在前端页面开发的过程中，除了导航栏、列表和按钮等页面结构之外，表单也是页面结构中重要的组成部分。表单主要包括<form>、<button>和<input>等标签，开发者可以通过在<form>标签中定义<input>和<button>等标签来实现表单页面结构。接下来通过一个案例演示表单的实现方式，如例 1-18 所示。

【例 1-18】bootstrapDemo6.html

```
<div class="container">
    <form action="#">
       <div class="form-group">
            <label for="userName">用户名</label>
            <input type="text" id="userName" class="form-control col-md-3">
            <label for="pwd">密码</label>
            <input type="password" id="pwd" class="form-control col-md-3">
            <label for="email">邮箱</label>
            <input type="email" id="email" class="form-control col-md-3">
```

```
            </div>
            <button type="submit" class="btn btn-primary col-md-3">提交</button>
        </form>
    </div>
```

使用浏览器打开例 1-18 生成的文件，显示效果如图 1.25 所示。

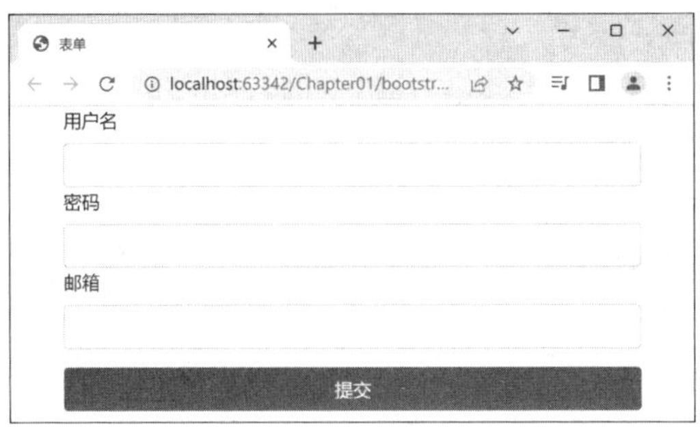

图 1.25　例 1-18 的显示效果

实战训练：个人待办项目的注册页面

微课视频

【需求描述】

根据本章所学知识，实现个人待办项目的注册页面，页面展示效果如图 1.26 所示。

图 1.26　个人待办项目的注册页面

【代码实现】

1．创建资源文件

创建 todo 文件夹，在 todo 文件夹中创建一个名为 css 的子文件夹，该子文件夹用于存放个人待办项目的样式。将 Bootstrap 框架的 bootstrap.min.css 复制到 css 文件夹下。

2．创建 header.html 页面

在 todo 文件夹中创建名为 common 的文件夹，在该文件夹中创建 header.html 的 HTML

文件，在该文件中编写实现代码，完成页面中导航栏的功能，关键代码如例 1-19 所示。

【例 1-19】header.html

```
<header>
    <nav class="navbar navbar-expand-md navbar-dark"
        style="background-color: tomato">
        <div>
           <a href="/" class="navbar-brand">友情链接</a>
        </div>
        <ul class="navbar-nav navbar-collapse justify-content-end"
            <li><a href="<%= request.getContextPath() %>/login" class="nav-link">登录</a></li>
           <li><a href="<%= request.getContextPath() %>/register" class="nav-link">注册</a></li>
          </ul>
      </nav>
  </header>
```

例 1-19 用于描述个人待办项目的顶部导航栏，其中包括友情链接、登录、注册。当用户单击“注册”时，页面将跳转到新用户注册页面。

3．创建 footer.html 页面

在 common 文件夹中创建 footer.html 文件，在该文件中编写实现代码，完成页面的底部部分，关键代码如例 1-20 所示。

【例 1-20】footer.html

```
<footer class="footer font-small black">
    <!-- Copyright -->
    <div class="footer-copyright text-center py-3" style="color: white">2022 Copyright:
        <a href="https://www.××××.net/"> <strong> 待办事项 </strong></a>
    </div>
</footer>
```

4．创建 register.html 页面

在 todo 文件夹中创建 register.html 文件，在该文件中编写实现代码，完成页面中的注册表单，关键代码如例 1-21 所示。

【例 1-21】register.html

```
<head>
    <meta charset="UTF-8">
    <title>示例页面</title>
    <!--导入 JQuery-->
    <script src="./js/jquery-3.6.0.js"></script>
    <!--导入 Bootstrap 框架-->
    <script src="./css/bootstrap.min.css"/></script>
```

```
    <script>
        $(document).ready(function () {
            // 导入头部内容
            $("#header").load("./common/header.html");
            // 导入尾部内容
            $("#footer").load("./common/footer.html");
        });
    </script>
</head>
<body>
<div id="header"></div>
<div class="container">
    <h2>用户注册</h2>
    <div class="col-md-6 col-md-offset-3">
        <form action="/" method="post">
            <div class="form-group">
                <label>昵称: </label> <input type="text"
                <input class="form-control" placeholder="请输入昵称">
            </div>
            <div class="form-group">
                <label>邮箱: </label> <input type="text"
                <input class="form-control" placeholder="请输入邮箱">
            </div>
            <div class="form-group">
                <label>账号:</label> <input type="text"
                <input class="form-control" placeholder="请输入账号">
            </div>
            <div class="form-group">
                <label for="uname">密码:</label>
                <input class="form-control" placeholder="请输入密码">
            </div>
            <button type="submit" class="btn btn-primary">提交</button>

        </form>
    </div>
</div>
<div id="footer"></div>
</body>
```

至此，注册页面的代码已经编写完成。

在实际项目开发过程中，网页中大部分的CSS文件和JavaScript文件都是由网页设计人员依照需求创建好的。通常这些定义好的样式不需要软件开发者再去改动，开发者只需将后台的相应数据展示在页面中即可。只有定义好的样式不能满足需求时，才会做相应变动。由于篇幅有限，此处不做过多描述。

1.5 本章小结

本章主要介绍了网页开发的基础知识，首先介绍了 HTML 技术，包括 HTML 简介、HTML 的常见标签等；其次介绍了 CSS 技术，包括 CSS 简介、CSS 的引入方式，以及 CSS 选择器和常用属性；然后介绍了 JavaScript 基础，包括 JavaScript 简介，以及 DOM、BOM 和 JavaScript 的使用等，最后介绍了 Bootstrap 框架基础，包括 Bootstrap 框架简介、下载与使用，以及 Bootstrap 框架的常用组件。通过对本章的学习，读者可以熟悉 HTML 标签的使用，掌握 CSS 样式的引入方式，掌握 CSS 选择器和常用属性，熟悉 DOM 与 BOM 的相关知识，掌握 JavaScript 的使用，熟悉 Bootstrap 框架的下载与使用并能掌握 Bootstrap 框架的常用组件。

1.6 习题

一、填空题

1．HTML 是英文________的缩写。

2．表格的标签是________，单元格的标签是________。

3．Bootstrap 表单控件样式为________。

4．引入 CSS 的方式有 3 种，分别为________、________、________。

5．window 的________事件在浏览器完成页面加载后立即触发。

二、判断题

1．在实际开发中，开发者只需将后台数据展示在相应页面即可，无须关心前台页面中的 JavaScript 代码。（　　）

2．HTML 文件中所有标签都是成对出现的。（　　）

3．在文档对象节点树中，具有相同父节点的节点称为“父节点”。（　　）

4．内嵌式是将 CSS 代码写在 HTML 文件的<head>标签中，并且用<style>标签定义。（　　）

5．在<input/>标签中，当 type 值为 text 时，表示的是单行文本输入框。（　　）

三、选择题

1．关于#menu{font-size:14px;}，下列描述正确的是（　　）。

A．menu 是标签选择器　　B．menu 是元素选择器

C．menu 是类选择器　　D．menu 是 id 选择器

2．分析下面的 JavaScript 代码，经过运算后 m 的值为（　　）。

```
var x=11;
var y="number";
var m=x+y;
```

A．11number　　B．number

C．11　　D．程序报错

3．下列选项中，哪个 HTML 元素中可以放置 JavaScript 代码？（　　）

A．<script>　　B．<javascript>

C．<js>　　D．<scripting>

4．在 HTML 中，（　　）标签用于在网页中创建表单。

A．<input>　　B．<select>

C．<table>　　D．<form>

5．Bootstrap 插件全部依赖（　　）。

A．JavaScript　　B．jQuery

C．AngularJS　　D．Vue JS

四、简答题

1．分别描述 HTML、CSS、JavaScript 在页面组成中的作用。

2．简述 CSS 分为哪几种选择器和各自的特点。

第2章 Java Web 概述

本章学习目标

- 掌握 XML 的语法规范。
- 了解 DTD 约束和 Schema 约束。
- 了解 C/S 架构和 B/S 架构。
- 掌握 Tomcat 服务器的安装和使用。
- 掌握在 IntelliJ IDEA 中创建和管理 Web 应用。
- 理解 HTTP 的概念和工作机制。
- 掌握 HTTP 请求消息和响应消息的含义。

随着互联网的迅速发展，国内外信息化建设已经进入了以 Web 应用为核心的阶段。本章将对 Java Web 开发中涉及的基础知识进行详细讲解，包括 XML 技术、Tomcat 服务器的安装和配置、部署 Java Web 项目和 HTTP。

2.1 XML 技术

20 世纪 90 年代以来，Internet 技术及应用不断发展，HTML 技术使 Web 成为“世界图书馆”。但是 HTML 扩展性差、交互性差、语义模糊的缺点使其难以适应 Internet 飞速发展的要求，一种标准、简洁、结构严谨、可高度扩展的 XML 技术应运而生。本节将对 XML 技术进行详细讲解。

2.1.1 XML 简介

XML（eXtensible Markup Language，可扩展标记语言）是用于标记电子文件，使其具有结构性的标记语言。XML 是互联网数据传输的重要工具，它可以跨越互联网的任何平台，不受编程语言和操作系统的限制，是一个拥有互联网最高级别通行证的数据携带者。XML 有助于在服务器之间传递结构化数据，能够帮助开发者更加得心应手地控制数据的存储和传输。XML 在语法上与 HTML 比较相似，但 HTML 中的元素是固定的，而 XML 的标签是可以由用户自定义的。接下来分别从 XML 的文档结构和 XML 与 HTML 的差异这两个方面进行讲解。

1. XML 的文档结构

每一个 XML 文档都是一个树状结构，它从“根部”扩展到“枝叶”，表现了数据间的层次关系。XML 文档的基本结构如例 2-1 所示。

【例 2-1】books.xml

```
1  <?xml version="1.0" encoding="UTF-8"?>
2  <books>
3      <book sn="SN123321">
4          <name>Java 语言程序设计</name>
5          <price>53.55</price>
6          <author>千锋教育</author>
7      </book>
8      <book sn="SN456654">
9          <name>Java Web 开发实战</name>
10          <price>54.34</price>
11          <author>千锋教育</author>
12      </book>
13  </books>
```

在例 2-1 中，第 2～11 行中的标签都是开发者自定义的，它们都被称为元素，这些元素必须成对出现。数据之间的层次关系可以通过元素保存。从例 2-1 可以分析出 XML 文档的结构。

- 声明：例 2-1 的第 1 行代码是 XML 文档的声明，它定义 XML 的版本 1.0 和所使用的编码 UTF-8。
- 根元素：第 2 行和第 13 行描述文档的根元素<books>，一个 XML 文档只能有一个根元素，该元素是该文档中其他元素的父元素。
- 子元素：在根元素中可以定义多个子元素，如例 2-1 中的<book>。每一个元素都可以包含子元素。
- 元素内容：每个元素中都可以包含一个文本内容。
- 元素属性：每一个元素都可以定义属性和属性值。

XML 文档定义的是一个以根元素为根、子元素为枝干、子元素的子元素为树叶的树状结构。在例 2-1 中，根元素是<books>，并拥有 sn 属性。文档中的所有<book>元素都被包含在<books>中，且<book>元素有 3 个子元素——<name>、<price>、<author>，它们可以使用图 2.1 所示的树状结构表示。

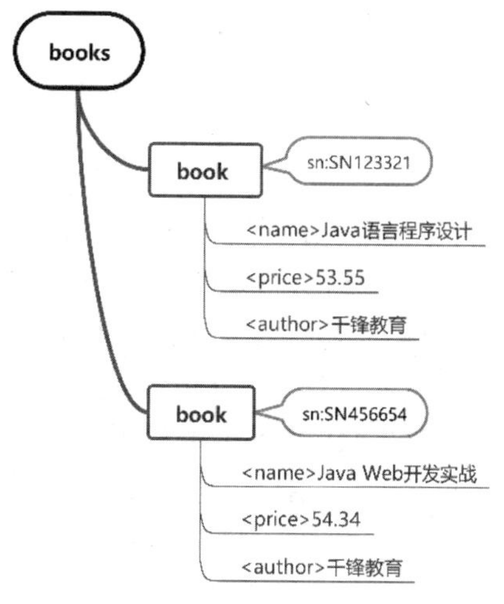

图 2.1　树状结构

2. XML 与 HTML 的差异

XML 和 HTML 都用于操作数据或数据结构，在文档结构上大致是相同的，但它们在本质上却存在明显的差异，具体如下。

- 语言类型不同。HTML 是超文本标记语言，而 XML 是可扩展标记语言。
- 功能状态不同。HTML 用于显示数据，是静态的；而 XML 用于传输数据，是动态的。
- 区分大小写。HTML 不区分大小写，而 XML 需要区分大小写。
- 标签数量。HTML 的标签数量有限，而 XML 标签是可扩展的。
- 结束标签。HTML 中不需要结束标签，而 XML 中需要结束标签。
- 预定义。HTML 中有预定义标签，而 XML 中是用户定义标签。

可以看出，XML 并不是 HTML 的替代品，它们是两种不同用途的语言，在各自的领域分别发挥着不同的作用。

2.1.2 XML 语法

从例 2-1 的结构分析可知，XML 文档中包含的根元素、子元素、元素内容和属性都是实体。XML 文档作为一种结构化的文档，为了便于被程序读取和解析必须符合一定的语法规则。接下来对这些内容的语法进行详细讲解。

1. 文档声明

XML 的文档声明要放在文档的第 1 行，且前面不能有任何字符。它能够提供关于该文档的基本信息，包括版本信息和编码格式等。文档声明的具体实现格式如下。

```
<?xml version="1.0" encoding="UTF-8"?>
```

从上述语法格式可以看出，XML 文档声明以“<?”开头，以“>”结尾；中间的 version 是必选项，代表 XML 的版本信息，常用的是 1.0 版本；encoding 是可选项，如果不填默认采用 UTF-8 编码格式。

2. XML 元素

元素是 XML 文档的基本单元，一般由开始标签、属性、元素内容和结束标签构成，具体示例如下。

```
<name>Java Web 开发实战</name>
```

其中，<name>是开始标签，</name>是结束标签。我们可以将元素看作 XML 文档的骨架，通过元素的嵌套形成了 XML 的树状结构。如果一个元素没有嵌套在其他元素内，那么这个元素就称为根元素，XML 文档有且仅有一个根元素；如果一个元素没有嵌套其他的元素，也不包含文本信息，这个元素就称为空元素。

对于 XML 中元素的使用需要注意以下几点。

- 所有的 XML 元素都必须有结束标签，省略结束标签是非法的，示例代码如下。

```
<name> Java Web 开发实战<name><br><br/>
```

提示

XML 的文档声明没有结束标签，因为文档声明不属于 XML 本身的组成部分，并不是 XML 元素，所以不需要结束标签。

- 在 XML 中所有的元素都必须正确嵌套，示例代码如下。

```
<book><name> Java Web 开发实战</book></name>
```

上述代码中，<name>元素是在<book>元素中打开的，那么它必须以</book>关闭。

- XML 文档中的空格并不会被解析器自动删除，而是完整地保留下来，示例代码如下。

```
<name>Java Web 开发 实战</name>
```

在上述代码中，“Java” 和 “Web” 之间、“开发” 和 “实战” 之间的空格会被当作文档的一部分。

3. XML 属性

类似于 HTML，XML 文档允许为 XML 元素指定属性，XML 属性定义在 XML 元素的开始标签中，例 2-1 中的<book>元素就具有 sn 属性。属性可以为元素提供额外信息，示例代码如下。

```
<bookname category="Java">Java Web 开发实战</bookname>
```

在上述代码中，category 是该元素的属性名，双引号中的 Java 是该元素的属性值。属性值必须被单引号或双引号包围。

4. XML 注释

在编写 XML 文档时，如果想备注一些附加信息或过滤掉某些内容，开发者可以通过注释的方式实现。XML 注释的语法与 HTML 注释的语法很相似，其语法格式如下。

```
<!--注释内容-->
```

注释内容不会被处理和解析，在使用过程中需要注意以下几点。

- 注释内容不能放在 XML 文档声明之前。
- XML 文档声明必须位于 XML 文档的第 1 行，XML 文档的第 1 行不能编写注释。
- 注释不能与 XML 标签交错使用，否则会破坏 XML 元素的内容。例如下面的写法是错误的。

```
<books>
    <book sn="SN123321">
        <name>Java 程序设计</name>
        <!--注释内容
        <price>53.55</price>
        <author>千锋教育</author>
    </book>
-->
</books>
```

上述 XML 等同于：

```
<books>
    <book sn="SN123321">
        <name>Java 程序设计</name>
    </book>
</books>
```

5. 转义字符

在 XML 文档中，一些字符拥有特殊的意义。为了避免把字符数据与标签中需要用到的一些特殊符号相混淆，XML 提供了转义字符的写法。

例如，在下面的示例中需要使用 “<” 表示一个条件关系。

```
<condition> 1 < 2 </condition>
```

这时解析器会认为它是元素的开始标签，把它当作新元素的开始，这样会产生 XML 错误。为了避免错误，我们可以采用 XML 提供的转义字符“<”来代替“<”字符。上面示例的正确写法如下。

```
<condition> 1 &lt; 2 </condition>
```

XML 文档提供了 5 个常用的转义字符，特殊字符和转义字符对照如表 2.1 所示。

表 2.1　　特殊字符和转义字符对照

特殊字符	转义字符	说明
<	<	小于号
>	>	大于号
&	&	与
'	'	单引号
";	"	双引号

表 2.1 列举的特殊字符，除了“<”和“>”，其他都不强制要求转义，但为了减少出错，开发者要养成在 XML 文档中使用转义字符的习惯。

6．CDATA 区

CDATA 区中嵌入的数据是不被 XML 解析器解析的。在 XML 文档中，如果某个部分出现大量需要转义的特殊字符，为了避免逐一转义的烦琐，此时可将它们放入 CDATA 区。

CDATA 区以“<![CDATA[”开始，以“]]>”结束，具体语法如下所示。

```
<condition>
<![CDATA[
1 < 2
1 < 3
1 < 4
]]>
</condition>
```

需要注意的是，CDATA 区不能嵌套使用，CDATA 区内部不能出现字符串“]]>”，CDATA 区结尾部分的“]]>”不能包含空格或换行符。

2.1.3　XML 解析

当数据被存储在 XML 文档以后，若想操作这些数据，就必须先解析 XML 文档。由于 XML 文档是结构化文档，如果仍然使用普通文件 I/O（Input/Output，输入/输出）方式进行读写，不仅效率太低，而且过程复杂。为了避免这些问题，实际开发中常采用 DOM、SAX、DOM4J 等方法对 XML 文档进行解析。

1．DOM 解析简介

DOM 是 W3C（World Wide Web，万维网）组织推荐的处理 XML 的一种标准方式。

DOM 以树状结构组织 XML 文档的每个元素，这个树状结构允许开发者在树中寻找特定信息。在解析 XML 文档时，内存中会生成与 XML 文档结构对应的 DOM 对象树。这样便能够根据树的结构，以节点形式来对文档进行操作。

图 2.2 中描述了 DOM 方式解析 XML 文档的过程，DOM 解析器负责读入 XML 文档，将该文档转成常驻内存的树状结构，然后程序代码就可以使用节点与节点之间的父子关系来访问 DOM 树，并获取每个节点所包含的数据。

图 2.2　DOM 方式解析 XML 文档

2. DOM 解析实例

下面通过一个实例演示以 DOM 方式解析 XML 文档。

（1）在 IDEA 下新建 Java 工程 xmlDemo，在 xmlDemo 项目下新建目录 lib，将从官网下载的 dom4j-2.1.3.jar 和 jaxen-1.2.0.jar 复制到 lib 目录下，用鼠标右键单击 lib 目录下的上述 JAR 包，在弹出的快捷菜单中选择 Add as Library，完成 JAR 包的导入，如图 2.3 所示。

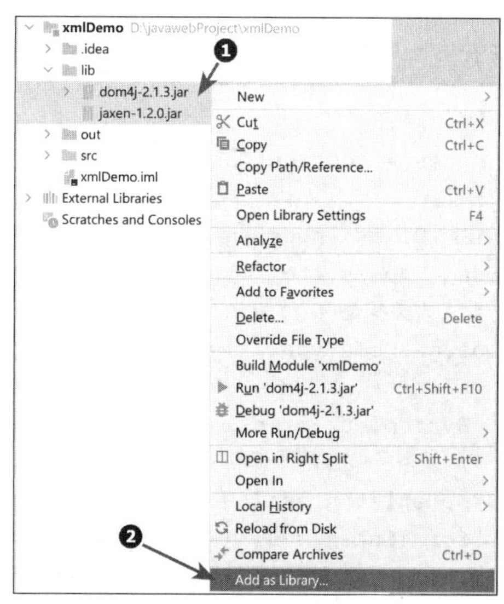

图 2.3　导入 DOM4J 的 JAR 包

（2）在工程 xmlDemo 的 src 目录下新建 book02.xml，具体代码如例 2-2 所示。

【例 2-2】book02.xml

```
<?xml version="1.0" encoding="UTF-8"?>
<booklist>
    <computerBooks>
        <bookname>Java 语言程序设计</bookname>
        <author>千锋教育高教产品研发部</author>
    </computerBooks>
    <computerBooks>
        <bookname>Java Web 开发实战</bookname>
        <author>千锋教育高教产品研发部</author>
```

```
        </computerBooks>
        <computerBooks>
            <bookname>Java EE (SSM 框架) 企业应用实战</bookname>
            <author>千锋教育高教产品研发部</author>
        </computerBooks>
</booklist>
```

（3）在 src 目录下新建测试类 TestDOM，用于解析 book02.xml 文档，关键代码如例 2-3 所示。

【例 2-3】TestDOM.java

```
//此处省略导入包的代码
public class TestDOM {
    public static void main(String[] args) throws Exception{
        //得到解析器
        DocumentBuilderFactory factory =
                DocumentBuilderFactory.newInstance();
        DocumentBuilder builder = factory.newDocumentBuilder();
        //通过解析器就可以得到代表整个内存中 XML 的 Document 对象
        Document document = builder.parse("src\\book02.xml");
         //获取根节点
         Element root = document.getDocumentElement();
         System.out.println("根节点名称为: "+root.getNodeName());
         //获取根元素的所有子节点
         NodeList nodes = root.getChildNodes();
         //遍历所有子节点
         for (int i = 0; i < nodes.getLength(); i++) {
           Node node = nodes.item(i);
           //如果子节点的类型是一个元素，输出元素名称
            if (node.getNodeType() == Node.ELEMENT_NODE) {
                    Element child = (Element) node;
                    System.out.println(child.getNodeName());
                    //获取子节点的子节点
                    NodeList nodes2 = child.getChildNodes();
                    for (int j = 0; j < nodes2.getLength(); j++) {
                      Node node_2 = nodes2.item(j);
                      if (node_2.getNodeType() == Node.ELEMENT_NODE) {
                          Element child_2 = (Element) node_2;
                          //输出该节点的名称和文本内容
                           System.out.println(child_2.getNodeName()+
               ":"+child_2.getTextContent());
                      }
                  }
              }
         }
    }
}
```

运行该测试类，执行结果如图 2.4 所示。

从图 2.4 可以看出，Java 程序已成功解析 book02.xml 文档中的信息并输出到控制台。

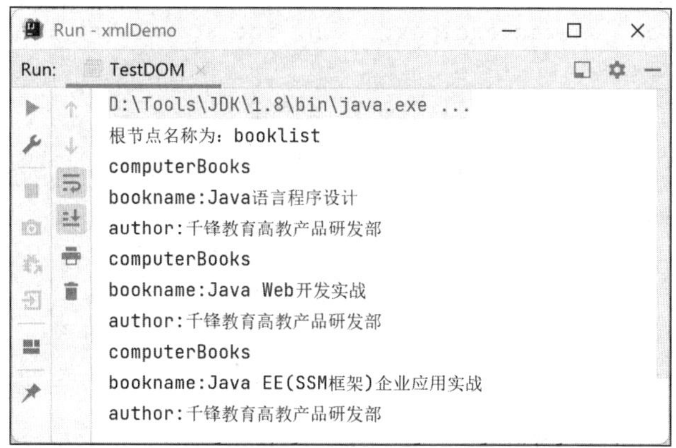

图 2.4　例 2-3 的运行效果

3. SAX 解析简介

与 DOM 不同，SAX（Simple API for XML，XML 简单应用程序接口）采用事件机制来解析 XML 文档，它基于事件驱动，是一种快速读取 XML 的方式。

通过 SAX 方式解析 XML 文档涉及两个部分：SAX 解析器和 SAX 事件处理器。在处理 XML 文档时，解析器遇到文档开始、元素开始、文本、元素结束和文档结束时会触发对应的事件，这些事件中封装了 XML 元素。事件处理器是用来监听并处理解析器触发的事件的，从事件处理器中可以获得解析器封装的文档内容。

图 2.5 描述了 SAX 方式解析 XML 文档的过程。当 SAX 解析器对文档进行解析时，会触发一系列事件，这些事件将被 SAX 事件处理器监听。开发者要在 SAX 事件处理器中定义处理事件的方法，当监听到事件时，相应的方法将被调用。

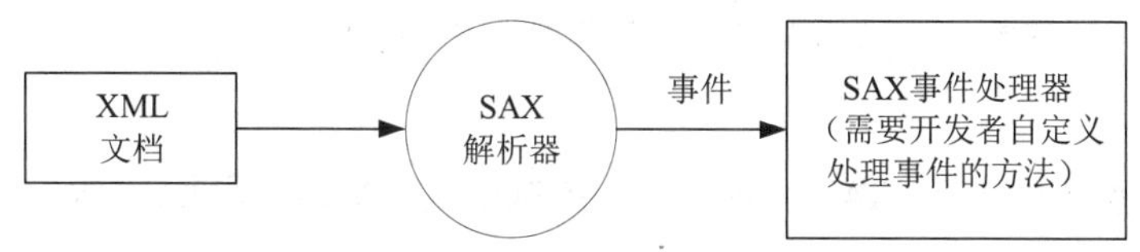

图 2.5　SAX 方式解析 XML 文档

4. SAX 解析实例

为了让大家理解得更加深刻，下面通过一个实例演示如何用 SAX 方式解析 book02.xml 文档。新建一个类 MyHandler，将该类作为事件处理器，该类需要继承 SAX 提供的 DefaultHandler 类并重写其中的方法，如例 2-4 所示。

【例 2-4】MyHandler.java

```
//此处省略导入包的代码
public class MyHandler extends DefaultHandler{
    //当前元素中的数据
    private String content;
    //取得元素数据
    @Override
```

```
    public void characters(char[] ch, int start, int length) throws
         SAXException {
       content=new String(ch,start,length);
     }
     //在解析整个文档结束时调用
     @Override
     public void endDocument() throws SAXException {
         System.out.println("结束文档");
     }
     //在解析元素结束时调用
     @Override
     public void endElement(String uri, String localName, String name)
          throws SAXException {
          //如果元素内容去掉空格的长度大于 0，输出该元素内容
           if (content.trim().length()>0) {
           System.out.println("元素内容 :"+content.trim());
     }
          System.out.println("结束标签:"+name);
     }
     //在解析整个文档开始时调用
     @Override
     public void startDocument() throws SAXException {
         System.out.println("开始文档");
     }
     //在解析元素开始时调用
     @Override
     public void startElement(String uri, String localName, String
          name,Attributes attributes) throws SAXException {
         System.out.println("开始标签 :"+name);
     }
 }
```

接下来，新建一个类 TestSAX，该类用于测试通过 SAX 解析 XML 文档，如例 2-5 所示。

【例 2-5】TestSAX.java

```
//此处省略导入包的代码
public class TestSAX {
  public static void main(String[] args) throws Exception{
      //创建 SAX 解析器工厂
      SAXParserFactory factory = SAXParserFactory.newInstance();
        //创建 SAX 解析器实例
      SAXParser parser = factory.newSAXParser();
      InputStream in = TestSAX.class.
           getClassLoader().getResourceAsStream("book02.xml");
        //解析文件，引入对应的事件处理器
      parser.parse(in, new MyHandler());
  }
}
```

运行该测试类，运行结果如图 2.6 所示。

从图 2.6 可以看出，Java 程序已成功解析 book02.xml 文档中的信息并输出到控制台。

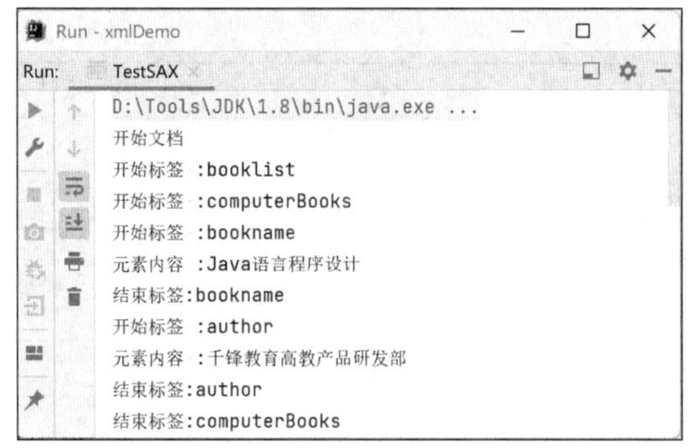

图 2.6 例 2-5 的运行结果

5. DOM 与 SAX 的对比

DOM 通过把 XML 文档转换成 DOM 树进行解析，SAX 采用事件机制对 XML 文档进行解析。作为解析 XML 文档的重要方式，DOM 与 SAX 之间存在很大的区别，具体如表 2.2 所示。

表 2.2 DOM 与 SAX 对比

对比项	DOM	SAX
解析机制	DOM	触发事件
资源占用	一次性将整个 XML 文档读入内存并转换成 DOM 树，解析速度慢，占用内存资源多	按顺序逐行解析，无须将 XML 文档一次性全部装入，速度快，占用内存资源较少
访问与修改	既可读取元素内容，也可修改元素内容，在整个解析过程中，DOM 树常驻内存，支持重复访问	只能访问元素内容，不支持修改元素内容，不保存已访问内容；想要重复访问，只能再次解析
应用场景	1．需要对 XML 文档进行修改 2．需要随机对 XML 文档进行访问	1．对大型 XML 文档进行处理 2．只需要 XML 文档的部分内容，或者只需要从 XML 文档中得到特定信息 3．开发者想自定义对象模型

6. DOM4J 简介

DOM4J 是一个开源 XML 解析包。从表面看，它类似于前面讲过的 DOM 机制，但实质上，DOM4J 的处理方式比 DOM 机制的处理方式更简单一些。

DOM4J 采用面向接口的方式处理 XML 文档，它对底层原始的多种 XML 解析器进行了高度封装，完全支持 DOM、SAX 等机制，很大程度上简化了 XML 的解析方式。

DOM4J 的最大特色是其提供的接口。在使用 DOM4J 进行 XML 解析时，开发者只需调用接口实现相关功能，无须关注接口的底层实现。关于 DOM4J 的常用接口，具体如表 2.3 所示。

表 2.3 DOM4J 的常用接口

接口名称	功能描述
interface org.dom4j.Node	它是 DOM4J 树中所有元素的根接口
interface org.dom4j.Attribute	定义了 XML 元素的属性
interface org.dom4j.Branch	能够包含子节点的节点，子接口是 Element 和 Document

续表

接口名称	功能描述
interface org.dom4j.CDATA	定义了 XML CDATA 区
interface org.dom4j.CharacterData	是一个标识接口，标识基于字符的节点，是所有文本元素的父接口
interface org.dom4j.Comment	定义了 XML 的注释内容
interface org.dom4j.Document	定义了 XML 文档
interface org.dom4j.DocumentType	定义了 XML DOCTYPE 声明
interface org.dom4j.Element	定义了 XML 元素
interface org.dom4j.ElementHandler	定义了 Element 对象的处理器
interface org.dom4j.ElementPath	被 ElementHandler 使用，用于取得当前正在处理的路径层次信息
interface org.dom4j.Entity	定义了 XMLentity
interface org.dom4j.NodeFilter	定义了在 DOM4J 节点中产生的一个滤镜或谓词（Predicate）的行为
interface org.dom4j.Text	定义了 XML 文本内容
interface org.dom4j.Visitor	用于实现 Visitor 模式
interface org.dom4j.XPath	在分析一个字符串后会提供一个 XPath 表达式

7. DOM4J 解析实例

前面已经提到，使用 DOM4J 解析 XML 文档是相对简单的，下面通过一个案例进行演示。新建一个测试类 TestDOM4J，该类用于测试通过 DOM4J 解析 book02.xml 文档，如例 2-6 所示。

【例 2-6】TestDOM4J.java

```
//此处省略导入包的代码
public class TestDOM4J {
  public static void main(String[] args) throws Exception {
      //获取解析器
      SAXReader reader = new SAXReader();
      InputStream in =TestDOM4J.class.
           getClassLoader().getResourceAsStream("book02.xml");
      Document doc = reader.read(in);
      //获取根节点
      Element root = doc.getRootElement();
      System.out.println("根节点名称为: "+root.getName());
      //调用方法
      findElements(root);
   }
   public static void findElements(Element e){
      List eleList = e.elements();
      for (Object ele : eleList) {
          Element element =(Element)ele;
          if (element.isTextOnly()) {
              System.out.println(element.getName()+":"+element.getText());
          }
          else{
```

```
                    System.out.println(element.getName());
                    findElements(element);
                }
            }
        }
    }
```

运行 TestDOM4J 测试类，运行结果如图 2.7 所示。

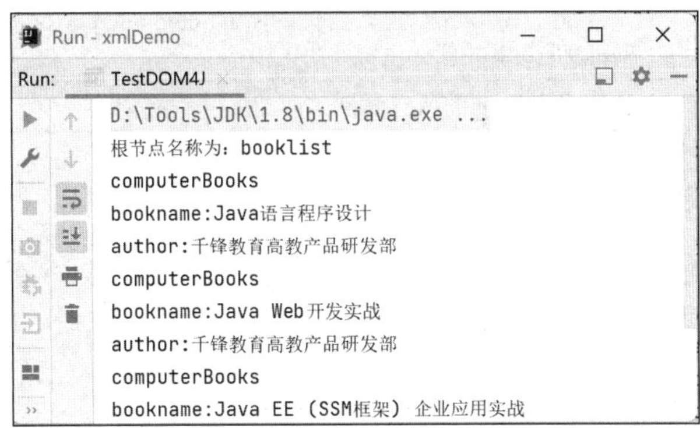

图 2.7　例 2-6 的运行结果

从图 2.7 可以看出，Java 程序已成功解析 book02.xml 文档中的信息并输出到控制台。

8. XPath 解析简介

XPath（XML Path Language，XML 路径语言）是一门在 XML 文档中查找信息的语言。XPath 的功能有些类似于 SQL（Structure Query Language，结构查询语言）的功能，发送 SQL 命令可以从数据库中获得需要的数据，同样，通过给出 XPath 路径信息则可以从 XML 文档中查找出符合条件的元素。

XPath 是 W3C XSLT（eXtensible Stylesheet Language Transformation，扩展样式表转换语言）标准的核心因素，应用非常广泛。本书主要针对在 DOM4J 中使用 XPath 技术进行讲解。

要使用 XPath 获取 XML 文档中的节点或节点集，首先要理解路径表达式的概念。XPath 的路径表达式对语法有一定的要求，XPath 中常用的特殊字符具体如表 2.4 所示。

表 2.4　XPath 中常用的特殊字符

常用的特殊字符	功能描述
nodename	选取此节点的所有子节点
/	从根节点选取
//	从匹配选择的当前节点选择文档中的节点，而不考虑它们的位置
.	选取当前节点
..	选取当前节点的父节点
@	选取属性

为了让大家理解表 2.4 中特殊字符的用法，下面给出一些常用的路径表达式实例，具体如表 2.5 所示。

表 2.5　XPath 的路径表达式实例

表达式实例	说明
booklist	选取 booklist 的所有子节点
/booklist	选取根节点 booklist
booklist/computerbooks	选取属于 booklist 的子元素的所有 computerbooks 元素
//computerbooks	选取所有 computerbooks 子元素，而不管它们在文档中的位置
booklist//computerbooks	选择属于 booklist 元素后代的所有 computerbooks 元素，而不管它们位于 booklist 之下的什么位置
//@lang	选取名为 lang 的所有属性

9. XPath 解析实例

学习了 XPath 路径表达式的概念，下面通过一个实例演示在 DOM4J 中使用 XPath 技术。新建类 TestXPath，代码如例 2-7 所示。

【例 2-7】TestXPath.java

```
//此处省略导入包的代码
public class TestXPath {
    public static void main(String[] args) throws Exception {
        //加载流文件
        InputStream is = TestXPath.class.getClassLoader().
                getResourceAsStream("book02.xml");
        //核心类
        SAXReader saxReader = new SAXReader();
        Document document = saxReader.read(is);
        //XPath 路径表达式表示所有 computerBooks 下子元素 bookname 的文本内容
        String XPath ="//computerBooks//bookname";
        List nodes = document.selectNodes(XPath);
        for (int i = 0; i < nodes.size(); i++) {
            Node node = (Node) nodes.get(i);
            System.out.println(node.getText());
        }
    }
}
```

运行 TestXPath 测试类，运行结果如图 2.8 所示。

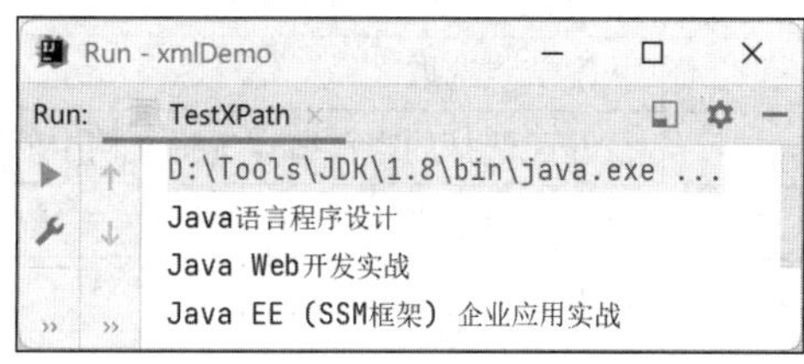

图 2.8　例 2-7 的运行结果

从图 2.8 可以看出，Java 程序已成功解析 book02.xml 文档中的信息并输出到控制台。

2.2 Web 基础知识

Web 技术是互联网应用中流行、使用范围大、发展快、具有潜力的一类技术。随着微博、移动 App、微信小程序等一系列新型互联网产品的诞生，基于 Web 环境的互联网应用越来越广泛。本节将介绍程序开发体系架构和 Tomcat 服务器。

2.2.1 程序开发体系架构

最初，开发者通过集成本地系统服务的方式来构建应用程序，但随着网络技术的不断发展，网络应用程序的规模和复杂程度的增加，网络程序开发体系架构的选择显得尤为重要。目前，应用最多的程序开发体系架构可以分为两种：C/S（Client/Server，客户端/服务器）架构和 B/S（Browser/Server，浏览器/服务器）架构。本小节将对这两种程序开发体系架构进行详细介绍。

1. C/S 架构

在 C/S 架构中，服务器通常采用高性能的 PC 或工作站，并采用大型数据库系统（如 Oracle 或 SQL Server），客户端则需要安装专用的客户端软件，这种架构可以充分利用两端硬件环境的优势，将任务合理分配到客户端和服务器，从而降低系统的通信开销，如图 2.9 所示。

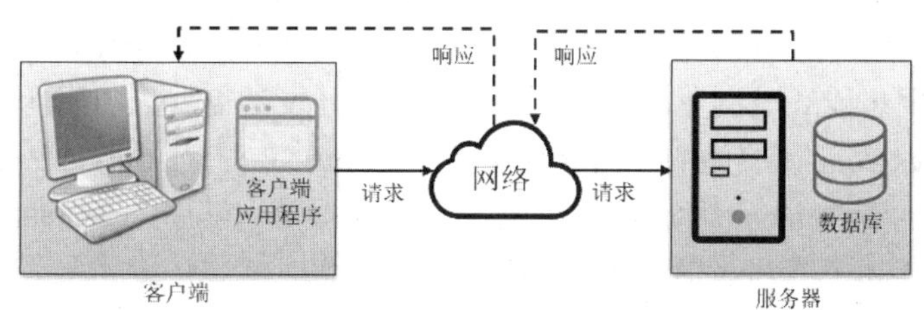

图 2.9 C/S 架构

从图 2.9 可以看出，在 C/S 架构中必须安装客户端，将用户的界面操作、业务逻辑都放在客户端处理，而将数据操作放在服务器处理。服务器需要一直保持数据库连接，网络资源消耗大，负担过重，且一旦业务逻辑发生改变必须更改所有客户端程序，这样会给系统维护带来很大困难。

2. B/S 架构

Internet 的发展给传统应用软件的开发带来了深刻的影响，此时一种新的、灵活性更高的体系架构——B/S 架构被广泛采用。在 B/S 架构中，用户无须安装专门的客户端应用程序，而统一采用如 Chrome 和火狐等 Web 浏览器，通过 Web 浏览器向 Web 服务器发送请求，由 Web 服务器进行处理，并将处理结果逐级传回客户端。这种结构利用不断成熟和普及的浏览器技术实现专用客户端才能实现的强大功能，从而节约了开发成本。

从图 2.10 可以看出，浏览器通过 Web 服务器与数据库服务器建立连接，有效地解决了数据库服务器负担过重的问题。这种架构已经成为当今应用软件的首选体系架构。

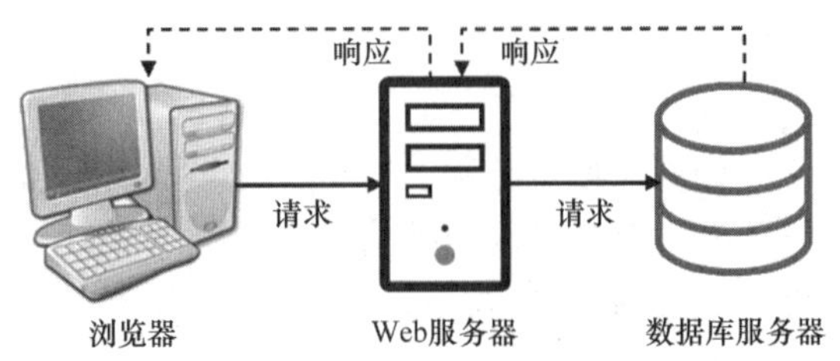

图 2.10　B/S 架构

C/S 架构和 B/S 架构在当今世界网络程序开发体系架构中都有自己的市场份额和客户群，它们各有各的优点和缺点。C/S 架构响应速度快，安全性强，一般应用于局域网中，但是开发和维护成本较高；B/S 架构可以实现跨平台，客户端零维护，但是个性化能力弱，响应速度较慢。因此，很多企业在日常办公中应用 B/S 架构，在实际生产中使用 C/S 架构。

2.2.2　Tomcat 服务器的安装和启动

服务器分为服务器硬件和服务器软件。在服务器硬件上安装了服务器软件，才可以对外提供服务。服务器硬件通常是指在互联网上具有独立 IP 地址的计算机，对配置要求比较高，比如自己的计算机也可以作为服务器使用，但是配置会比较低。服务器软件是一种计算机程序，分为多种类型，例如 FTP（File Transfer Protocol，文件传送协议）服务器、数据库服务器、邮件服务器等。Web 服务器也是一种服务器软件，是运行及发布 Web 应用的容器。在开发过程中，为了使用户能通过浏览器访问网上的资源，开发者需要先将资源发布到 Web 服务器中。能够发布 Java Web 程序的服务器需要支持 Servlet/JSP（Java Server Pages，Java 服务器页面）规范，常见的有 Tomcat 服务器、WebLogic 服务器等。其中，Tomcat 服务器应用广泛且易于初学者掌握，本书在讲解时均使用 Tomcat 服务器。

1．Tomcat 服务器简介

Tomcat 是 Apache 软件基金会（Apache Software Foundation）的 Jakarta 项目中的一个核心项目。由于 Tomcat 服务器技术先进、性能稳定，而且免费，因而深受 Java 开发者的喜爱并得到了部分软件开发商的认可，成为比较流行的 Web 服务器。

Tomcat 服务器免费开放源代码，属于轻量级应用服务器，在中小型系统和并发访问用户不是很多的场合下被普遍使用，它是开发和调试 JSP 程序的首选。当在一台机器上配置好 Apache 服务器后，利用它可响应 HTML 页面的访问请求。Tomcat 是 Apache 服务器的扩展，但它实际上作为一个与 Apache 独立的进程单独运行。

Tomcat 服务器的功能随着版本的升级不断完善和增强，且新版本能向下兼容，本书中使用 Tomcat 8.5。读者可根据需要自行下载其他版本进行学习。

2．Tomcat 服务器的安装

Tomcat 官网提供了多种版本的 Tomcat 安装包，下面分步骤讲解 Tomcat 8.5 的下载及安装。需要注意的是，由于 Tomcat 基于 Java 开发，因此安装 Tomcat 之前需要先安装 JDK（Java

Development Kit，Java 开发工具箱）。JDK 的安装是 Java 基础课程的内容，读者可以到本书同系列教材《Java 程序设计基础与实战（微课版）》中查阅相关资料，此处不赘述。

（1）打开浏览器，进入 Tomcat 官网，如图 2.11 所示。

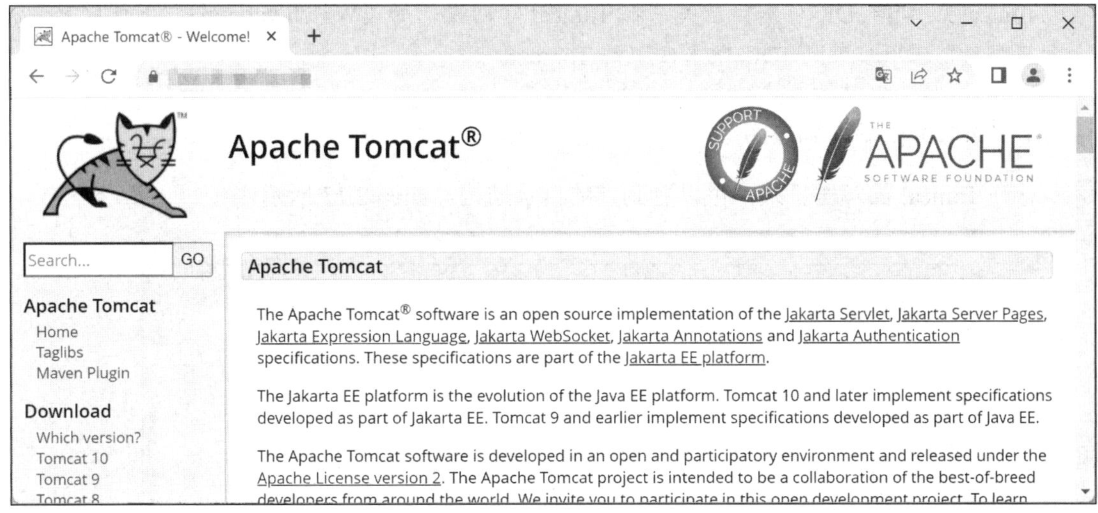

图 2.11　Tomcat 官网首页

（2）在官网首页左侧的“Download”列表中列出了 Tomcat 各种版本的下载超链接。单击 Tomcat 8.5 的超链接，进入 Tomcat 8.5 的下载页面，如图 2.12 所示。

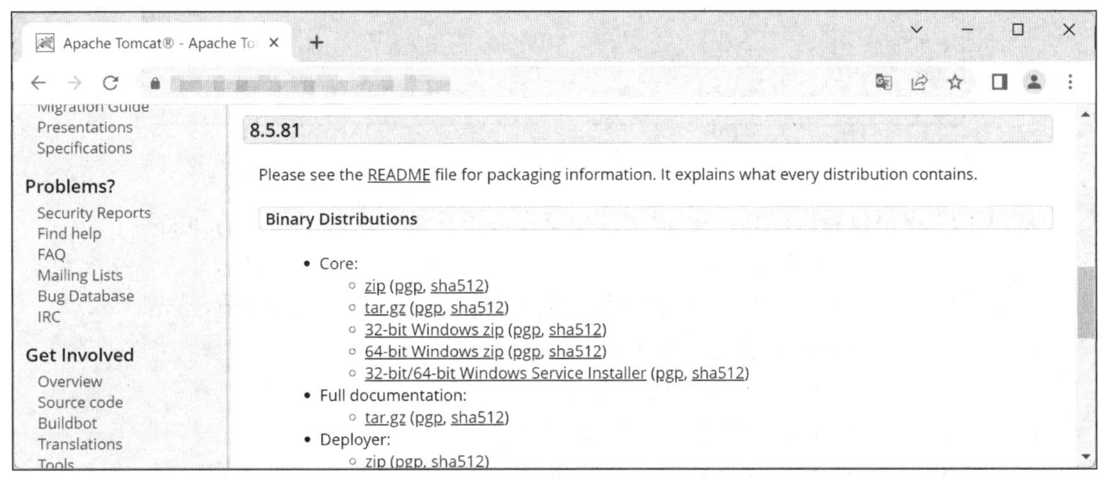

图 2.12　Tomcat 8.5 下载页面

从图 2.12 所示的下载页面中可以看到，在“Core”节点下包含不同的安装文件。其中，tar.gz 是针对 Linux 操作系统的。对于 Windows 操作系统，Tomcat 提供了两种安装文件：一种是 32 位或 64 位的 Windows Service Installer 安装程序；另一种是 32 位或 64 位的 ZIP 压缩包，这种压缩包是免安装的，直接解压即可使用。由于本机使用 Windows 64 位操作系统，因此选择下载 64-bit Windows zip 压缩包，读者在下载时应根据自己的计算机硬件环境选择。

（3）单击 64-bit Windows zip 超链接，下载压缩包。将压缩包解压到指定目录，例如，解压到 D:\develop\apache-tomcat-8.5.81，这样就可以使用 Tomcat 的相关功能了。

提示

Tomcat 版本和 JDK 版本对应关系在 Tomcat 官网左侧的“Which version?”下可以查看。注意下载与自己所安装的 JDK 版本匹配的 Tomcat。

3. Tomcat 的启动和关闭

打开 Tomcat 的解压目录，可以看到它的目录结构，如图 2.13 所示。

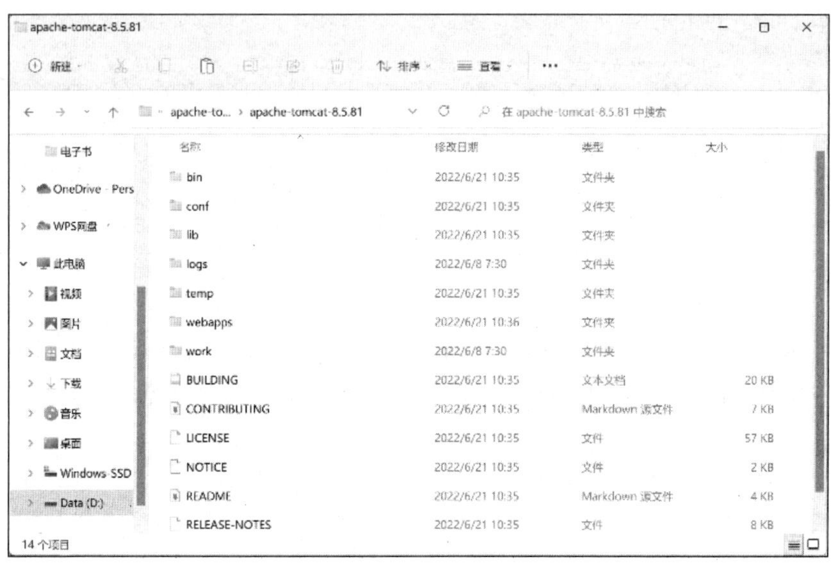

图 2.13　Tomcat 8.5 的目录结构

从图 2.13 中可以看出，Tomcat 根目录中有许多子目录，这些子目录的功能如下。

- bin：存放启动与关闭 Tomcat 的脚本文件。
- conf：存放 Tomcat 的各种配置文件，其中最主要的配置文件是 server.xml。
- lib：存放 Tomcat 运行时所需的 JAR 包。
- logs：存放 Tomcat 运行时的日志文件。
- temp：存放 Tomcat 运行时所产生的临时文件。
- webapps：存放 Web 应用程序，默认情况下把 Web 资源放于此目录。
- work：存放由 JSP 生成的 Servlet 源文件和字节码文件，由 Tomcat 自动生成。

接下来讲解如何启动 Tomcat。Tomcat 的 bin 目录存放了启动和关闭 Tomcat 的脚本文件。打开 bin 目录，用鼠标左键双击 startup.bat，这时 Tomcat 服务器便会启动，出现启动提示信息，如图 2.14 所示。

这时，打开浏览器，输入网址 http://localhost:8080/或 http://127.0.0.1:8080/（其中 localhost 或 127.0.0.1 表示本地计算机，8080 表示 Tomcat 服务器的端口号），如果出现图 2.15 所示的 Tomcat 的默认主页，表示 Tomcat 服务器已成功启动。

```
Tomcat
21-Jun-2022 13:57:59.825 淇℃伅 [main] org.apache.catalina.startup.VersionLoggerListener.lo
g Server.鐗堟湰鍚嶇О: Apache Tomcat/8.5.81

21-Jun-2022 13:57:59.830 淇℃伅 [main] org.apache.catalina.startup.VersionLoggerListener.lo
g 鏈嶅姟鍣ㄦ瀯寤? Jun 8 2022 21:30:15 UTC

21-Jun-2022 13:57:59.831 淇℃伅 [main] org.apache.catalina.startup.VersionLoggerListener.lo
g 鏈嶅姟鍣ㄧ増鏈彿: 8.5.81.0
21-Jun-2022 13:57:59.831 淇℃伅 [main] org.apache.catalina.startup.VersionLoggerListener.lo
g 鎿嶄綔绯荤粺鍚嶇О: Windows 10
21-Jun-2022 13:57:59.831 淇℃伅 [main] org.apache.catalina.startup.VersionLoggerListener.lo
g OS.鐗堟湰: 10.0
21-Jun-2022 13:57:59.831 淇℃伅 [main] org.apache.catalina.startup.VersionLoggerListener.lo
g 鏋舵瀯: amd64
21-Jun-2022 13:57:59.831 淇℃伅 [main] org.apache.catalina.startup.VersionLoggerListener.lo
g Java 鐜 鍙橀噺: D:\Tools\JDK\1.8\jre
21-Jun-2022 13:57:59.832 淇℃伅 [main] org.apache.catalina.startup.VersionLoggerListener.lo
g Java铏氭嫙鏈虹増鏈? 1.8.0_322-b06

21-Jun-2022 13:57:59.832 淇℃伅 [main] org.apache.catalina.startup.VersionLoggerListener.lo
g JVM.渚涘簲鍟? Azul Systems, Inc.

21-Jun-2022 13:57:59.832 淇℃伅 [main] org.apache.catalina.startup.VersionLoggerListener.lo
```

图 2.14　Tomcat 启动提示信息

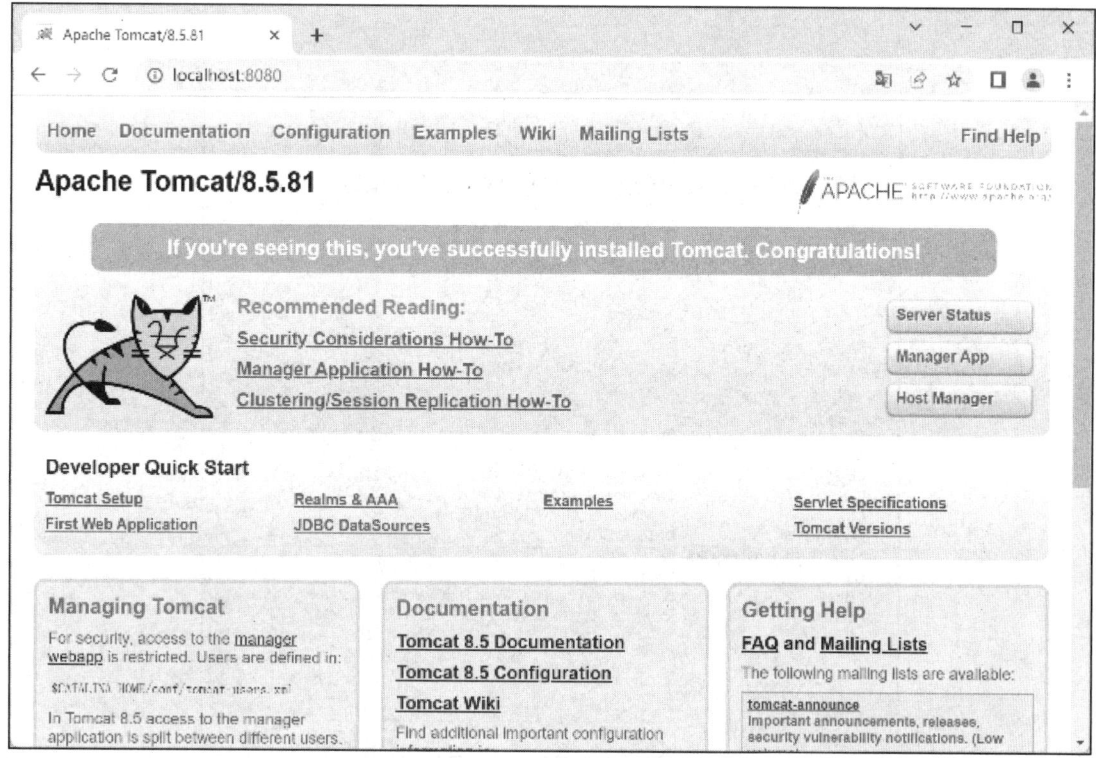

图 2.15　Tomcat 默认主页

成功启动 Tomcat 后，若想关闭它，双击 bin 目录下的 shutdown.bat 命令即可。

提示

在安装和启动 Tomcat 的过程中，可能会遇到双击 startup.bat 脚本文件之后，命令行窗口闪退的情况，也可能会出现启动提示信息中文乱码的情况。下面会讲解如何解决这些问题。

4．Tomcat 的常见问题

（1）双击 startup.bat 出现闪退

在启动 Tomcat 时可能会遇到双击 bin 目录中的 startup.bat 脚本文本时，命令行一闪而过的情况。通常出现这种情况的原因是 Tomcat 的运行依赖 JDK，需要正确配置 JDK 环境。在进行 Java 基础程序开发时，开发者需要在“环境变量”对话框的 Path 变量中指定 JDK 的 bin 目录位置，但这种方式不适用于启动 Tomcat 服务器，因为 Tomcat 的启动不仅依赖 JDK 的 bin 目录中的文件，还需要获取 JRE（Java Runtime Environment，Java 运行环境）的安装位置。此时，正确配置 JDK 的方式是右击“此电脑”，依次选择“属性”→“高级系统设置”→“环境变量”，打开图 2.16 所示的对话框。

在“系统变量”中新建“JAVA_HOME”变量，变量值设置为 JDK 的安装路径，例如本书中 JDK 的安装路径为“D:\Tools\JDK\1.8”，JAVA_HOME 变量的配置如图 2.17 所示。

编辑“系统变量”的 Path 变量，添加“%JAVA_HOME%\bin”与“%JAVA_HOME%\jre\bin”，如图 2.18 所示。

图 2.16 “环境变量”对话框

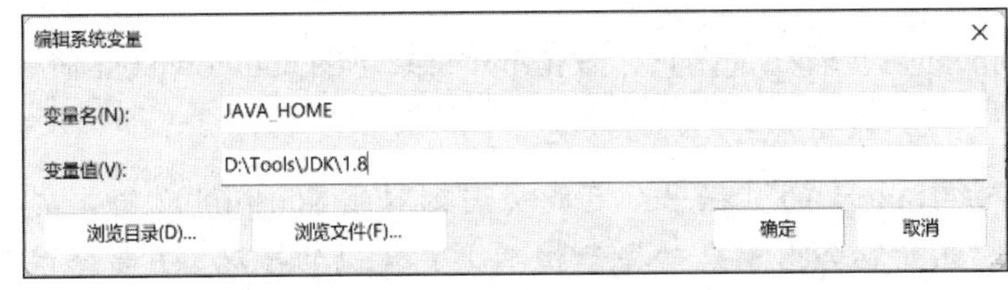

图 2.17 JAVA_HOME 变量

图 2.18　Path 变量

至此，全部配置完成。此时可以先打开命令行窗口，测试 JDK 是否安装成功，最后单击 startup.bat 文件测试是否能成功启动 Tomcat。

（2）8080 端口占用启动失败

Tomcat 在启动时，可能出现启动失败的情况，原因可能是已经有一个进程占用了 8080 端口（8080 端口是 Tomcat 的默认端口）。那么，此时可以打开命令行输入“netstat-ano”查看所有进程的端口号与它们的 PID，找到占用 8080 端口的进程对应的 PID，如图 2.19 所示。

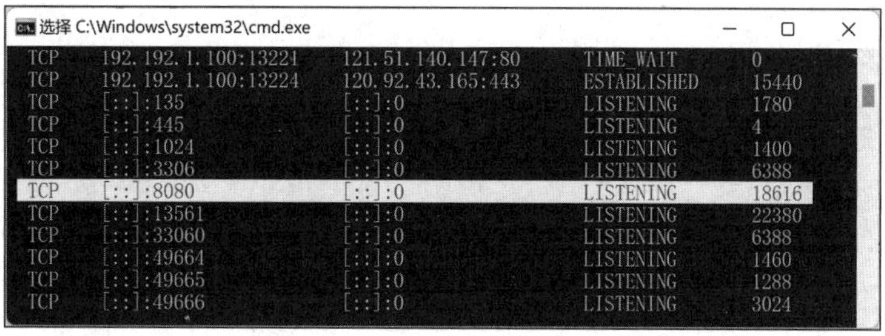

```
选择 C:\Windows\system32\cmd.exe
TCP    192.192.1.100:13221   121.51.140.147:80    TIME_WAIT      0
TCP    192.192.1.100:13224   120.92.43.165:443    ESTABLISHED    15440
TCP    [::]:135              [::]:0               LISTENING      1780
TCP    [::]:445              [::]:0               LISTENING      4
TCP    [::]:1024             [::]:0               LISTENING      1400
TCP    [::]:3306             [::]:0               LISTENING      6388
TCP    [::]:8080             [::]:0               LISTENING      18616
TCP    [::]:13561            [::]:0               LISTENING      22380
TCP    [::]:33060            [::]:0               LISTENING      6388
TCP    [::]:49664            [::]:0               LISTENING      1460
TCP    [::]:49665            [::]:0               LISTENING      1288
TCP    [::]:49666            [::]:0               LISTENING      3024
```

图 2.19　进程端口号和 PID

然后打开任务管理器，打开“详细信息”选项卡，找到对应的 PID，单击“结束任务”按钮即可，如图 2.20 所示。

此时，再重新启动 Tomcat 服务器，在浏览器中输入“localhost:8080”就可以看到 Tomcat 的默认主页。

此外，还可以使用另一种方式解决端口占用问题，即修改 Tomcat 自身的端口号。使用记事本打开 Tomcat 目录下 conf 文件夹中的 server.xml 文件（Tomcat 的配置文件），找到<Connector>标签，如图 2.21 所示。

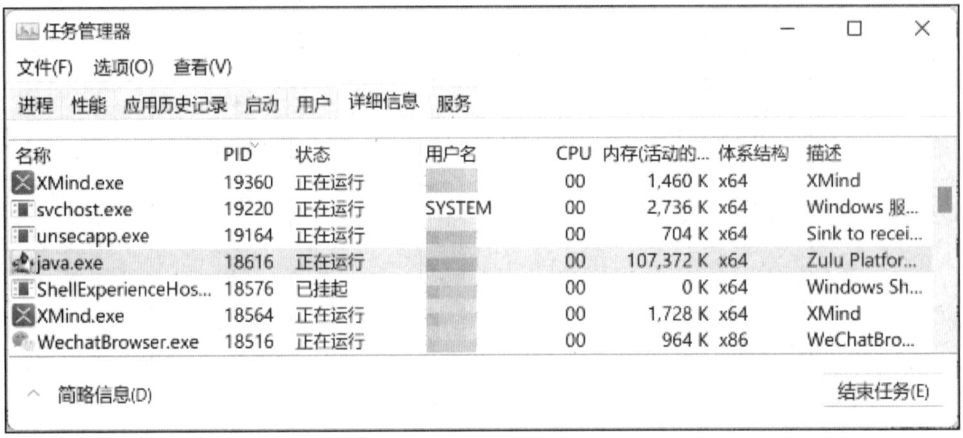

任务管理器

文件(F) 选项(O) 查看(V)

进程 性能 应用历史记录 启动 用户 详细信息 服务

名称	PID	状态	用户名	CPU	内存(活动的...	体系结构	描述
XMind.exe	19360	正在运行		00	1,460 K	x64	XMind
svchost.exe	19220	正在运行	SYSTEM	00	2,736 K	x64	Windows 服...
unsecapp.exe	19164	正在运行		00	704 K	x64	Sink to recei...
java.exe	18616	正在运行		00	107,372 K	x64	Zulu Platfor...
ShellExperienceHos...	18576	已挂起		00	0 K	x64	Windows Sh...
XMind.exe	18564	正在运行		00	1,728 K	x64	XMind
WechatBrowser.exe	18516	正在运行		00	964 K	x86	WeChatBro...

简略信息(D) 结束任务(E)

图 2.20　任务管理器

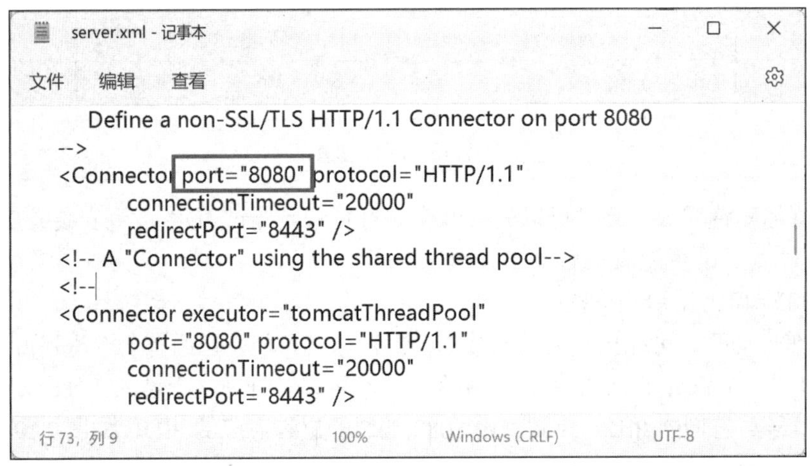

图 2.21　server.xml 文件

在图 2.21 标注的位置，将“port”后的端口值修改为 80 即可。此时，在浏览器中需要输入“localhost:80”访问 Tomcat 服务器，打开页面后发现 80 端口号消失了，这是因为 80 是 HTTP 的默认端口号，访问监听 80 端口的 Web 应用时，端口号可以省略不写。

2.2.3　在 IntelliJ IDEA 中配置 Tomcat

在实际开发中，为了提升开发效率、简化操作，通常使用 IntelliJ IDEA 等集成开发工具来管理 Tomcat 服务器。本小节将对在 IntelliJ IDEA 中创建 Java Web 项目并将项目部署在 Tomcat 服务器上的方法进行详细讲解。

（1）在 IntelliJ IDEA 中新建一个普通 Java Web 项目：依次单击菜单栏的“File”→“New”→“New Project”选项，打开“New Project”界面，在界面的左侧选择“Java”选项，在“Project SDK”中选择要使用的 JDK 后单击“Next”按钮，如图 2.22 所示。

（2）将项目名称命名为 WebProjectDemo，并选择项目在磁盘中的存放路径，再单击“Next”按钮。完成 WebProjectDemo 项目的创建，如图 2.23 所示。

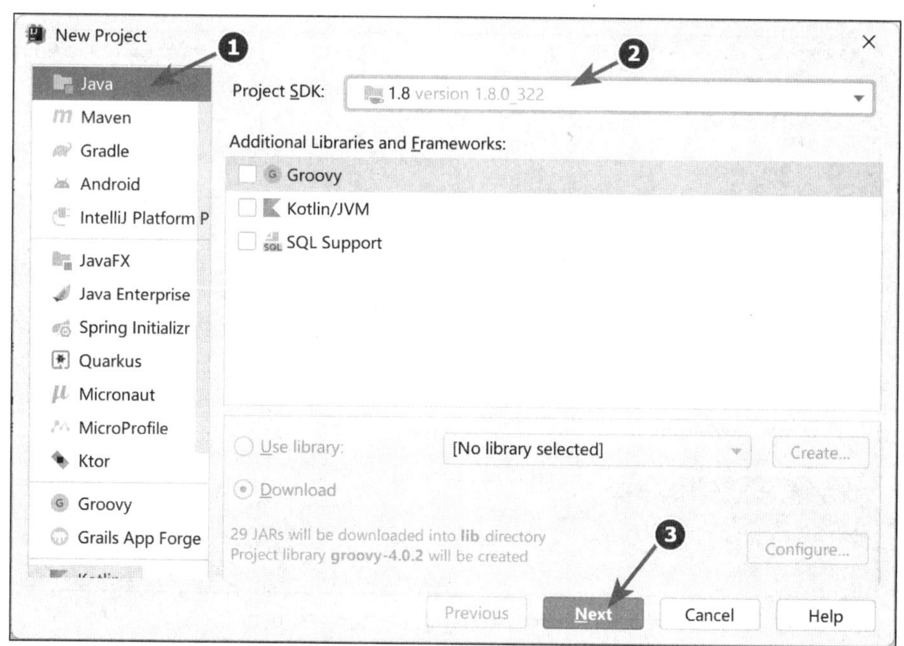

图 2.22　“New Project”界面

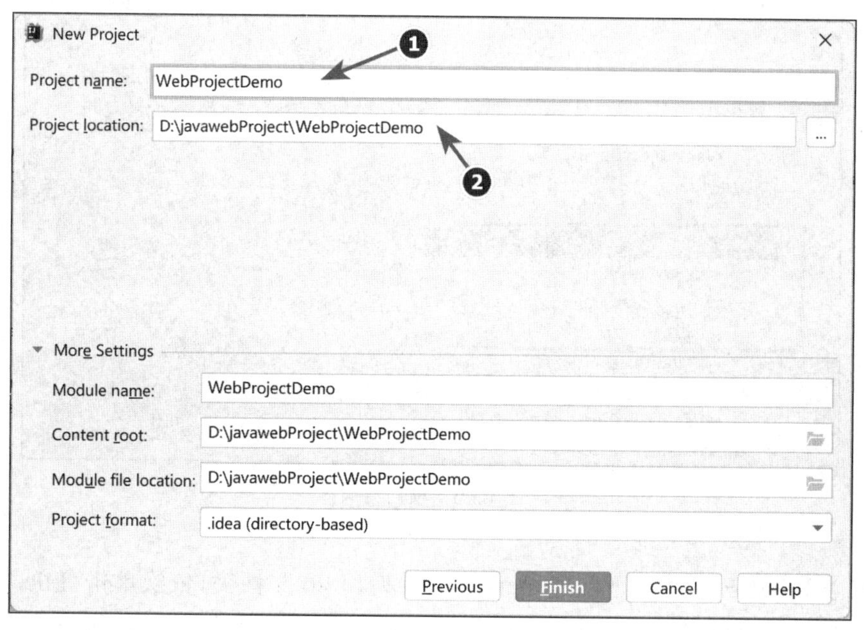

图 2.23　命名项目

（3）打开 IntelliJ IDEA 主界面后，选中项目并单击鼠标右键，在弹出的快捷菜单中选择“Add Framework Support”，然后在打开的界面中选择添加 Web 应用支持，如图 2.24 所示。

（4）单击“OK”按钮后，可以看到项目生成了 web 文件夹，如图 2.25 所示。

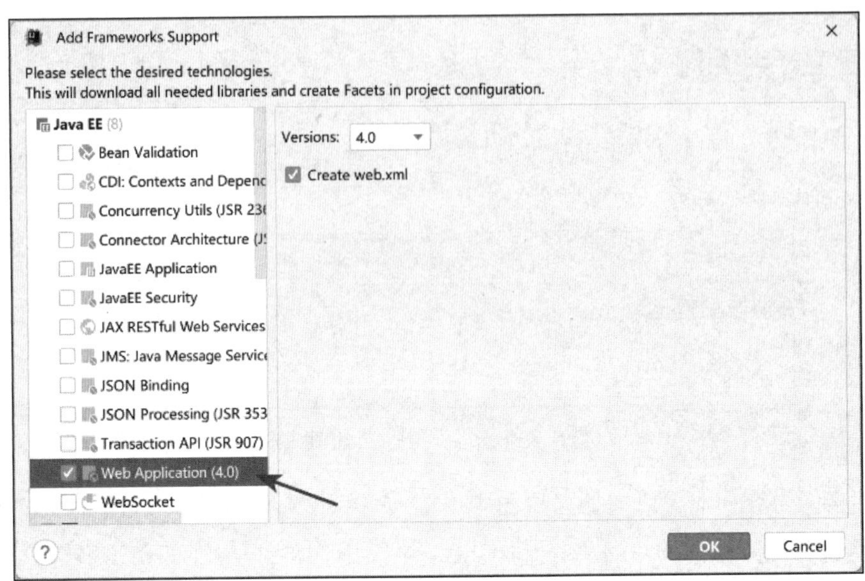

图 2.24 “Add Frameworks Support”界面

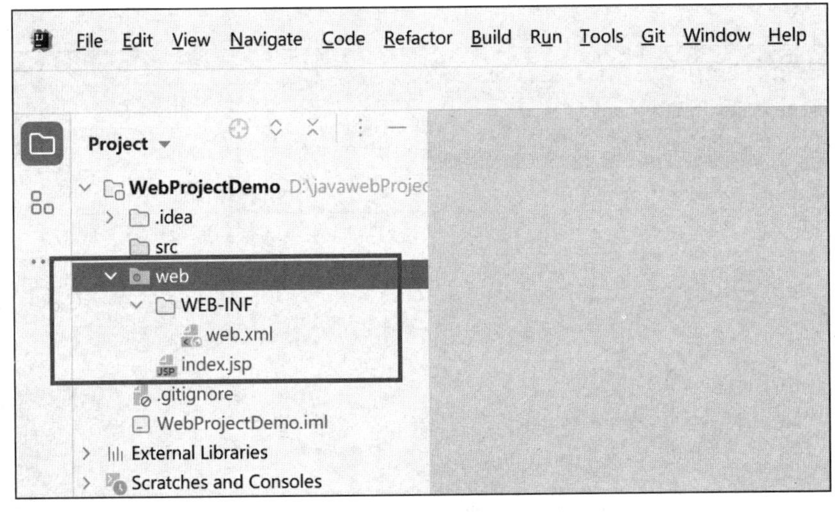

图 2.25 项目目录

（5）在 WEB-INF 文件夹下创建 classes 文件夹和 lib 文件夹，依次单击“File”→“Project Structure”选项，打开“Project Structure”界面，在界面左侧选择“Modules”选项，打开“Paths”选项卡，将“Output path”和“Test output path”的地址修改为 classes 文件夹的地址，如图 2.26 所示。这一步配置的作用是将所有编译的 class 文件都输出到 classes 文件夹下。

（6）打开“Project Structure”界面的“Dependencies”选项卡，关联项目依赖的 JAR 包路径，单击“+”→“1 JARs or Directories”，如图 2.27 所示。

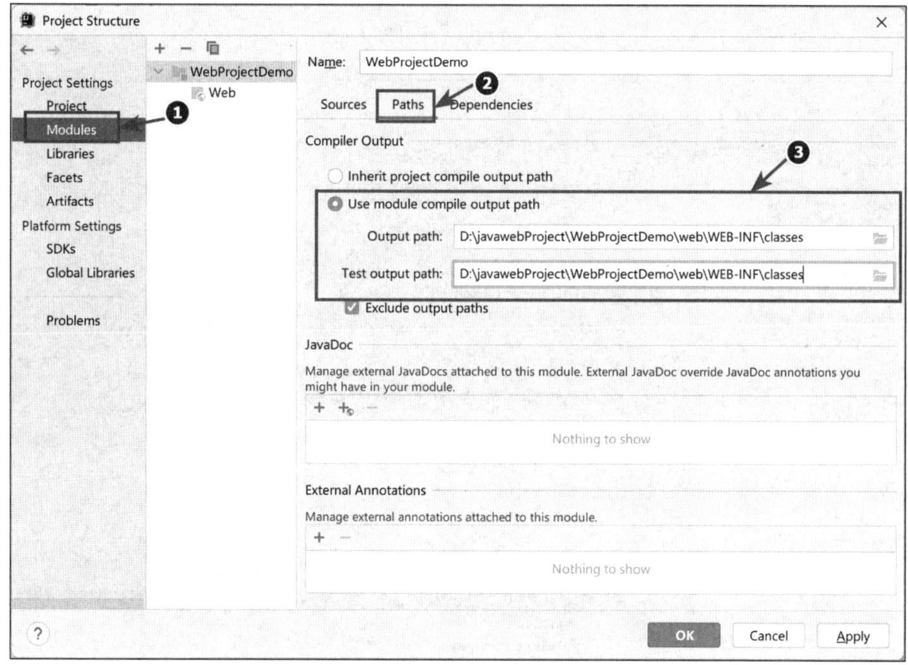

图 2.26　“Paths”选项卡

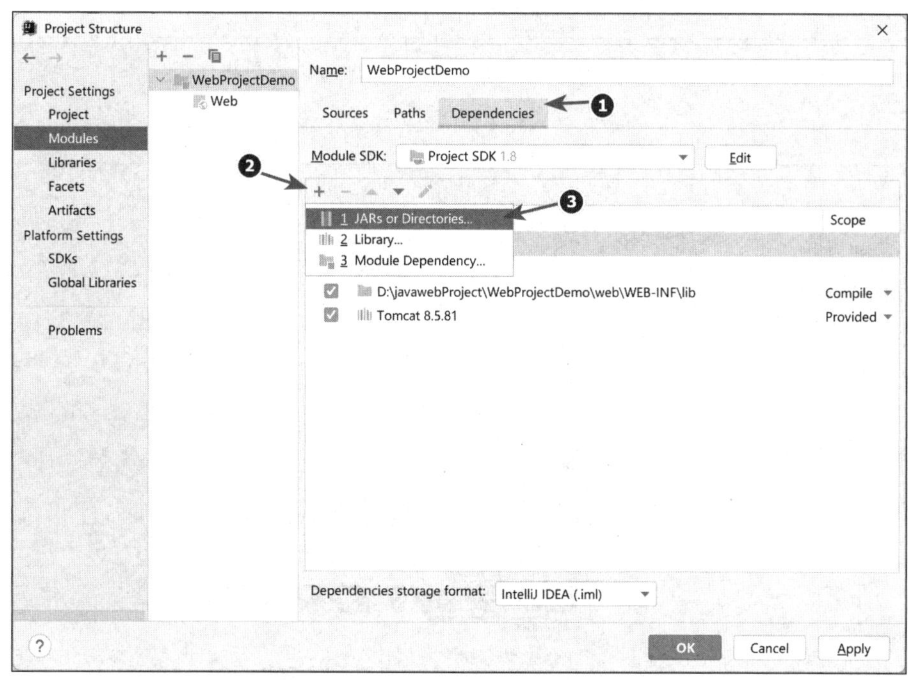

图 2.27　“Dependencies”选项卡

（7）打开“Attach Files or Directories”对话框，找到创建的 Web 项目，选中创建的 lib 文件夹，如图 2.28 所示；单击下方的“OK”按钮后，打开“Choose Categories of Selected Files”对话框，选择“Jar Directory”选项，单击“OK”按钮，如图 2.29 所示；使项目关联本地 lib 文件夹中的 JAR 包，如图 2.30 所示。至此，Java Web 项目已经创建完毕。

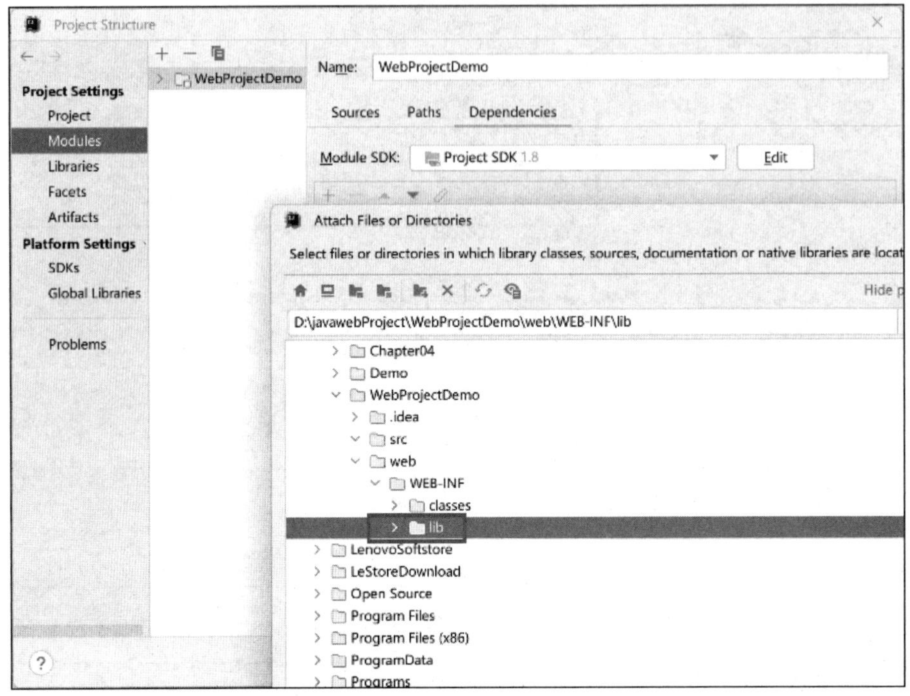

图 2.28 “Attach Files or Directories”对话框

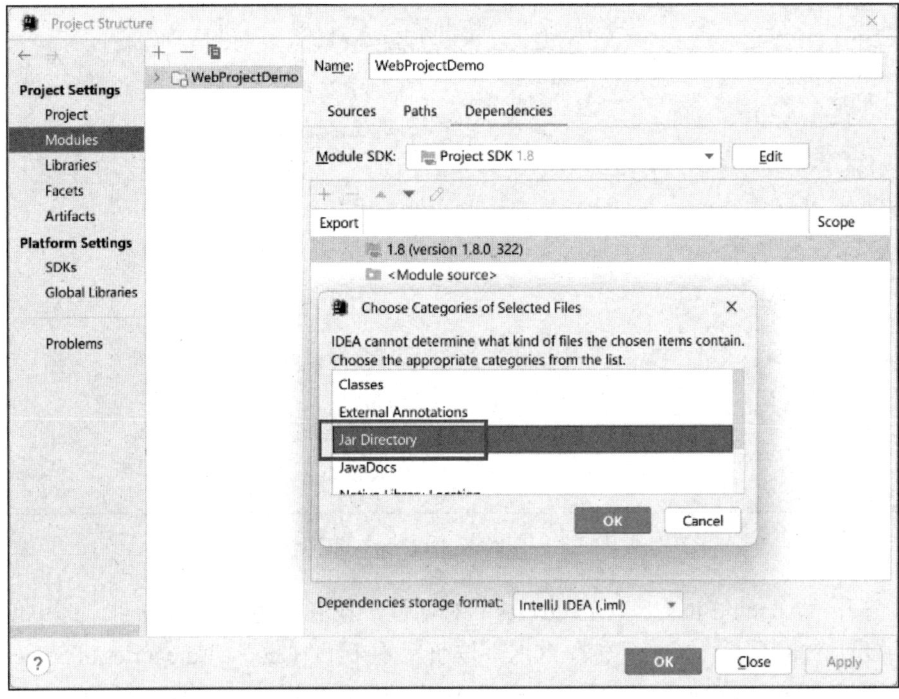

图 2.29 “Choose Categories of Selected Files”对话框

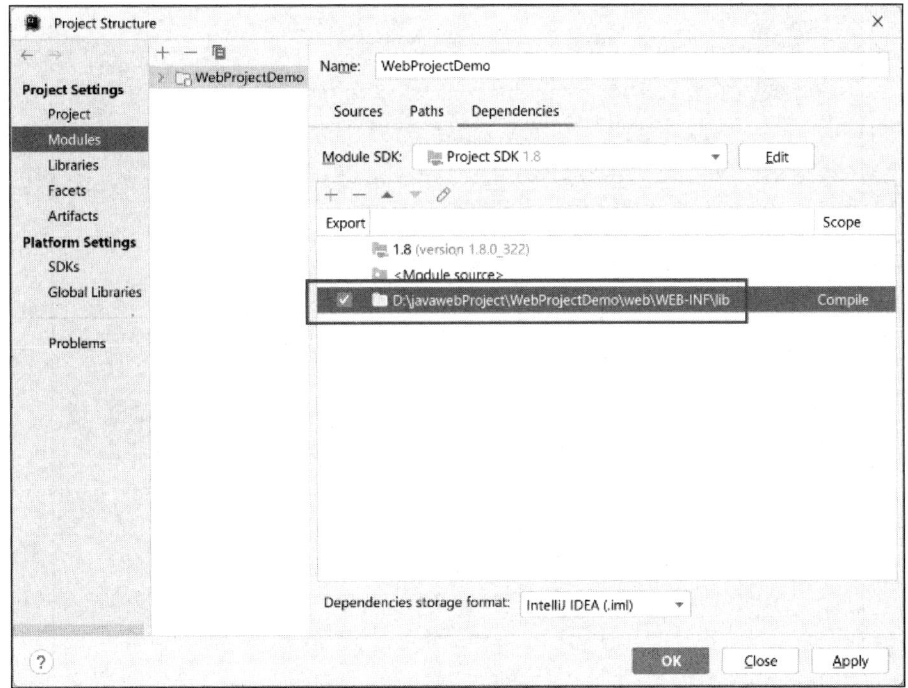

图 2.30　关联 lib 路径

（8）单击主界面的“Add Configuration”按钮，打开“Run/Debug Configurations”界面，单击左上角的“+”，在打开的“Add New Configuration”菜单面板列表中选择“Tomcat Server”→“Local”，配置一个本地的 Tomcat 服务器，如图 2.31 所示。

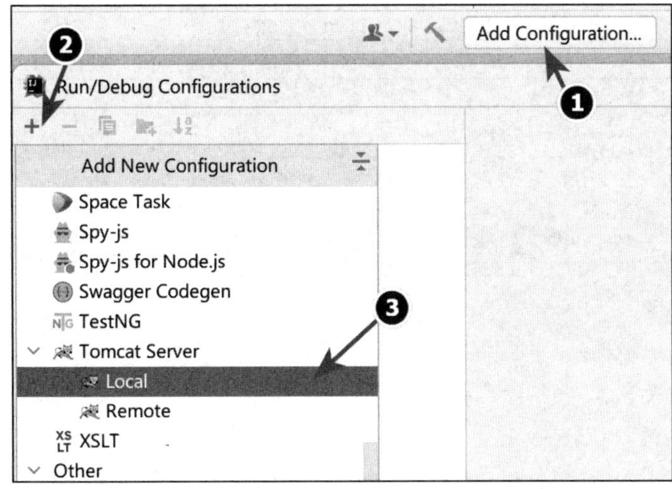

图 2.31　“Run/Debug Configurations”界面

（9）在“Run/Debug Configurations”界面为 Tomcat 服务器命名，打开“Server”选项卡，IntelliJ IDEA 会自动查找当前计算机上所安装的 Tomcat。选择打开 Java Web 项目的默认浏览器，选择 Tomcat 所依赖的 JRE，在“HTTP port”后的文本框中可以设置 Tomcat 的默认端口号，单击“Apply”按钮，如图 2.32 所示。

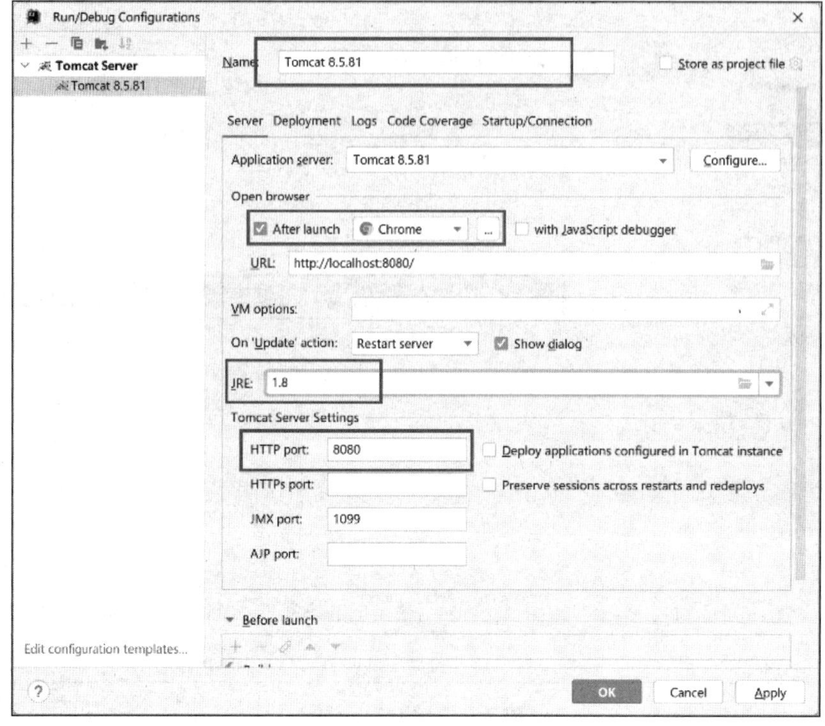

图 2.32　配置 Tomcat

（10）在“Run/Debug Configurations”界面中打开“Deployment”选项卡，单击选项卡左上角“+”→“External Source”将项目部署在 Tomcat 服务器，并将“Application context”文本框后的路径修改为“/WebProjectDemo”，这一步实现以“localhost:8080/WebProjectDemo”的路径访问当前项目，也可不做此修改，如图 2.33 所示。

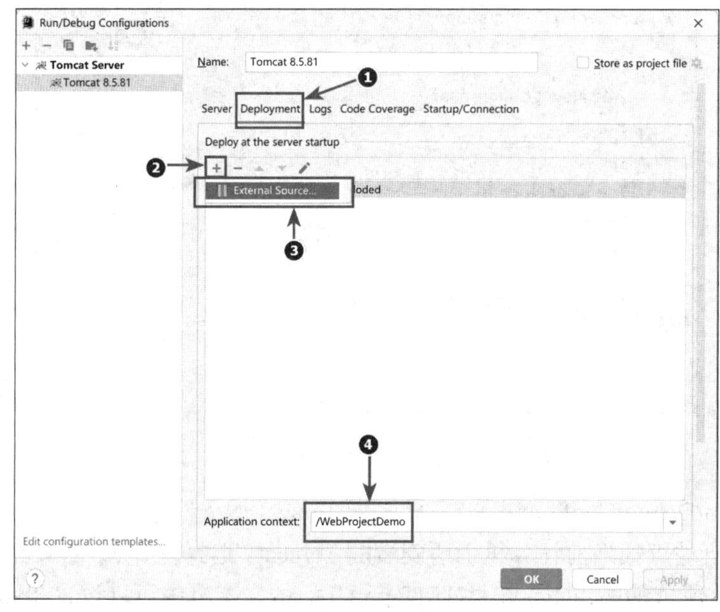

图 2.33　将项目部署在 Tomcat

（11）打开“Project Structure”界面，单击左侧的“Modules”选项，打开“Dependencies”选项卡，单击“+”→“2 Library”，如图 2.34 所示。

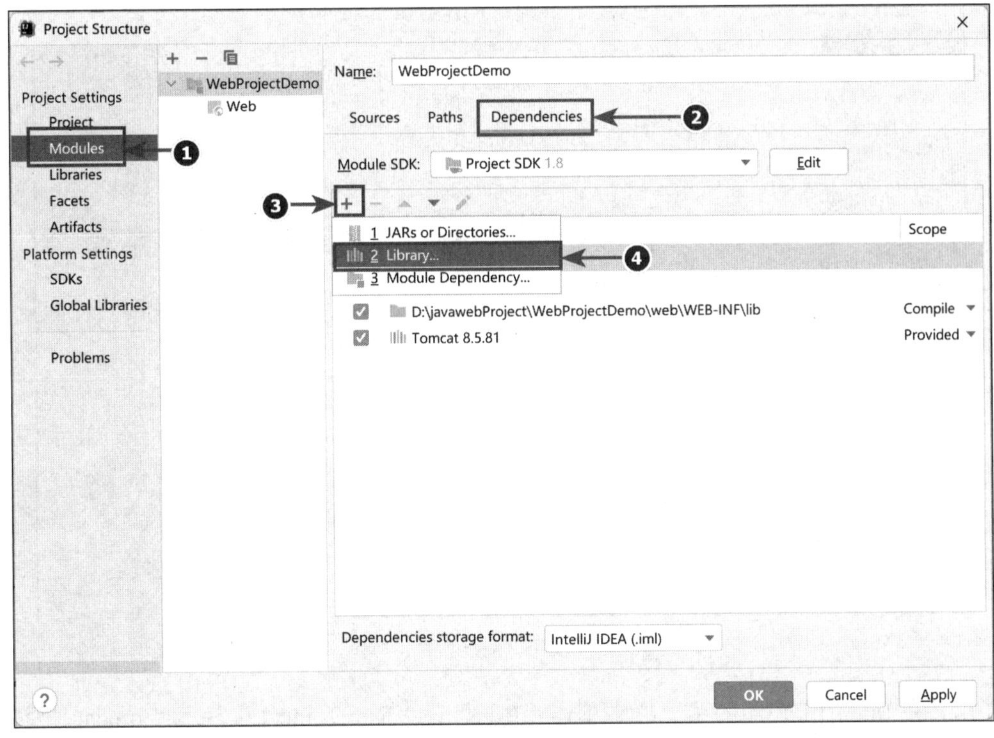

图 2.34　添加 JAR 包依赖

（12）打开“Choose Libraries”界面，选择第（9）步中添加的 Tomcat 服务器，单击“Add Selected”按钮，如图 2.35 所示。返回到“Project Structure”界面，关联刚才选择的 Tomcat 服务器，依次单击“Apply”按钮和“OK”按钮，如图 2.36 所示。至此，完成了 Tomcat 的相关配置。

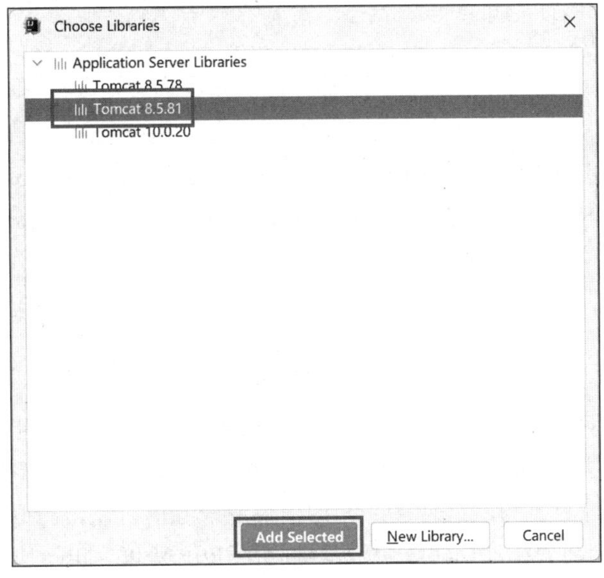

图 2.35　指定 Tomcat

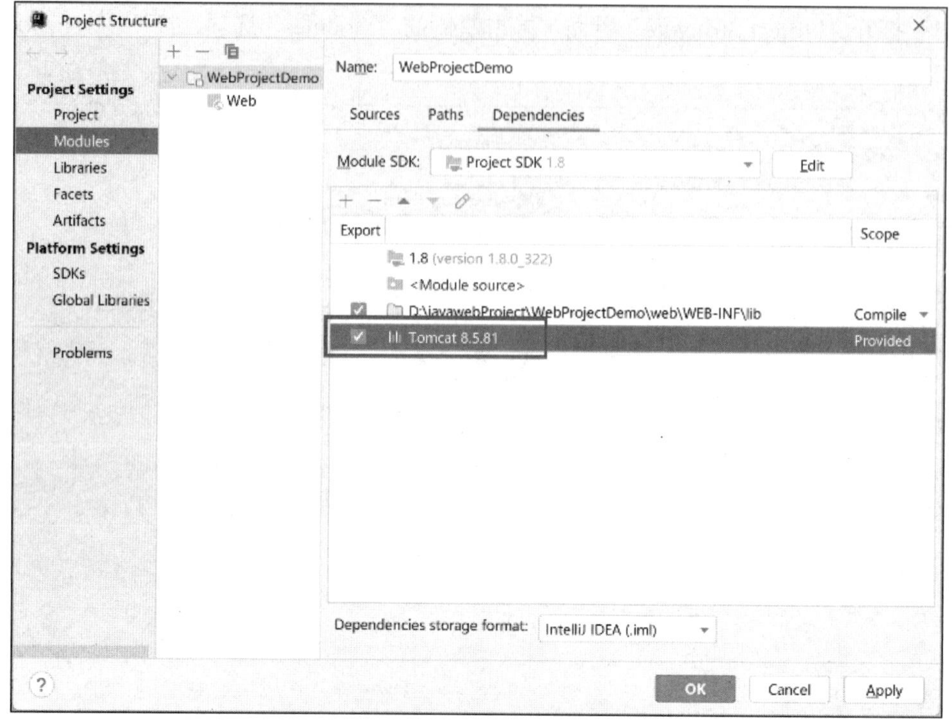

图 2.36　关联 Tomcat 的 JAR 包

（13）在 IntelliJ IDEA 的菜单栏中单击“Run”→“Run Tomcat”，启动 Tomcat 服务器，自动打开第（9）步中指定的浏览器，显示图 2.37 所示的页面表示成功完成 Java Web 项目在 Tomcat 服务器的部署。

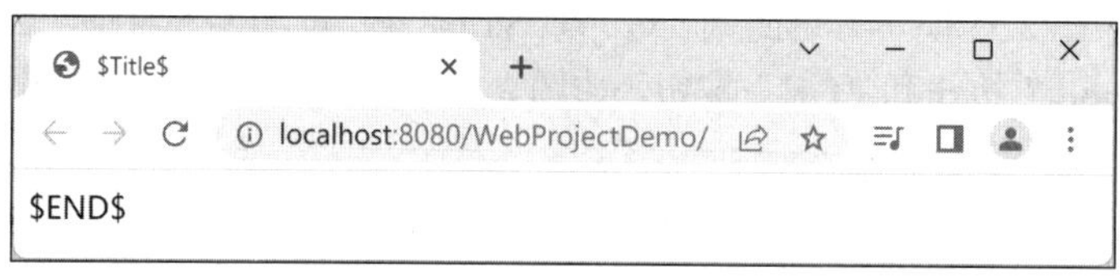

图 2.37　浏览器访问页面

如果在第（10）步中指定项目访问路径时，将“Application context”文本框后的内容修改为项目名称或其他内容，在使用浏览器访问时，项目资源地址为 localhost:8080/ WebProject Demo/index.jsp，访问效果与图 2.37 的效果一致。

2.3　通信协议

丰富多彩的互联网世界实际上是一些数据在网络、计算机或者应用程序之间按照一定的规则传来传去，这些规则就是互联网的通信协议。正如公司之间的经济往来要遵守合同一样，在计算机通信中实现计算机与网络连接之间通信要遵守通信协议，否则，计算机之间的信息传递就无法识别。本节将介绍通信协议中最基础的 TCP/IP 协议、DNS（Domain Name System，域名系统）和 URL 与 URI 之间的区别。

2.3.1 TCP/IP

通信协议是指网络与计算机、计算机与计算机之间完成通信或服务所必须遵循的规则和约定。通过通信信道和设备将多个不同地理位置的数据通信系统互联起来，并使其能协同工作实现信息交换和资源共享，此时必须要遵循某种互相都能接受的规则，这个规则就是通信协议。

在互联网发展之初，只有 TCP（Transmission Control Protocol，传输控制协议）和 IP（Internet Protocol，互联网协议）这两种协议。随着互联网的发展，数据的类型也越来越多，从最初的文本到图片、视频等各种各样的数据类型，在 TCP 和 IP 这两个协议的基础上不断拓展，产生很多新的协议，形成了一个通信协议大集合，通常称为协议族，统称为 TCP/IP 协议族。TCP/IP 协议族中的各类协议如图 2.38 所示。

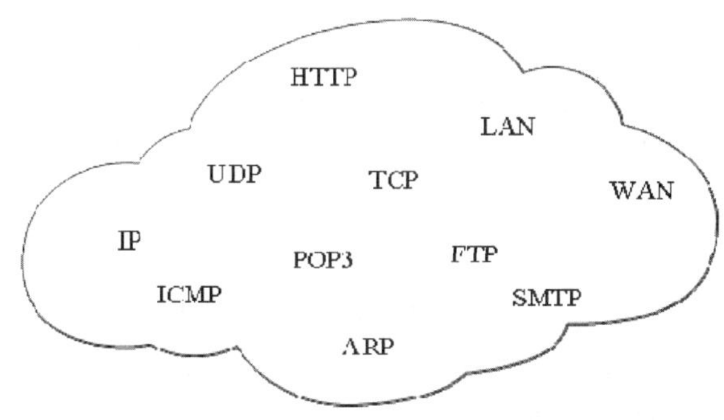

图 2.38 TCP/IP 协议族中的各类协议

TCP/IP 最重要的特点是分层管理。按照分层结构，TCP/IP 自下而上可分为物理层、数据链路层、网络层、传输层、应用层。我们可以理解为所有数据在传输的过程中要依次经过这 5 层模型，每层有不同的功能和用途，如图 2.39 所示。

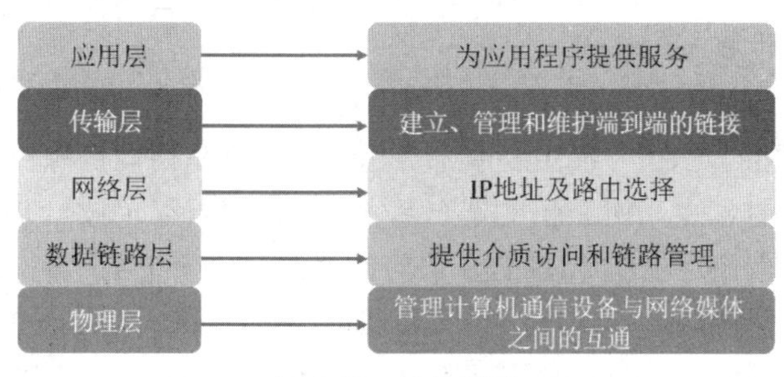

图 2.39 网络模型

TCP/IP 的每一层分别完成不同的功能，上层协议使用下层协议提供的服务。TCP/IP 协议族和网络模型各层的对应关系如表 2.6 所示。

表 2.6 中列举了重要的 TCP/IP 协议。TCP/IP 协议族是 Internet 的基础，也是当今流行的组网形式。

表 2.6　　TCP/IP 协议族和网络模型各层的对应关系

网络模型分层	相关通信协议		
应用层	HTTP	FTP	SMTP
	POP3	NFS	SSH
传输层	TCP	UDP	
网络层	IP	ICMP	
数据链路层	LAN	ARP	WAN

2.3.2　DNS

TCP/IP 使用 4 组 0～255 的数字来为计算机编址，也就是计算机的 IP 地址。每个计算机必须有一个 IP 地址才能够连入因特网，每个 IP 包必须有一个 IP 地址才能够发送到另一台计算机。12 位阿拉伯数字的 IP 地址不便于记忆，DNS 用有意义的文本来代替这些数字，这些文本被称为域名。

在 DNS 中，“域名”又称为“主机名”（Host Nane）。为了更好地标记不同国家或组织的主机，让其名称更好记，域名被设计成了一个有层次的结构。域名用“.”分隔为多个单词，级别从左到右逐级升高，最右边的被称为“顶级域名”，例如表示商业公司的“com”、表示教育机构的“edu”、表示国家的“cn”等，千锋教育的域名是“http://www.qfedu.com/”。

在全世界，数量庞大的 DNS 服务器被连入因特网。在浏览器中输入域名，例如 http://www.qfedu.com，DNS 服务器负责将域名转换为相应的 IP 地址。当一个新的域名连同其 IP 地址一起注册后，全世界的 DNS 服务器都会对此信息进行更新。

2.3.3　URI 和 URL 的区别

IP 地址能够唯一地标识网络中的某台计算机，如果访问的某个页面中包含很多诸如图片、视频和音频等内容，这些资源需要通过 URI（Uniform Resource Identifier，统一资源标识符）加载到浏览器中。使用 URI 能够唯一地标记互联网上的资源。URI 另一个更常用的表现形式是 URL（Uniform Resource Locator，统一资源定位符），也就是“网址”，它实际上是 URI 的一个子集。二者的主要区别如下。

URI 是资源标识符，网络上可用的每种资源如 HTML 文档、图像、视频片段、程序等都是由一个 URI 来定位的。URI 一般由 3 个部分组成，分别是访问资源的命名机制、存放资源的主机名和资源自身的名称，用路径形式表示，着重强调资源。例如，“http://www.qfedu.com/itqa/”可以理解为这是一个可通过 HTTPS 访问的资源，位于主机“www.qfedu.com”上，通过“/itqa/”可以对该资源进行唯一标识。需要注意的是，URI 只是一种概念，以上 3 个部分并非 URI 的必需组成部分，只需要能唯一标记一个资源即可。

URL 是 Internet 上用来描述信息资源的字符串，主要用在各种 WWW 客户程序和服务器程序上。URL 可以用一种统一的格式来描述各种信息资源，包括文件、服务器的地址和目录等。URL 一般也由 3 个部分组成，分别是协议（或称为服务方式）、存有该资源的主机 IP 地址（有时也包括端口号）和主机资源的具体地址，如目录和文件名等。

URI 和 URL 都定义了资源是什么，但 URL 还定义了该如何访问资源。URL 是 URI 概念的一种实现方式，是一种具体的 URI；它不仅唯一标识资源，还提供了定位该资源的信息。URI 是一种语义上的抽象概念，它可以是绝对的，也可以是相对的，而 URL 则必须提供足够的信息来定位，它是绝对的。

2.4 HTTP

HTTP（HyperText Transfer Protocol，超文本传送协议）是一种“传输协议”，但它不关心寻址、路由、数据完整性等传输细节，而要求这些工作都由下层来处理。互联网上流行的是 TCP/IP，而它刚好满足 HTTP 的要求，HTTP 就运行在 TCP/IP 之上。接下来，本节将会介绍 HTTP，并对 HTTP 的请求消息和响应消息进行详细讲解。

2.4.1 HTTP 的概念

HTTP 是基于 TCP/IP 通信协议之上用来传输 HTML 和图片文件的应用协议，原本是用来从万维网服务器传输超文本到本地浏览器的。HTTP 是一个应用层上面向对象的协议，优点是简捷、快速，适用于分布式超媒体信息系统。作为被 Web 应用广泛采纳的数据传输协议，HTTP 具有以下 3 个特点。

（1）HTTP 基于标准的客户端-服务器模型，主要由请求和响应构成。与其他传输协议相比，它永远都是在客户端发起请求，服务器接收到请求后做出响应，如图 2.40 所示。

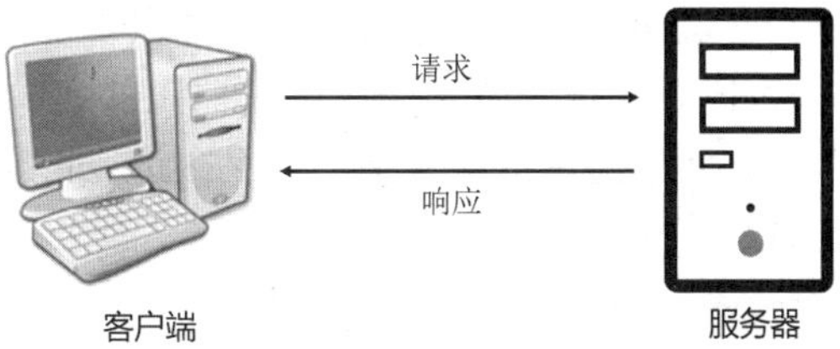

图 2.40　HTTP 请求与响应模型

（2）HTTP 允许传输任意类型的数据，且它的传输速率很快。当客户端向服务器请求服务时，需传送请求方法和路径。请求方法常用的有 GET、POST 等，每种方法都规定了客户端与服务器联系的类型。

（3）HTTP 是一个无状态的协议。无状态是指 HTTP 对于数据处理没有记忆能力。这意味着，如果后续处理需要用到前面的信息，则它必须重传，这样会导致每次连接传送的数据量增大。

1. HTTP 的版本

被发布以来，HTTP 发生了太多的变化，开发商在保持协议简单性的同时，不断扩展其灵活性。如今，HTTP 已经进化为可传输图片、高分辨率视频和 3D 效果的现代复杂互联网协议。HTTP 经历了几个阶段，如图 2.41 所示。

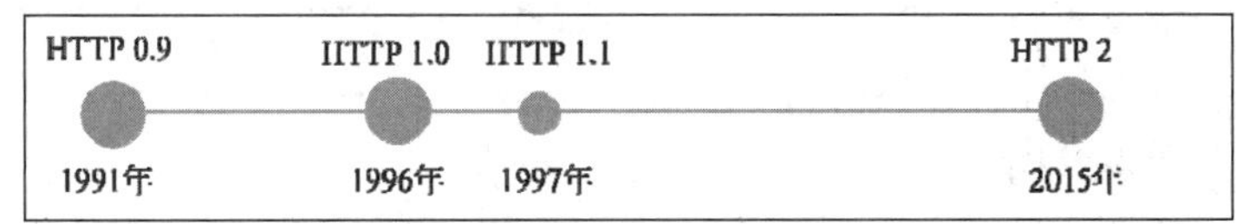

图 2.41　HTTP 发展史时间轴

接下来将根据图 2.41 所示的时间轴，对 HTTP 的相关版本进行详细讲解。

（1）HTTP 0.9——单行协议

HTTP 0.9 于 1991 年问世，是第一个版本的 HTTP。它的结构极其简单，请求由单行指令构成，以唯一可用的请求方法 GET 开头，其后跟目标资源的路径，同时也无法向服务器传送太多信息。HTTP 0.9 功能单一，现在已很少被使用，这里不再过多讲解。

（2）HTTP 1.0——构建可扩展性

HTTP 1.0 是第二个版本的 HTTP。与 HTTP 0.9 相比，它增加了如下特性。

- 增加请求的类型，如 HEAD、POST 等。
- 添加请求和响应消息的协议版本，响应消息第一行以“HTTP/1.0”开始。
- 使用响应码来表示请求和响应消息的成功与否，如 200 表示成功。
- 请求与响应支持头域。
- 扩大了处理的数据类型，支持对多媒体流信息的处理。

与 HTTP 0.9 相比，HTTP 1.0 扩展了功能，增加了应用场景，因而被广泛应用。但随着互联网技术的发展，HTTP 1.0 的不足之处也渐渐凸显。按照 TCP/IP，HTTP 的请求与响应要建立在 TCP 连接之上。HTTP 1.0 的请求与响应过程如图 2.42 所示。

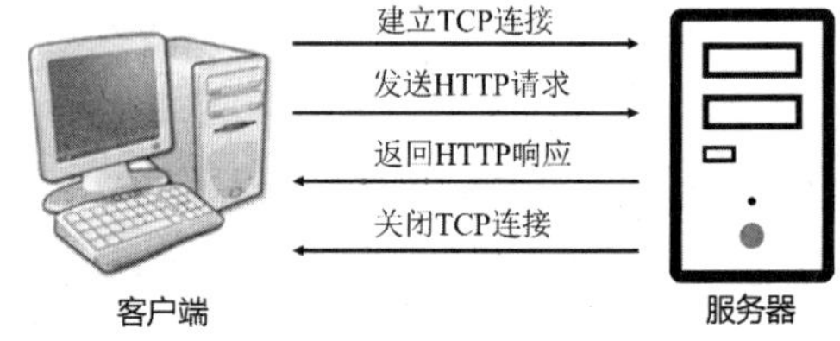

图 2.42　HTTP 1.0 的请求与响应过程

从图 2.42 可以看出，在 HTTP 1.0 条件下，一次 TCP 连接只能支持一次 HTTP 请求与响应，当服务器完成响应后，当前 TCP 连接就要关闭。如果想要再次发送 HTTP 请求，此时需要重新建立一个 TCP 连接。假如现有如下一段 HTML 代码。

```
<html>
    <body>
        <img src="/img01.jpg">
        <img src="/img02.jpg">
        <img src="/img03.jpg">
    </body>
</html>
```

上面的 HTML 代码中有 3 个<img>标签，并且这 3 个<img>标签指向了图像的 URL 地址。当客户端访问这个 HTML 文件时，它首先要发出针对该网页文件的 HTTP 请求，然后它还要发出 3 个访问图像的 HTTP 请求，并且每次请求都要重新建立 TCP 连接，如此一来，势必会影响系统的性能。

（3）HTTP 1.1——标准化的协议

为了克服 HTTP 1.0 客户端与服务器交互耗时的缺陷，HTTP 1.1 应运而生。HTTP 1.1 的一个重要特性是支持持久连接，也就是说，同一个 TCP 连接，可以同时处理多个请求并用一定的机制保证各个请求之间的分离性。在 HTTP 1.1 下，客户端与服务器的交互过程如图 2.43 所示。

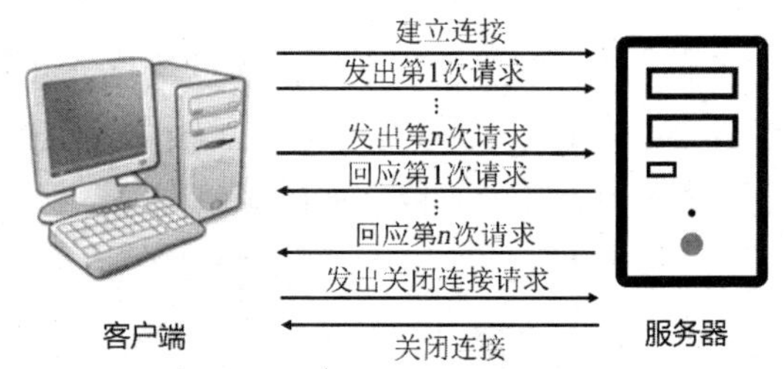

图 2.43　HTTP 1.1 的请求与响应过程

从图 2.43 可以看出，服务器在给客户端返回第一个 HTTP 响应之后，TCP 连接并没有马上关闭，客户端可以在该 TCP 连接上继续发送 HTTP 请求。这种运作模式减少了网络包，降低了新建连接和关闭连接造成的消耗和延迟。

（4）HTTP 2——更快、更好、更安全

2015 年，HTTP 2 发布，克服了 HTTP 1.1 在性能方面的不足，并且在功能上兼容 HTTP 1.1。HTTP 2 和 HTTP 1.1 的不同之处体现在以下几点。

- HTTP 2 是二进制协议而不是文本协议。其以二进制传输代替原本的明文传输，原本的报文消息被划分为更小的数据帧，传输效率得到提高。
- HTTP 2 是一个复用协议。并行的请求能在同一个连接中处理，移除了 HTTP 1.x 中顺序和阻塞的约束。
- 压缩了请求头。因为请求头在一系列请求中常常是相似的，降低了传输重复数据的成本。
- HTTP 2 在一定程度上改善了传统的“请求-响应”模式，允许服务器在客户端缓存中填充数据，服务器不再是被动地响应，也可以主动向客户端发送消息，通过服务器推送机制来提前请求。

（5）HTTPS——超文本传输安全协议

HTTP 以明文方式传送内容，如果攻击者截取了客户端和服务器之间的传输报文，就可能窃取和篡改其中的信息，因此 HTTP 不适用于敏感信息的传播，例如涉及银行卡、邮箱密码等的传播，这时就需要引入 HTTPS。

HTTPS（Hypertext Transfer Protocol Secure，超文本传输安全协议）是基于 HTTP 的安全信息通道，它使用安全套接字层（Secure Socket Layer，SSL）进行信息交换，简单讲就是 HTTP 的安全版。

HTTPS 的作用如下。

- 建立一个信息安全通道，保证数据传输的安全。
- 认证用户和服务器，确保数据发送到正确的客户端或服务器。

与 HTTP 相比，HTTPS 具有以下特点。

- HTTP 和 HTTPS 都是超文本传输协议，但 HTTPS 是安全协议，所以多用于敏感的通信，比如交易场景。
- HTTPS 主要由两个部分组成：HTTP+SSL/TLS（Transport Layer Security，传输层安全），也就是在 HTTP 上又加了一层处理加密信息的模块。
- HTTPS 是由 HTTP+SSL 构建的可进行加密传输、身份认证的网络协议，要比 HTTP 安全，可防止数据在传输过程中被窃取、改变，确保数据的完整性。

HTTP 到 HTTPS 的转向可以帮助企业网提升用户访问安全水平，特别是对于有敏感信息保存和提供金融交易等服务的企业更有帮助。

2. HTTP 报文

HTTP 报文（又称 HTTP 消息）是服务器和客户端之间交换数据的方式。当客户端访问 Web 资源时，它会向服务器发送 HTTP 请求报文。服务器接收到请求报文后，会向客户端返回 HTTP 响应报文。HTTP 请求报文和 HTTP 响应报文统称为 HTTP 报文。

HTTP 报文是 HTTP 的重要环节，它传递着客户端和服务端交互的细节。只有深入理解 HTTP 报文，才能更好地掌握和使用 HTTP。由于 HTTP 报文对用户是不可见的，开发者要想对其进行研究，需要借助专用的网络查看工具，本书将使用版本为 103.0 的 Google Chrome 浏览器。打开 Chrome 浏览器，按下 F12 键可以打开 Chrome 浏览器的开发者工具，界面如图 2.44 所示。

图 2.44 Chrome 浏览器的开发者工具

为了帮助读者更好地理解 HTTP 报文，接下来分步骤讲解如何使用 Chrome 浏览器查看 HTTP 报文。

（1）在浏览器的地址栏中输入网址访问千锋教育网站的首页，在开发者工具的“Network”选项卡中可以看到浏览器请求的 URL 地址，如图 2.45 所示。

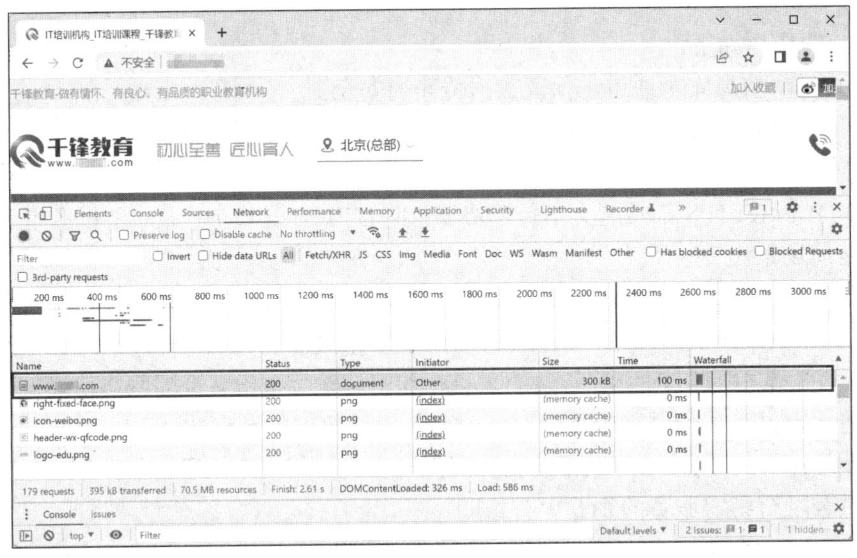

图 2.45 请求的 URL 地址

（2）单击 URL 地址，在展开的“Headers”选项卡中可以看到 HTTP 报文，HTTP 报文包含格式化后的响应头信息和请求头信息。如图 2.46 所示，单击请求头信息一栏右侧的“view source”，可以看到原始的请求头信息，具体如下所示。

```
GET / HTTP/1.1
Accept:text/html,application/xhtml+xml,application/xml;q=0.9,image/avif,
image/webp,image/apng,*/*;q=0.8,application/signed-exchange;v=b3;q=0.9
Accept-Encoding: gzip, deflate
Accept-Language: zh-CN,zh;q=0.9
```

```
5  Cache-Control: max-age=0
6  Host: www.×××.com
7  Proxy-Connection: keep-alive
8  Upgrade-Insecure-Requests: 1
9  User-Agent: Mozilla/5.0 (Windows NT 10.0; Win64; x64) AppleWebKit/537.36 (
KHTML, like Gecko) Chrome/103.0.0.0 Safari/537.36
```

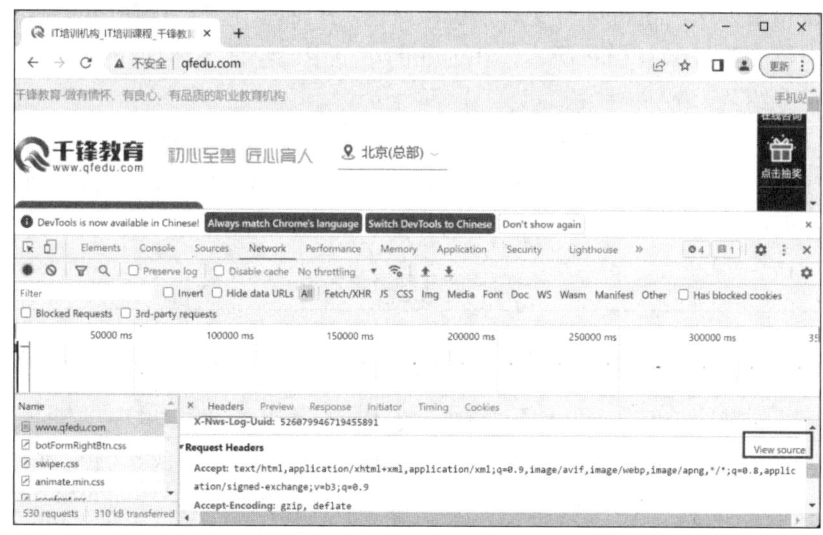

图 2.46　查看原始的请求头信息

上述请求头信息中，第 1 行为请求行，第 2～9 行为请求头。

（3）单击响应头信息一栏右侧的“view source”，可以看到原始的响应头信息，具体如下。

```
1  HTTP/1.1 200 OK
2  Content-Length: 299551
3  Accept-Ranges: bytes
4  Access-Control-Allow-Origin: *
5  Cache-Control: max-age=600
6  Connection: keep-alive
7  Content-Type: text/html
8  Date: Tue, 28 Jun 2022 08:28:07 GMT
9  Keep-Alive: timeout=4
10  Last-Modified: Tue, 28 Jun 2022 08:10:00 GMT
11  Proxy-Connection: keep-alive
12  Server: SLT
13  X-Cache-Lookup: Cache Hit
14  X-Nws-Log-Uuid: 11686547609657962599
```

上述响应头信息中，第 1 行为响应状态行，第 2～14 行为响应头。

关于 HTTP 头信息的相关知识，将在本章后续小节进行详细介绍。

2.4.2　HTTP 请求消息

HTTP 请求消息也称为 HTTP 请求报文。一个完整的请求消息由请求行、请求头、空行和实体内容（也称请求消息体）4 个部分组成，每部分都有不同的作用。本小节将对 HTTP 请求消息进行详细讲解。

1. HTTP 请求行

HTTP 请求行位于 HTTP 请求消息的第 1 行。HTTP 请求行包括 3 个部分，分别是请求方法、请求资源路径和 HTTP 版本，每一部分之间用空格隔开，具体如下所示。

```
GET /login.html HTTP/1.1
```

其中，GET 是请求方法，login.html 是请求资源路径，HTTP/1.1 是通信使用的 HTTP 版本。

关于请求资源路径和 HTTP 版本，在前面的小节中已经做了详细介绍。下面将对 HTTP 请求方法进行介绍。

HTTP 1.0 定义了 3 种请求方法：GET、POST、HEAD 方法。HTTP 1.1 又新增了 6 种请求方法：OPTIONS、PUT、PATCH、DELETE、TRACE 和 CONNECT 方法。每种方法都指明了操作服务器中指定 URI 资源的方式，具体如表 2.7 所示。

表 2.7　　HTTP 的 9 种请求方法

请求方法	描述
GET	请求指定的页面信息，并返回实体主体
HEAD	类似于 GET 方法，只不过返回的响应中没有具体的内容，用于获取报头
POST	向指定资源提交数据并进行请求处理操作（例如提交表单或者上传文件），数据被包含在实体内容中。POST 方法可能会导致新的资源的建立和/或已有资源的修改
PUT	从客户端向服务器传送的数据取代指定文档的内容
DELETE	请求服务器删除指定的页面
CONNECT	HTTP 1.1 协议中预留给能够将连接改为管道方式的代理服务器
OPTIONS	允许客户端查看服务器的性能
TRACE	回显服务器收到的请求，主要用于测试或诊断
PATCH	对 PUT 方法的补充，用来对已知资源进行局部更新

表 2.7 中列举了 HTTP 的 9 种请求方法，常用的主要是 GET 和 POST 方法，GET 方法一般用于获取或查询资源信息，而 POST 方法一般用于更新资源信息。接下来通过一个案例对这两种方法进行比较。

（1）GET 方法

GET 方法是最常见的一种请求方法，主要是用于向 Web 服务器请求获取数据和资源。当用户在浏览器的地址栏中输入某个 URL 或者单击网页上的某一个超链接时，浏览器将使用 GET 方法发送请求。请求方法的默认值是 GET，如果不设置 form 表单的 method 属性，当用户提交表单时，浏览器也将使用 GET 方法发送请求。接下来通过一个案例演示如何使用 GET 方法提交表单，在 2.2.3 小节创建的项目 WebProjectDemo 的 web 目录下新建 login.html，文件内容如例 2-8 所示。

【例 2-8】login.html

```
<!DOCTYPE html>
<html lang="en">
<head>
    <meta charset="UTF-8">
    <title>login</title>
```

```
6  </head>
7  <body>
8  <form action="" method="get">
9      姓名：<input type="text" name="name"/><br>
10      密码：<input type="password" name="password"/><br>
11      <input type="submit" value="提交">
12  </form>
13  </body>
14  </html>
```

在例 2-8 中，第 8 行代码指定表单的提交方法为 GET。启动 Tomcat 服务器，打开 Chrome 浏览器，访问 http://localhost:8080/login.html，打开开发者工具，浏览器显示的效果如图 2.47 所示。

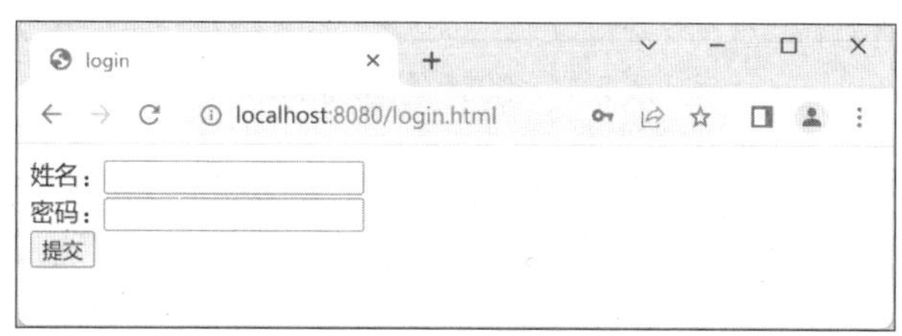

图 2.47　例 2-8 的显示效果

在“姓名”和“密码”后的文本框中分别输入“admin”和“123”，单击“提交”按钮，这时浏览器地址栏中的 URL 发生了变化，如图 2.48 所示。

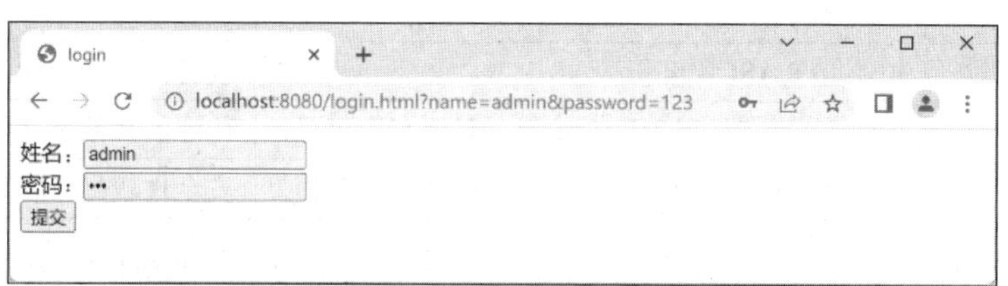

图 2.48　URL 发生变化

从图 2.48 可以看出，当提交 login.html 页面中的表单时，原有的 URL 后面加上了表单中的参数信息。这时，查看开发者工具中显示的请求消息，发现请求行中的 URL 后也增加了表单中的参数信息，具体如下所示。

```
GET /login.html?name=admin&password=123 HTTP/1.1
```

从上面的演示可以看出，通过 GET 方法传递的参数可以直接表示在 URL 后面，地址中“?”之后的部分就是通过 GET 发送的请求数据，各个数据之间用“&”符号隔开。很显然，这种方式不适合传送私密数据。

另外，由于不同的浏览器对地址的字符限制有所不同，因此在需要传送大量数据的时候，也不适合使用 GET 方法。

（2）POST 方法

对于上述不适合使用 GET 方法的情况，开发者可以考虑使用 POST 方法。POST 方法允许客户端给服务器提供较多的信息。POST 方法将请求参数作为 HTTP 消息的请求实体的内容，以“名称/值”的形式出现，可以传输大量数据，因此，POST 方法对传送的数据大小没有限制，而且请求参数也不会显示在 URL 中。将 login.html 中表单的提交方法修改为“POST”，在“姓名”和“密码”后的文本框中分别输入“admin”和“123”，单击“提交”按钮，这时浏览器地址栏里的 URL 没有变化。这时，查看开发者工具中显示的请求消息，可以看到，POST 方法请求行中不包含数据字符串，这些数据保存在“请求内容”部分，各数据之间也是使用“&”符号隔开的。打开“Payload”选项卡，可以看到请求消息的参数信息，如图 2.49 所示。

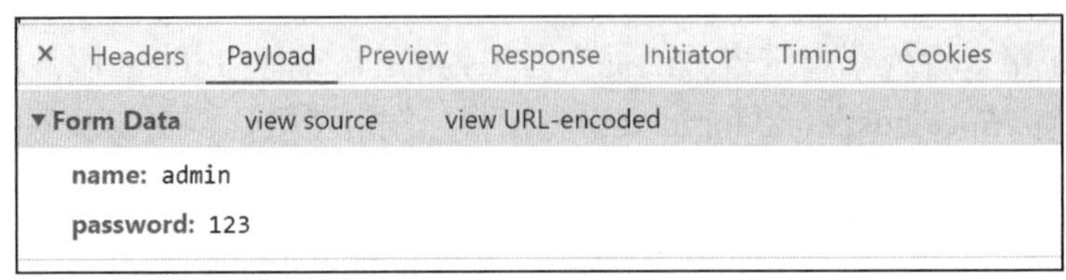

图 2.49　POST 的请求实体

从图 2.49 可见，在 POST 请求方法中，表单中的参数被作为实体内容传递给服务器。

通过案例演示，读者应该对 GET 和 POST 有了基本了解。下面通过一个表格对比它们的特性，如表 2.8 所示。

表 2.8　GET 方法与 POST 方法的区别

对比项	GET	POST
页面刷新	没有影响	数据会被再次提交
传输数据的大小	有限制	没有限制
传输数据的类型	只允许 ASCII 字符	没有限制，也允许二进制数据
可见性	传递的参数在 URL 中显示，对所有人可见	传递的参数不显示在 URL 中
安全性	安全性较差，不适合发送密码等敏感信息	安全性较好，发送的数据被隐藏

在实际开发中，通常会使用 POST 方法进行表单的提交。虽然 POST 方法也可以完成 GET 方法的功能，但 GET 方法也有自己的特点和优势，读者应根据功能需求酌情使用。

2. HTTP 请求头

HTTP 请求头位于请求行之后，实际上是一个键值对的列表，它包含很多关于客户端环境和请求内容的附加信息。例如，请求头可以声明浏览器所用的语言、浏览器的类型、请求正文的长度、请求正文的类型等，具体示例如下所示。

```
Accept:text/html,application/xhtml+xml,application/xml;q=0.9
Accept-Encoding: gzip, deflate, br
Accept-Language: zh-CN,zh;q=0.9
Connection: keep-alive
Host: localhost:8080
Upgrade-Insecure-Requests: 1
User-Agent: Mozilla/5.0 (Windows NT 10.0; Win64; x64) AppleWebKit/537.36 (KHTML, like Gecko) Chrome/103.0.0.0 Safari/537.36
```

在以上示例中，每个请求头字段都由一个字段名和一个值构成，中间用冒号隔开，头字段之间以换行符分开。

为实现不同的功能，HTTP 提供了多种请求头字段，接下来针对一些常用的请求头字段进行讲解。

（1）Host

在 HTTP 1.1 中，当客户端（通常是浏览器）发送请求时，该头字段是必须要有的。它通常从 URL 中提取出来，用于指定被请求资源的主机名和端口号。假如，用户在浏览器中输入 http://www.×××.com，这次请求的 Host 头字段如下所示。

```
Host: www.×××.com:80
```

由于浏览器默认的端口是 80，因此此处的 80 可以省略。

（2）Accept

Accept 用于指定客户端可以接收的媒体类型。假如，浏览器希望接收 GIF 格式的文件，可以发送包含 image/gif 的 Accept 请求头，服务器检测到浏览器的请求消息，可以在网页中的<img>标签中使用 GIF 格式的文件。

能作为 Accept 头字段的媒体类型很多，常用的几种如下所示。

- Accept:text/html，表示客户端希望接收 HTML 文本。
- Accept:application/xml，表示客户端希望接收 XML 文本。
- Accept:image/jpg，表示客户端希望接收 JPG 格式的图片。
- Accept:video/mpeg，表示客户端希望接收 MPEG 格式的视频文件。
- Accept:application/zip，表示客户端希望接收 ZIP 格式的文件。
- Accept:image/*，表示客户端希望接收 IMAGE 格式的所有子类型的内容。
- Accept:*/*，表示客户端希望接收所有格式的内容。

（3）Accept-Charset

Accept-Charset 用于指定客户端可接收的字符编码。假如，浏览器使用的是 UTF-8 的字符集，则 Accept-Charset 头字段的格式如下所示。

```
Accept-Charset: UTF-8
```

常用的字符集还有 ISO-8859-1、GB2312 等，Accept-Charset 的字段值可以设置为多个，只需将它们以逗号分开即可。如果客户端没有发送 Accept-Charset 请求头，则默认客户端能接收任意字符集的数据。

（4）Accept-Encoding

Accept-Encoding 用于指定客户端有能力解码的压缩编码类型，常用压缩编码类型有 gzip、deflate 等。Java 语言中的 Servlet 能够向支持 gzip 的客户端返回经 gzip 编码的 HTML 页面，这样可以缩短下载时间，提升响应速度。Accept-Encoding 头字段的格式如下所示。

```
Accept-Encoding: gzip, deflate
```

（5）Accept-Language

Accept-Language 用于指定客户端支持的语言类型，它的值可以指定多种语言，语言之间用逗号分开，Accept-Language 头字段的格式如下所示。

```
Accept-Language: zh-cn,en-us
```

上述代码中，zh-cn 代表简体中文，en-us 代表美式英语，服务器会按照 Accept-Language 请求头中设置的语言顺序，优先返回位于对应前面语言的网页文档。

（6）User-Agent

User-Agent 用于向服务器告知客户端的名称、版本、操作系统等信息。用户在访问某些网页时，可能会看到一些欢迎信息，其中列出了当前用户的操作系统信息以及浏览器属性等，这些就是从 User-Agent 头字段中获取的。User-Agent 头字段的格式如下所示。

```
    User-Agent: Mozilla/5.0 (Windows NT 10.0; Win64; x64) AppleWebKit/537.36 (KHT
ML, like Gecko) Chrome/103.0.0.0 Safari/537.36
```

（7）Referer

浏览器通过 Referer 请求头向 Web 服务器表明当前请求是由哪个资源发起的。例如，用户在百度网搜索购物网站时，根据搜索结果，单击某一个电商平台的超链接并进入，此次请求包含的 Referer 请求头如下所示。

```
Referer: http://www.baidu.com
```

如果本次请求不是通过超链接而是直接在浏览器地址栏中输入 URL，那它就没有 Referer 请求头。在开发中，Referer 请求头常被用于追踪网站访问者的来源，如果访问者属于恶意访问，就可以对其进行阻止或屏蔽。

（8）If-Match

为减少网络延迟、提升响应速度，当用户访问已被客户端缓存的页面时，服务器会检索该页面是否有更新，如果没有更新，服务器会通知客户端访问本地已缓存的页面，这是 HTTP 的缓存机制。

HTTP 的缓存机制可以通过 If-Match 请求头和 ETag 响应头实现。当服务器向客户端响应网页文件时，会传送一些代表实体内容特征的头字段，具体如下所示。

```
ETag: "mark"
```

当客户端再次向服务器请求这个页面时，会使用 If-Match 头字段附带以前缓存的内容，具体如下所示。

```
If-Match: "mark"
```

将 If-Match 请求头的内容和当前网页中的实体内容做比较，如果两者相同，会直接通知客户端访问本地已缓存页面，否则，返回新的页面文件和 ETag 头字段内容。

（9）If-Modified-Since

与 If-Match 类似，If-Modified-Since 也用于实现 HTTP 的缓存机制。当服务器向客户端响应网页文件时，会使用 Last-Modified 头字段传送该网页文件的最后修改时间，具体如下所示。

```
Last-Modified:Thu, 30 Nov 2022 08:41:19 GMT
```

当客户端再次向服务器请求这个页面时，会使用 If-Modified-Since 头字段告诉服务器它上次访问该页面的最后修改时间，具体如下所示。

```
If-Modified-Since: Thu, 30 Nov 2022 08:41:19 GMT
```

服务器收到请求后，会将 If-Modified-Since 请求头传递的最后修改时间和当前网页实际的最后修改时间做比较，如果两者相同，会返回一个 304 状态码表示客户端缓存的文件是最新的，这时，客户端仍使用本地已缓存页面。

2.4.3 HTTP 响应消息

一般情况下，服务器接收并处理浏览器发过来的请求后会返回一个 HTTP 的响应消息，也称为响应报文。一个完整的响应消息由响应状态行、响应头、实体内容 3 个部分组成，每部分都有不同的作用。本小节将对 HTTP 响应消息进行详细讲解。

1. HTTP 响应状态行

HTTP 响应状态行位于响应消息的第 1 行。HTTP 响应状态行包括 3 个部分，分别是 HTTP 版本、状态码和状态码描述信息，具体如下所示。

```
HTTP/1.1 200 OK
```

其中，HTTP/1.1 是通信使用的 HTTP 版本，200 是状态码，OK 是状态码描述信息。

HTTP 状态码反映了 Web 服务器处理客户端请求的状态，由 3 位数字组成，其中首位数字规定了状态码的类型，具体如下所示。

- 1xx：信息（Information）类型，表示收到网页浏览器请求，正在进一步处理中。
- 2xx：成功（Successful）类型，表示请求被正确接收、解析和处理。
- 3xx：重定向（Redirection）类型，表示请求没有成功，需要客户端做进一步操作来完成请求。
- 4xx：客户端错误（Client Error）类型，表示客户端提交的请求有错误。
- 5xx：服务器错误（Server Error）类型，表示服务器出错后未能成功处理客户端请求。

上述 5 种状态码中每种都有若干个状态码。下面列举几个 Web 开发中的常见状态码，如表 2.9 所示。

表 2.9　　Web 开发中的常见状态码及其描述

状态码	描述
200（成功）	表示服务器成功处理客户端请求。请求已成功，请求所希望的响应头或数据体将随此响应返回
302（临时移动）	表示服务器目前从不同 URL 的网页响应请求，但请求者应继续使用原有位置来进行以后的请求。例如，返回 302 状态码，让未登录的用户访问个人中心被重定向到登录页面
304（未修改）	表示客户端请求的资源未修改，服务器返回此状态码，不会返回任何资源，客户端直接使用缓存中的数据
404（未找到）	表示服务器无法找到客户端请求的资源，例如没有要访问的文件或目录
500（服务器内部错误）	表示服务器内部出现错误，无法处理请求。一般情况下，是服务器的 JSP、ASP（Active Server Page，活动服务器页面）、CGI（Common Gateway Interface，公共网关接口）等程序发生了错误，也可能是 Web 应用存在某些 bug 或临时故障

2. HTTP 响应头

HTTP 响应头和请求头一样，它实际上也是一个键值对的列表，它包含很多关于服务器属性和响应内容的附加信息。例如，服务器名称、页面资源的最后修改时间、文档编码、内容长度等，具体如下所示。

```
Accept-Ranges: bytes
ETag: W/"323-1656496502722"
Last-Modified: Wed, 29 Jun 2022 09:55:02 GMT
Content-Type: text/html
Content-Length: 323
Server: nginx
```

```
Date: Thu, 16 Jun 2022 08:21:48 GMT
Keep-Alive: timeout=20
Connection: keep-alive
```

以上示例中，每个响应头字段都由一个字段名和一个值构成，中间用冒号隔开，头字段之间以换行符分开。

为实现不同的功能，HTTP 提供了多种响应头字段。接下来针对一些常用的响应头字段进行讲解。

（1）Server

Server 头字段用于指定服务器名称，它由 Web 服务器设置，Server 头字段的格式如下所示。

```
Server: Apache-Coyote/1.1
```

（2）Accept-Ranges

Accept-Ranges 头字段用于指定服务器是否支持客户端发送 Range 请求头请求资源。如果通知客户端使用以字节 bytes，为单位的 Range 请求，则 Accept-Ranges 头字段的格式如下所示。

```
Accept-Ranges: bytes
```

如果服务器通知客户端不使用 Range 请求，则 Accept-Ranges 头字段的格式如下所示。

```
Accept-Ranges: none
```

（3）Location

Location 头字段通常与 302 状态码配合使用，用于通知客户端获取资源的新地址，将客户端引向另一个资源，它的值通常是一个 URL，具体格式如下所示。

```
Location: http://www.×××.com
```

需要注意的是，使用 Location 头字段的 HTTP 响应消息不应该有实体内容，所以在 HTTP 响应头中不能同时出现 Location 和 Content-Type。

（4）Refresh

Refresh 头字段表示浏览器应该在多少时间之后刷新文档，以秒为单位，具体格式如下所示。

```
Refresh: 2;url=http:www.×××.com
```

上述代码用于告诉浏览器 2 秒后跳转到 www.×××.com 网站。

（5）ETag

ETag 头字段用于向客户端传递代表实体内容特征的标记信息。利用这些标记信息，客户端可以识别在不同时间获得的同一路径下的资源是否相同。ETag 头字段通常与 If-Match 请求头配合使用，实现 HTTP 的缓存机制。ETag 头字段的格式如下所示。

```
ETag: "mark"
```

2.5 本章小结

本章主要介绍了 Java Web 的基础知识，首先介绍了 XML 技术，包括 XML 简介、XML 的语法、XML 解析，其次介绍了 Web 基础知识，包括程序开发体系架构和 Tomcat 的安装与启动，并讲解了如何在 IntelliJ IDEA 中创建 Java Web 项目并将项目部署在 Tomcat 服务器上，然后介绍了常用的通信协议，包括 TCP/IP、DNS 以及 URI 和 URL 的区别，最后介绍了 HTTP，包括 HTTP 的概念以及 HTTP 请求消息和响应消息。

2.6 习题

一、填空题

1．XML 称为可扩展标记语言，格式良好的 XML 有且只能有________个根元素。

2．Tomcat 服务器的默认端口号是________。

3．定义元素的属性时，有 4 种属性设置：#REQUIRED、#IMPLIED、________和默认值。

4．在 XML 文档中，元素一般是由开始标签、属性、________和结束标签构成。

5．在 HTTP 的 9 种请求方法中，最常用的是________和________。

二、判断题

1．当访问一个 Web 应用程序时，如果没有指定资源名称，则会访问默认的页面。（　　）

2．在 server.xml 文件中配置虚拟目录，每次修改 server.xml 文件后，都需要重启服务器，否则修改的配置将不会生效。（　　）

3．一个 Web 应用下子目录的命名没有特殊规定，可以随意命名。（　　）

4．属性是对标签进一步的描述和说明，一个标签只能有一个属性。（　　）

5．XML 文档中如果保存有中文字符，那么保存的文件编码格式一定要与文档声明的 encoding 的编码取值相同，否则将会产生中文乱码问题。（　　）

三、选择题

1．web.xml 文件位于 Web 项目目录结构的（　　）下。

A．src 目录　　B．META-INF 目录

C．WEB-INF 目录　　D．文档根目录

2．下列选项中，哪个头字段用于告诉浏览器自动刷新页面的时间？（　　）

A．Server　　B．Accept-Location　　C．Refresh　　D．Accept-Refresh

3．下列选项中，表示服务器错误的状态码是（　　）。

A．100　　B．404　　C．304　　D．500

4．下列选项中，哪个头字段用于告知服务器，客户端所使用的字符集？（　　）

A．Accept-Charset　　B．Accept

C．Accept-Encoding　　D．Accept-Language

5．下列关于 XML 的描述中，正确的是（　　）。

A．所有的 XML 元素都必须是小写的　　B．所有 XML 元素都必须正确地关闭

C．所有 XML 文档都必须有 DTD　　D．以上说法都正确

四、简答题

1．简述 HTTP 的 POST 和 GET 的区别。

2．列举出 Tomcat 安装目录下的子目录，并对其进行简要说明。

第 3 章 Servlet 详解

本章学习目标

- 理解 Servlet 的基本概念和工作流程。
- 理解 Servlet 的生命周期。
- 掌握 Servlet 的创建及配置。
- 掌握 ServletConfig 接口的使用。
- 掌握 HttpServletResponse 对象的使用。
- 掌握 HttpServletRequest 对象的使用。

Servlet 是服务器端程序的“头号干将”，也是 Web 应用的核心组件，它负责处理客户端发出的请求并生成响应。从某种意义上讲，正因为 Servlet 在动态 Web 技术中的强大优势，才有了 Java 在众多编程语言中的地位。对于开发者来说，只有掌握 Servlet 才能洞悉 Web 应用开发的精髓。本章将对 Servlet 涉及的相关技术进行详细讲解。

3.1 Servlet 概述

3.1.1 Servlet 简介

Servlet 是 Server Applet 的简称，译为“服务端小程序”或“服务连接器”。它是基于 Java 语言的 Web 服务器编程技术，是 Sun 公司提出的一种实现动态网页的解决方案，其主要功能在于交互式地浏览和生成数据，生成动态 Web 内容。按照 Java EE 定义的规范，一个 Servlet 程序是一个运行在服务器中的特殊 Java 类，它能够处理来自客户端的请求并生成响应。

Servlet 基于 Java 语言，运行 Servlet 需要 JRE 的支持。JRE 负责解析和执行字节码文件，但它只包含 Java 虚拟机、Java 核心类库和一些辅助性文件，且它并不支持 Servlet 规范。开发者要想运行 Servlet 代码，还需要一种支持 Servlet 规范的部件，并且该部件需要实现 Servlet 接口和一些基础类，这种部件就是 Servlet 容器。

Servlet 部署在 Servlet 容器中，才能够为各种各样的客户端请求提供相应服务。Servlet 容器是 Servlet 程序的运行环境，它除了实现 Servlet 规范定义的各种类和接口，为 Servlet 程序的运行提供底层支持，还可以管理用户编写的 Servlet 类。本书中使用的 Servlet 容器是 Tomcat。Tomcat 实现了对 Servlet 和 JSP 的支持；除此之外，Tomcat 还可以用作 Web 应用服务器。

虽然Servlet可以响应任何类型的请求，但它通常被用来响应网络请求。在Web应用运行过程中，当客户端向Web服务器发送HTTP请求时，Web服务器会把请求交给一个指定的Servlet，该Servlet对请求消息进行处理后生成响应，具体流程如图3.1所示。

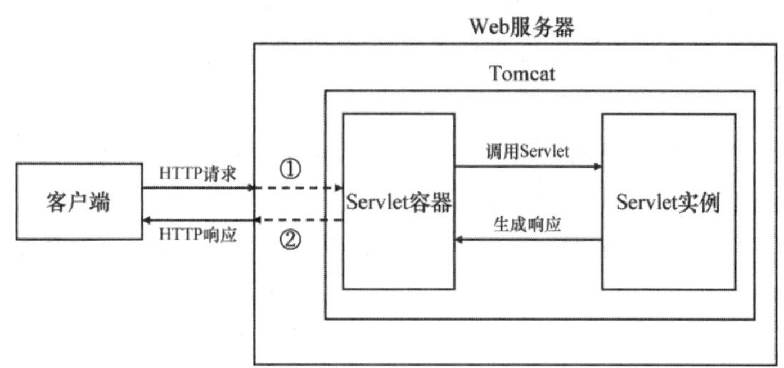

图3.1　Servlet程序处理客户端请求的流程

图3.1展示了Servlet程序处理客户端请求的流程。具体来讲，该流程可进一步细分为如下几个步骤。

（1）客户端向Web服务器（Tomcat）发出HTTP请求。

（2）Servlet容器解析客户端的HTTP请求，把请求消息交给指定的Servlet处理。

（3）Servlet取得包括请求头在内的各种请求消息。

（4）Servlet调用其他Java类的方法，完成对请求消息的逻辑处理。

（5）Servlet实现到其他Web组件的跳转（包括重定向和请求转发等）。

（6）Servlet生成响应，并通过Web服务器返回HTTP响应给客户端。

Servlet是Java语言中编写Web服务器扩展功能的重要技术，同时它也是JSP技术的底层运行基础。因此，Servlet在Web开发技术中占据了重要地位。一些比较流行的第三方Web框架（如Struts、Spring MVC、Turbine等）也都是基于Servlet技术。

知识拓展

Web服务器是一种对外提供Web服务的软件，它可以接收浏览器的HTTP请求，并将处理结果返回给浏览器。常见的Web服务器如Apache、Nginx、IIS等，它们的功能往往比较单一，只能提供HTTP服务，让用户访问静态资源，不能执行使用任何编程语言编写的代码，也不能访问数据库。在部署Servlet开发的网站时，同样需要一种类似的软件，例如Tomcat、Jetty、WebLogic等，它们通常被称为“容器”，而不仅仅是传统意义上的“服务器”，因为它们是由HTTP服务器和Servlet容器构成的。

3.1.2　Servlet技术的特点

Servlet最大的优势就在于：一方面，它由Java语言编写，本质上是一个Java类，因此，Java语言赋予了它强大的功能；另一方面，它又可以用来处理客户端的请求，并且可以返回响应。这两方面的结合使Servlet成为功能非常强大的服务器端语言。Servlet技术的特点可以概括为以下几个方面。

（1）可移植性强。由于Servlet使用Java语言编写，具备“一处编写，处处运行”的特点，因此，为 Tomcat 编写的 Servlet 无须任何实质上的改动即可移植到 Apache、IIS 或 WebStar 等服务器，几乎所有的主流服务器都直接或通过插件支持 Servlet。

（2）功能强大。Servlet 本质上是 Java 类，它可以使用 Java API（Application Program Interface，应用程序接口）的所有核心功能，包括图像处理、数据压缩、多线程、JDBC（Java DataBase Connectivity，Java 数据库互联）、序列化对象等。

（3）安全性高。Servlet 的安全问题有多个层次的保障。首先，Servlet 可以使用 Java 语言的安全框架；其次，Servlet API 可以借助 Java 的类型安全特性来提高代码的安全性；再次，Servlet 容器也可以对 Servlet 的安全进行管理。

（4）代码简洁。Servlet 代码具有面向对象的优点，封闭方面非常有优势。

（5）高效耐久。一旦 Servlet 载入 Web 服务器中，它就会驻留在内存里，这样就加快了响应的速度。

3.1.3 Servlet 接口及实现类

所有的 Servlet 功能都是通过 Servlet 接口向外暴露的，因此，编写 Servlet 代码可以从实现 Servlet 接口开始。Servlet 接口是整个 Servlet 体系的核心环节，它定义了服务器与 Servlet 程序交互时遵循的协议。所有 Servlet 类必须先实现 Servlet 接口，然后才能被服务器识别和管理，进而处理客户端发出的请求。

1．Servlet 接口

Servlet 接口位于 javax.servlet 包中，共提供了 5 个抽象方法，其中 init()、service()和 destroy()方法是与 Servlet 生命周期相关的。Servlet 接口的常用方法如表 3.1 所示。

表 3.1　Servlet 接口的常用方法

方法声明	功能描述
void init(ServletConfig config)	Servlet 的初始化方法。服务器创建好 Servlet 对象之后，会调用该方法来初始化 Servlet 对象。init()方法有一个类型为 ServletConfig 的参数，服务器通过这个参数向 Servlet 传递配置信息
void service(ServletRequest req, ServletResponse res)	Servlet 的服务方法。其为传入的请求提供响应，当服务器收到客户端访问 Servlet 的请求时，会调用该方法。服务器会构造一个表示客户端请求消息的 ServletRequest 对象和一个用于对客户端进行响应的 ServletResponse 对象作为参数传递给 service()方法。Servlet 对象通过 ServletRequest 对象得到客户端的相关信息和请求消息，在对请求进行处理后，调用 ServletResponse 对象的方法设置响应消息
void destroy()	Servlet 的销毁方法。服务器终止 Servlet 服务前调用该方法以释放 Servlet 对象占用的资源。在 Servlet 容器调用 destroy()方法前，如果还有其他的线程正在 service()方法中执行，服务器会等待这些线程执行完毕或等待服务器设定的超时值到达。一旦 Servlet 对象的 destroy()方法被调用，服务器不会再把其他的请求发送给该对象
ServletConfig getServletConfig()	返回 Servlet 的 ServletConfig 对象，用于获取 Servlet 对象的配置信息
String getServletInfo()	返回一个 String 对象，其中包括关于 Servlet 的信息，例如，作者、版本和版权等

使用实现 Servlet 接口的方式编写 Servlet 程序比较麻烦，需要实现很多方法，所以 Servlet

规范又提供了两个抽象类，分别是 GenericServlet 类和 HttpServlet 类，它们都实现了 Servlet 接口的很多常用功能。接下来对 GenericServlet 类和 HttpServlet 类进行详细讲解。

2. GenericServlet 类

GenericServlet 类是一个抽象类，它为 Servlet 接口提供了通用实现，能够满足基本 Servlet 类的特征和功能。通过继承 GenericServlet 类的方式创建 Servlet，只需要重写 service()方法即可，这样极大减少了创建 Servlet 的工作量。GenericServlet 类的常用方法如表 3.2 所示。

表 3.2　　GenericServlet 类的常用方法

方法声明	功能描述
void init(ServletConfig config)	该方法来源于 Servlet 接口，若重写该方法，必须调用 super.init(config)
void init()	该方法重载 Servlet 接口的 init(ServletConfig config)方法而无须调用 super.init(config)，而 ServletConfig 对象依然可以通过调用 getServletConfig()方法获得
void service(ServletRequest req, ServletResponse res)	这是一个抽象方法，GenericServlet 类的具体子类必须实现该方法，从而对客户端的请求进行处理
void destroy()	作用与 Servlet 接口的 destroy()方法的作用相同，GenericServlet 类的具体子类可以重写该方法增加功能
ServletConfig getServletConfig()	返回一个 Servlet 的 ServletConfig 对象
String getServletInfo()	该方法来源于 Servlet 接口，重写该方法可以产生有意义的信息，例如，作者、版本和版权等
ServletContext getServletContext()	获得一个 Servlet 的 ServletContext 对象，通过 ServletCongfig 的 getServlet Context()方法获得
String getInitParameter (String name)	返回一个包含初始化变量值的字符串，如果变量不存在则返回 null，该方法从 Servlet 的 ServletConfig 变量获得命名变量的值
void log(String msg)	该方法把指定的信息写入一个日志文件
log(String message，Throwable t)	该方法把解释性的内容和抛出的例外信息写入一个日志文件

需要注意的是，GenericServlet 类实现了 ServletConfig 接口，开发者可以直接调用 ServletConfig 的 getServletContext()方法获取 ServletContext 对象。

3. HttpServlet 类

HttpServlet 类是 GenericServlet 类的子类，它在 GenericServlet 类的基础上进行了一些针对 HTTP 的扩充，是在 Web 开发中定义 Servlet 最常使用的类。由于 Servlet 主要用来处理 HTTP 的请求和响应，因此通常情况下，编写的 Servlet 类都继承自 HttpServlet 类。HttpServlet 类的常用方法如表 3.3 所示。

表 3.3　　HttpServlet 类的常用方法

方法声明	功能描述
void service(HttpServletRequest req, HttpServletResponse res)	HttpServlet 对 service()方法进行了重写，该方法会自动判断客户端的请求方法，若为 GET 请求则调用 doGet()方法，若为 POST 请求则调用 doPost()方法。因此，开发者在编写 Servlet 时，通常只需要重写 doGet()方法或 doPost()方法，而不需要重写 service()方法

续表

方法声明	功能描述
void doGet(HttpServletRequest req, HttpServletResponse res)	此方法被本类的 service()方法调用，用来处理一个 GET 请求
void doPost(HttpServletRequest req, HttpServletResponse res)	此方法被本类的 service()方法调用，用来处理一个 POST 请求

这里需要注意的是，除了 doGet()、doPost()方法外，对于 PUT、DELETE、HEAD、OPTIONS 等请求方法，HttpServlet 类也相应提供了 doPut()、doDelete()、doHead()、doOptions()等方法，开发者可根据具体需求酌情使用。

3.1.4　Servlet 体系结构

在 Servlet 体系结构中，除了 Servlet 接口及其实现类之外，还有一些接口用于辅助 Servlet 执行相关操作，如 ServletConfig、ServletContext 等。Servlet 体系结构的主要接口和类之间的关系如图 3.2 所示。

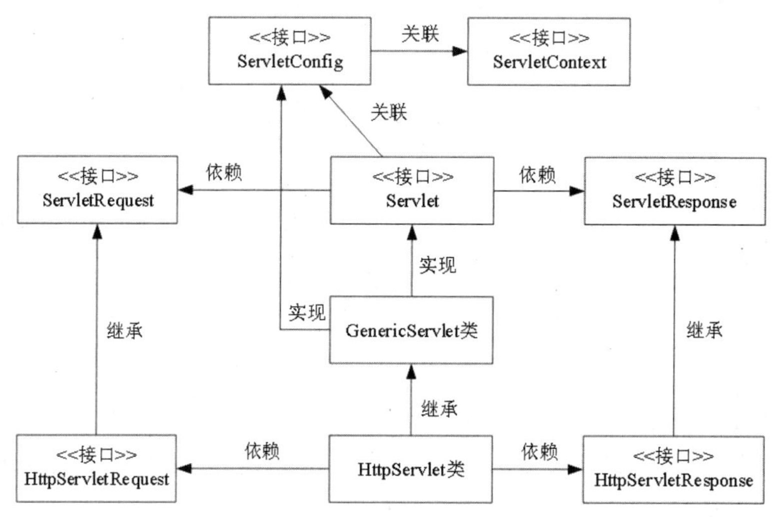

图 3.2　Servlet 体系结构

由图 3.2 可以看出，Servlet 规范就是基于类运转的，与 Servlet 主动关联的 3 个类是 ServletConfig、ServletRequest 和 ServletResponse。这 3 个类都是通过 Servlet 容器传递给 Servlet 的，其中 ServletConfig 是在 Servlet 初始化时就传给 Servlet 了，而后两个是在请求到达时调用 Servlet 时传递过来的。HttpServletRequest 和 HttpServletResponse 分别用于实现基于 HTTP 的请求和响应。在后面的小节中将对这些类进行详细讲解。

Servlet 本质上是运行在服务器中的 Java 类。创建 Servlet，实际上就是按照 Servlet 规范编写一个 Java 类。Servlet 主要有两种创建方法：第一种是创建一个普通的 Java 类，使这个类继承 HttpServlet 类，再通过手动编写 web.xml 文件配置 Servlet，这种方法比较烦琐；第二种是使用 IntelliJ IDEA 等集成开发工具完成 Servlet 的创建，这种方法简化了操作，常用于实际开发。

3.2 Servlet 开发入门

编写 Servlet 需要遵循 Java 的基本语法，但与普通 Java 类不同的是，Servlet 是只能运行在服务器端的 Java 类，而且必须遵循某种特殊的规范，在运行过程中有自己的生命周期，这些都是 Servlet 所独有的特性。接下来，本书将对如何使用 IntelliJ IDEA 创建和配置 Servlet 以及 Servlet 的生命周期进行详细讲解。

3.2.1 Servlet 的创建

使用 IDEA 创建 Servlet 相对简单，新建一个 Java Web 项目并将它部署到 Tomcat 后，添加 Tomcat 中的 servlet-api.jar 包即可。创建项目和部署项目的操作步骤可参考第 2 章，本小节对添加 servlet-api.jar 包和创建 Servlet 的步骤进行详细讲解。

1．添加 servlet-api.jar 包

新建 Java Web 项目 Chapter03，并将它部署到 Tomcat，设置“Application context”为“/Chapter03”，在项目中添加 Tomcat 的 servlet-api.jar 包。在 IDEA 主界面中依次单击“File”→“Project Structure”，打开“Project Structure”界面。

在该界面中依次单击“Libraries”→“+”→“Java”（见图 3.3），打开“Select Library Files”界面，选择项目所在目录，如图 3.4 所示。

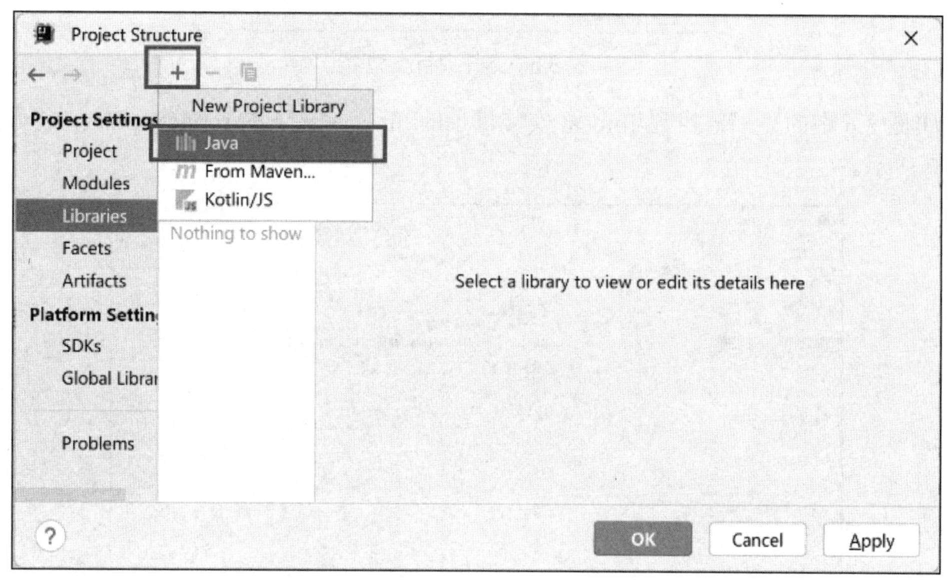

图 3.3 “Project Structure”界面的操作

单击“OK”按钮后，打开“Choose Categories of Selected Files”界面，选择“Classes”选项，如图 3.5 所示。

单击“OK”按钮后，会打开“Choose Modules”界面，在该界面中单击“OK”按钮即可将项目加载到 IDEA 中。

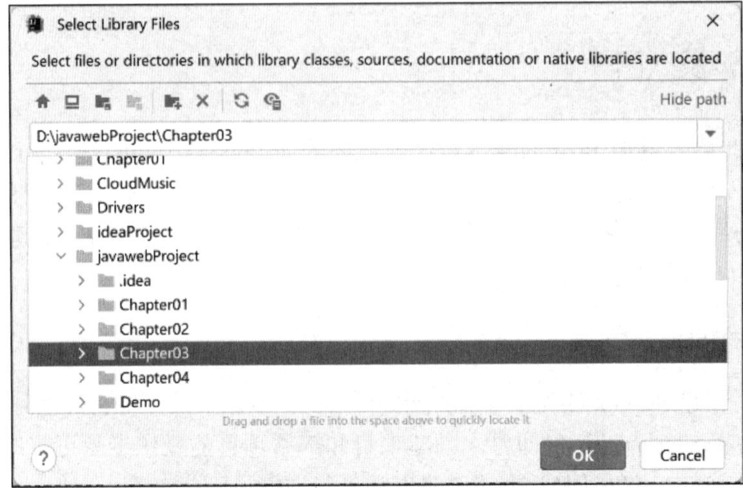

图 3.4 “Select Library Files”界面的操作

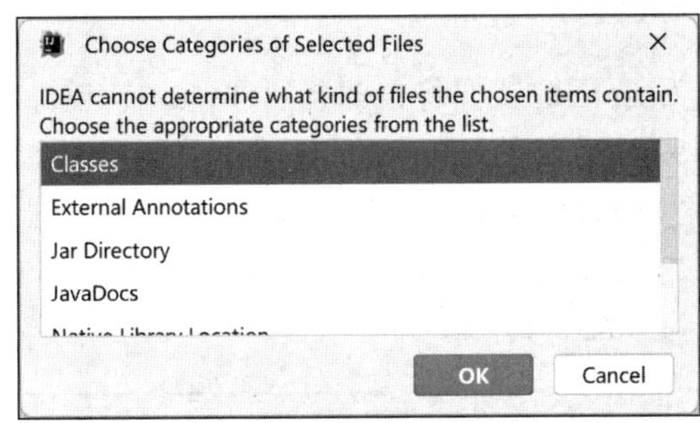

图 3.5 选择项目类型

单击图 3.6 中的“+”，找到 Tomcat 安装目录的 lib 文件夹下的 servlet-api.jar，将其选中，如图 3.7 所示。

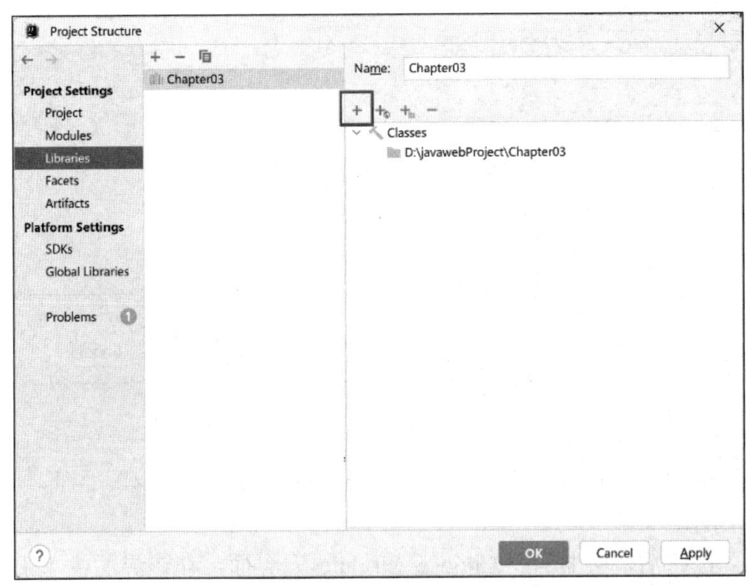

图 3.6 加载项目后的“Project Structure”界面

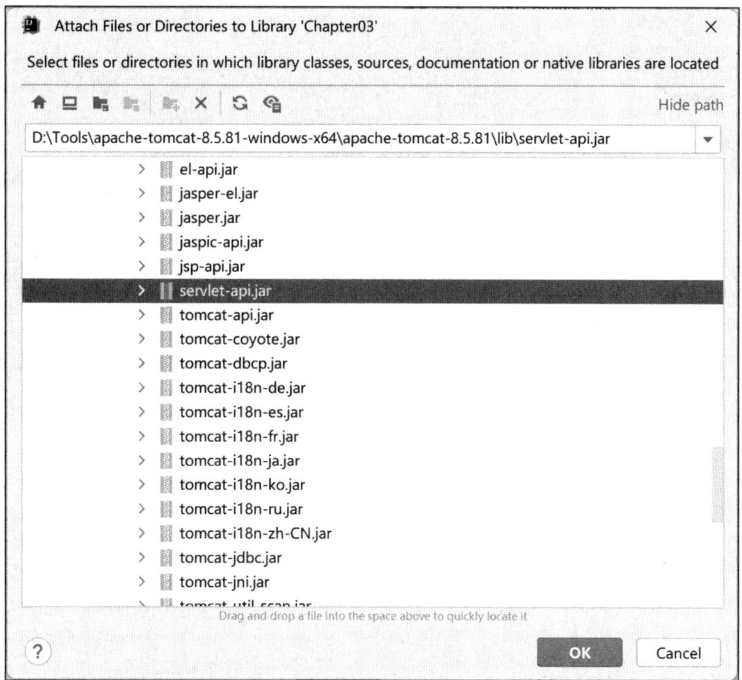

图 3.7 选择 servlet-api.jar 界面

在图 3.7 所示的界面中单击“OK”按钮，将 servlet-api.jar 添加到 Chapter03 项目中，如图 3.8 所示。

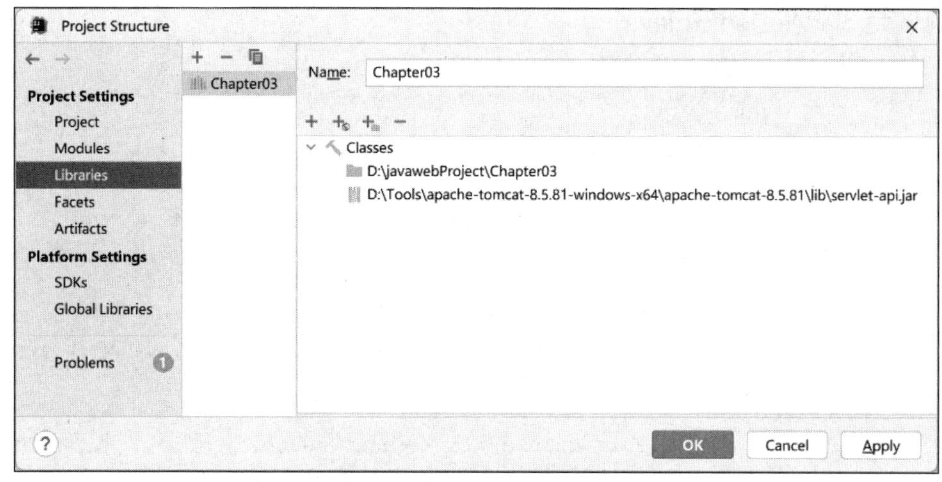

图 3.8 添加 servlet-api.jar 界面

在图 3.8 所示的界面中，依次单击“Apply”按钮和“OK”按钮，即可完成 servlet-api.jar 的添加。

此时用鼠标右键单击项目的 src 目录，在弹出的快捷菜单中选择“New”选项，如果“New”子菜单中出现“Servlet”选项，则表明添加成功，如图 3.9 所示。

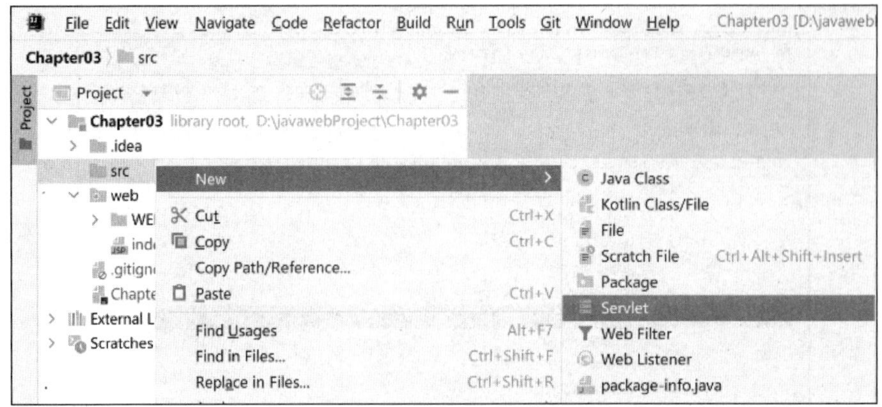

图 3.9 Servlet 创建选项

2. 创建 Servlet

用鼠标右键单击 Chapter03 项目的 src 目录，选择“New”→“Servlet”选项，打开创建 Servlet 的界面，如图 3.10 所示。

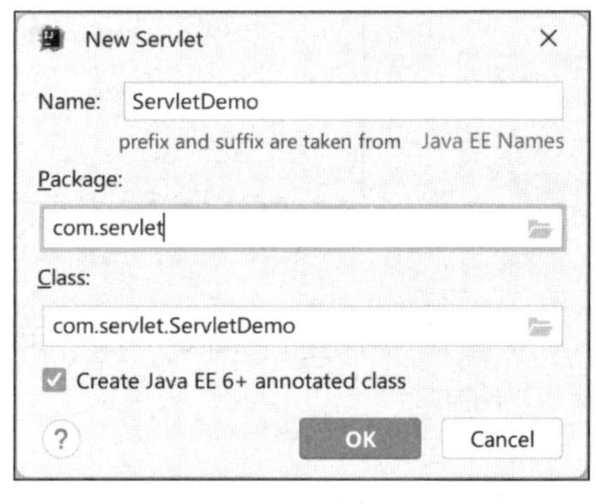

图 3.10 创建 Servlet 的界面

在图 3.10 中，“Name”用于指定 Servlet 的名称，此处命名为“ServletDemo”，“Package”用于指定 Servlet 所在包的名称，此处命名为“com.servlet”，单击“OK”按钮，IDEA 会根据图 3.10 所示界面的输入名称，完成 Servlet 的创建，如例 3-1 所示。

【例 3-1】ServletDemo1.java

```
1  package com.servlet;
2  import javax.servlet.*;
3  import javax.servlet.http.*;
4  import javax.servlet.annotation.*;
5  import java.io.IOException;
6  @WebServlet(name = "ServletDemo", value = "/ServletDemo")
7  public class ServletDemo1 extends HttpServlet {
8      @Override
9      protected void doGet(HttpServletRequest request,
10     HttpServletResponse response)throws ServletException, IOException {
11     }
12     @Override
13     protected void doPost(HttpServletRequest request,
14     HttpServletResponse response)throws ServletException, IOException {
15     }
16 }
```

在例 3-1 中，第 6 行代码中的@WebServlet 是一个类级别注解，用于标注该类是 HttpServlet 类的一个子类，后面括号中的内容是该类的属性（用于配置页面请求路径的接口信息），从第 7 行代码中即可看出该类继承 HttpServlet；第 8～15 行代码重写了 HttpServlet 中处理 HTTP 请求的 doGet()方法和 doPost()方法，分别对应 HTTP 的 GET 方法和 POST 方法。

为了验证 Hello Servlet 的功能，在 ServletDemo1 的 doGet()方法和 doPost()方法中添加一些代码，修改后的 ServletDemo1 如例 3-2 所示。

【例 3-2】ServletDemo1.java

```
1  package com.servlet;
2  import java.io.PrintWriter;
3  import javax.servlet.*;
4  import javax.servlet.http.*;
5  import javax.servlet.annotation.*;
6  import java.io.IOException;
7  @WebServlet(name = "ServletDemo", value = "/ServletDemo")
8  public class ServletDemo1 extends HttpServlet {
9      protected void doGet(HttpServletRequest request, HttpServletResponse response) throws ServletException, IOException {
10         PrintWriter writer = response.getWriter();
11         writer.print("Hello Servlet");
12         System.out.println("你好，Servlet");
13     }
14     protected void doPost(HttpServletRequest request, HttpServletResponse response) throws ServletException, IOException {
15         this.doGet(request, response);
16     }
17 }
```

启动 Tomcat，在浏览器中输入例 3-2 中所示 Hello Servlet 的访问地址“localhost:8080/Chapter03/ServletDemo1”，浏览器的显示效果如图 3.11 所示，IDEA 控制台显示效果如图 3.12 所示。

图 3.11　例 3-2 的显示效果

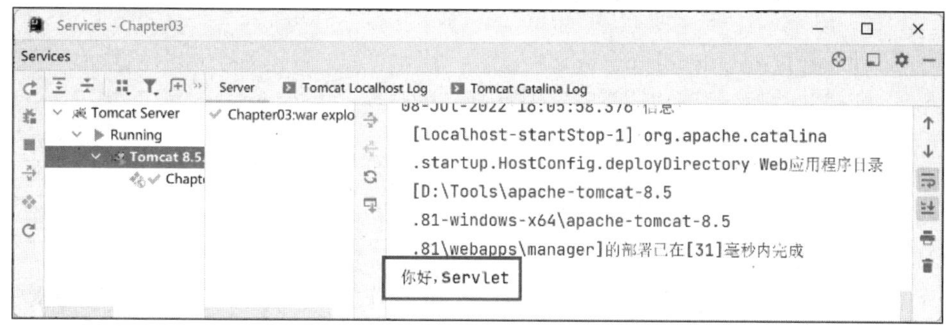

图 3.12　例 3-2 的控制台显示效果

在例 3-2 中，第 7 行代码的 value 属性用于匹配访问该 Servlet 的 URL；第 8～13 行代码的 doGet()方法中使用 PrintWriter 对象调用 print()方法在浏览器的页面中输出“Hello Servlet”，使用标准输出语句在控制台中输出“你好，Servlet”；第 14～16 行代码的 doPost()方法调用 doGet()方法，表示浏览器使用 POST 方法发送的请求，也使用 doGet()方法中的代码处理。

3.2.2 Servlet 的配置

完成 Servlet 创建之后，若想让其正常运行在服务器中并处理请求，开发者还需对它进行适当的配置。Servlet 的配置可以通过 Web 应用的配置文件 web.xml 完成，也可以使用 @WebServlet 注解。本小节将对这两种方式进行详细讲解。

1．使用 web.xml 文件配置 Servlet

在 Servlet 3.0 之前，开发者只能使用 web.xml 文件配置 Servlet。配置内容包括 Servlet 的名称、描述、初始参数、类路径、访问地址等，配置一般分两步进行。

（1）声明 Servlet

在 web.xml 文件中，通过<servlet>声明一个 Servlet，在此元素下包含若干个子元素，这些子元素的配置属性如表 3.4 所示。

表 3.4　web.xml 中<servlet>子元素的配置属性

属性名	类型	描述
<description>	String	指定 Servlet 的描述信息
<display-name>	String	指定 Servlet 的显示名
<servlet-name>	String	指定 Servlet 的名称，一般与 Servlet 类名相同，要求唯一
<servlet-class>	String	指定 Servlet 类的位置，包括包名与类名
<init-param>	/	指定初始化参数
<param-name>	String	指定初始化参数名
<param-value>	String	指定初始化参数名对应的值
<load-on-startup>	Int	指定 Servlet 的加载顺序。当此属性没有指定时，表示 Servlet 被第一次请求时才被加载；当值为 0 或大于 0 时，表示服务器启动后就加载这个 Servlet。值越小，启动该 Servlet 的优先级越高

以例 3-2 的 ServletDemo1 为例，它在 web.xml 中的声明代码如下所示。

```
<servlet>
    <description></description>
    <display-name>ServletDemo1</display-name>
    <servlet-name>ServletDemo1</servlet-name>
    <servlet-class>com.servlet.ServletDemo1</servlet-class>
    <load-on-startup>1</load-on-startup>
</servlet>
```

（2）映射 Servlet

接下来需要映射访问 Servlet 的 URL，此操作使用<servlet-mapping>元素完成，<servlet-mapping>元素包含两个子元素，分别为<servlet-name>与<url-pattern>。其中<servlet-name>与<servlet>元素中的<servlet-name>值一致，不可随意命名，<url-pattern>元素用于指定该 Servlet 的访问路径。

以 ServletDemo1 为例，它在 web.xml 中的映射代码如下。

```
<servlet-mapping>
    <servlet-name>ServletDemo1</servlet-name>
    <url-pattern>/ServletDemo1</url-pattern>
</servlet-mapping>
```

根据以上映射信息，ServletDemo1 的 URL 为 http://localhost:8080/Chapter03/ServletDemo1。需要注意的是，使用<url-pattern>中映射 URL 地址时，必须在地址前加“/”，否则访问不到。

在开发中，如果希望多个路径可访问同一个 Servlet，用户可以配置多个<url-pattern>元素。以 Hello Servlet 为例，用户可以为其增加几个映射路径，具体代码如下。

```
<servlet-mapping>
    <servlet-name>ServletDemo1</servlet-name>
    <url-pattern>/ServletDemo</url-pattern>
    <url-pattern>/ServletDemo1</url-pattern>
    <url-pattern>/ServletDemo2</url-pattern>
</servlet-mapping>
```

根据以上映射信息，通过 3 个 URL 可以访问到 Hello Servlet，具体如下。

- http://localhost:8080/Chapter03/ServletDemo。
- http://localhost:8080/Chapter03/ServletDemo1。
- http://localhost:8080/Chapter03/ServletDemo2。

此外，<url-pattern>元素值中可以使用通配符“*”。“*”代表任意字符，它有两种使用方法，具体如下。

① *.扩展名。

以 ServletDemo1 为例，假如它在 web.xml 中的映射代码如下。

```
<servlet-mapping>
    <servlet-name>ServletDemo1</servlet-name>
    <url-pattern>*.action</url-pattern>
</servlet-mapping>
```

那么访问本 Web 应用的任意以“.action”结尾的 URL 地址都指向 ServletDemo1。

② /*。

以 ServletDemo1 为例，假如它在 web.xml 中的映射代码如下。

```
<servlet-mapping>
    <servlet-name>ServletDemo1</servlet-name>
    <url-pattern>/abc/*</url-pattern>
</servlet-mapping>
```

那么访问本 Web 应用的任意以“/abc”开始的 URL 地址都指向 ServletDemo1。

关于 Servlet 的配置，这里要提醒大家的是，如果使用 Eclipse 创建 Servlet，Eclipse 会自动将 Servlet 的配置信息加入 web.xml 文件中。如有需要，开发者可以在 web.xml 文件中手动修改配置。

2. 使用@WebServlet 注解配置 Servlet

在 Servlet 中，web.xml 扮演着十分重要的角色，它可以将所有 Servlet 的配置集中进行管理，但如果项目中 Servlet 数量较多，web.xml 文件会变得十分冗长。为了简化 Servlet 的配置，Servlet 3.0 中增加了注解支持，例如，例 3-1 中的@WebServlet 注解。@WebServlet 注解可以代替 web.xml 文件中的标签，它用于将一个类声明为 Servlet，并且会在项目部署时被 Servlet

容器处理；容器根据其具体的属性配置将相应的类部署为 Servlet。@WebServlet 注解的常用属性如表 3.5 所示。

表 3.5　　@WebServlet 注解的常用属性

属性名	类型	标签	描述	是否必需
name	String	<servlet-name>	指定 Servlet 的 name 属性。如果没有显式指定，则取值为该 Servlet 的完全限定名，即包名+类名	否
value	String[ ]	<url-pattern>	该属性等价于 urlPatterns 属性，两者不能同时指定；如果同时指定，通常是忽略 value 的取值	是
urlPatterns	String[ ]	<url-pattern>	指定一组 Servlet 的 URL 匹配模式	是
loadOnStartup	Int	<load-on-startup>	指定 Servlet 的加载顺序	否
initParams	WebInitParam[ ]	<init-param>	指定一组 Servlet 初始化参数	否
asyncSupported	Boolean	<async-supported>	声明 Servlet 是否支持异步操作模式	否
description	String	<description>	指定 Servlet 的描述信息	否
displayName	String	<display-name>	指定 Servlet 的显示名	否

从表 3.5 可以看出，在定义@WebServlet 注解时，value 属性和 urlPatterns 属性是必需的，但是二者不能同时使用。

@WebServlet 属于类级别的注解，可以标注在任意一个继承了 HttpServlet 的类之上。通常将 Servlet 的相对请求路径（即 value）直接写在注解内，如下所示。

```
@WebServlet(urlPatterns = "/MyServlet")
```

如果@WebServlet 中需要设置多个属性，则属性之间必须使用逗号隔开，示例代码如下。

```
@WebServlet(name = "MyServlet", urlPatterns = {"/MyServlet","/*"})
public class MyServlet extends HttpServlet {
    protected void doGet(HttpServletRequest request, HttpServletResponse resp
onse)throws ServletException, IOException {
    }
    protected void doPost(HttpServletRequest request, HttpServletResponse res
ponse)throws ServletException, IOException {
    }
}
```

上述代码中，使用@WebServlet 将 MyServlet 类标注为一个 Servlet。@WebServlet 的 name 属性用来指定 Servlet 的 name 属性为“MyServlet”；如果没有设置 name 属性，其默认值是该 Servlet 的完整名称。urlPatterns 属性用来指定 MyServlet 的 URL 为“/MyServlet”和通配符访问路径。

3.2.3　Servlet 的生命周期

Servlet 的生命周期是指一个 Servlet 对象从创建到提供服务再到销毁的过程。Servlet 运行在 Servlet 容器中，它的生命周期由容器来管理。Servlet 的生命周期通过 Servlet 接口中的 init()、service()和 destroy()方法来表示。Servlet 的生命周期示意如图 3.13 所示。

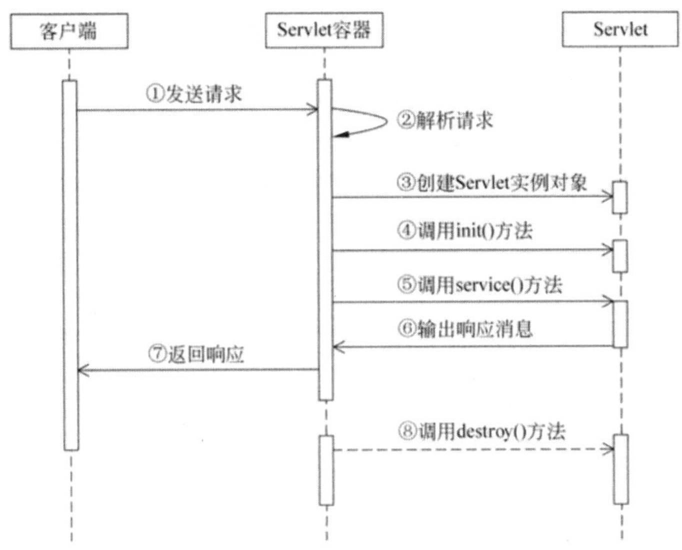

图 3.13　Servlet 的生命周期示意

图 3.13 描述了 Servlet 的完整生命周期。按照功能的不同，Servlet 的生命周期可分为 3 个阶段，分别是初始化阶段、运行阶段和销毁阶段。

1. 初始化阶段

Servlet 的初始化阶段分为以下两个步骤。

（1）创建 Servlet 对象

默认情况下，当某个 Servlet 首次被客户端请求时，服务器会创建该 Servlet 对象。如果在 web.xml 文件中为某个 Servlet 配置了<load-on-startup>元素或在@WebServlet 注解中设置了 loadOnStartup 属性，服务器在启动时就会创建该 Servlet 对象。这里需要注意的是，一个 Servlet 无论被请求多少次，最多只能有一个 Servlet 对象。

（2）执行 init()方法

创建 Servlet 对象之后，服务器将调用 init()方法对 Servlet 对象进行初始化。在这个过程中，Servlet 对象使用服务器为其提供的 ServletConfig 对象，从 Web 应用程序的配置信息中获取初始化的参数。在 Servlet 的整个生命周期内，init()方法只被执行一次。

2. 运行阶段

完成 Servlet 初始化以后，服务器会为客户端请求创建一个 ServletRequest 对象和一个 ServletResponse 对象，并将它们作为参数传给 Servlet 的 service()方法。service()方法通过 ServletRequest 对象来获取客户端的相关信息和请求消息；处理完成后，通过 ServletResponse 对象来设置响应消息。在 Servlet 的整个生命周期中，service()方法可以被调用多次；当有多个客户端并发请求 Servlet 时，服务器会启动多个线程执行该 Servlet 的 service()方法。

3. 销毁阶段

当服务器关闭或 Web 应用被移出服务器时，服务器会调用 Servlet 的 destroy()方法，使其释放正在使用的资源。在调用 destroy()方法之前，服务器必须让正在执行 service()方法的所有线程完成操作，或者等待正在执行 service()方法的所有线程超出服务器设置的限制时间。调用 destroy()方法之后，Servlet 对象被服务器释放，交由 JVM（Java Virtual Machine，Java 虚拟机）垃圾回收器处理。

了解了 Servlet 生命周期的 3 个阶段后，下面通过一个案例演示 Servlet 生命周期中 3 个核心方法的调用效果。在 Chapter03 项目的 src 目录中创建 ServletDemo2 类，如例 3-3 所示。

【例 3-3】ServletDemo2.java

```
1  import java.io.IOException;
2  import javax.servlet.*;
3  import javax.servlet.annotation.*;
4  import javax.servlet.http.*;
5  @WebServlet(name = "ServletDemo2", value = "/ServletDemo2")
6  public class ServletDemo2 extends HttpServlet {
7      public void init() throws ServletException {
8          System.out.println("调用了 init()方法");
9      }
10     protected void service(HttpServletRequest req, HttpServletResponse resp)throws ServletException, IOException {
11
12         System.out.println("调用了 service()方法");
13     }
14     public void destroy() {
15         System.out.println("调用了 destroy()方法");
16     }
17 }
```

在例 3-3 中，第 7～9 行代码重写了 init()方法；第 10～13 行代码重写了 service()方法；第 14～16 行代码重写了 destroy()方法。

在 IDEA 中启动 Tomcat 后，在浏览器的地址栏中输入 ServletDemo2 的地址 localhost:8080/Chapter03/ServletDemo2 并访问。IDEA 控制台的显示效果如图 3.14 所示。

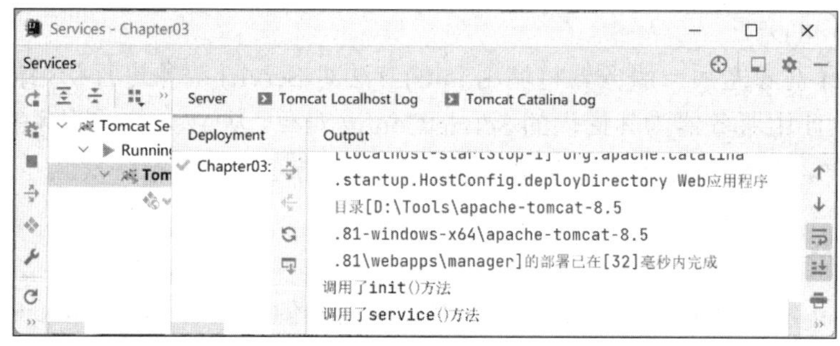

图 3.14　例 3-3 的控制台显示效果

由图 3.14 可以看出，IDEA 控制台输出了“调用了 init()方法”和“调用了 service()方法”。用户第一次访问 ServletDemo2 时，Servlet 容器就创建了 ServletDemo2 的实例。Servlet 实例在调用 service()方法之前先执行 init()方法，其主要目的是完成 Servlet 对象的初始化工作。

当多次访问 localhost:8080/Chapter03/ServletDemo2 时，IDEA 控制台的显示效果如图 3.15 所示。

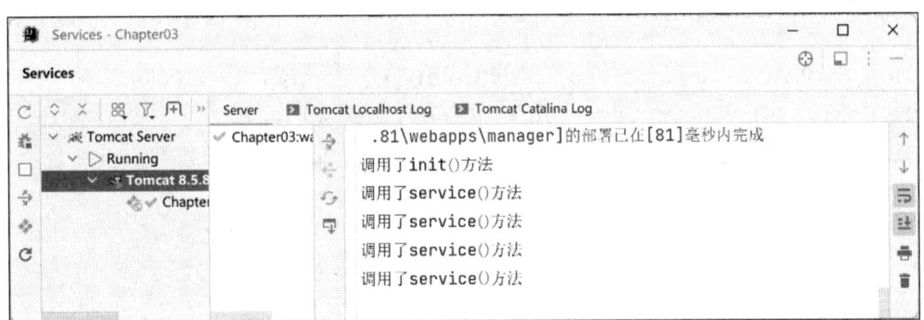

图 3.15 多次访问 ServletDemo2 的控制台显示效果

由图 3.15 可以看出，IDEA 的控制台只输出了 1 次“调用了 init()方法”，而“调用了 service()方法”输出了 4 次，说明 init()方法只在第一次访问该 Servlet 时执行，而 service()方法在每次访问时都会被执行。

如果想将 ServletDemo2 移除，用户可以在 IDEA 中停止 Tomcat 的运行，此时，Servlet 容器会调用 ServletDemo2 的 destroy()方法，在 IDEA 的控制台输出“调用了 destroy()方法”，如图 3.16 所示。destroy()方法只会执行一次。

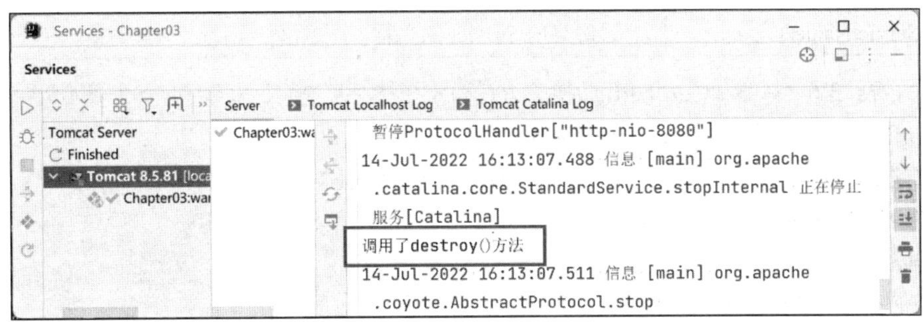

图 3.16 停止 ServletDemo2 的运行结果

Servlet 对象的创建、对象提供服务和对象的销毁等操作都由 Servlet 容器管理，Java 程序员只是负责编写 Servlet 类，无法干涉 Servlet 对象的生命周期。

3.3 ServletConfig 接口和 ServletContext 接口

在编写 Servlet 类的过程中，我们需要用到 ServletConfig 接口和 ServletContext 接口。它们是两个非常重要的配置对象，分别用于封装 Servlet 的配置信息和表示 Web 应用的上下文对象。本节将会对 ServletConfig 接口和 ServletContext 接口进行详细讲解。

3.3.1 ServletConfig 接口

服务器在初始化一个 Servlet 时会把该 Servlet 的配置信息封装到一个 ServletConfig 对象，然后调用 init(ServletConfig config)方法将 ServletConfig 对象传递给 Servlet。本小节将会对如何获取 ServletConfig 对象和 ServletConfig 接口提供的各项功能进行详细讲解。

1．获取 ServletConfig 对象的方式

（1）通过 ServletConfig 接口的 getServletConfig()方法获取，示例代码如下。

```
ServletConfig servletConfig = this.getServletConfig();
```

（2）通过从带参数的 init()方法中获取 ServletConfig 对象，示例代码如下。

```
public void init(ServletConfig config) throws ServletException {
    this.servletConfig = config;
}
```

2．ServletConfig 对象的应用

Servlet 在运行过程中，当需要用到配置信息时，可以通过 ServletConfig 对象调用方法获取。ServletConfig 接口定义了一系列获取 Servlet 配置参数的方法，如表 3.6 所示。

表 3.6　　ServletConfig 接口的常用方法

方法声明	功能描述
String getInitParameter(String name)	根据给定的初始化参数名返回参数值，若参数不存在，返回 null
Enumeration getInitParameterNames()	返回一个 Enumeration 对象，其中包含所有的初始化参数名
ServletContext getServletContext()	返回一个代表当前 Web 应用的 ServletContext 对象
String getServletName()	返回当前 Servlet 的名称

了解了表 3.6 中 ServletConfig 接口的常用方法后，接下来通过一个案例讲解如何用 ServletConfig 对象调用方法获取 Servlet 配置信息。

（1）在 Chapter03 项目的 src 目录中创建 ServletDemo3 类，如例 3-4 所示。

【例 3-4】ServletDemo3.java

```
import java.io.*;
import javax.servlet.*;
import javax.servlet.annotation.*;
import javax.servlet.http.*;
@WebServlet(name = "ServletDemo3", urlPatterns = "/ServletDemo3", initParams = {@WebInitParam(name = "author", value = "qianfeng")})
public class ServletDemo3 extends HttpServlet {
    protected void doGet(HttpServletRequest request,
HttpServletResponse response)throws ServletException, IOException {
        //获取 ServletConfig 对象
        ServletConfig config = this.getServletConfig();
        PrintWriter writer = response.getWriter();
        //获取参数名 author 对应的参数值
        writer.write(config.getInitParameter("author"));
        writer.close();
    }
    protected void doPost(HttpServletRequest request,
    HttpServletResponse response)throws ServletException, IOException {
        this.doGet(request, response);
    }
}
```

在例 3-4 中，第 5 行代码在@WebServlet 注解中通过 initParams 属性配置了一个名为“author”的参数，并设置参数值为“qianfeng”；第 10 行代码中调用 getServletConfig()方法获取了 ServletConfig 对象；第 13 行代码中通过调用 getInitParameter()获取了 author 对应的参数值。

（2）在 IDEA 中启动 Tomcat 后，在浏览器的地址栏中输入 ServletDemo3 的地址 localhost:8080/Chapter03/ServletDemo3 并访问。浏览器的显示效果如图 3.17 所示。

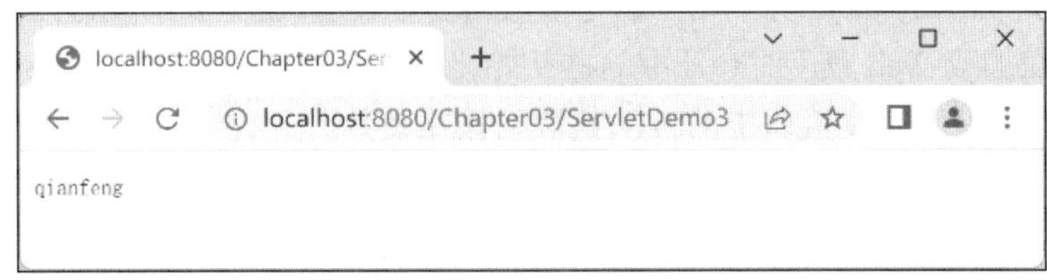

图 3.17　例 3-4 的显示效果

由图 3.17 可以看出，在@WebServlet 注解中为 ServletDemo3 中配置的“author”参数值“qianfeng”被读取出来了。这意味着，Servlet 的配置信息已被成功读取并响应到浏览器。

3.3.2　ServletContext 接口

服务器在启动时会为每个 Web 应用创建一个 ServletContext 对象，该对象通常被称为“上下文”。ServletContext 对象在每个 Web 应用中是唯一的，它封装了当前 Web 应用的相关信息，并被该 Web 应用中的所有 Servlet 共享，因此，ServletContext 对象也被称为 Context 域对象。本小节将对如何获取 ServletContext 对象和 ServletContext 接口提供的各项功能进行详细讲解。

1．获取 ServletContext 对象的方式

（1）通过 GenericServlet 类提供的 getServletContext()方法获取，示例代码如下。

```
ServletContext servletContext = this.getServletContext();
```

（2）通过 ServletConfig 提供的 getServletContext()方法获取，示例代码如下。

```
ServletContext servletContext = this.getServletConfig().getServletContext();
```

（3）通过 HttpSession 提供的 getServletContext()方法获取，示例代码如下。

```
ServletContext servletContext = req.getSession().getServletContext();
```

（4）通过 HttpServletRequest 提供的 getServletContext()方法获取，示例代码如下。

```
ServletContext servletContext = req.getServletContext();
```

读者对上述 4 种获取 ServletContext 对象的方式中的最后两种仅做了解即可，后续章节中会进行详细讲解。

2．ServletContext 的应用

Servlet 接口中定义了一组方法，Servlet 可以使用这些方法和容器进行通信。Servlet 的主要应用方向分为获取 Web 应用的初始化参数、实现多个 Servlet 对象间的数据通信和读取 Web 应用下的资源文件。接下来分别对这 3 个方向进行详细介绍。

（1）获取 Web 应用的初始化参数

① 配置 Web 应用的初始化参数。

web.xml 文件是 Web 应用的配置文件，它不仅可以用于配置 Servlet 的初始化参数，也可

以用于配置 Web 应用的初始化参数。使用 web.xml 文件配置 Servlet 初始化参数的方式如下。

```
<context-param>
  <param-name>course</param-name>
  <param-value>Java Web</param-value>
</context-param>
```

上述代码中，<context-param>元素位于 web.xml 文件的根元素<web-app>中，它的子元素<param-name>和<param-value>分别用于指定参数名和参数值。这里分别设置为“course”和“Java Web”。服务器在加载 Web 应用时会读取这些初始化参数并将其存入 ServletContext 对象中。

② 调用 ServletContext 接口中的方法获取初始化参数。

ServletContext 接口提供了获取 Web 应用初始化参数的方法，如表 3.7 所示。

表 3.7　ServletContext 接口的常用方法（1）

方法声明	功能描述
String getInitParameter(String name)	根据给定的初始化参数名返回参数值
Enumeration getInitParameterNames()	返回一个 Enumeration 对象，其中包含所有的初始化参数名

接下来，通过一个案例讲解如何通过 ServletContext 对象获取 Web 应用的初始化参数。在 Chapter03 项目的 src 目录中创建 ServletDemo4 类，如例 3-5 所示。

【例 3-5】ServletDemo4.java

```
import java.io.*;
import java.util.*;
import javax.servlet.*;
import javax.servlet.annotation.WebServlet;
import javax.servlet.http.*;
@WebServlet(name = "ServletDemo4",value = "/ServletDemo4")
public class ServletDemo4 extends HttpServlet {
    protected void doGet(HttpServletRequest request,
HttpServletResponse response)throws ServletException, IOException {
        response.setContentType("text/html;charset=UTF-8");
        PrintWriter writer = response.getWriter();
        //获取 ServletContext 对象
        ServletContext context = super.getServletContext();
        //返回 Web 应用的初始化参数名
        Enumeration<String> initParameterNames = context.getInitParameter
Names();
        while (initParameterNames.hasMoreElements()) {
            //获取初始化参数名
            String initParamName = initParameterNames.nextElement();
            //获取相应初始化参数的值
            String initParamValue = context.getInitParameter(initParamName);
            //向页面输出内容
            writer.write(initParamName + ":" + initParamValue + "<br/>");
        }
        //关闭流
        writer.close();
    }
    protected void doPost(HttpServletRequest request, HttpServletResponse
response)
```

```
28            throws ServletException, IOException {
29            doGet(request, response);
30        }
31    }
```

在例 3-5 中，第 13 行代码通过调用 HttpServlet 的父类 GenericServlet 的 getServletContext()方法获取 ServletContext 对象；第 15 行代码通过调用 getInitParameterNames()方法获取了所有初始化参数包的 Enumeration 对象；第 16～23 行代码遍历 Enumeration 对象，根据迭代到的参数名，通过 getInitParameter()方法得到对应的参数值。

在 IDEA 中启动 Tomcat 后，在浏览器的地址栏中输入 ServletDemo4 的地址 localhost:8080/Chapter03/ServletDemo4 并访问。浏览器的显示效果如图 3.18 所示。

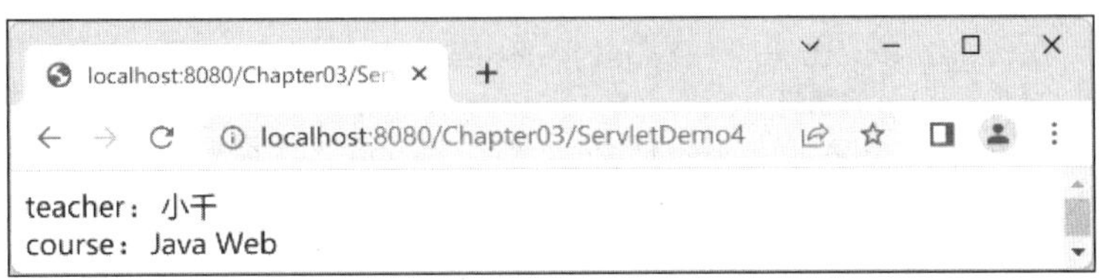

图 3.18　例 3-5 的显示效果

由图 3.18 可以看出，Web 应用的初始化参数已被成功读取并响应到浏览器。由此可见，通过 ServletContext 对象可以获取 Web 应用的初始化参数。

（2）实现多个 Servlet 对象间的数据通信

在 Web 应用中所有的 Servlet 都可以访问该应用的 ServletContext 对象，因此，ServletContext 接口定义了一组方法可以让 Servlet 创建、访问和操作属性。通过这些方法可以实现应用内多个 Servlet 对象间的数据通信。ServletContext 接口中实现数据通信的方法如表 3.8 所示。

表 3.8　ServletContext 接口的常用方法（2）

方法声明	功能描述
Enumeration getAttributeNames()	返回一个 Enumeration 对象，该对象包含存放在 Servlet Context 中的所有属性名
void setAttribute(String name, Object object)	将一个 Java 对象与一个属性名绑定，并将它作为一个属性存放到 ServletContext 中
void removeAttribute(String name)	从 ServletContext 中移除属性名为 name 的属性
void getAttribute(String name)	根据指定的属性名 name，返回 ServletContext 中对应的属性值

接下来，通过一个案例演示如何通过 ServletContext 对象实现数据通信，实现统计页面访问量的功能。

① 在 Chapter03 项目的 src 目录中创建 CountServlet 类，用于统计页面被访问的次数，如例 3-6 所示。

【例 3-6】CountServlet.java

```
import java.io.*;
import java.util.*;
import javax.servlet.*;
import javax.servlet.annotation.WebServlet;
```

```
5 import javax.servlet.http.*;
6 @WebServlet(name = "CountServlet", value = "/CountServlet")
7 public class CountServlet extends HttpServlet {
8     public void init() throws ServletException {
9         //获取 ServletContext 对象
10         ServletContext context = getServletContext();
11         //初始化时，向 ServletContext 中设置 count 属性，初始值为 0
12         context.setAttribute("count", 0);
13     }
14     protected void doGet(HttpServletRequest request,
15  HttpServletResponse response)throws ServletException, IOException {
16         ServletContext context = super.getServletContext();
17         //获取 count 的值
18         Integer count = (Integer) context.getAttribute("count");
19         //将 count 的值递增，并存入 context 域对象中
20         context.setAttribute("count", ++count);
21         //向页面输出内容
22         response.setContentType("text/html;charset=UTF-8");
23         response.getWriter().write("<h3>农业专家在线咨询平台  www.xxxxxxx.com 欢迎您 </h3>");
24     }
25     protected void doPost(HttpServletRequest request,
26  HttpServletResponse response)throws ServletException, IOException {
27         doGet(request, response);
28     }
29 }
```

在例 3-6 中，第 12 行代码初始化 CountServlet 时，通过 setAttribute()方法向 ServletContext 中添加了属性 count，并设置初始值为 0；第 14～24 行代码用于实现当浏览器访问 CountServlet 时，获取到 count 值，将 count 值递增 1 后再次添加到 ServletContext 对象中，并向页面输出内容。

② 在 Chapter03 项目的 src 目录中创建 ShowServlet 类，用于展示页面累计访问次数，如例 3-7 所示。

【例 3-7】ShowServlet.java

```
import java.io.*;
import java.util.*;
import javax.servlet.*;
import javax.servlet.annotation.WebServlet;
import javax.servlet.http.*;
@WebServlet(name = "ShowServlet", value = "/ShowServlet")
public class ShowServlet extends HttpServlet{
    protected void doGet(HttpServletRequest request,
    HttpServletResponse response)throws ServletException, IOException {
        //获取 ServletContext 中存放的 count 属性（即页面的访问次数）
        Integer count = (Integer) this.getServletContext().getAttribute("count");
        //向页面输出内容
        response.setContentType("text/html;charset=UTF-8");
        //若 CountServlet 已被访问
        if (count != null) {
            response.getWriter().write("<h3>该页面累计被访问" + count + "次
```

```
</h3>");
17              } else {
18                  //若 CountServlet 未被访问，提示先访问 CountServlet
19                  response.getWriter().write("<h3>请先访问 CountServlet</h3>");
20              }
21          }
22          protected void doPost(HttpServletRequest request,
23          HttpServletResponse response)throws ServletException, IOException {
24              doGet(request, response);
25          }
26  }
```

在例 3-7 中，第 11 行代码通过 getAttribute()方法获取 ServletContext 对象中 count 的值；第 15～20 行代码用于在页面中展示访问次数，如果 CountServlet 被访问，将展示累计被访问次数，否则展示“请先访问 CountServlet”。

③ 在 IDEA 中启动 Tomcat 后，首先在浏览器的地址栏中输入 CountServlet 的地址 localhost:8080/Chapter03/CountServlet 进行多次访问，浏览器的显示效果如图 3.19 所示。

图 3.19　例 3-6 的显示效果

然后在浏览器地址栏中输入 ShowServlet 的地址 localhost:8080/Chapter03/ShowServlet 并访问，浏览器的显示效果如图 3.20 所示。

图 3.20　例 3-7 的显示效果

由图 3.20 可以看出，浏览器显示了 CountServlet 中存储到 ServletContext 对象中的 count 值。由此可见，ServletContext 对象中所存储的数据是可以被该 Web 应用中的多个 Servlet 共享的。页面累计访问次数常被用在统计公众号文章累计阅读次数等场景。

知识拓展

虽然 ServletContext 的属性与 Web 应用的初始化参数都是存放在 ServletContext 对象中的，但它们是不同的，如表 3.9 所示。

表 3.9　ServletContext 的属性与 Web 应用的初始化参数对比

不同点	**ServletContext** 的属性	**Web** 应用的初始化参数
创建方式	ServletContext 的属性通过调用 ServletContext 接口的 setAttribute()方法创建	Web 应用初始化参数通过 web.xml 使用 <context-param>元素配置
可进行的操作	ServletContext 的属性可以通过 ServletContext 接口的方法进行读取、新增、修改、移除等操作	Web 应用初始化参数在容器启动后只能被读取，不能进行新增、修改和移除操作

续表

不同点	ServletContext 的属性	Web 应用的初始化参数
生命周期	ServletContext 的属性的生命周期是从创建开始到该属性被移除（Remove）或者容器被关闭才结束	Web 应用初始化参数的生命周期是从容器启动开始到 Web 应用被卸载或容器被关闭才结束
作用	使用 ServletContext 的属性可以实现 Servlet 之间的数据通信	使用 Web 应用初始化参数无法实现数据通信

（3）读取 Web 应用下的资源文件

在实际开发中，有时会需要读取 Web 应用中的一些资源文件，如配置文件、日志和图片等。为此，ServletContext 接口提供了一些方法用于读取这些信息，同时还可以获取文件在服务器中的真实存放路径，如表 3.10 所示。

表 3.10　ServletContext 接口的常用方法（3）

方法声明	功能描述
String getRealPath(String path)	返回指定资源路径在服务器文件系统的真实路径（绝对路径）。参数代表资源文件的虚拟路径（相对路径），它应该从"/"开始，"/"表示当前 Web 应用的根目录
URL getResource(String path)	返回指定资源路径对应的 URL 对象，参数的传递规则与 getRealPath()方法的一致
InputStreamgetResourceAsStream (String path)	返回指定资源路径对应的文件输入流对象，参数的传递规则与 getRealPath()方法的一致
Set getResourcePaths(String path)	返回一个 Set 集合，该集合包含资源路径中子目录和文件的路径名称

接下来，通过一个案例讲解如何用 ServletContext 对象获取 Web 应用的资源文件。

① 在 Chapter03 项目中 src 目录下创建一个名为 info.properties 的文件，在文件中输入如下所示的内容。

```
name=农业专家在线咨询平台
url=www.xxxxxxx.com
desc=农业专家在线咨询平台，欢迎你
```

② 在 src 目录下创建 ServletDemo5 类，用于读取 info.properties 文件并在浏览器显示，如例 3-8 所示。

【例 3-8】ServletDemo5.java

```
import java.io.*;
import java.util.Properties;
import javax.servlet.*;
import javax.servlet.annotation.WebServlet;
import javax.servlet.http.*;
@WebServlet(name = "ServletDemo5",value="/ServletDemo5")
public class ServletDemo5 extends HttpServlet {
    protected void doGet(HttpServletRequest request,
    HttpServletResponse response)throws ServletException, IOException {
        response.setContentType("text/html;charset=UTF-8");
        PrintWriter writer = response.getWriter();
        //获取相对路径中的输入流对象
```

```
        InputStream inputStream = this.getServletContext().getResourceAsStream("/WEB-INF/classes/info.properties");
        //获取 Properties 对象
        Properties pro = new Properties();
        //从输入流中读取属性列表
        pro.load(inputStream);
        //获取文件中的内容
        String name = pro.getProperty("name");
        String url = pro.getProperty("url");
        String desc = pro.getProperty("desc");
        System.out.println(name);
        writer.write("网站名称：" + name + "<br/>" + "网址：" + url + "<br/>" + "描述：" + desc + "<br/>");
    }
    protected void doPost(HttpServletRequest request, HttpServletResponse response)
        throws ServletException, IOException {
        doGet(request, response);
    }
}
```

③ 在 IDEA 中启动 Tomcat，在浏览器的地址栏中输入 ServletDemo5 的地址 localhost:8080/Chapter03/ServletDemo5 并访问，浏览器的显示效果如图 3.21 所示。

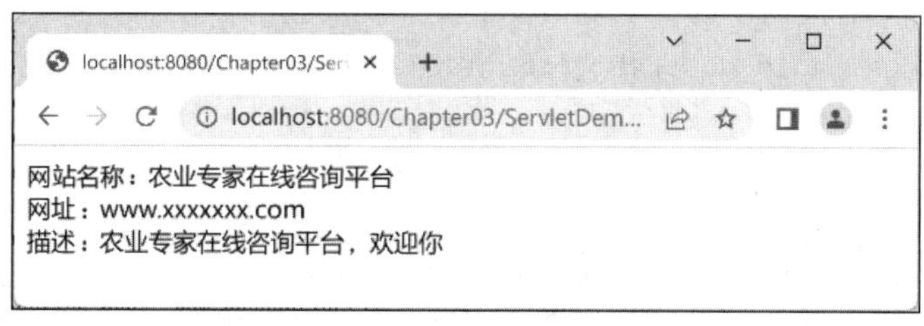

图 3.21　ServletDemo5 的显示效果

由图 3.21 中可以看出，info.properties 文件的内容被成功读取并显示到浏览器中。由此可见，ServletContext 接口中提供的方法可以读取 Web 应用中的资源文件。

3.4　HttpServletRequest 接口

在 Servlet API 中，HttpServletRequest 接口继承自 ServletRequest 接口，用于封装 HTTP 请求消息（简称 request 对象）。HTTP 请求消息由请求行、请求头和请求消息体 3 个部分组成，因此，HttpServletRequest 接口中定义了获取请求行、请求头和请求消息体的相关方法。本节将对 HttpServletRequest 接口提供的各项功能分别进行讲解。

3.4.1　获取请求行信息

HTTP 请求的请求行中包括请求方法、URL、请求路径等信息，HttpServletRequest 接口提供了一些方法用于获取具体的请求行信息，具体如表 3.11 所示。

表 3.11　　HttpServletRequest 接口的常用方法（1）

方法声明	功能描述
String getMethod()	获取 HTTP 请求的请求方法（如 GET、POST 等）
String getRequestURI()	获取请求行中的资源名部分，位于 URL 的主机和端口之后、“?”之前的部分
String getQueryString()	获取请求行中的参数部分，位于 URL 的“?”之后的部分
String getProtocol()	获取 HTTP 请求的协议及版本号
String getServletPath ()	获取 Servlet 映射的路径
String getContextPath ()	获取请求资源所在的 Web 应用的路径

接下来，通过一个案例讲解如何用 HttpServletRequest 对象获取请求行信息。

（1）在 Chapter03 项目的 src 目录下创建 ServletDemo6 类，如例 3-9 所示。

【例 3-9】ServletDemo6.java

```
import java.io.*;
import javax.servlet.ServletException;
import javax.servlet.annotation.WebServlet;
import javax.servlet.http.*;
@WebServlet(name = "ServletDemo6", value = "/ServletDemo6")
public class ServletDemo6 extends HttpServlet {
    protected void doGet(HttpServletRequest request,
HttpServletResponseresponse) throws ServletException, IOException {
        response.setContentType("text/html;charset=UTF-8");
        //获取请求头信息并响应到客户端
        PrintWriter out = response.getWriter();
        out.println("请求方法:" + request.getMethod() + "<br />");
        out.println("URI:" + request.getRequestURI() + "<br />");
        out.println("HTTP请求的协议及版本号:" + request.getProtocol() + "<br />");
        out.println("请求参数:" +  request.getQueryString() + "<br />");
        out.println("Servlet所映射的路径: " + request.getServletPath() + "<br />");
        out.println("请求资源所在的Web应用的路径(上下文):" + request.getContextPath() + "<br />");
    }
    protected void doPost(HttpServletRequest request,
 HttpServletResponseresponse) throws ServletException, IOException {
        doGet(request, response);
    }
}
```

（2）在 IDEA 中启动 Tomcat，在浏览器的地址栏输入 ServletDemo6 的地址 localhost:8080/Chapter03/ServletDemo6 并访问，浏览器的显示效果如图 3.22 所示。

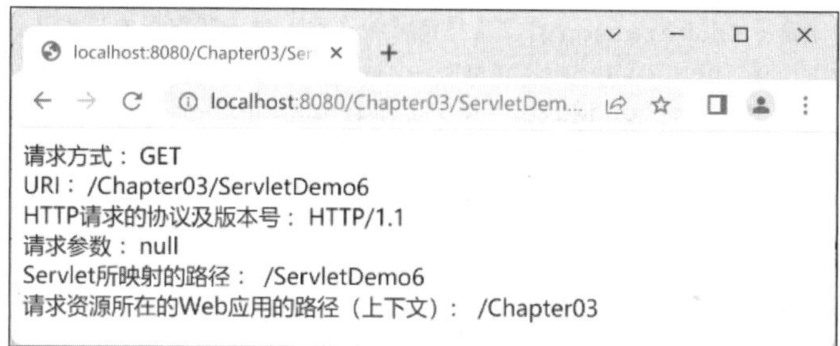

图 3.22　ServletDemo6 的显示效果

由图 3.22 可以看出，访问 ServletDemo6 的请求行信息已成功显示到浏览器。由此可见，HttpServletRequest 对象可以获取到请求行的相关信息。

3.4.2　获取请求头信息

当浏览器发送请求时，用户需要通过请求头向服务器传递一些附加信息，例如主机端口、是否持久连接、字符集编码、压缩方式、语言等。HttpServletRequest 接口提供了一些方法用于获取具体的请求头信息，如表 3.12 所示。

表 3.12　HttpServletRequest 接口的常用方法（2）

方法声明	功能描述
String getHeader(String name)	返回指定请求头的值。如果该请求不包含指定名称的请求头，此方法返回 null。如果有多个具有相同名称的请求头，此方法返回请求中的第一个请求头的值
Enumeration getHeaders(String name)	返回一个 Enumeration 对象，其中存有该请求包含的所有请求头的值
Enumeration getHeaderNames()	返回一个 Enumeration 对象，其中存有该请求包含的所有请求头的名称
String getContentType()	返回 ContentType 请求头的值
int getContentLength()	返回 ContentLength 请求头的值
String getCharacterEncoding()	返回请求体的字符集编码

接下来，通过一个案例讲解如何用 HttpServletRequest 对象获取请求头信息。

（1）在 Chapter03 的 src 目录下创建 RequestHeader 类，如例 3-10 所示。

【例 3-10】RequestHeader.java

```java
import java.io.*;
import java.util.*;
import javax.servlet.*;
import javax.servlet.annotation.WebServlet;
import javax.servlet.http.*;
@WebServlet(name = "RequestHeader", value = "/RequestHeader")
public class RequestHeader extends HttpServlet {
    protected void doGet(HttpServletRequest request,
    HttpServletResponseresponse) throws ServletException, IOException {
        //获取所有的请求头名称，封装到 Enumeration 对象中
        Enumeration<String> headerNames = request.getHeaderNames();
        //获取一个输出流
        PrintWriter out = response.getWriter();
```

```
        //遍历 Enumeration 对象获得请求头名称，进而获取所有请求头的值并响应给客户端
        while (headerNames.hasMoreElements()) {
            String headName = (String) headerNames.nextElement();
            out.println(headName + ":" + request.getHeader(headName) + "<br/>");
        }
    }
    protected void doPost(HttpServletRequest request,
    HttpServletResponse response) throws ServletException, IOException {
        doGet(request, response);
    }
}
```

（2）在 IDEA 中启动 Tomcat，在浏览器的地址栏中输入 RequestHeader 的地址 localhost:8080/Chapter03/RequestHeader 并访问，浏览器的显示效果如图 3.23 所示。

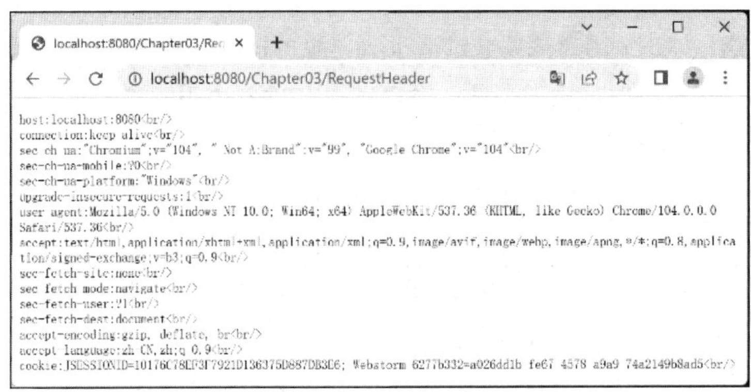

图 3.23　RequestHeader 类的显示效果

由图 3.23 可以看出，访问 RequestHeader 的请求头信息已成功显示到浏览器。由此可见，HttpServletRequest 对象可以获取到请求头的相关信息。

3.4.3　获取请求参数

在实际开发中，经常需要获取用户提交的表单数据，例如用户注册时，需要获取用户提交的账号和密码。为了方便开发，HttpServletRequest 接口提供了一些方法用于获取请求参数，具体如表 3.13 所示。

表 3.13　HttpServletRequest 接口的常用方法（3）

方法声明	功能描述
String getParameter (String name)	返回指定名称参数的值
String[] getParameterValues(String name)	返回一个字符串数组，其中包含该请求中多个同名参数的值
Enumeration getParameterNames ()	返回一个 Enumeration 对象，其中包含该请求中的所有参数名
Map getParameterMap()	返回一个 Map 对象，其中封装了该请求中的所有参数名和对应的值

接下来，将通过一个案例讲解如何用 HttpServletRequest 对象获取请求参数，实现获取用户注册时提交的表单信息。

（1）在 Chapter03 的 web 目录下创建 form.html，如例 3-11 所示。

【例 3-11】form.html

```
1  <body>
2  <form action="/Chapter03/RequestParam" method="post">
3      <table border="1" width="50%" align="center">
4          <tr>
5              <td colspan="2" align="center">用户注册</td>
6          </tr>
7          <tr>
8              <td>姓名</td>
9              <td><input type="text" name="username"/></td>
10          </tr>
11          <tr>
12              <td>密码</td>
13              <td><input type="password" name="password"/></td>
14          </tr>
15          <tr>
16              <td>性别</td>
17              <td><input type="radio" name="gender" value="boy"/>男
18                  <input type="radio" name="gender" value="girl"/>女
19              </td>
20          </tr>
21          <tr>
22              <td>兴趣方向</td>
23              <td><input type="checkbox" name="language" value="Java"/>Java
24                  <input type="checkbox" name="language" value="Python"/>Python
25                  <input type="checkbox" name="language" value="前端"/>前端
26              </td>
27          </tr>
28          </td>
29          </tr>
30          <tr>
31              <td colspan="2" align="center"><input type="submit" value="提交"/></td>
32          </tr>
33      </table>
34  </form>
35  </body>
```

在例 3-11 中，第 2 行代码通过 action 参数指定该表单提交后跳转的 Servlet 是“/Chapter03/RequestParam”。

（2）在工程 Chapter03 的 src 目录下创建 RequestParam 类，如例 3-12 所示。

【例 3-12】RequestParam.html

```
import java.io.*;
import java.util.*;
import javax.servlet.*;
import javax.servlet.annotation.WebServlet;
import javax.servlet.http.*;
@WebServlet(name = "RequestParam", value = "/RequestParam")
public class RequestParam extends HttpServlet{
```

```
8       protected void doGet(HttpServletRequest request,
9       HttpServletResponse response)throws ServletException, IOException {
10          response.setContentType("text/html;charset=UTF-8");
11          PrintWriter writer = response.getWriter();
12          String username = request.getParameter("username");
13          String password = request.getParameter("password")
14          String gender = request.getParameter("gender");
15          String[] languages = request.getParameterValues("language");
16          writer.write("用户名: " + username + "<br/>" + "密码: " + passwo rd +
"<br/>" + "性别:" + gender + "<br/>" + "兴趣方向: " + Arrays.toString(languages)
17              + "<br/>");
18       }
19       protected void doPost(HttpServletRequest request,
20       HttpServletResponse response)throws ServletException, IOException {
21          doGet(request, response);
22       }
23   }
```

在例 3-12 中，第 12～14 行代码通过 getParameter()方法分别获取用户名、密码和性别；由于参数名为“language”的值可能有多个，第 15 行代码通过 getParameterValues()方法获取多个同名参数的值，并返回一个 String 类型的数组；第 16 行代码通过 PrintWriter 对象调用 write()方法向页面输出内容，此处使用 Arrays 工具类的 toString()方法输出 languages 数组的元素值。

（3）在 IDEA 中启动 Tomcat，在浏览器的地址栏中输入 localhost:8080/Chapter03/form.html 访问 form.html 页面，并填写表单信息，浏览器的显示效果如图 3.24 所示。

图 3.24　例 3-11 的显示效果

（4）单击图 3.24 所示的“提交”按钮，浏览器的显示效果如图 3.25 所示。

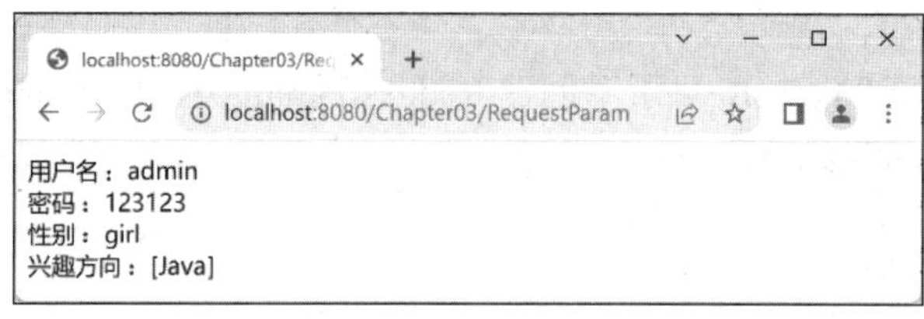

图 3.25　例 3-12 的显示效果

由图 3.25 可以看出，提交到 RequestParam 的请求参数已被成功获取。由此可见，HttpServletRequest 对象可以获取到请求行的相关信息。

3.5　HttpServletRequest 应用

通过前面的学习，我们可知 HttpServletRequest 对象代表客户端的请求，通过 HttpServlet Request 可以获得客户端请求的所有信息。在信息传递的过程中可能需要对请求进行一些预处理，本节将对如何解决中文乱码问题和实现请求转发进行详细讲解。

3.5.1　解决中文乱码问题

在进行请求参数传递时，如果遇到填写中文的情况，可能会出现中文乱码的问题。例如，在访问 form.html 页面时，在“姓名”文本框中输入“小千”，在“密码”文本框中输入“123456”，单击“提交”按钮，浏览器的显示效果如图 3.26 所示。

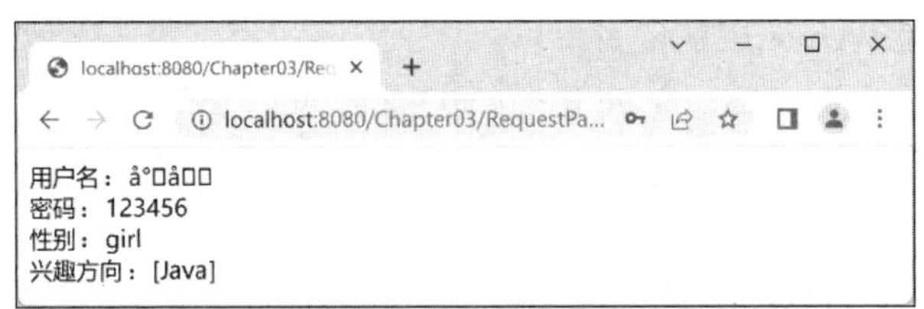

图 3.26　form.html 页面提交中文的显示效果

由图 3.26 可以看出，当输入的用户名为中文时，运行结果出现了乱码。出现乱码的原因是浏览器采用的编码方式和服务器采用的解码方式不同，浏览器会按当前页面采用的字符集进行编码，而服务器采用默认的 ISO-8859-1 字符集进行解码。因此，只要让服务器采用页面的字符集对参数进行解码，乱码就会恢复正常。HttpServletRequest 接口提供的 setCharacterEncoding()方法可以实现这一功能。

对例 3-12 的 RequestParam 类进行修改，在 doGet()方法体的第 1 行加入如下代码。

```
request.setCharacterEncoding("UTF-8");
```

以上代码放在获取请求参数的方法之前，将服务器采用的解码字符集设置成浏览器采用的编码 UTF-8。

在 IDEA 中启动服务器，再次访问 form.html 页面，输入表单信息，浏览器的显示效果如图 3.27 所示。

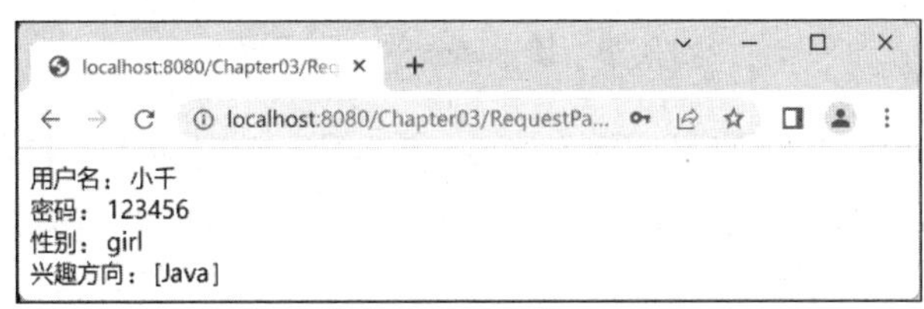

图 3.27　修改编码方式后 form.html 的显示效果

由图 3.27 可以看出，请求参数的中文乱码问题已解决。

3.5.2 请求转发

Web 应用在处理客户端请求时，经常需要多个 Web 资源共同协作才能生成响应结果，但由于 Servlet 对象无法直接调用其他 Servlet 的 service()方法，因此 Servlet 提供了“请求转发”的解决方案。请求转发属于服务器行为。Web 服务器接收请求后，Servlet 会先对请求做一些预处理，然后将请求传递给其他 Web 资源来完成包括生成响应在内的后续工作。

javax.servlet 包中定义了一个 RequestDispatcher 接口，RequestDispatcher 对象由 Servlet 容器创建，用于封装由路径所标识的 Web 资源。利用 RequestDispatcher 对象可以把请求转发给其他的 Web 资源。

Servlet 可以通过以下两种方式获取 RequestDispatcher 对象。

（1）调用 ServletContext 的 getRequestDispatcher(String path)方法获取 RequestDispatcher 对象。其中，参数 path 用来指定目标资源的路径，该路径必须为绝对路径，即以“/”符号开头，“/”符号表示当前 Web 应用的根目录。

（2）调用 HttpServletRequest 的 getRequestDispatcher(String path)方法获取 RequestDispatcher 对象。其中，参数 path 用来指定目标资源的路径，该路径可以为绝对路径，也可以为相对路径，即相对当前 Web 资源的路径，不以“/”符号开头。

获取到 RequestDispatcher 对象，如果当前 Web 资源不负责处理该请求，就可以将当前 Servlet 的信息转发给其他 Web 资源，由其他 Web 资源对这些信息进行处理并响应给客户端。RequestDispatcher 接口提供了 forward()方法实现请求转发，方法声明格式如下。

```
public void forward(ServletRequest request,ServletResponse response)
```

forward()方法用于将当前请求从一个 Servlet 转发给另外的 Web 资源进行处理。需要注意的是，forward()方法必须在响应提交前调用。请求转发的工作流程如图 3.28 所示。

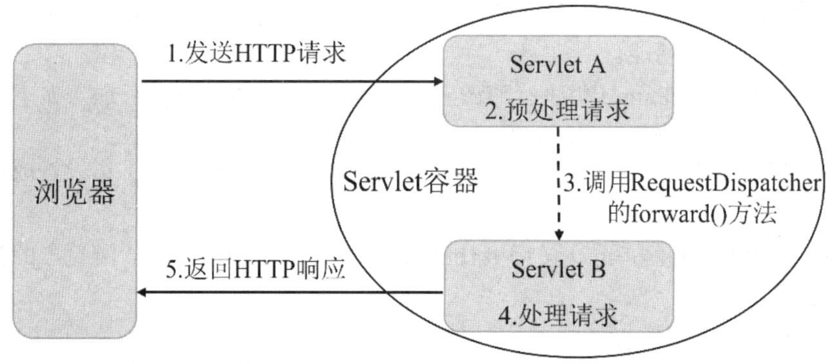

图 3.28 请求转发的工作流程

由图 3.28 可以看出，当浏览器访问 Servlet 容器时，此时可以在接收 HTTP 请求的 Web 资源中进行预处理后，通过 forward()方法将请求转发给其他 Web 资源，其他 Web 资源处理完请求后，将结果响应给浏览器。

接下来，通过一个案例讲解如何用 RequestDispatcher 对象的 forward()方法实现请求转发。

（1）在 Chapter03 项目的 src 目录下创建 ForwardServlet 类，该 Servlet 中调用 forward()方法将请求转发到一个新的 Servlet，如例 3-13 所示。

【例 3-13】ForwardServlet.java

```
1  import java.io.IOException;
2  import javax.servlet.*;
3  import javax.servlet.annotation.WebServlet;
4  import javax.servlet.http.*;
5  @WebServlet(name = "ForwardServlet", urlPatterns = "/ForwardServlet")
6  public class ForwardServlet extends HttpServlet {
7      protected void doGet(HttpServletRequest request,
8      HttpServletResponseresponse) throws ServletException, IOException {
9          //在 request 对象中存入一组数据
10         request.setAttribute("author", "小千");
11         //获取 RequestDispatcher 对象
12         RequestDispatcher dispatcher = request.getRequestDispatcher("/ResponseServlet");
13         //完成请求转发
14         dispatcher.forward(request, response);
15     }
16     protected void doPost(HttpServletRequest request,
17  HttpServletResponseresponse) throws ServletException, IOException {
18         doGet(request, response);
19     }
20
21
22 }
```

在例 3-13 中，第 10 行代码将数据存储到 request 对象中；第 12～14 行代码通过 forward()方法将 ForwardServlet 的请求转发到 ResponseServlet。

（2）在 Chapter03 项目的 src 目录下创建 ResponseServlet 类，用于获取 ForwardServlet 存储在 request 对象中的数据并输出到页面，如例 3-14 所示。

【例 3-14】ResponseServlet.java

```
import java.io.IOException;
import javax.servlet.*;
import javax.servlet.annotation.WebServlet;
import javax.servlet.http.*;
@WebServlet(name = "ResponseServlet", urlPatterns = "/ResponseServlet")
public class ResponseServlet extends HttpServlet {
    protected void doGet(HttpServletRequest request,
HttpServletResponseresponse) throws ServletException, IOException {
        //获取参数名为“name”的值
        String author = (String) request.getAttribute("author");
        response.getWriter().print("author:" + author);
    }
    protected void doPost(HttpServletRequest request,
 HttpServletResponseresponse) throws ServletException, IOException {
        doGet(request, response);
    }
}
```

（3）在 IDEA 中启动 Tomcat，在浏览器的地址栏中输入 ForwardServlet 的地址 localhost:8080/Chapter03/ForwardServlet 并访问，浏览器的显示效果如图 3.29 所示。

从图 3.29 中可以看出，访问 ForwardServlet 的请求被转发到 ResponseServlet，完成数据处理并响应给浏览器。浏览器的地址栏中的 URL 并没有发生变化，这是因为请求转发是发生在服务器内部的行为，浏览器不知道在服务器内部发生了转发行为。从 ForwardServlet 到 ResponseServlet 属于一次请求，参与请求转发的 Web 资源之间共享同一 request 对象和 response 对象。

图 3.29　例 3-13 和例 3-14 的显示效果

3.6　HttpServletResponse 接口

在 Servlet API 中，HttpServletResponse 接口继承自 ServletResponse 接口，用于封装 HTTP 响应的信息，简称 response 对象。HTTP 响应消息由响应状态行、响应头、响应体 3 个部分组成，因此，HttpServletResponse 接口中定义了向客户端发送响应状态码、响应头、响应体的方法。本节将对 HttpServletResponse 接口提供的各项功能分别进行讲解。

3.6.1　设置响应状态码

当 Servlet 返回响应消息时，需要在响应消息中设置状态码，用于代表客户端请求服务器的结果。HttpServletResponse 接口提供了设置状态码并生成响应状态行的方法，具体如表 3.14 所示。

表 3.14　HttpServletResponse 接口的常用方法（1）

方法声明	功能描述
void setStatus(int sc)	将指定的状态码及响应状态行发送给客户端
void sendError(int sc)	发送表示错误信息的状态码
void sendError(int sc,String message)	发送表示错误信息的状态码和用于提示说明的文本信息

在实际开发中，一般不需要人为设置状态码，服务器会根据程序的运行状况自动发送相应的状态码。

3.6.2　设置响应头信息

使用 HttpServletResponse 接口可以直接设置 HTTP 响应中的响应头信息，如响应体的字符编码、响应体的内容大小等。HttpServletResponse 接口提供了一系列方法用于设置具体的响应头字段，如表 3.15 所示。

表 3.15　HttpServletResponse 接口的常用方法（2）

方法声明	功能描述
void setHeader(String name,String value)	设置响应头字段。其中，参数 name 用于指定响应头字段的名称，参数 value 用于指定响应头字段的值
void addHeader(String name,String value)	增加响应头字段
void setIntHeader(String name,int value)	设置值的类型为 int 的响应头字段

续表

方法声明	功能描述
void addIntHeader(String name,int value)	增加值的类型为 int 的响应头字段
void setContentType(String type)	设置响应体内容的 MIME（Multipurpose Internet Mail Extensions，多用途互联网邮件扩展）类型和编码方式
void setContentLength(int length)	设置响应体内容的大小
void setCharacterEncoding(String charset)	设置响应体内容使用的字符编码

HttpServletResponse 接口的这些方法一般与发送响应体消息等功能配合使用。在此，读者对它们仅做了解即可，因为本书的后续章节会进行详细讲解。

3.6.3　设置响应体消息

在 HTTP 响应消息中，大量的数据都是通过响应体消息传递的。Servlet 向客户端发送响应体消息是通过输出流对象来完成的。HttpServletResponse 接口提供了两个获取不同类型输出流的方法，如表 3.16 所示。

表 3.16　　HttpServletResponse 接口的常用方法（3）

方法声明	功能描述
ServletOutputStream getOutputStream()	获取响应体内容的字节输出流
Writer getWriter()	获取响应体内容的字符输出流

需要注意的是，getOutputStream()方法和 getWriter()方法互斥，不可同时使用，否则会发生 IllegalStateException 异常。

接下来，通过一个案例讲解如何用 HttpServletResponse 对象向客户端输出响应体消息。

（1）在 Chapter03 项目的 src 目录下创建 OutServlet 类，在该类中调用 getOutputStream() 方法获取输出流对象，如例 3-15 所示。

【例 3-15】OutServlet.java

```
import java.io.*;
import javax.servlet.*;
import javax.servlet.annotation.WebServlet;
import javax.servlet.http.*;
@WebServlet(name = "OutServlet", urlPatterns = "/OutServlet")
public class OutServlet extends HttpServlet {
    protected void doGet(HttpServletRequest request,
    HttpServletResponseresponse) throws ServletException, IOException {
        String msg = "小千";
        //获取字节输出流对象并向浏览器输出
        ServletOutputStream out = response.getOutputStream();
        out.write(msg.getBytes());
    }
    protected void doPost(HttpServletRequest request,
  HttpServletResponseresponse) throws ServletException, IOException {
        doGet(request, response);
    }
}
```

（2）在 IDEA 中重启 Tomcat 服务器，在浏览器的地址栏中输入 OutServlet 的地址 localhost: 8080/Chapter03/OutServlet 并访问，浏览器的显示效果如图 3.30 所示。

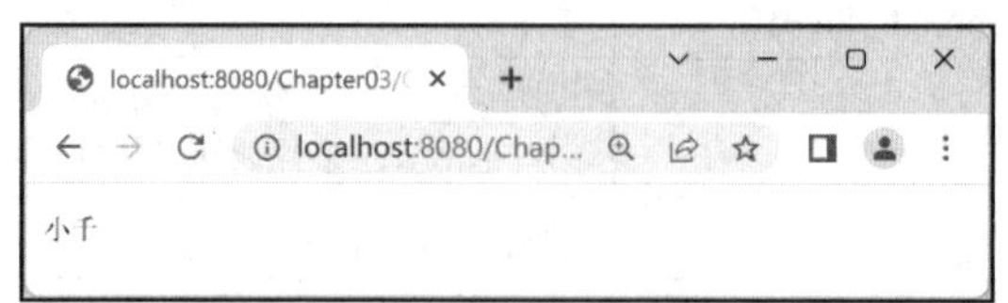

图 3.30　例 3-15 的显示效果

由图 3.30 可以看出，设置的数据已成功发送给浏览器。getOutputStream()方法可以发送响应体消息。

（3）修改例 3-15，调用 getWriter()方法发送响应体消息，修改后的代码如例 3-16 所示。

【例 3-16】OutServlet.java

```
import java.io.*;
import javax.servlet.*;
import javax.servlet.annotation.WebServlet;
import javax.servlet.http.*;
@WebServlet(name = "OutServlet", urlPatterns = "/OutServlet")
public class OutServlet extends HttpServlet {
    protected void doGet(HttpServletRequest request,
    HttpServletResponseresponse) throws ServletException, IOException {
        String msg = "小明";
        //获取字符输出流对象并向浏览器输出
        Writer out = response.getWriter();
        out.write(msg);
    }
    protected void doPost(HttpServletRequest request,
 HttpServletResponseresponse) throws ServletException, IOException {
        doGet(request, response);
    }
 }
```

（4）在 IDEA 中重启 Tomcat 服务器，再次在浏览器的地址栏中输入 OutServlet 的地址 localhost: 8080/Chapter03/OutServlet 并访问，浏览器的显示效果如图 3.31 所示。

图 3.31　例 3-16 的显示效果

从图 3.31 中可以看出，设置的数据已发送给浏览器，但是出现了中文乱码问题。在 3.7 节中将详细介绍如何解决响应内容的中文乱码问题。

3.7　HttpServletResponse 应用

通过前面的学习可知，HttpServletResponse 对象封装了 HTTP 响应消息，允许操作与 HTTP

相关的数据。响应消息与请求消息在传递过程中会出现中文乱码问题，HttpServletRes ponse 接口提供了解决响应消息中文乱码的方案，并且 HttpServletResponse 接口提供了实现类似于请求转发功能的方案——重定向。本节将对 HttpServletResponse 对象的应用进行详细讲解。

3.7.1 解决中文乱码问题

response 对象向页面输出有两种方式：字节流和字符流，这两种方式在向页面输出中文时都有可能出现乱码。本小节针对这两种方式出现中文乱码的原因以及解决方案进行介绍。

1. 使用字节流输出中文

在使用 response 对象调用 getOutputStream()方法获取字节流向页面输出中文时是否会出现中文乱码问题，取决于将字符串转换成字节数组时所采用的编码格式与浏览器打开该页面时所采用的编码格式是否一致。若两者保持一致，则不会出现乱码问题；反之，就会出现乱码问题。因此，这里将二者所采用的编码格式保持一致即可，示例代码如下。

```
response.setHeader("Content-Type", "text/html;charset=UTF-8");
//获取字节输出流
OutputStream os = response.getOutputStream();
byte[] str = "小明".getBytes("UTF-8");
//输出中文
os.write(str);
```

2. 使用字符流输出中文

在使用 response 对象调用 getWriter()方法获取字符流向页面输出中文时一定会出现中文乱码问题。这是因为通过字符流输出的内容是存放在 response 缓冲区的，response 缓冲区的默认编码格式是 ISO-8859-1，该编码格式不支持中文。因此，这里将二者所采用的编码格式保持一致即可。通常采用以下两种方式统一二者的编码格式。

方式一：

```
//设置 response 缓冲区的编码
response.setCharacterEncoding("UTF-8");
//设置浏览器打开文件所采用的编码
response.setHeader("Content-Type", "text/html;charset=UTF-8");
//输出中文
response.getWriter().write("包含中文的字符串");
```

方式二：

```
response.setContentType("text/html;charset=UTF-8");
response.getWriter().write("包含中文的字符串");
```

采用方式二对例 3-16 的代码进行修改，在 doGet()方法体的第 1 行加入如下代码。

```
response.setContentType("text/html;charset= UTF-8");
```

以上代码放在获取字符输出流的方法之前，将浏览器采用的编码格式设置成响应体内容采用的 UTF-8。在 IDEA 中重启 Tomcat 服务器，再次访问 OutServlet，浏览器的显示效果如图 3.32 所示。

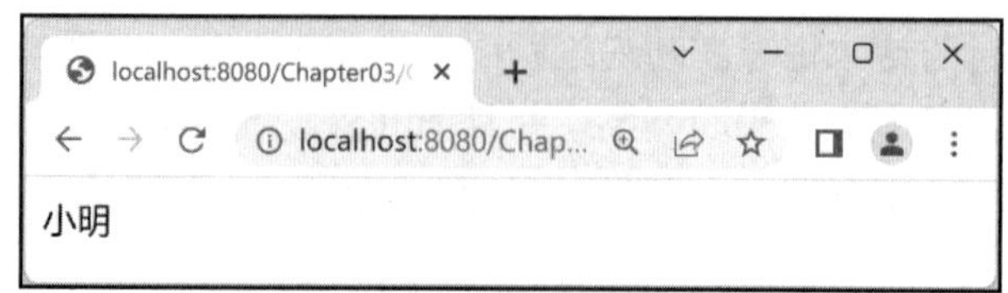

图 3.32　例 3-16 修改代码后的显示效果

从图 3.32 可以看出，字符输出流的中文乱码问题已解决。关于其他解决中文乱码的方式，读者可以自行尝试，本书不再演示。

3.7.2　请求重定向

当客户端向指定的 Servlet 发出请求时，如果该 Servlet 无法完成所有工作，我们可以指定一个新的资源路径，让客户端重新发送请求，这就是请求重定向。请求重定向属于客户端行为，本质上客户端发送了两次 HTTP 请求，因此，对应两组 request 对象和 response 对象。

HttpServletResponse 接口提供了 sendRedirect()方法实现请求重定向，方法声明格式如下。

```
public void sendRedirect(String location) throws IOException
```

sendRedirect()方法用于向浏览器返回状态码为 302 的响应信息，让浏览器访问新的 URL。若指定的 URL 是相对路径，Servlet 容器会将相对路径转换为绝对路径。其中，参数 location 表示重定向的 URL。重定向的工作流程如图 3.33 所示。

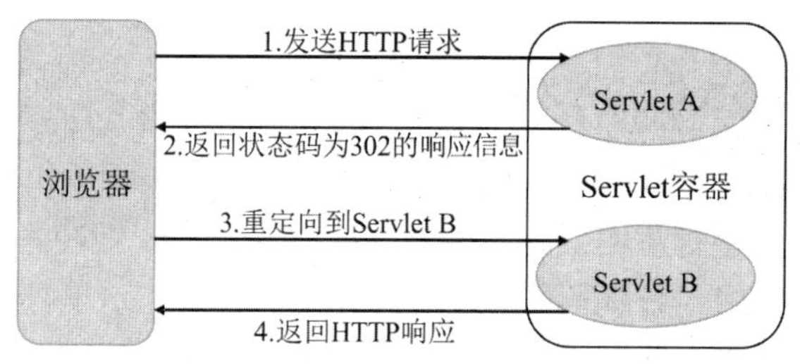

图 3.33　重定向的工作流程

由图 3.33 可以看出，用户在浏览器中输入 URL，请求访问服务器端的 Web 资源 Servlet A，服务器端的 Servlet A 返回状态码为 302 的响应信息，告知浏览器再次发送请求访问另一个 Web 资源 Servlet B，在响应信息中会提供 Servlet B 的 URL；当浏览器接收到该响应后，会立即自动访问指定的 Web 资源 Servlet B；当 Servlet B 处理完请求后，Servlet 容器会将响应信息返回给浏览器。

几乎每个网站都会使用到重定向功能，例如，用户需要登录才可以浏览网站内容或进行操作；在使用某个网站的搜索功能时，会链接外部的搜索引擎完成搜索等。当网站升级后，如果请求路径发生了变化，此时可以将原来的路径重定向到新的路径，从而避免浏览器请求原路径找不到资源的问题。

接下来，通过一个案例讲解如何用 sendRedirect()方法完成请求重定向，实现跳转至百度网以搜索“程序员工匠精神的体现”。

（1）在 Chapter03 项目的 web 目录下创建 search.html，用于提交用户输入的搜索关键字，如例 3-17 所示。

【例 3-17】search.html

```
1  <!DOCTYPE html>
2  <html lang="en">
3  <head>
4      <meta charset="UTF-8">
5      <title>搜索重定向</title>
6  </head>
7  <body>
8  <form action="/Chapter03/RedirectServlet">
9      关键字: <input type="text" name="keyword"> <input type="submit" value="搜索">
10 </form>
11 </body>
12 </html>
```

在例 3-17 中，第 8～10 行代码定义了一个简单的表单，用于提交用户的搜索关键字到"/Chapter03/RedirectServlet"。

（2）在 Chapter03 项目的 src 目录下创建 RedirectServlet.java，用于处理用户的搜索请求，关键代码如例 3-18 所示。

【例 3-18】RedirectServlet.java

```
1  import java.io.*;
2  import java.net.URLEncoder;
3  import javax.servlet.*;
4  import javax.servlet.annotation.WebServlet;
5  import javax.servlet.http.*;
6  @WebServlet(name = "RedirectServlet", urlPatterns = "/RedirectServlet")
7  public class RedirectServlet extends HttpServlet {
8      protected void doGet(HttpServletRequest request,
9      HttpServletResponse response)throws ServletException, IOException {
10         String keyword = request.getParameter("keyword");
11         response.sendRedirect("https://www.baidu.com/s?wd=" + URLEncoder.encode(keyword,"UTF-8"));
12     }
13     protected void doPost(HttpServletRequest req, HttpServletResponse
14     resp)throws ServletException, IOException {
15         super.doPost(req, resp);
16     }
17 }
```

在例 3-18 中，第 10 行代码通过 request 对象获取请求参数名为"keyword"的值；第 11 行代码通过 response 对象调用 sendRedirect()方法将请求重定向到百度搜索链接并拼接用户 keyword 的值。需要注意的是，此处使用 URLEncoder 类的 encode()方法对 keyword 以 UTF-8 编码格式进行编码，以避免中文乱码问题。

（3）在 IDEA 中启动 Tomcat 服务器，在浏览器的地址栏中输入 localhost:8080/Chapter03/search.html 访问 search.html 页面，并填写表单信息，浏览器的显示效果如图 3.34 所示。

（4）单击图 3.34 所示的"搜索"按钮，浏览器的显示效果如图 3.35 所示。

由图 3.35 可以看出，提交到 RedirectServlet 的请求已被成功重定向到百度搜索页面。由此看见，sendRedirect()方法可以实现请求重定向功能。

图 3.34　例 3-17 的显示效果

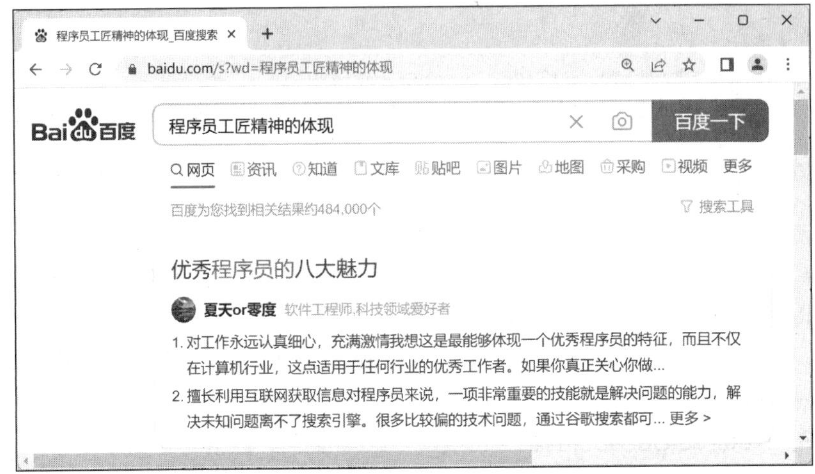

图 3.35　例 3-18 的显示效果

3.7.3　请求转发和重定向的对比

客户端向服务器发送 HTTP 请求，该请求可能需要经过多个 Web 资源处理以后才返回给客户端，请求转发和重定向是 Web 应用实现页面跳转的主要手段，应用十分广泛。请求转发和重定向的区别如表 3.17 所示。

表 3.17　　　　请求转发和重定向的区别

比较项	请求转发	重定向
浏览器地址栏	不变	改变
请求次数	一次请求（数据共享）	两次请求（数据不共享）
API	request 对象	response 对象
发生位置	服务器行为	浏览器行为
跳转位置	只可访问当前 Web 应用中的资源	可以访问网络中任何位置的资源

由表 3.17 可以看出，如果需要跳转的两个 Web 资源之间有数据传递的需求时，使用请求转发更高效。因此，在请求转发可满足需求时，尽量使用该方式，也有助于隐藏实际的链接。

3.8　本章小结

本章主要讲解了 Servlet 的相关知识，包括 Servlet 的概念、原理、生命周期及核心 API 等。通过对本章知识的学习，大家需要理解 Servlet 的工作原理和体系结构，掌握 Servlet 的核心 API，并会使用 Servlet 技术进行简单的 Web 开发。

3.9 习题

一、填空题

1. Servlet 容器启动时，会为每个 Web 应用创建唯一的________对象代表当前 Web 应用。

2. 在配置整个 Web 应用的初始化参数时，我们可以在 web.xml 中配置________元素来实现。

3. 当 Tomcat 初始化一个 Servlet 时，会将该 Servlet 的配置信息封装到________对象中。

4. 在 web.xml 文件中，一个<servlet-mapping>元素用于映射一个 Servlet 的对外访问路径，该路径也称为________。

5. 在 RequestDispatcher 接口中，实现请求转发的方法是________。

二、判断题

1. 直接调用 ServletConfig 的 getServletContext()方法可以获取 ServletContext 对象。（ ）

2. <url-pattern>元素值中可以使用通配符“*.”，“.*”代表任意字符。（ ）

3. ServletContext 对象在每个 Web 应用中是唯一的。（ ）

4. web.xml 不可以配置 Web 应用的初始化信息。（ ）

5. 使用 ServletConfig 接口可以直接获取 Web 应用中的文件信息。（ ）

三、选择题

1. Servlet 接口中，与 Servlet 生命周期相关的方法有（ ）个。

A．2　　B．3　　C．4　　D．5

2. Servlet 接口中共提供了（ ）个方法。

A．2　　B．3　　C．4　　D．5

3. 下列关于 Servlet 的说法，有误的是（ ）。

A．Servlet 是基于 Java 语言的 Web 服务器编程技术

B．一个 Servlet 程序是一个运行在服务器的特殊 Java 类

C．Servlet 能够处理来自客户端的请求，但不生成响应

D．Servlet 具有可移植强、效率高等优点

4. 下列选项中，为 Servlet 接口提供通用实现的抽象类是（ ）。

A．GenericServlet　　B．servlet

C．HttpServlet　　D．ServletContext

5. 下列元素中，用于指定 Servlet 的访问路径的是（ ）。

A．<servlet-name>　　B．<url-pattern>

C．<servlet>　　D．<url>

四、简答题

1. 简述请求转发和重定向有什么区别。

2. 简述什么是请求转发以及如何实现请求转发。

第 4 章 会话跟踪

本章学习目标

- 理解 HTTP 会话的概念。
- 理解 Cookie 机制和 Session 机制。
- 掌握 Cookie 对象的使用。
- 掌握 Session 对象的使用。

通过第 3 章的学习，读者应该能够使用 Servlet 技术处理客户端发送到服务器的请求，并完成响应操作。会话跟踪是 Web 开发中常用的技术，通常用于用户状态管理。由于 HTTP 是无状态的，服务器只能接收到一个请求消息，无法识别出每一个 HTTP 请求来自哪个客户端，也就无法为访问者提供特定的访问记录服务。为了保存会话过程中产生的数据，在 Servlet 技术中提供了两个保存会话数据的对象，分别是 Cookie 和 Session。本章将对会话跟踪涉及的相关技术进行详细讲解。

4.1 会话概述

Web 开发领域的会话技术类似于生活中两个人通过电话聊天，电话接通后会话开始，直到挂断电话，该次会话就结束了。浏览器向服务器发送请求，访问 Web 应用，该次会话接通。这个过程中，无论浏览器发送多少次请求，都视为一次会话，直到浏览器关闭，本次会话结束。需要注意的是，如果使用浏览器 A 访问服务器，则是浏览器 A 与服务器之间的一次会话，此时再打开浏览器 B 访问该服务器，是浏览器 B 与服务器之间的另一次会话，虽然使用同一台计算机、由同一个用户进行操作，但是这是两次不同的会话，如图 4.1 所示。

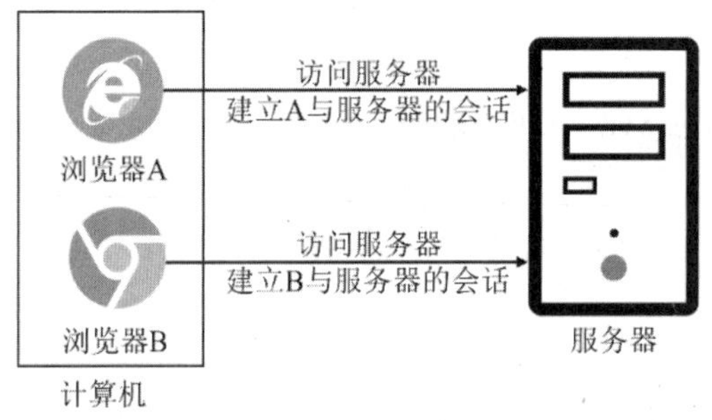

图 4.1 建立会话

会话过程中的每次请求和响应都会产生会话数据，因 HTTP 是无状态的协议，不会为了下一次请求而保存本次请求传输的信息，这样就给实现多次请求的业务逻辑带来一定困难。例如，用户成功登录某网上论坛之后，当用户想回复相应的网帖时，需要重新向服务器发送一次请求，而此时上一次请求传输的信息已经失效，用户在发帖之前还需再次登录，这样就会影响用户的使用体验。使用会话技术保存会话过程中产生的数据，使一次请求所传递的数据能够维持到后续的请求。

会话跟踪采用的方案包括 Cookie 和 Session，Cookie 工作在客户端，Session 工作在服务端，它们之间既有联系又有区别。本章将围绕 Cookie 和 Session 展开具体讲解。

4.2 Cookie 机制

Cookie 是 Web 服务为辨别用户身份而存储在用户本地终端（Client Side）上的加密数据。Web 应用把每个用户数据以 Cookie 的形式发送给用户所使用的浏览器，当用户使用浏览器再次访问 Web 应用时，就会在请求中带上这些 Cookie。这样，Web 应用可以为每个用户分别处理各自的身份数据。本节将对 Cookie 机制进行详细讲解。

4.2.1 Cookie 简介

Cookie 是由 W3C 组织提出的一种在客户端保持会话跟踪的解决方案。具体来讲，它是服务器为了识别用户身份而存储在客户端上的文本信息。Cookie 功能需要客户端（主要是浏览器）的支持，目前 Cookie 已成为一项浏览器的标准，主流的浏览器（如 IE、Firefox 等）几乎都支持 Cookie。

Cookie 可以理解为生活中乘坐地铁时使用的“一卡通”。当乘客在地铁站首次充值时，地铁公司会发放一张“一卡通”。“一卡通”存储有卡号、金额、乘坐次数等信息，此后，乘客使用该卡乘坐地铁，地铁公司就能根据卡里的信息计算消费金额。在会话中，Cookie 的功能与此类似，当客户端第一次访问 Web 应用时，服务器会给客户端发送 Cookie，Cookie 里存有相关信息，当客户端再次访问 Web 应用时，会在请求头中同时发送 Cookie，服务器根据 Cookie 中的信息做出对应的处理。

Cookie 通常需要在 HTTP 响应头字段中通过使用 Set-Cookie 将要设置的 Cookie 项发送给客户端，这样，客户端在下次访问时会带上该 Cookie 项，示例代码如下。

```
Set-Cookie: customer=xiaoqian; expires=Friday, 04-Feb-17 22:03:38 GMT;
path=/dir; domain=(qianfeng.com)
```

在上述代码中，Set-Cookie 响应头包含一个键值对、一个格林尼治时间、一个路径和一个域名。键值对会被编码为 URL，customer=xiaoqian 的键值对表示将 customer 设置为值 xiaoqian，该属性在 Cookie 中必须有；path=/dir 表示只有在访问/dir 目录下的内容时才能触发 Cookie 的发送。Cookie 的属性仅做了解即可。Cookie 机制的实现过程如图 4.2 所示。

从图 4.2 中可以看出，当客户端第一次访问 Web 应用时，服务器以响应头的形式将 Cookie 发送给客户端，客户端会把 Cookie 保存到本地。当浏览器再次请求该 Web 应用时，客户端会把请求的网址和 Cookie 一起提交给服务器，服务器会检查该 Cookie 并读取其中的信息。

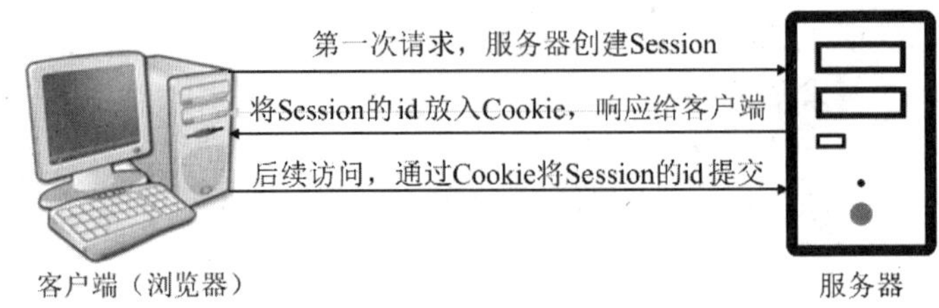

图 4.2 Cookie 机制的实现过程

通过 Cookie，服务器能够得到客户端特有的信息，从而动态生成与该客户端对应的内容。例如，在很多登录页面中有“记住我”“自动登录”等选项，选中某选项后，当再次访问该 Web 应用时，客户端就会自动完成相关的操作。另外，一些网站根据用户的使用需要，进行个性化的风格设置、广告投放等，这些功能也能够基于 Cookie 机制实现。

4.2.2 Cookie 类

为了便于对 Cookie 信息进行操作，Java 语言把 Cookie 信息封装成了 Cookie 类，该类位于 javax.servlet.http 包中，提供了创建 Cookie 对象以及操作 Cookie 各个属性的方法。本小节将对 Cookie 类的常用方法进行详细讲解。

1. 创建 Cookie 对象

Cookie 类提供了一个构造方法，具体语法格式如下。

```
public Cookie(String name, String value)
```

其中，第一个 String 类型的参数用于指定 Cookie 的名称，第二个 String 类型的参数用于指定 Cookie 的值。Cookie 一旦创建，它的名称不能被修改，但它的值可以被修改。

2. Cookie 类的常用方法

创建 Cookie 对象后，便可以调用 Cookie 类的常用方法对其进行操作，Cookie 类的常用方法如表 4.1 所示。

表 4.1 Cookie 类的常用方法

方法声明	功能描述
String getName()	返回 Cookie 的名称
String getValue()	返回 Cookie 的值
void setValue(String newValue)	设置 Cookie 的值
void setMaxAge(int maxAge)	设置 Cookie 的最大保存时间，即 Cookie 的有效期
int getMaxAge()	返回 Cookie 的有效期
void setPath(String path)	设置 Cookie 的有效路径
String getPath()	返回 Cookie 的有效路径
void setDomain(String pattern)	设置 Cookie 的有效域名
String getDomain()	返回 Cookie 的有效域名
void setVersion(int v)	设置 Cookie 采用的协议版本

续表

方法声明	功能描述
int getVersion()	返回 Cookie 采用的协议版本
void setComment(String purpose)	设置 Cookie 的注解部分
String get Comment()	返回 Cookie 的注解部分
void setSecure(boolean flag)	设置 Cookie 的安全属性，是否只能使用安全协议（HTTPS、SSL 等）传送
boolean getSecure()	返回 Cookie 的安全属性，是否只能使用安全协议（HTTPS、SSL 等）传送

表 4.1 列举了 Cookie 类的常用方法，下面对一些理解难度较高的方法进行重点讲解。

（1）setMaxAge(int maxAge)方法和 getMaxAge()方法

setMaxAge(int maxAge)方法和 getMaxAge()方法分别用于设置和获取 Cookie 的有效期。如果 setMaxAge(int maxAge)方法的参数值为正数，客户端会将 Cookie 持久化，写到本地磁盘的 Cookie 文件中，在没有超过指定时间的情况下，即使关闭客户端，Cookie 仍然有效。如果 setMaxAge(int maxAge)方法的参数值为负数，客户端只是临时保存 Cookie，关闭客户端，Cookie 消失。

（2）setPath(String path)方法和 getPath()方法

setPath(String path)方法和 getPath()方法分别用于设置和获取 Cookie 的有效路径。例如，把 Cookie 的有效路径设置为"/dir"，那么浏览器访问"dir"目录下的 Web 资源时都会带上 Cookie；如果把 Cookie 的有效路径设置为"/dir/qf"，那么浏览器只有在访问"dir"目录下的"qf"这个目录里面的 Web 资源时才会带上 Cookie，而当访问"dir"目录下的其他 Web 资源时，浏览器是不带 Cookie 的。

（3）setDomain(String pattern)方法和 getDomain()方法

setDomain(String pattern)方法和 getDomain()方法分别用于设置和获取 Cookie 的有效域名。setDomain()方法中设置 pattern 参数的值以"."开头，不区分大小写，例如 domain=.baidu.com。Cookie 是不可跨域名的，例如域名 http://www.mobiletrain.org/颁发的 Cookie 不能被提交到域名 http://www.baidu.com/，这是由域名的隐私安全机制决定的。

3．服务器向客户端响应 Cookie

完成 Cookie 的属性设置以后，开发者可以调用 HttpServletResponse 对象的 addCookie()方法，通过增加 Set-Cookie 响应头的方式将其响应给客户端，客户端将 Cookie 存储在本地。HttpServletResponse 对象的 addCookie()方法的格式如下所示。

```
public void addCookie(Cookie cookie)
```

其中的参数为 Cookie 对象。该方法响应给客户端的 Cookie 仅对当前客户端有效，不能跨客户端。

4．服务器获取客户端发送的 Cookie

当客户端向服务器发送带 Cookie 的请求时，服务器调用 HttpServletRequest 对象的 getCookies()方法获取。该方法返回封装了所有 Cookie 对象的数组，遍历该数组即可获取各个 Cookie 对象。HttpServletRequest 对象的 getCookies()方法的格式如下所示。

```
public Cookie[] getCookies()
```

在默认情况下，Cookie 只能被创建它的应用获取。如果需要扩展 Cookie 的有效路径，Cookie 的 setPath()方法可以重新指定其访问路径。

为了让读者更好地理解 Cookie 的工作过程，接下来通过一个案例对其进行演示，具体步骤如下。

（1）新建 Java Web 项目 Chapter04，在 Chapter04 项目的 src 目录下新建包 com.cookie，在 com.cookie 包中创建类 CookieDemo1，具体代码如例 4-1 所示。

【例 4-1】CookieDemo1.java

```
1   package com.cookie;
2   //此处省略导入包的代码
3   @WebServlet(name = "CookieDemo1",value = "/CookieDemo1")
4   public class CookieDemo1 extends HttpServlet {
5       int count = 1;
6       protected void doGet(HttpServletRequest request,
7   HttpServletResponseresponse) throws ServletException, IOException {
8           response.setContentType("text/html;charset=UTF-8");
9           PrintWriter out = response.getWriter();
10          //获取一个包含所有 Cookie 对象的数组
11          Cookie[] cookies = request.getCookies();
12          //如果数组不为 null，遍历数组，获得每个 Cookie 对象的属性并响应到客户端
13          if (cookies != null) {
14              for (int i = 0; i < cookies.length; i++) {
15                  out.println("Cookie name:" + cookies[i].getName() + "<br>");
16                  out.println("Cookie value:" + cookies[i].getValue() + "<br>");
17                  out.println("Cookie maxAge:" + cookies[i].getMaxAge() + "<br>"
18                  );
19              }
20          } else {
21              //如果数组为 null，向客户端响应字符串"No cookie."
22              out.println("No cookie.");
23          }
24          //创建 Cookie 对象，调用 response 对象的方法将 Cookie 返回到客户端
25          response.addCookie(new Cookie("cookieName" + count, "cookieValue" + c
ount));
26
27          count++;
28      }
29      //此处省略 doPost()方法的代码
30  }
```

在例 4-1 中，第 5 行代码定义名称为 count 的变量，用于记录访问该 Servlet 的次数；第 11 行代码通过 request 对象调用 getCookies()方法获取包含所有 Cookie 对象的数组；第 13～23 行代码使用 if 对该数组是否为 null 进行判断，如果数组不为 null，则表示 Cookie 有值，其中第 14～19 行代码用于遍历所有 Cookie 的值，并输出到浏览器页面；如果数组为 null，其中第 21～22 行代码将“No cookie.”输出到浏览器页面；第 25 行代码添加一个名称为 cookieName+count、值为 cookieValue+count 的 Cookie 到客户端。

（2）在 IDEA 中启动 Tomcat 后，在浏览器的地址栏中输入 CookieDemo1 的地址 localhost:8080/Chapter04/CookieDemo1 并访问。浏览器的显示效果如图 4.3 所示。

由图 4.3 可以看出，浏览器第一次访问 CookieDemo01 时，由于客户端此时还不存在任何 Cookie，因此 Tomcat 服务器向客户端返回默认的 Cookie name 为 JSESSIONID。需要注意的是，浏览器第一次访问服务器会在服务器端生成一个 Session，Tomcat 服务器生成的 Session 的 ID 就是 JSESSIONID，客户端会保存 Session 的 ID 到 Cookie 中，因此显示效果不是“No cookie.”。

（3）刷新浏览器，重新访问 CookieDemo1，浏览器显示效果如图 4.4 所示。

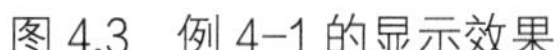
图 4.3　例 4-1 的显示效果

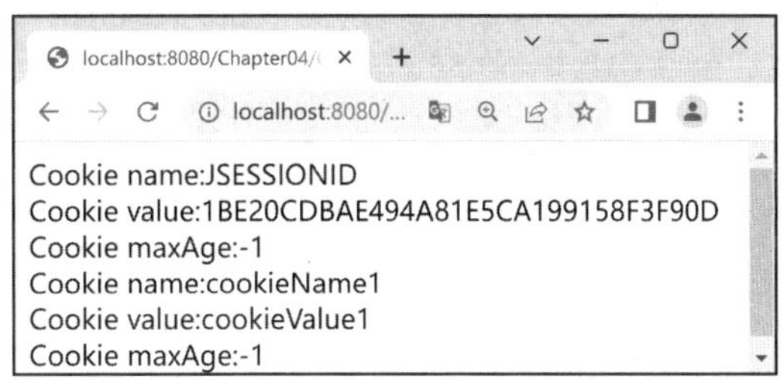

图 4.4　再次访问例 4-1 的显示效果

由图 4.4 可以看出，由于在第一次访问时 CookieDemo1 向客户端写了一个 Cookie，即“cookieName1=cookieValue1”，因此浏览器第二次发出的请求中包含这个 Cookie，CookieDemo1 读取该 Cookie，并向客户端响应该 Cookie 的信息，在页面中显示的 Cookie 的有效期为-1，表示该 Cookie 是临时性 Cookie，当浏览器关闭时则该 Cookie 将消失。多次刷新浏览器，cookieName 后的数字会递增。

（4）清除浏览器的 Cookie，以谷歌浏览器为例，单击右上角的“自定义”按钮，在弹出的下拉菜单中选择“设置”选项，打开“设置”面板，依次单击“隐私设置和安全性”→“清除浏览数据”，在打开的界面中设置清除过去一小时的浏览数据，如图 4.5 所示。刷新浏览器，重新访问 CookieDemo1，即可显示“No cookie.”。

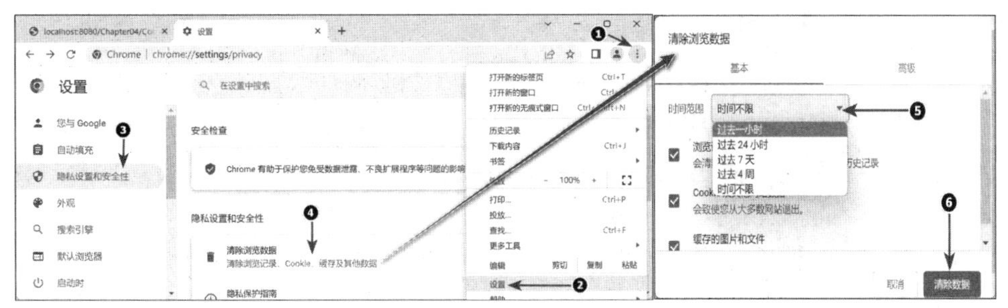

图 4.5　清除浏览器的 Cookie

5．Cookie 的修改和删除

Cookie 类没有提供直接修改或删除 Cookie 的方法。如果要修改客户端上的某个 Cookie，此时只需要新建一个同名的 Cookie，并将其添加到 response 对象中覆盖原来的 Cookie。如果要删除客户端上的某个 Cookie，此时只需新建一个同名的 Cookie，将 maxAge 设置为 0，并将其添加到 response 对象中覆盖原来的 Cookie。这里要注意的是，在修改、删除 Cookie 时，新建的 Cookie 除 value、maxAge 之外的所有属性都要与原 Cookie 的一样，否则，客户端将它们视为两个不同的 Cookie，会导致修改、删除失败。

接下来，通过一个案例演示 Cookie 的删除和修改，具体步骤如下。

（1）在 Chapter04 项目的 com.cookie 包中创建 CookieDemo2 类，具体代码如例 4-2 所示。

【例 4-2】CookieDemo2.java

```
1  package com.cookie;
2  //此处省略导入包的代码
3  @WebServlet(name = "CookieDemo2",value = "/CookieDemo2")
4  public class CookieDemo2 extends HttpServlet{
5      protected void doGet(HttpServletRequest request,
6      HttpServletResponseresponse) throws ServletException, IOException {
7          Cookie cookie = null;
8          response.setContentType("text/html;charset=UTF-8");
9          PrintWriter out = response.getWriter();
10         Cookie[] cookies = request.getCookies();
11         if(cookies != null){
12             for(int i = 0 ; i < cookies.length ; i++){
13                 out.println("Cookie name:" + cookies[i].getName()+"<br>");
14                 out.println("Cookie value:" + cookies[i].getValue()+"<br>");
15                 if(cookies[i].getName().equals("username"))
16                     cookie = cookies[i];
17             }
18         }else{
19             out.println("No cookie.");
20         }
21         //cookie 为空，创建一个新的 Cookie 对象，响应到浏览器
22         if(cookie == null){
23             cookie = new Cookie("username" , "Tom");
24             cookie.setMaxAge(60*60);
25             response.addCookie(cookie);
26         }
27         //如果 cookie 的值为 Tom，将其修改为 Jack，然后响应到浏览器
28         else if(cookie.getValue().equals("Tom")){
29             cookie.setValue("Jack");
30             response.addCookie(cookie);
31         }
32         //如果 cookie 的值为 Jack，将它的有效期修改为 0，然后响应到浏览器
33         else if(cookie.getValue().equals("Jack")){
34             cookie.setMaxAge(0);
35             response.addCookie(cookie);
36         }
37     }
38     protected void doPost(HttpServletRequest request,
39     HttpServletResponseresponse) throws ServletException, IOException {
40         doGet(request, response);
41     }
42 }
```

在例 4-2 中，第 7 行代码定义一个空的 Cookie 对象 cookie，用于记录 Cookie 的值；第 10～20 行代码获取了所有包含 Cookie 对象的数组 cookies，并对 cookies 进行非空判断，如果不为空，则遍历 cookies 数组，其中第 15～17 行代码使用 if 判断是否存在名称为 username

的 Cookie，如果有则将该 Cookie 赋予对象 cookie；第 22～26 行代码是当 cookies 数组为空时，创建一个名称为 username、值为 Tom 的 Cookie 对象，通过 setMaxAge()方法定义该 Cookie 的有效期为 1 小时，再通过 addCookie()方法将其响应到浏览器。至此，完成了 Cookie 对象的创建。第 28～31 行代码是当 cookies 数组中已经存在值为 Tom 的 Cookie 时，则将对象 cookie 的值设置为 Jack，再通过 addCookie()方法让对象 cookie 覆盖原来的 Cookie。至此，完成了 Cookie 值的修改。第 33～34 行代码是当 cookies 数组中已经存在值为 Jack 的 Cookie 时，则通过 setMaxAge()方法将对象 cookie 的有效期设置为 0，再通过 addCookie()方法让对象 cookie 覆盖原来的 Cookie，至此完成了 Cookie 有效期的修改。

（2）在 IDEA 中启动 Tomcat 后，在浏览器的地址栏中输入 CookieDemo2 的地址 localhost:8080/Chapter04/CookieDemo2 并访问。浏览器的显示效果如图 4.6 所示。

由图 4.6 可以看出，在第一次访问时，浏览器显示了默认 Cookie 的 JSESSIONID。

（3）刷新浏览器，重新访问 CookieDemo2，浏览器显示效果如图 4.7 所示。

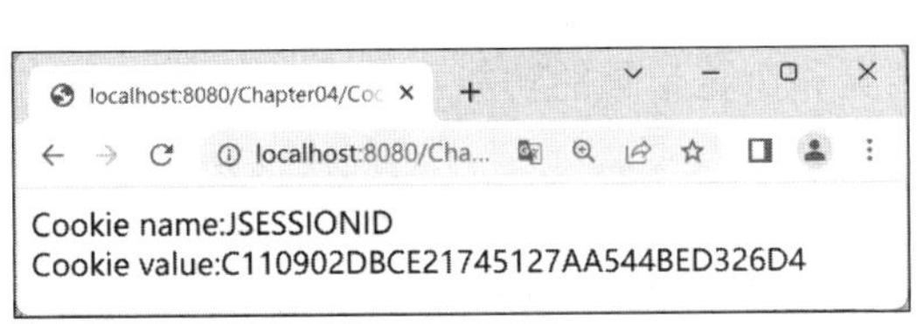

图 4.6　第一次访问例 4-2 的显示效果

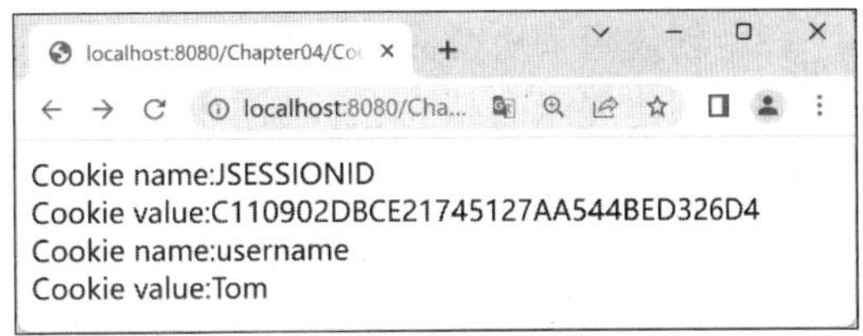

图 4.7　第二次访问例 4-2 的显示效果

从图 4.7 中可以看出，由于在第一次访问时 CookieDemo2 向客户端写了一个 Cookie，即“username=Tom”，因此浏览器第二次发出的请求中包含这个 Cookie，CookieDemo2 读取该 Cookie，并向客户端响应该 Cookie 的信息。

（4）刷新浏览器，第三次访问 CookieDemo2，浏览器显示效果如图 4.8 所示。

由图 4.8 中可以看出，由于在第二次访问时 CookieDemo2 已经把浏览器端名为“username”的 Cookie 值改为“Jack”，因此 CookieDemo2 向客户端响应了修改以后的 Cookie 信息，这也证明该 Cookie 被修改成功。

（5）刷新浏览器，第四次访问 CookieDemo2，浏览器显示效果如图 4.9 所示。

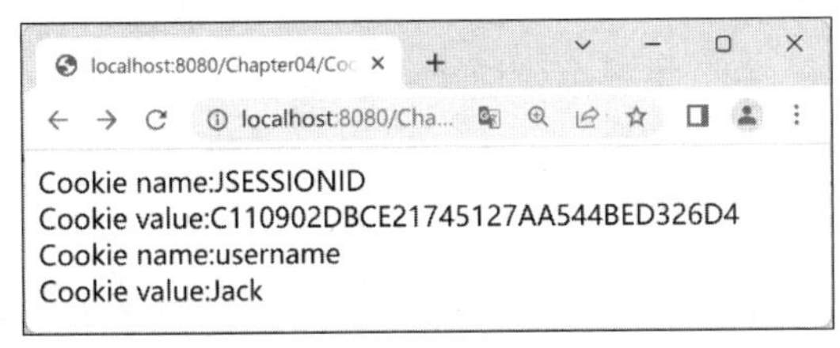

图 4.8　第三次访问例 4-2 的显示效果

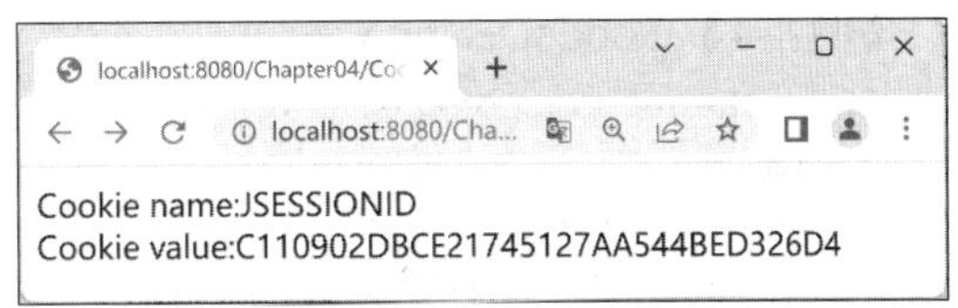

图 4.9　第四次访问例 4-2 的显示效果

由图 4.9 可以看出，由于在第三次访问时 CookieDemo2 已经把值为“Jack”的 Cookie 的有效期设置为 0，浏览器在处理响应结果时会删除该 Cookie，那么浏览器在第四次请求时只会存在默认的 Cookie，因此 CookieDemo2 向浏览器返回默认 Cookie 的内容。

实战训练 4-1：模拟网购平台浏览记录

【需求描述】

百节年为首，春节是中华民族最隆重的传统佳节，它不仅集中体现了中华民族的理想愿望、生活娱乐和文化心理，还是祈福、饮食和娱乐活动的展示。在春节置办年货是中国寻常百姓家不可或缺的头等大事。随着网络购物平台的兴起，目前很多人选择在电商平台购买年货。用户在电商平台的搜索栏中输入“年货”即可进行选购，这样不必聚集，足不出户就可以货比三家。网购系统会自动保存用户的浏览记录，用户浏览后可查找满意的商品进行购买。本实战训练要求使用 Cookie 实现模拟网购平台浏览记录的功能。

【思路分析】

（1）创建封装商品信息的实体类，该实体类中包含商品的 id、name 和 price 属性。

（2）创建模拟数据库的模型类，模拟存储商品信息的功能。

（3）创建查询所有商品的 Servlet，模拟展示所有商品的功能。

（4）创建展示商品的 Servlet，模拟商品详情页和浏览记录的功能。

【代码实现】

（1）在 Chapter04 项目的 src 目录下新建包 com.cookie.test，在该包中创建 Goods 类。该类用于封装商品的信息，其中定义 id、name 和 price 属性，分别表示商品的编号、名称和价格，关键代码如例 4-3 所示。

【例 4-3】Goods.java

```
package com.cookie.test;
public class Goods {
    private String id;
    private String name;
    private double price;
    //省略了 getter、setter 方法和全参构造器的代码
    public String toString() {
        return "编号：" + id + "，名称：" + name + "，价格：" + price;
    }
}
```

（2）在 com.cookie.test 包中创建 GoodsDB 类，该类用于模拟保存所有年货（商品）信息的数据库，具体代码如例 4-4 所示。

【例 4-4】GoodsDB.java

```
package com.cookie.test;
import java.util.*;
public class GoodsDB {
    private static Map<String, Goods> goodsMap = new HashMap<String, Goods>();
    static{
        goodsMap.put("1", new Goods("1", "金华火腿", 328));
        goodsMap.put("2", new Goods("2", "果干礼盒", 108));
        goodsMap.put("3", new Goods("3", "北京烤鸭", 208));
        goodsMap.put("4", new Goods("4", "零食大礼包", 88));
    }
    //得到所有商品
```

```
    public static Map<String, Goods> findAllGoods(){
        return goodsMap;
    }
    //根据 id 查找指定的商品
    public static Goods findGoodsById(String id){
        return goodsMap.get(id);
    }
}
```

在例 4-4 中，通过 Map 集合存储了 4 个不同的 Goods 对象，并提供了获取所有 Goods 的方法 findAllGoods()和根据 id 获取指定 Goods 的方法 findGoodsById()。

（3）在 com.cookie.test 包中创建 ShowAllGoods 类，模拟在网购平台搜索栏中输入“年货”后的搜索结果并查询 Cookie 是否有商品浏览记录，具体代码如例 4-5 所示。

【例 4-5】ShowAllGoods.java

```
1  package com.cookie.test;
2  //此处省略导入包的代码
3  @WebServlet(name = "ShowAllGoods",urlPatterns = "/ShowAllGoods")
4  public class ShowAllGoods extends HttpServlet {
5      public void doGet(HttpServletRequest request, HttpServletResponse
6      response)throws ServletException, IOException {
7          response.setContentType("text/html;charset=UTF-8");
8          PrintWriter out = response.getWriter();
9          out.write("年货的搜索结果：<br/>");
10         Map<String, Goods> goodsMap = GoodsDB.findAllGoods();
11         for (Map.Entry<String, Goods> goods : goodsMap.entrySet()) {
12             out.write("<a href='"+request.getContextPath()+
13       "/ShowGoodsDetail?id="+goods.getKey()"+
14       'target='_blank'/>"+
15       goods.getValue().getName()+"<br/>");
16         }
17         out.write("<hr/>您最近浏览过的年货有：<br/>");
18         Cookie[] cookies = request.getCookies();
19         for(int i = 0; cookies != null && i < cookies.length; i++) {
20             if("historyGoodsId".equals(cookies[i].getName())){
21                 String value = cookies[i].getValue();
22                 String[] ids = value.split("-");
23                 for(int j = 0; j < ids.length; j++) {
24                     Goods goods = GoodsDB.findGoodsById(ids[j])
25                     out.print(goods.getName()+"<br/>");
26                 }
27             }
28         }
29     }
30     public void doPost(HttpServletRequest request,
31     HttpServletResponse response)throws ServletException, IOException {
32         doGet(request, response);
33     }
34 }
```

在例 4-5 中，第 10 行代码通过 GoodsDB 调用 findAllGoods()方法获取存储所有年货（商品）信息的 goodsMap；第 11～16 行代码用于遍历 goodsMap，展示商品的名称，其中第 12～

14 行代码为商品名称绑定了<a>标签，实现单击商品名称可以打开商品详情页面操作；第 18 行代码通过 request 对象调用 getCookies()方法获取浏览器的 Cookie 数组 cookies；第 19～27 行代码遍历 cookies，其中第 20 行代码使用 if 判断是否存在名称为“historyGoodsId”的 Cookie，如果存在，第 21 行代码获取该 Cookie 的值并使用“-”对其进行分隔，从而得到所有历史浏览商品的 id 数组 ids；第 23～26 行代码遍历数组 ids，查询每一个 id 对应的商品名称，并输出到页面。

（4）在 com.cookie.test 包中创建 ShowGoodsDetail 类，模拟展示商品详情页，并将所单击商品的 id 添加到 Cookie 中且响应给浏览器。关键代码如例 4-6 所示。

【例 4-6】ShowGoodsDetail.java

```
package com.cookie.test;
//此处省略导入包的代码
@WebServlet(name = "ShowGoodsDetail", urlPatterns = "/ShowGoodsDetail")
public class ShowGoodsDetail extends HttpServlet {
    public void doGet(HttpServletRequest request, HttpServletResponse
    response)throws ServletException, IOException {
        response.setContentType("text/html;charset=UTF-8");
        PrintWriter out = response.getWriter();
        String id = request.getParameter("id");
        Goods Goods = GoodsDB.findGoodsById(id);
        out.write(Goods);
        //将当前浏览过的商品的 id 响应到客户端
        String historyGoodsId = organizeId(id, request);
        Cookie ck = new Cookie("historyGoodsId", historyGoodsId);
        ck.setPath("/");
        ck.setMaxAge(Integer.MAX_VALUE);  //设置 Cookie 的保存时间
        response.addCookie(ck);           //响应到客户端
    }
    private String organizeId(String id,HttpServletRequest request) {
        Cookie[] cookies = request.getCookies();
        if (cookies == null) {
            return id;
        }
        //查找是否存在名称为 historyGoodsId 的 Cookie
        Cookie historyGoods = null;//要返回的 Cookie
        for (int i = 0; i < cookies.length; i++) {
            if ("historyGoodsId".equals(cookies[i].getName())) {
                historyGoods = cookies[i];
            }
        }
        if (historyGoods == null) {//之前无浏览记录
            return id;//可直接返回 id
        }
        String value = historyGoods.getValue();//查看之前的浏览记录
        String[] values = value.split("-");    //并将其分隔
        LinkedList<String> list = new LinkedList<String>(Arrays.asList(values));//对浏览记录进行排序
        //移除与当前 id 重复的 id
```

```
38          if (list.size() < 4) {//实际开发中根据查询结果统计
39              if (list.contains(id)) {
40                  list.remove(id);//如果包含当前 id 的值，则删除这个 id
41              }
42          } else {
43              if (list.contains(id)) {
44                  list.remove(id);
45              } else {
46                  list.removeLast();
47              }
48          }
49          list.addFirst(id);          //最近浏览商品的 id 添加到最前面
50          StringBuffer sb = new StringBuffer();
51          for (int i = 0; i < list.size(); i++) {
52              if (i> 0) {
53                  sb.append("-");
54              }
55              sb.append(list.get(i));
56          }
57          System.out.println(sb);
58          return sb.toString();
59      }
60      //省略 doPost()方法的代码
61  }
```

在例 4-6 中，实现了两个功能：一个是展示商品的详情；另一个是将用户浏览的商品的 id 按浏览顺序排序后保存到 Cookie 中再响应给客户端。在获取到 Cookie 数组 cookies 后，第 19 行代码对数组 cookies 进行非空判断，如果数组为空，返回当前商品的 id；第 25～33 行代码判断数组 cookies 中是否有名称为“historyGoodsId”的 Cookie，如果有，则将其记录到本次浏览后要返回的 Cookie 对象 historyGoods 中；第 34～35 行代码对之前的浏览记录使用“-”进行分隔；第 36～49 行代码对浏览记录使用 LinkedList 进行排序，需要注意的是，浏览记录中的商品只会出现一次，因此，需要移除与当前商品 id 重复的 id；第 51～58 行代码将处理后的浏览记录集合转为字符串，并将各个编号使用“-”进行拼接后返回。

（5）在 IDEA 中启动 Tomcat 后，在浏览器的地址栏中输入 ShowAllGoods 的地址 localhost:8080/Chapter04/ShowAllGoods 并访问。浏览器的显示效果如图 4.10 所示。

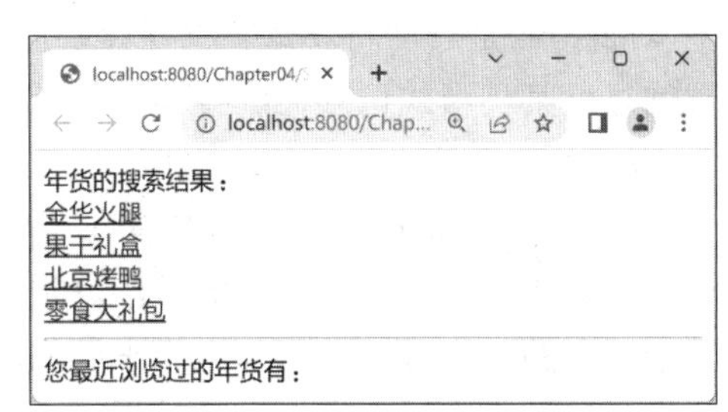

图 4.10 例 4-5 的显示效果

由图 4.10 可以看出，浏览器显示了 4 种商品的超链接，由于第一次请求时浏览器端还不存在关于商品的 Cookie，因此“您最近浏览过的年货有：”没有向浏览器返回内容。

单击“金华火腿”超链接访问该商品，浏览器的显示效果如图 4.11 所示。

由图 4.11 可以看出，浏览器显示了“金华火腿”的商品信息。此时，刷新浏览器，再次访问 ShowAllGoods，浏览器的显示效果如图 4.12 所示。

图 4.11　例 4-6 的显示效果

图 4.12　第二次访问例 4-5 的显示效果

由图 4.12 可以看出，浏览器显示了上次浏览的商品信息。这是由于在访问“金华火腿”的过程中，ShowGoodsDetail 向客户端响应了带有商品信息的 Cookie，因此浏览器第二次发出的请求中包含这个 Cookie，ShowAllGoods 读取该 Cookie，并向客户端响应该 Cookie 的商品信息。

【训练总结】

本实战训练实现了使用 Cookie 技术模拟网购平台浏览记录的功能。通过完成本实战训练，读者可以更加深入地了解 Cookie 的工作原理，熟练掌握 Cookie 方法的使用。人类文明在精神和物质方面的重大进步不仅运用了今天的智慧，也需要运用历史文化的积累。在春节等传统佳节使用网购的方式促进消费和经济繁荣，正是中华优秀传统文化和科技发展相辅相成的体现。

4.3　Session 机制

Cookie 用来保存用户的信息虽然很方便，但是有一个很大的弊端，即 Cookie 中的所有数据在客户端就可以被修改，因此数据非常容易被伪造，那么一些重要的数据就不能存放在 Cookie 中。此外，Cookie 能够传输的数据有限，当 Cookie 中数据字段太多时会影响传输效率。为了解决这些问题，Servlet 提供了另一种会话技术——Session。Session 中的数据是保留在服务器端的。本节将对 Session 机制进行详细讲解。

4.3.1　Session 简介

Session 是一种将会话数据保存到服务器的技术。当客户端访问服务器时，服务器将客户端信息以某种形式记录在服务器上，形成一个 Session；客户端浏览器再次访问时只需要从该 Session 中查找该客户的状态就可以了。

如果说 Cookie 机制是通过检查客户身上的“通行证”来确定客户身份的，那么 Session 机制就是通过检查服务器上的“客户明细表”来确认客户身份的。Session 相当于程序在服务器上建立的一份客户档案，客户来访的时候只需要查询客户档案就可以了。

例如，当大学新生入学时，学校会为每位新生建立学籍档案并分配一个学号；当学生需要查询学籍信息时，只需提交学号，教务老师就能根据学号查询出学生的所有信息。在会话中，Session 的功能与此类似，它通过一个 id 进行查询，当客户端第一次访问 Web 应用时，服务器会创建一个 Session，并给客户端响应 Session 的 id，其中，Session 相当于学籍档案，id 相当于学号；当客户端再次访问 Web 应用时，只需提交 id，服务器就能找到对应的 Session

并做出处理。

Session 的 id 通常存放在客户端的 Cookie 中，Session 机制的实现过程如图 4.13 所示。

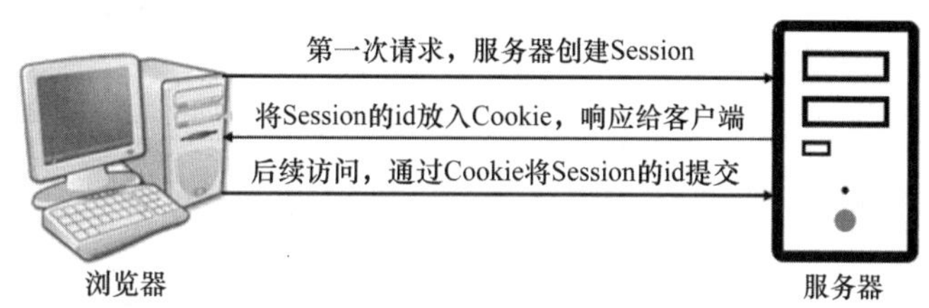

图 4.13　Session 机制的实现过程

从图 4.13 中可以看出，当客户端第一次访问 Web 应用时，服务器为该客户端创建一个 Session，同时，服务器以 Cookie 的形式把该 Session 的 id 返回给客户端；当客户端再次访问该 Web 应用时，会把带有 Session id 的 Cookie 提交给服务器，服务器通过获取到的 Session id 找到 Session，然后进行相应的业务处理。

4.3.2　HttpSession 类

为了简化 Web 开发的步骤，Java 语言把 Session 封装成了 javax.servlet.http.HttpSession 类，每个来访者对应一个 HttpSession 类的对象，所有关于该来访者的状态信息都保存在这个 HttpSession 对象里。

1．获取 HttpSession 对象

HttpServletRequest 类提供了获取 HttpSession 对象的方法，具体语法格式如下。

```
public HttpSession getSession()
public HttpSession getSession(Boolean create)
```

上述两个方法都用于获得与当前请求所关联的 HttpSession 对象。不同的是，在调用 getSession() 方法时，如果当前请求没有关联 HttpSession 对象，则新建一个 HttpSession 对象并返回；在调用 getSession(Boolean create)方法时，如果当前请求没有关联 HttpSession 对象，当参数为 True 时则新建一个 HttpSession 对象并返回，当参数为 False 时则返回 null。

2．HttpSession 类的常用方法

HttpSession 类提供了一系列操作 Session 信息的方法，具体如表 4.2 所示。

表 4.2　HttpSession 类的常用方法

方法声明	功能描述
void setAttribute(String name, Object value)	设置 Session 属性
String getAttribute(String name)	返回 Session 属性
Enumeration getAttributeNames()	返回 Session 中存在的属性名
void removeAttribute(String attribute)	移除 Session 属性
ServletContext getServletContext()	返回当前 Web 应用的 ServletContext 对象
String getId()	返回 Session 的 id。该 id 由服务器自动创建，不会重复

续表

方法声明	功能描述
long getCreationTime()	返回 Session 的创建时间。返回类型为 long，常被转换为 Date 类型
long getLastAccessedTime()	返回 Session 的最后活跃时间。返回类型为 long
int getMaxInactiveInterval()	返回 Session 的有效时间，单位为秒。超过该时间没有访问，服务器认为该 Session 失效
setMaxInactiveInterval(int second)	设置 Session 的有效时间，单位为秒
boolean isNew()	返回该 Session 是否是新创建的
void invalidate()	使该 Session 失效

下面对一些理解难度较高的方法进行重点讲解。

（1）setMaxInactiveInterval()方法

当客户端第一次访问 Web 应用时，服务器就会创建一个 HttpSession 对象。如果客户端超过一定时间后没有再次访问该 Web 应用，服务器就会把对应的 HttpSession 对象销毁。setMaxInactiveInterval()方法用于设置 Session 的有效时间，单位为秒。

（2）setAttribute()方法、getAttribute()方法和 removeAttribute()方法

在一次会话范围内，Session 对象可以作为存取数据的容器，setAttribute()方法、getAttribute()方法和 removeAttribute()方法分别可以完成对数据的添加、获取、移除。数据以键值对的形式存储在 Session 内，其中，键为 String 类型，值为任意类型，通常是一个 Object。在获取或移除数据时，只需传入 String 类型的键即可。

4.3.3 Session 的生命周期

Session 的生命周期是指一个 HttpSession 对象从创建到销毁的过程。

在以下情况下，服务器会创建一个 HttpSession 对象，Session 生效。

- 客户端首次访问 Web 应用。需要注意的是，只有在访问 JSP 或 Servlet 等程序时才会创建 Session，访问 HTML 等静态资源并不会创建 Session。
- 服务器为客户端创建的 Session 已被销毁，客户端再次访问 Web 应用。
- 调用 request.getSession(true)方法可以强制生成 Session。

HttpSession 对象生成后，只要客户端继续访问，服务器就会不断更新它的最后访问时间并认为该 HttpSession 对象"活跃"了一次。随着访问者的不断增多，HttpSession 对象也越来越多；为了防止内存溢出，服务器会将超过一定时间没有"活跃"的 HttpSession 对象销毁，Session 就会失效。

HttpSession 对象的有效时间与服务器配置有关，以 Tomcat 为例，其可以在 Tomcat 的配置文件 web.xml 中设置。该文件位于 Tomcat 安装目录下的 conf 文件夹内，打开 web.xml 文件，可以发现如下配置信息。

```
<session-config>
      <session-timeout>30</session-timeout>
</session-config>
```

从上述配置信息可以看出，Tomcat 为 Session 配置的默认有效时间为 30 分钟。如果将

30 改为 0 或一个负数，表示 Session 永不过期。在实际开发中，开发者可根据具体需求进行修改。除此方法之外，还可以调用 HttpSession 对象的 setMaxInactiveInterval()方法设置 Session 的有效时间。如果想让 Session 立即失效，直接调用 HttpSession 对象的 invalidate()方法。

实战训练 4-2：模拟用户登录和退出功能

微课视频

【需求描述】

农业专家在线咨询平台提供登录功能，只有已经登录的用户才可以使用某些需要网站会员权限才能使用的功能，例如发帖、回帖等。使用 Session 对象保存用户的登录信息是非常合适的。用户还可以选择退出登录，这时需要将 Session 中的用户标记移除，这样用户在继续访问该网站或网站的其他页面时，可以看到用户不再是登录状态。

【思路分析】

（1）封装用户登录信息的 JavaBean，该 JavaBean 中包含 username 和 password 属性。

（2）创建模拟数据库的模型类，模拟存储已经注册的用户的信息。

（3）创建用户登录页面，页面中包含用户名和密码的文本输入框。

（4）创建处理用户登录的 Servlet，获取用户在登录页面中输入的内容并与数据库中的做比对。登录成功后，将用户登录记录存入 Session 中。

（5）创建欢迎页面，包含用户欢迎词和退出登录超链接。

（6）创建处理用户退出登录的 Servlet，从 Session 中移除用户的登录记录。

【代码实现】

（1）在 Chapter04 项目的 src 目录下新建包 com.session.test，在该包中创建 User 类。该类用于封装用户登录信息，其中定义的 username 和 password 属性分别表示用户名和密码，关键代码如例 4-7 所示。

【例 4-7】User.java

```
package com.session.test;
public class User {
    private String username;
    private String password;
    //省略了 getter、setter 方法和无参构造器的代码
}
```

（2）在 com.session.test 包中创建 UserDB 类，该类用于模拟保存已注册用户信息的数据库，具体代码如例 4-8 所示。

【例 4-8】UserDB.java

```
package com.session.test;
//此处省略导入包的代码
public class UserDB {
    private static List list = new ArrayList();
    static {
        list.add(new User("Tom", "123"));
        list.add(new User("Jack", "456"));
        list.add(new User("xiaoqian", "678"));
        list.add(new User("xiaofeng", "789"));
```

```
    }
    public static List getAllUser() {
        return list;
    }
}
```

在例 4-8 中，通过 List 集合存储了 4 个不同的 User 对象，并提供了获取所有 User 的方法 getAllUser()。

（3）在 Chapter04 项目的 web 目录下创建 login.jsp，用于输入用户名和密码，核心代码如例 4-9 所示。

【例 4-9】login.jsp

```
<body>
<form action="/session/LoginServlet" method="post">
    用户名:<input type="text" name="username"/><br/>
    密码: <input type="text" name="password"/><br/>
    <input type="submit" value="登录"/><br/>
</form>
</body>
```

（4）在 com.session.test 包中创建 LoginServlet 类，模拟在网购平台搜索栏中输入“年货”后的搜索结果并查询 Cookie 是否有浏览记录，关键代码如例 4-10 所示。

【例 4-10】LoginServlet.java

```
1  package com.session.test;
2  //此处省略导入包的代码
3  @WebServlet(name = "LoginServlet",urlPatterns = "/LoginServlet")
4  public class LoginServlet extends HttpServlet {
5      public void doGet(HttpServletRequest request, HttpServletResponse
6      response)throws ServletException, IOException {
7          response.setCharacterEncoding("UTF-8");
8          response.setContentType("text/html;charset=UTF-8");
9          PrintWriter out = response.getWriter();
10         String username = request.getParameter("username");
11         String password = request.getParameter("password");
12         List<User> list = UserDB.getAllUser();
13         for(User user : list){
14             if(user.getUsername().equals(username)&& user.getPassword().equals(password)){
15                 //登录成功，把 user 存入 session 域对象中
16                 request.getSession().setAttribute("user", user);
17                 //重定向到 index.jsp
18                 response.sendRedirect("/Chapter04/index.jsp");
19                 return;
20             }
21         }
22         //登录失败
23         out.print("登录失败：用户名或密码错误");
24     }
25     //此处省略默认的 post()方法
26 }
```

在例 4-10 中，第 10～11 行代码获取用户输入的用户名和密码；第 12～21 行代码将用户

输入的用户名和密码与数据库中的用户名和密码进行对比，如果存在该用户，则登录成功，并将用户的登录记录存入 Session 后重定向到首页 index.jsp；第 23 行代码是当用户登录失败时，提示用户“登录失败：用户名或密码错误”。

（5）在 Chapter04 项目的 web 目录下创建 index.jsp，展示用户欢迎词和设置退出登录超链接，核心代码如例 4-11 所示。

【例 4-11】index.jsp

```
1  <html>
2    <head>
3    </head>
4    <body>
5       <!-- 从域对象中获取用户的登录 -->
6       欢迎您： ${user.username }
7       <a href="/session/OutServlet">退出登录</a>
8    </body>
9  </html>
```

在例 4-11 中，第 6 行代码表示使用 EL（Expression Language，表达式语言）表达式从 Session 中取出 user 对象的 username 值。此处读者仅做了解即可，本书第 6 章将对 EL 表达式进行详细讲解。

（6）在 IDEA 中启动 Tomcat 后，在浏览器的地址栏中输入 login.jsp 的地址 localhost:8080/Chapter04/login.jsp 并访问。浏览器的显示效果如图 4.14 所示。

（7）在图 4.14 所示界面的用户名文本输入框和密码输入框中填写例 4-8 中的用户信息，如 Tom 和 123，单击“登录”按钮。浏览器的显示效果如图 4.15 所示。

图 4.14　例 4-11 的显示效果

图 4.15　登录成功的显示效果

由图 4.15 可以看出，用户登录成功，首页展示了用户欢迎词和退出登录的超链接。若在图 4.14 所示界面中输入的用户名和密码不是例 4-8 中已有的用户信息，此时单击“登录”按钮，浏览器的显示效果如图 4.16 所示。

（8）单击图 4.15 中退出登录的超链接，浏览器的显示效果如图 4.17 所示。

图 4.16　登录失败的显示效果

图 4.17　退出登录的显示效果

由图 4.17 可以看出，单击“退出登录”后，例 4-11 中的第 6 行代码不能再从 Session 中获取到用户信息，退出登录成功。

【训练总结】

本实战训练实现了使用 Session 技术模拟用户登录和退出的功能。通过完成本实战训练，读者可以更加深入地了解 Session 的工作原理，熟练掌握 HttpSession 方法的使用。程序开发者思维要源于程序、终于程序、不脱离程序，并在不断练习中感悟、思考与总结，挖掘自己的程序潜能。

4.4 本章小结

本章主要讲解了会话跟踪的相关知识，包括 Cookie 机制和 Session 机制。通过对本章知识的学习，读者能够理解两种会话跟踪机制的概念和原理，重点理解 Session 的生命周期，掌握 Cookie 类和 HttpSession 类的常用 API，能够使用 Cookie 和 Session 机制完成 Web 开发中的会话跟踪。

4.5 习题

一、填空题

1．URL 重写可以使用________接口中所提供的方法 encodeURL（String url）和 encodeRedirectURL(String url)来实现。

2．Cookie 技术用于将会话过程中的数据保存到________中，从而使浏览器和服务器可以更好地进行数据交互。

3．Session 的默认有效时间是________。

4．当服务器向客户端发送 Cookie 时，其实质是在 HTTP 响应头字段中增加________响应头字段信息。

二、判断题

1．在 Tomcat 容器中，如果将元素中的时间值设置成 0 或一个负数，则表示会话永不超时。（ ）

2．Session 是一种将会话数据保存到服务器端的技术，需要借助 Cookie 技术来实现。（ ）

3．Cookie 的 domain 属性用来指定浏览器访问的域，用户设置 domain 属性时要严格区分英文大小写。（ ）

4．Cookie 的 path 属性设置后，只对当前访问路径所属的目录有效。（ ）

5．在一次会话过程中，只允许客户端与服务器执行一次请求与响应过程。（ ）

三、选择题

阅读下面的代码。

```
Book book = BookDB.getBook(id);
HttpSession session = req.getSession();
List cart = (List) session.getAttribute("cart");
if (cart == null) {
cart = new ArrayList();
```

```
session.setAttribute("cart", cart);
}
cart.add(book);
```

1．下列选项中，哪个是对上述代码功能的正确描述？（　　）

A．实现不同用户的不同浏览器之间共享同一个购物车中的数据

B．实现不同的应用程序之间共享同一个购物车中的数据

C．实现放在不同 Web 容器中的不同应用程序共享同一个购物车中的数据

D．实现每个不同的浏览器都有自己对应的一个购物车来实现数据共享

2．Tomcat 服务器的默认会话超时时长是（　　）。

A．30 秒　　B．30 分钟　　C．30 毫秒　　D．30 小时

3．下列选项中，用于强制使 Session 对象无效的方法是（　　）。

A．request.invalidate ();　　B．session.validate ();

C．response.invalidate ();　　D．session.invalidate ();

4．下列选项中，当存在 Session 对象时直接返回，否则返回 null 的方法是（　　）。

A．request.getSession();　　B．request.getSession(true);

C．request.getSession(false);　　D．response.getSession();

5．下列选项中，能够用于获取客户端所有 Cookie 对象的方法是（　　）。

A．List cookies = request.getCookies();

B．Cookie[] cookies = request.getCookies();

C．List cookies = response.getCookies();

D．Cookie[] cookies = response.getCookies();

四、简答题

1．简述 Cookie 与 Session 的区别。

2．简述 Session 的实现原理。

第 5 章 JSP 技术

本章学习目标

- 了解 JSP 的概念。
- 理解 JSP 的工作原理和生命周期。
- 掌握 JSP 的基本语法。
- 熟悉 JSP 指令的使用。
- 掌握 JSP 动作元素的使用。
- 掌握 JSP 内置对象的使用。

通过 Servlet 处理请求有非常大的弊端——由于所有响应代码都是通过 Servlet 程序生成的，例如 HTML 标签，只有少部分代码用于数据处理和响应，这样会增加开发者的编码量，并造成程序代码臃肿。为了解决这个问题，JSP 技术被引入 Web 开发中。JSP 技术完全继承了 Servlet 技术的优势，并具备一些新的优势。接下来，本章将对 JSP 相关的知识进行详细的讲解。

5.1 JSP 概述

随着 Internet 和 Web 技术应用到商业领域，Web 动态网站开发技术的功能越来越强大，如 Servlet、PHP、JSP 等都得到了广泛应用，而 JSP 是它们中的佼佼者。

5.1.1 JSP 简介

JSP（Java Server Pages，Java 服务器页面）是为了简化 Servlet 的工作而出现的动态网页开发技术。它在 HTML 代码中嵌入 Java 代码片段和 JSP 标签，构成 JSP 页面，文件扩展名为“.jsp”。其中，HTML 代码用于显示静态内容，Java 代码片段用于显示动态内容，这样就避免了直接使用 Servlet 逐句响应 HTML 页面的烦琐，同时降低了代码冗余。

JSP 文件中使用 JSP 标签在 HTML 页面中插入 Java 代码，JSP 标签通常以“<%”开头，以“%>”结束。JSP 提供了多种功能标签，比如访问数据库和 JavaBean 组件等，还可以在不同的网页之间传递和共享信息的标签。

JSP 可以理解为 Servlet 的扩展，用户在 JSP 中可以使用 Servlet 的所有功能。另外，JSP 还提供了一些其他功能，例如 EL 表达式、自定义标签等。JSP 具有以下优势。

- 数据内容和显示分离。开发者可以使用 HTML 进行页面设计，使用 JSP 标签或脚本产生页面上的动态内容，编辑和使用 JSP 页面时不会影响内容的产生，并且结果将以 HTML 页面的形式返回给浏览器。

- 可重用组件。JSP 页面大多依赖于可重用且跨平台的组件（如将在第 7 章学习的 JavaBean）来实现应用程序所要求的复杂处理。开发者能够共享和交换使用这些组件，加快了总体的开发进程。
- 采用标签简化页面开发。JSP 技术封装了许多功能，对于在与 JSP 相关的 XML 标签中生成动态内容来说，这些功能十分必要。通过开发定制化标签库，Web 页面开发者能够使用如同标签一样执行特定功能的构件来完成工作。

JSP 技术易于被整合到多种应用体系结构中，以利用已有的工具和技巧扩展到能够支持企业级的分布式应用。作为 Java 技术家族的一部分及 Java EE 的一个组成部分，JSP 技术能够支持高度复杂的基于 Web 的应用。

5.1.2 第一个 JSP 程序

新建 Java Web 项目 Chapter05，用鼠标右键单击项目中的 web 文件夹，在弹出的快捷菜单中选择“New”→“JSP/JSPX”，打开“Create JSP/JSPX page”对话框，如图 5.1 所示。

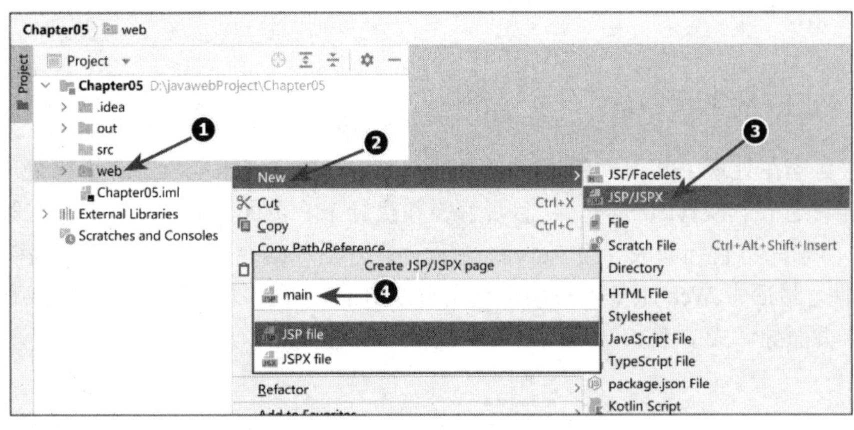

图 5.1 打开“Create JSP/JSPX page”对话框的步骤

在“Create JSP/JSPX page”对话框的文本框中填写 JSP 文件的名称 main 后按 Enter 键，即可创建 hellojsp.jsp 文件。创建好的 hellojsp.jsp 文件如图 5.2 所示。

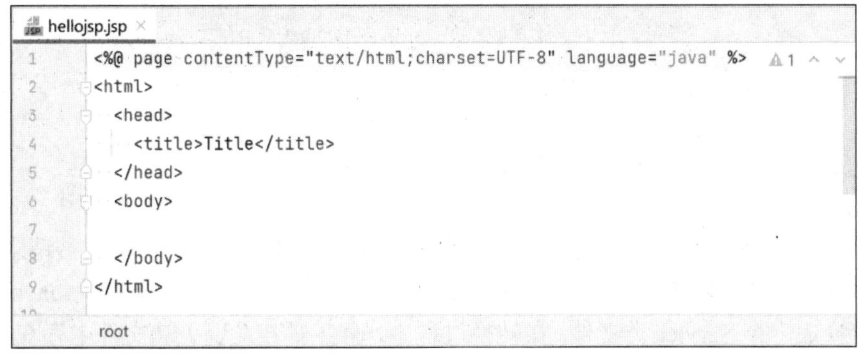

图 5.2 hellojsp.jsp 文件

由图 5.2 可以看出，JSP 文件的格式与 HTML 文件的格式基本一致，区别在于 JSP 文件的首行代码是一条 page 指令，<%@ page%>用来指定该页面的配置信息，contentType="text/html; charset=UTF-8"用来指定该网页类型为 HTML、网页字符编码为 UTF-8; language="java"用来指定该网页编程语言为 Java。JSP 的本质就是披着 HTML 外衣的 Servlet，JSP 文件即可以编写 HTML 代码的 Java 文件。

JSP 必须要运行在服务器上，不能脱离服务器单独运行。在 hellojsp.jsp 文件的<body></body>标签之间加入如下代码。

```
<%out.print("Hello,JSP!");%>
```

上述代码中，<%out.print("Hello,JSP!");%>是 JSP 中的输出语句，<% %>中的代码是 Java 代码，因此以“;”结尾。

在 IDEA 中启动 Tomcat 后，在浏览器的地址栏中输入 hellojsp.jsp 的地址 localhost:8080/Chapter05/hellojsp.jsp 并访问。浏览器的显示效果如图 5.3 所示。

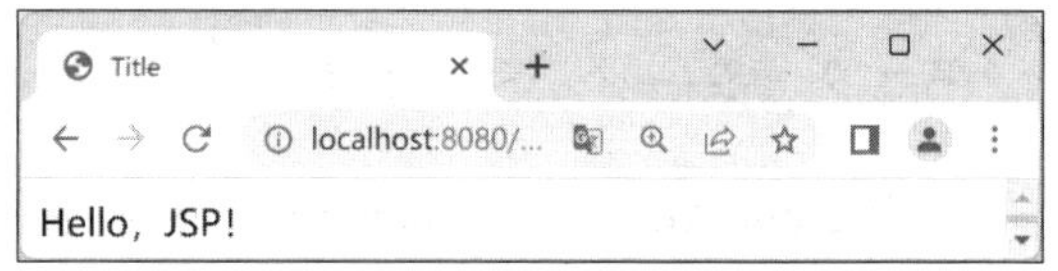

图 5.3 hellojsp.jsp 文件的显示效果

由图 5.3 可以看出，在<body>和</body>标签中添加的内容被成功显示到浏览器，out.print("Hello,JSP!"); 的输出信息为“Hello, JSP!”。

5.1.3 JSP 的工作原理

Web 服务器在处理 JSP 页面的访问请求时，会将该访问请求交给 JSP 引擎处理。Tomcat 中的 JSP 引擎是一个 Servlet 程序，它负责解释和执行 JSP 页面。每个 JSP 页面在第一次被访问时，JSP 引擎先将它翻译成一个 Servlet 源程序，然后将这个 Servlet 源程序编译成 Servlet 的 class 文件，最后由 Web 服务器采用像调用普通 Servlet 程序一样的方式来装载和解释执行这个由 JSP 页面翻译成的 Servlet 程序。JSP 的执行过程如图 5.4 所示。

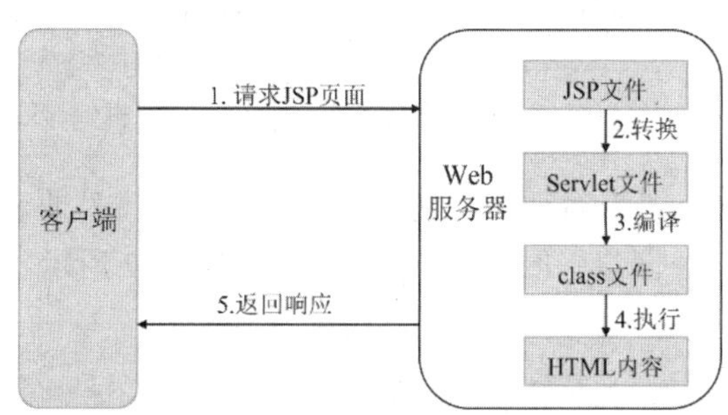

图 5.4 JSP 的执行过程

具体来讲，JSP 的执行过程可以细分为以下几个步骤。

（1）客户端向 Web 服务器发送请求，访问 JSP 页面。

（2）服务器接到请求后检索对应的 JSP 页面，如果该 JSP 页面是第一次被请求，服务器将此页面中的静态数据（HTML 文本）和动态数据（Java 元素）全部转换为 Java 代码，使 JSP 文件转换成一个 Servlet 类文件。在转换过程中，服务器若发现 JSP 文件中存在语法错误，则中断转换过程，并向客户端返回出错信息。

（3）服务器将转换后的 Servlet 源代码进行编译而形成 class 文件。对于 Tomcat 服务器而言，生成的字节码文件默认存放在 Tomcat 安装目录的 work 目录下。

（4）编译后的字节码文件被加载到内存中执行，并根据用户的请求生成 HTML 格式的响应内容。

（5）服务器将响应内容发送回客户端。

需要注意的是，Tomcat 服务器能够自动检测 JSP 页面的改动。当同一个 JSP 页面再次被请求时，只要该 JSP 页面没有被修改，服务器将直接调用已装载的字节码文件，不会执行转换和编译的过程；如果该 JSP 页面被修改，服务器会重新执行转换、编译、执行的整个过程。

5.2 JSP 基本语法

通过 hellojsp.jsp 文件可以看出，一个 JSP 页面由两个部分组成：静态部分和动态部分。静态部分包括 HTML、CSS 等模板文本，用于完成内容显示和样式设置，动态部分包括脚本程序、JSP 标签等 JSP 元素，用于完成数据处理。JSP 元素又可以分为 3 类，分别是脚本元素、指令元素和动作元素。JSP 元素的编写需要遵循一定的语法规范，本节将对 JSP 的基本语法进行详细讲解。

5.2.1 JSP 脚本元素

脚本元素是 JSP 中使用最频繁的元素，它允许开发者将 Java 代码片段添加到 JSP 页面中。所有可执行的 Java 代码都可以通过 JSP 脚本来执行。JSP 脚本元素包括表达式、脚本片段、声明和注释等。

接下来通过一个案例展示 JSP 页面的基本结构，并详细讲解其中的 JSP 脚本元素。

在 Chapter05 项目的 web 目录下创建 hellojsp02.jsp，具体代码如例 5-1 所示。

【例 5-1】hellojsp02.jsp

```
<%@ page contentType="text/html; charset=UTF-8" %>
<html>
<head>
    <title>JSP 页面的基本结构</title>
    <meta http-equiv = "Content-Type" content = "text/html;charset = UTF-8">
</head>
<body>
<%--需求：计算 1～10 的累加和--%>
<%!
    int sum = 0;
    int i = 1;
 %>
 <%
    while(i<=10){
        sum += i;
        ++i;
    };
 %>
```

```
19  <p>1～10 的累加和为：<%= sum %></p>
20  <p>现在的时间是：<%= new java.util.Date() %></p>
21  </body>
22  </html>
```

在 IDEA 中启动 Tomcat 后，在浏览器的地址栏中输入 hellojsp02.jsp 的地址 localhost:8080/Chapter05/hellojsp02.jsp 并访问。浏览器的显示效果如图 5.5 所示。

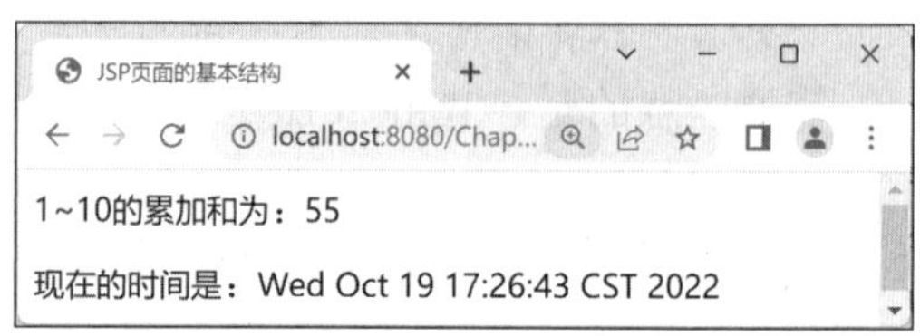

图 5.5　例 5-1 的显示效果

从图 5.5 中可以看出，浏览器显示了 1～10 的累加和的计算结果和当前系统的时间。

下面对例 5-1 中的 JSP 脚本元素进行详细讲解。

1. JSP 注释

在 JSP 页面中可以使用“<%--　--%>”的方式来注释，JSP 注释的语法格式如下。

```
<%-- JSP 注释 --%>
```

使用 JSP 注释之后，服务器在将 JSP 文件转换成 Servlet 类时会忽略“<%-- ”和“--%>”之间的内容，不会把这些内容响应到客户端。在例 5-1 中，第 8 行代码为 JSP 的注释，注释内容为“需求：计算 1～10 的累加和”。从图 5.5 可以看出，该注释内容并没有被浏览器显示。

2. JSP 声明

JSP 声明用于声明变量和方法。在 JSP 声明语句中定义的变量和方法将在 JSP 页面初始化时进行初始化。JSP 中声明语句的语法格式如下。

```
<%! 变量或方法的定义语句 %>
```

上述语法中，“<%!”和“%>”之间用于放置 Java 变量或方法的定义语句。变量的类型可以是 Java 语言提供的任意类型，使用 JSP 声明语句定义的变量将来会被转换成 Servlet 类中的成员变量，这些变量在整个 JSP 页面内都有效。使用 JSP 声明语句定义的方法将来会被转换成 Servlet 类中的成员方法，当方法被调用时，方法内定义的变量被分配内存，调用完后即释放所占的内存。在例 5-1 中，第 9～12 行代码为 JSP 声明，声明了变量 sum、i，分别表示累加和、加数。由图 5.5 可以看出，第 10～11 行这两条语句并没有输出到浏览器。由此可知，在“<%!”和“%>”之间的内容是不会进行输出的，只能用作变量的声明和方法的定义。

3. JSP 脚本片段

JSP 脚本片段是指用“<%”和“%>”包含的一段 Java 代码。开发者需要在 JSP 中使用一段 Java 代码实现复杂操作时，就要用到 JSP 脚本片段。JSP 脚本片段的语法格式如下。

```
<% Java 代码 %>
```

上述语法中，Java 代码可以包含变量、方法、表达式等。如果去掉“<%”和“%>”，Java 代码的内容将被视为模板文本，直接返回到客户端。在例 5-1 中，第 13～18 行代码为 JSP 脚本片段，通过定义一个 while 循环，重复地将变量 i 与 sum 相加，并让变量 i 递增。需要注意的是，与 JSP 声明一样，JSP 脚本片段也不会被输出到浏览器，但它不可以进行方法的定义。

4. JSP 表达式

JSP 表达式可以直接把 Java 的表达式结果输出到 JSP 页面中。因为网页中显示的文字都是字符串，表达式的最终运算结果将被转换为字符串类型。JSP 表达式的语法格式如下。

```
<%= 表达式 %>
```

上述语法中，表达式必须能够直接求值，“<%=”是一个完整的符号，“<%”和“=”之间不能有空格，表达式结尾处不加分号。在例 5-1 中，第 19～20 行代码是在<p>标签中嵌套 JSP 表达式，向浏览器输出 1～10 的累加和与当前系统的时间。由图 5.5 可以看出，这些内容被输出到浏览器。

在 JSP 页面中可以有多个脚本片段，但是要保证多个脚本片段能完整拼接。

5.2.2 JSP 指令元素

JSP 指令元素用于向服务器提供编译信息，例如编码方式、文档信息等。一般情况下，JSP 指令元素在当前的整个页面范围内有效，且不向客户端产生任何可见输出。JSP 指令元素包括 page 指令、include 指令和 taglib 指令。本小节将对 JSP 的常用指令元素做详细讲解。

1. page 指令

page 指令在 5.1.2 小节中已做过简单的介绍，它又被称为页面指令，用于设置和 JSP 页面相关的信息，如导入所需类包、指明输出内容类型等。page 指令一般位于 JSP 页面的开头部分，其语法格式如下。

```
<%@ page 属性名 1="属性值 1" 属性名 2="属性值 2" ……%>
```

上述语法中，page 用于声明指令名称，属性用于指定 JSP 页面的某些特性。page 指令提供的与 JSP 页面相关的常用属性如表 5.1 所示。

表 5.1 page 指令的常用属性

属性名	取值范围	说明
language	java	指定 JSP 页面使用的脚本语言，默认为 Java
import	任意类名、接口名、包名	指定导入的 Java 软件包或类名列表。若有多个类，中间用逗号隔开
session	true（默认值）、false	指定 JSP 页面中是否可以使用 Session 对象，默认为 true
errorPage	页面路径	指定 JSP 页面发生异常时重新指向的页面 URL
isErrorPage	true（默认值）、false	指定 JSP 页面是否为处理异常的页面，默认值为 false
contentType	text/html; charset = ISO-8859-1、text/xml；charset = UTF-8 等	指定 JSP 页面的编码格式和 JSP 页面响应的 MIME 类型
pageEncoding	当前页面	指定 JSP 页面编码格式

注：除了 import 属性可以声明多处外，其他属性只能出现一次。

接下来通过一个案例演示常用 page 指令的使用，具体步骤如下。

（1）在 Chapter05 项目的 web 目录下创建 pageDemo.jsp，为该页面指定出现异常重新跳转的页面，具体代码如例 5-2 所示。

【例 5-2】pageDemo.jsp

```
1 <%@ page language="java" contentType="text/html; charset=UTF-8" pageEncoding="UTF-8" %>
2 <!DOCTYPE html>
3 <html>
4 <body>
5 <%@page errorPage="errorPage.jsp" %>
6 <%=100/0 %>
7 </body>
8 </html>
```

在例 5-2 中，第 5 行代码通过 page 指令的 errorPage 属性为该页面指定了一个处理异常的页面，这个处理异常的页面为 errorPage.jsp；第 6 行代码会发生算术异常。

（2）在 Chapter05 项目的 web 目录下新建 errorPage.jsp 页面，用于显示异常信息和当前系统时间，具体代码如例 5-3 所示。

【例 5-3】errorPage.jsp

```
1 <%@ page import="java.util.Date" language="java" contentType="text/html;charset=utf-8" %>
2 <html>
3 <body>
4 <%@page isErrorPage="true" %>
5 抱歉，发生了异常！
6 <br/> 异常为<%= exception %>
7 当前时间：<%= new Date()%>
8 </body>
9 </html>
```

在例 5-3 中，第 1 行代码通过 page 指令的 import 属性导入 java.util.Date 类；第 4 行代码通过 page 指令的 isErrorPage 属性指定该页面为异常处理页面；第 6 行代码通过 JSP 表达式显示异常信息；第 7 行代码显示当前系统的日期、时间。

（3）在 IDEA 中启动 Tomcat 后，在浏览器的地址栏输入 pageDemo.jsp 的地址 localhost:8080/Chapter05/pageDemo.jsp 并访问。浏览器的显示效果如图 5.6 所示。

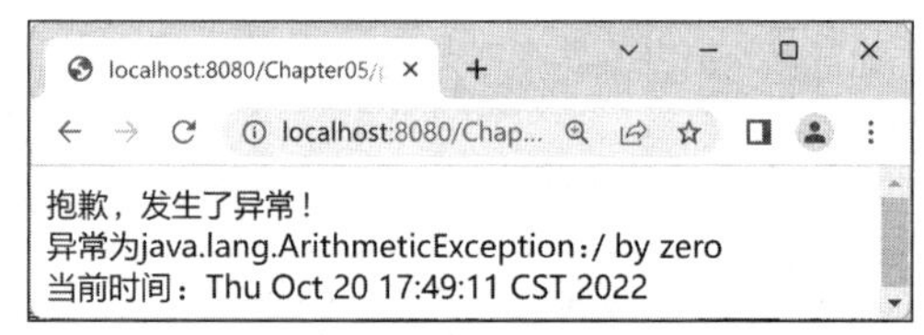

图 5.6　例 5-3 的显示效果

从图 5.6 中可以看出，当 pageDemo.jsp 发生异常时，它自动跳转到 errorPage.jsp 页面。

2. include 指令

include 指令又被称为文件加载指令，用于在 JSP 文件中插入一个包含文本或代码的文件。它把文件插入后与原来的 JSP 文件合并成一个新的 JSP 文件。include 指令的语法格式如下。

```
<%@ include file="被包含文件的地址" %>
```

include 指令只有一个 file 属性，该属性用来指定插入 JSP 页面的文件，这个文件必须遵循 JSP 语法。file 属性的值一般是该文件的相对路径。

接下来通过一个案例演示 include 指令的使用，具体步骤如下。

（1）在 Chapter05 项目的 web 目录下创建 header.jsp 文件和 include.jsp 文件，具体代码如例 5-4 和例 5-5 所示。

【例 5-4】header.jsp

```
<%@ page contentType="text/html;charset=UTF-8" language="java" %>
<h1>
    Java Web 程序设计
</h1>
<hr>
```

【例 5-5】include.jsp

```
1  <%@ page contentType="text/html;charset=UTF-8" language="java" %>
2  <html>
3  <head>
4      <title>JSP 技术</title>
5  </head>
6  <body>
7  <%@ include file="header.jsp" %>
8  <p>include 指令示例页面</p>
9  </body>
10  </html>
```

在例 5-5 中，第 7 行代码通过 include 指令将 header.jsp 页面引入 include.jsp 页面中。

（2）在 IDEA 中启动 Tomcat 后，在浏览器的地址栏中输入 include.jsp 的地址 localhost:8080/Chapter05/include.jsp 并访问。浏览器的显示效果如图 5.7 所示。

图 5.7　例 5-5 的显示效果

从图 5.7 可以看出，header.jsp 文件中的内容已经显示出来。由此可见，include 指令成功将 header.jsp 文件中的代码合并到 include.jsp 文件中。需要注意的是，此示例中 header.jsp 和 include.jsp 在同一目录中，如果不在同一目录，引入 header.jsp 文件时需要指定完整路径。

3．taglib 指令

taglib 指令用于指定 JSP 页面使用的标签库，用户通过该指令可以在 JSP 页面中使用标签库中的标签。taglib 指令的语法格式如下。

```
<%@ taglib uri="标签库 URI" prefix="标签前缀" %>
```

上述语法中，uri 用来指定描述这个标准库位置的 URI，它可以是相对路径或绝对路径；prefix 用来指定使用标签库中标签的前缀。

关于 taglib 指令的使用方法，本书在后面的章节中会有详细讲解，这里不再过多介绍。

5.2.3　JSP 动作元素

JSP 动作元素使用 XML 语法格式的标签来控制服务器的行为。利用 JSP 动作元素可以动态地插入文件、重用 JavaBean 组件、将用户重定向到另一个页面、为 Java 插件生成 HTML 代码等。本小节将对 JSP 的常用动作元素进行详细讲解。

1. <jsp:include>动作元素

<jsp:include>动作元素提供了一种在 JSP 中包含页面文件的方式，既可以包含静态文件，也可以包含动态文件。

这里的 JSP 包含页面文件指的是当 JSP 页面文件运行时才会载入该文件，并不是简单地将被包含文件与 JSP 页面文件合并成一个新的 JSP 页面文件。如果包含的文件是文本文件，运行时只需将该文件内容发送到客户端，由客户端负责显示；如果包含的文件是 JSP 文件，服务器就执行这个文件，然后将执行结果发送到客户端并显示出来。<jsp:include>动作元素包含文件的过程如图 5.8 所示。

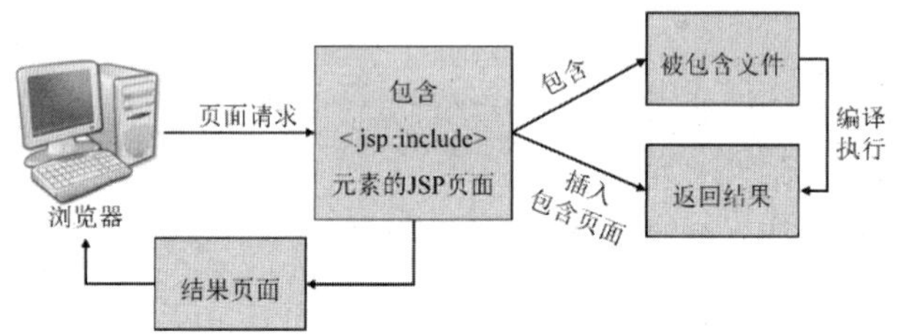

图 5.8 <jsp:include>动作元素包含文件的过程

<jsp:include>动作元素的语法格式如下。

```
<jsp:include page="relative URL" flush="true"/>
```

上述语法中，page 属性用来指定被包含文件的 URL 地址，该地址是一个相对路径；flush 属性用来指定当缓冲区满时，是否将其清空，其默认值为 false。

接下来，通过一个案例演示<jsp:include>动作元素的使用，具体步骤如下。

（1）在例 5-4 的 header.jsp 页面中加入如下代码，用于测试<jsp:include>动作元素的 flush 属性。

```
<%Thread.sleep(3000);%>
```

（2）在 Chapter05 项目的 web 目录下创建 includeEle.jsp 文件，在 includeEle.jsp 页面中引入 header.jsp 页面，并将 header.jsp 页面暂停 3 秒后再显示，具体代码如例 5-6 所示。

【例 5-6】includeEle.jsp

```
1  <%@ page contentType="text/html;charset=UTF-8" language="java" %>
2  <html>
3  <head>
4      <title>JSP 技术</title>
5  </head>
6  <body>
7  header.jsp 的内容
8  <jsp:include page="header.jsp" flush="true"></jsp:include>
9  </body>
10  </html>
```

例 5-6 中，第 7 行代码通过<jsp:include>元素引入了 header.jsp 文件，并通过<jsp:include>的 flush 属性设置刷新功能。

（3）在 IDEA 中启动 Tomcat 后，在浏览器的地址栏中输入 includeEle.jsp 的地址 localhost:8080/Chapter05/includeEle.jsp 并访问，可以发现浏览器首先会显示 includeEle.jsp 页面的内容，

等待 3 秒后才会显示 header.jsp 页面的内容。由此可见，被引用的文件 header.jsp 在 includeEle.jsp 文件输出内容后才被调用。浏览器的最终显示效果如图 5.9 所示。

图 5.9 例 5-6 的显示效果

（4）修改 includeEle.jsp 文件，将<jsp:include>元素中的 flush 属性值设置为 false，在浏览器中再次访问 localhost:8080/Chapter05/includeEle.jsp，等待 3 秒后，includeEle.jsp 和 header.jsp 页面的内容同时显示出来。由此可见，服务器在调用被引入的 header.jsp 文件时，并没有将 includeEle.jsp 文件输出的内容刷新到浏览器。

通过前面的学习可以发现，include 指令和<jsp:include>动作元素都能包含一个文件，但它们之间有很大的区别，具体如下。

- include 指令在转换阶段就引入所包含的文件，被包含的文件在逻辑和语法上依赖于当前 JSP 页面文件。
- <jsp:include>动作元素是在 JSP 页面文件运行时才引入被包含文件产生的响应文本，被包含的文件在逻辑和语法上独立于当前 JSP 页面文件。

经验技巧

在应用<jsp:include>进行文件包含时，为了使整个页面的层次结构不发生冲突，建议将被包含页面中的<html>、<body>等标签删除。

2. <jsp:forward>动作元素

<jsp:forward>动作元素用于请求转发，它的功能类似于 RequestDispatcher 接口的 forward() 方法的功能，是将客户端的请求转发给其他 Web 资源，例如，另一个 JSP 页面、Servlet 等。执行请求转发后，当前页面不再被执行，而是执行<jsp:forward>动作元素指定的目标页面。<jsp:forward>动作元素执行请求的基本流程如图 5.10 所示。

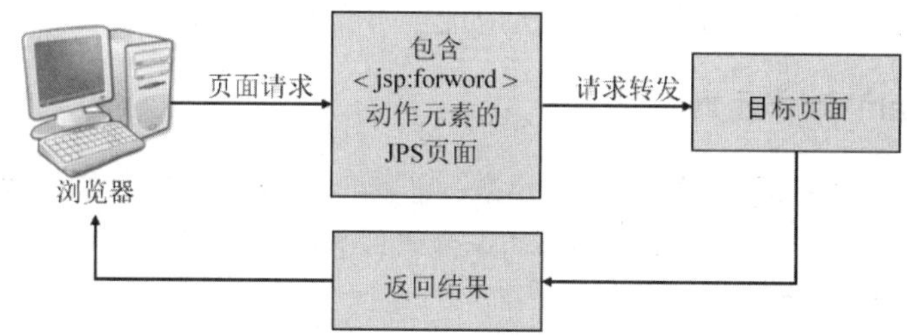

图 5.10 <jsp:forward>动作元素执行请求的基本流程

<jsp:forward>动作元素的语法格式如下。

```
<jsp:forward page="relative URL"/>
```

上述语法中，page 属性用来指定请求转发的文件的相对路径，且指定的文件只能是该 Web 应用中的文件。

接下来，通过一个案例演示<jsp:forward>动作元素的使用，具体步骤如下。

（1）在 Chapter05 项目的 web 目录下新建两个 JSP 文件，分别命名为 login.jsp 和 main.jsp，在 login.jsp 页面中使用<jsp:forward>跳转到 main.jsp 页面。login.jsp 页面的具体代码如例 5-7

所示，main.jsp 页面的具体代码如例 5-8 所示。

【例 5-7】login.jsp

```
1 <%@ page language="java" contentType="text/html;charset=UTF-8"%>
2 <html>
3 <head>
4     <title>JSP 技术-jsp:forward</title>
5 </head>
6 <body>
7 <jsp:forward page="main.jsp" />
8 </body>
9 </html>
```

在例 5-7 中，第 7 行代码通过<jsp:forward>动作元素指定访问 login.jsp 页面时跳转到 main.jsp 页面。

【例 5-8】main.jsp

```
<%@ page language="java" contentType="text/html;charset=UTF-8" %>
<html>
<head>
    <title>JSP 技术-jsp:forward</title>
</head>
<body>
您好，欢迎学习 JSP 技术
</body>
</html>
```

（2）在 IDEA 中启动 Tomcat 后，在浏览器的地址栏中输入 login.jsp 的地址 localhost:8080/Chapter05/login.jsp 并访问。浏览器的显示效果如图 5.11 所示。

图 5.11　例 5-7 的显示效果

由图 5.11 可以看出，虽然浏览器访问的是 login.jsp 页面，但显示的却是 main.jsp 页面的输出内容。请求转发是服务器行为，浏览器并不知道请求的页面，因此，浏览器地址栏不会发生变化。

3. <jsp:param>动作元素

<jsp:param>是一种提供参数的动作元素，它以 name-value 的形式为其他元素提供附加信息，一般与<jsp:include>、<jsp:forward>动作元素联合使用。

<jsp:param>的语法格式如下。

```
<jsp:param name="参数名" value="参数值"/>
```

接下来，通过一个案例演示<jsp:param>动作元素与<jsp:forward>动作元素联合使用，实现登录后页面跳转功能，具体步骤如下。

（1）在 Chapter05 项目的 web 目录下新建 login02.jsp 文件，在 login02.jsp 页面中使用<jsp:param>进行参数传递，关键代码如例 5-9 所示。

【例 5-9】login02.jsp

```
<body>
<%
    //设置传递参数的编码格式
```

```
4      request.setCharacterEncoding("UTF-8");
5  %>
6  <jsp:forward page="main02.jsp">
7      <jsp:param name="sitename" value="锋云智慧"/>
8      <jsp:param name="url" value="http://www.fengyunedu.cn/"/>
9  </jsp:forward>
10  </body>
```

在例 5-9 中，第 6 行代码使用<jsp:forward>动作元素实现登录后将页面跳转到 main02.jsp 页面；第 7～8 行代码使用<jsp:param>将参数 sitename 和 url 的值进行传递。

（2）在 Chapter05 项目的 web 目录下新建 main02.jsp 文件，从 request 中获取参数 sitename 和 url 的值，关键代码如例 5-10 所示。

【例 5-10】main02.jsp

```
<body>
您好，欢迎登录<%=request.getParameter("sitename")%>!
<br/> 网址是<%=request.getParameter("url")%>
</body>
```

（3）在 IDEA 中启动 Tomcat 后，在浏览器的地址栏中输入 login02.jsp 的地址 localhost:8080/Chapter05/login02.jsp 并访问。浏览器的显示效果如图 5.12 所示。

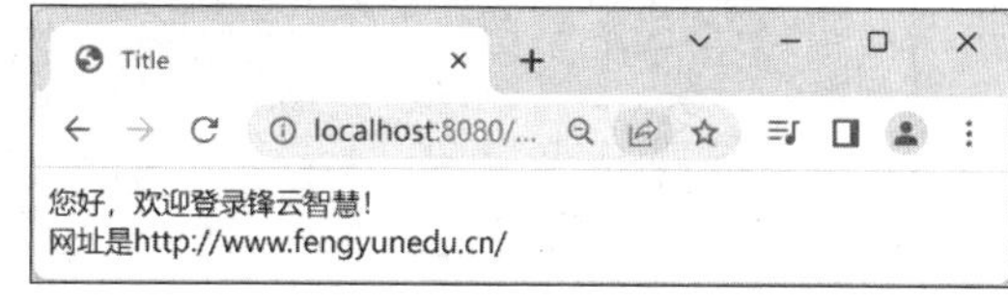

图 5.12　例 5-10 的显示效果

从图 5.12 中可以看出，当访问 login02.jsp 时，<jsp:param>中指定的参数被传递到 main02.jsp，浏览器最终显示出参数的值。

<jsp:param>在<jsp:include>和<jsp:forward>中的用法基本一样，用户可以将上述案例中的<jsp:forward>替换成<jsp:include>，它们的运行结果相同。

除上述的<jsp:include>、<jsp:forward>和<jsp:param>动作元素外，JSP 技术中常用的动作元素还有与 JavaBean 相关的<jsp:useBean>、<jsp:getProperty>和<jsp:setProperty>，本书第 7 章将对它们进行详细讲解。

实战训练 5-1：实现音乐网站首页

【需求描述】

中国素有“礼乐之邦”之称，我国古代礼乐制度被赋予了维系社会秩序的功能。中国古典音乐曾经对中国周边地区的音乐产生深远的影响。从孔子传六艺再到近代的西方音乐，中国古典音乐又在吸收外来音乐要素的过程中不断充实发展。本实战训练要求模拟实现宣传中国古典音乐的音乐网站首页，案例效果如图 5.13 所示。

【思路分析】

（1）将首页分为顶部、底部、导航栏和主体 4 个部分，分别新建 4 个 JSP 文件。

（2）表示首页顶部的 JSP 文件用于放置网站的 Logo 和搜索工具栏。

（3）表示首页底部的 JSP 文件用于放置网站的版权信息。

（4）表示导航栏的 JSP 文件用于根据传递的参数动态生成分类的超链接，并显示。

（5）表示首页主体的 JSP 文件用于向导航栏的 JSP 文件传递参数，并将上述 3 个 JSP 文件整合到一起。

图 5.13 实战训练 5-1 的案例效果

本实战训练中使用的 CSS 文件和图片资源可参考本章配套资源（Chapter05\web\CSS 和 Chapter05/web/image）。

【代码实现】

（1）在 Chapter05 项目的 web 目录下新建目录 test01，用于放置本实战训练的 JSP 文件。在 test01 目录下新建 header.jsp 文件，关键代码如例 5-11 所示。

【例 5-11】header.jsp

```
<div id="search">
  <form name="form_search" method="post" action="#" style=" margin:0px;">
  搜索：<input type="text" name="key" id="key">
  <input name="fieldName" type="radio" value="essay" checked>
  文章  
  <input name="fieldName" type="radio" value="music">
  音乐  
  <input name="fieldName" type="radio" value="score">
  乐谱  
   <input name="Submit" type="submit" value="搜 索">
   </form>
 </div>
```

（2）在 test01 目录下新建 fooder.jsp 文件，关键代码如例 5-12 所示。

【例 5-12】fooder.jsp

```
<footer>
<ul>
  <li>服务热线：123456789 传真：1234-12345678</li>
  <li>
  公司地址：北京市海淀区 xx 街道 xx 路 xx 号 欢迎致电来函</li>
  <li>Copyright &copy; 2022-2032|gudianyinyue All Rights Reserved </li>
</ul>
</footer>
```

（3）在 test01 目录下新建 navigation.jsp 文件，关键代码如例 5-13 所示。

【例 5-13】navigation.jsp

```
1  <ul>
2      <li style="float: left; padding: 0px 0px 0px 0px">
3      <a href="#">首页</a> |</li>
4      <%
5          if (request.getParameter("type") != null) {
6              String[] type = request.getParameter("type").split(",");
7              for (int i = 0; i < type.length; i++) {
8      %>
9      <li style="float: left; padding: 0px 5px 0px 5px">
10     <a href="#"><%=type[i]%></a> |</li>
11     <%
12             }
13         } else {
14      %>
15      <li style="float: left; padding: 0px 5px 0px 5px">
16      <a href="#">暂无分类</a></li>
17      <%
18        }
19      %>
20  </ul>
```

在例 5-13 中，第 3 行代码在导航栏中加入了“首页”项；第 5～12 行代码从 request 域中获取参数 type 的值，并根据“,”进行分隔，获取到所有的导航栏菜单项；第 13～18 行代码用于处理参数 type 的值为 null 的情况，在导航栏显示“暂无分类”。

（4）在 test01 目录下新建 main.jsp 文件，在该文件中设计古典音乐网站的首页，关键代码如例 5-14 所示。

【例 5-14】main.jsp

```
<body>
  <div id="box">
    <header>
        <jsp:include page="header.jsp" />
    </header>
    <nav>

       <%
             request.setCharacterEncoding("UTF-8");
       %>
```

```
11          <!-- 动态包含导航栏 -->
12          <jsp:include page="navigation.jsp" flush="true">
13              <jsp:param name="type" value="<%=type%>" />
14          </jsp:include>
15        </nav>
16        <section>
17            <img src="../images/main.png">
18        </section>
19        <jsp:include page="footer.jsp" />
20      </div>
21    </body>
```

在例 5-14 中，第 4 行代码使用<jsp:include>包含页面顶部文件 header.jsp；第 12 行代码使用<jsp:include>包含导航栏文件 navigation.jsp；第 13 行代码使用<jsp:param>传递 type 参数的值；第 17 行代码使用图片 main.png 模拟页面主体效果；第 19 行代码使用<jsp:include>包含页面底部文件 footer.jsp。

【训练总结】

通过本实战训练，读者能够熟练掌握 JSP 的基本语法，能够使用 JSP 脚本实现将 HTML 代码和 Java 代码融合，使用<jsp:include>动作元素实现文件包含。需要注意的是，在一个 JSP 页面中可以包含指令元素、动作元素、HTML 代码、Java 代码等，但这些内容并不是一个 JSP 页面中必须全部包含的。

5.3 JSP 内置对象

为了简化开发，JSP 内置了一些可直接在脚本和表达式中使用的对象。这些对象由 JSP 自动创建，开发者可直接调用，而无须对它们进行实例化。

5.3.1 内置对象概述

JSP 中定义了 9 个内置对象，分别是 request、response、config、session、application、pageContext、out、page 和 exception，这些对象在客户端和服务器端交互的过程中分别完成不同的功能。这 9 个内置对象的具体介绍如表 5.2 所示。

表 5.2 JSP 的内置对象

内置对象名称	类型	说明
request	javax.servlet.HttpServletRequest	用于获取客户端请求信息
response	javax.servlet.HttpServletResponse	用于向客户端响应信息
config	javax.servlet.ServletConfig	页面配置对象
session	javax.servlet.http.HttpSession	用于保存会话信息
application	javax.servlet.ServletContext	用于保存整个 Web 应用的信息
pageContext	javax.servlet.jsp.PageContext	用于存储当前 JSP 页面的信息
out	javax.servlet.jsp.JspWriter	用于页面输出
page	java.lang.Object	当前 JSP 页面对象
exception	java.lang.Throwable	用于处理 JSP 页面中的异常

JSP内置对象的主要特点如下。

- 由JSP规范提供，不用编写者进行实例化。
- 通过Web容器实现和管理。
- 所有JSP页面均可使用。
- 只有在脚本元素的表达式或代码段中才能使用。

JSP的内置对象中request、response、config、session和application等对象对应的类是Servlet的相关API，在前面的章节中已经使用过。其中被称为四大域对象的为pageContext（page域对象）、request（request域对象）、session（session域对象）、application（application域对象）。JSP中的四大域对象的作用域各不相同，具体如表5.3所示。

表5.3　JSP中的四大域对象

作用域	描述	作用范围
page	如果把属性保存到pageContext中，则它的作用域是page	该作用域中的属性只在当前JSP页面有效，跳转页面后失效
request	如果把属性保存到request中，则它的作用域是request	该作用域中的属性只在当前请求范围内有效。 • 服务器跳转页面后有效，例如<jsp:forward>； • 客户端跳转页面后无效，例如超链接
session	如果把属性保存到session中，则它的作用域是session	该作用域中的属性只在当前会话范围内有效，网页关闭后失效
application	如果把属性保存到application中，则它的作用域是application	该作用域中的属性在整个应用范围内有效，服务器重启后失效

表5.3所示域对象的使用方法在前面章节中已经做了详细的介绍，此处不赘述。接下来，将对out、pageContext、exception对象做重点讲解。

5.3.2　out对象

out对象是javax.servlet.jsp.JspWriter的实例对象，它与HttpServletResponse类的getWriter()方法返回的PrintWriter对象非常相似；不同的是，当向out对象的输出流中写入数据时，数据会先被存储在Servlet引擎的缓冲区中。在JSP默认配置下，缓冲区满时数据才会被自动刷新输出。

out对象提供了一系列的输出数据和处理缓冲区的方法，具体如表5.4所示。

表5.4　out对象的常用方法

方法	说明
void clear()	清除缓冲区中的内容，不把数据输出到客户端
void clearBuffer()	清除缓冲区中的内容，同时将数据输出到客户端
void close()	关闭输出流
void flush()	输出缓冲区里的数据
int getBufferSize()	获取缓冲区的大小
int getRemainning()	获取缓冲区剩余空间的大小
isAutoFlush()	返回true表示缓冲区满时会自动刷新输出，返回false表示缓冲区满时不会自动清除并产生异常处理

续表

方法	说明
void newLine()	输出一个换行符
void print()	向客户端输出数据
void println()	向客户端输出数据并换行

out 对象的方法相对比较简单，一般情况下很少使用。

接下来，通过一个案例演示 out 对象的使用，使用 out 对象调用 print()、println()和 newLine()方法将内容输出到 HTML 中，具体步骤如下。

（1）在 Chapter05 项目的 web 目录下新建 outDemo.jsp 文件，具体代码如例 5-15 所示。

【例 5-15】outDemo.jsp

```
<%@ page contentType="text/html;charset=UTF-8" language="java" %>
<html>
<head>
    <title>JSP 技术</title>
</head>
<body>
<%
    out.print("欢迎学习 JSP 技术");
    out.newLine();
     out.println("我们的网址是: ");
     out.print("http://www.mobiletrain.org/");
 %>
 </body>
```

（2）在 IDEA 中启动 Tomcat 后，在浏览器的地址栏中输入 outDemo.jsp 的地址 localhost:8080/Chapter05/outDemo.jsp 并访问。浏览器的显示效果如图 5.14 所示。

图 5.14　例 5-15 的显示效果

从图 5.14 可以看出，浏览器将 out 对象输出的内容显示了出来。需要注意的是，println()与 newLine()方法的换行指的是 HTML 代码换行，并不是页面显示的换行。页面显示换行需要在代码后面加
标签。

5.3.3　pageContext 对象

pageContext 对象是 javax.servlet.jsp.PageContext 的实例对象，即页面上下文对象，它代表当前 JSP 页面的运行环境，用于获取或删除当前 JSP 页面的其他内置对象。另外，pageContext 对象提供了容器功能，作用范围是当前 JSP 页面。

pageContext 对象提供了一系列获取其他内置对象的方法，具体如表 5.5 所示。

表 5.5　pageContext 对象获取其他内置对象的方法

方法	说明
ServletRequest getRequest()	获取当前 JSP 页面的 request 对象
ServletResponse getResponse()	获取当前 JSP 页面的 response 对象
HttpSession getSession()	获取当前 JSP 页面关联的 session 对象

续表

方法	说明
ServletConfig getServletConfig()	获取当前 JSP 页面的 config 对象
ServletContext getServletContext()	获取当前 JSP 页面的 application 对象
JspWriter getOut()	获取当前 JSP 页面的 out 对象
Object getPage()	获取当前 JSP 页面的 page 对象
Exception getException()	获取当前 JSP 页面的 exception 对象

为实现容器功能，pageContext 对象提供了一系列存取域属性的方法，具体如表 5.6 所示。

表 5.6　　pageContext 对象存取域属性的方法

方法	说明
void setAttribute(String name,Object value,int scope)	设置指定范围内的 name 属性
void setAttribute(String name,Object value)	设置 name 属性
Object getAttribute(String name,int scope)	获取指定范围内名称为 name 的属性
Object getAttribute(String name)	获取名称为 name 的属性
void removeAttribute(String name, int scope)	删除指定范围内名称为 name 的属性
void removeAttribute(String name)	删除名称为 name 的属性
Object findAttribute(String name)	从 4 个域对象中查找名称为 name 的属性
Enumeration getAttributeNamesInScope(int scope)	获取指定范围内的所有属性名

表 5.6 所示的方法中，参数 scope 指定的是属性的作用范围，一般通过 pageContext 类提供的静态变量进行定义。域属性的作用范围共有 4 种，其中，pageContext.PAGE_SCOPE 表示页面范围，pageContext.REQUEST_SCOPE 表示请求范围，pageContext.SESSION_SCOPE 表示会话范围，pageContext.APPLICATION_SCOPE 表示 Web 应用程序范围。

接下来，通过一个案例演示 pageContext 对象的使用，使用 pageContext 对象取得不同范围的属性值，具体步骤如下。

（1）在 Chapter05 项目的 web 目录下新建 pageContextDemo.jsp 文件，关键代码如例 5-16 所示。

【例 5-16】pageContextDemo.jsp

```
<body>
<%
    request.setAttribute("info", "request 范围的值");
    session.setAttribute("info", "session 范围的值");
    application.setAttribute("info", "application 范围的值");
%>
利用 pageContext 取出以下范围内各值(方法一)。
<br> request 设定的值：<%=pageContext.getRequest().getAttribute("info")%>
<br> session 设定的值：<%=pageContext.getSession().getAttribute("info")%>
<br> application 设定的值：<%=pageContext.getServletContext().getAttribute("info")%>
<hr>
利用 pageContext 取出以下范围内各值(方法二)。
```

```
<br> 范围 1(page)内的值：<%=pageContext.getAttribute("info", 1)%>
<br> 范围 2(request)内的值：<%=pageContext.getAttribute("info", 2)%>
<br> 范围 3(session)内的值：<%=pageContext.getAttribute("info", 3)%>
<br> 范围 4(application)内的值：<%=pageContext.getAttribute("info", 4)%>
<hr>
利用 pageContext 修改或删除某个范围内的值。
<%
    pageContext.setAttribute("info", "修改 request 范围的值:", 2);
%>
<br> 修改 request 设定的值：
<br>
<%=pageContext.getRequest().getAttribute("info")%>
<br>
<%
    pageContext.removeAttribute("info");
%>
删除 session 设定的值：<%=session.getAttribute("info")%>
</body>
```

（2）在 IDEA 中启动 Tomcat 后，在浏览器的地址栏中输入 pageContextDemo.jsp 的地址 localhost:8080/Chapter05/pageContextDemo.jsp 并访问。浏览器的显示效果如图 5.15 所示。

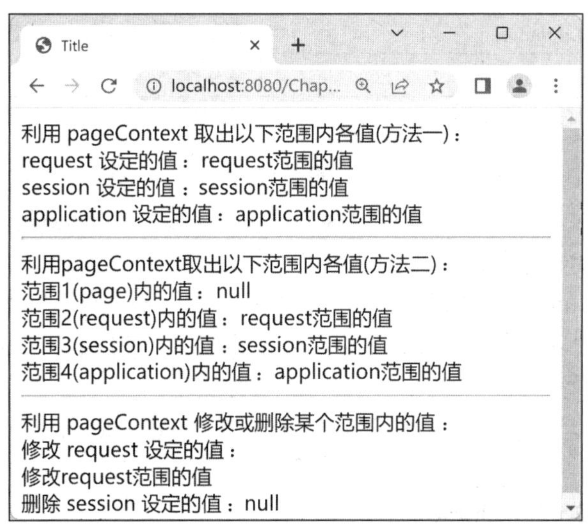

图 5.15　例 5-16 的显示效果

pageContext 对象在实际 JSP 开发过程中使用频率低，因为 request 和 response 等对象均为内置对象，如果通过 pageContext 来调用这些对象反而更烦琐，直接调用其相关方法实现具体的功能会更加便捷。

5.3.4　exception 对象

exception 是 javax.servlet.jsp.JspException 类的实例对象，即异常对象，用于封装 JSP 页面抛出的异常信息。需要注意的是，如果一个 JSP 页面要使用 exception 对象，开发者必须将此页面中 page 指令的 isErrorPage 属性设置为 true。

exception 对象提供了几种获取异常信息的方法，具体如表 5.7 所示。

表 5.7　　exception 对象获取异常信息的方法

方法	说明
String getMessage()	获取异常信息
void printStackTrace()	以标准形式输出一个错误和错误的堆栈
String toString()	以字符串的形式返回一个对异常的描述

接下来，通过一个案例演示 exception 对象的使用，使用 exception 对象获取异常信息，具体步骤如下。

（1）在 Chapter05 项目的 web 目录下新建 exceptionDemo.jsp 文件，具体代码如例 5-17 所示。

【例 5-17】exceptionDemo.jsp

```
1  <%@ page contentType="text/html;charset=UTF-8" language="java" errorPage="error.jsp" %>
2  <html>
3  <head>
4      <title>使用 exception 对象获取异常信息</title>
5  </head>
6  <body>
7  <%
8      request.setAttribute("length","3 米");
9      int length=Integer.parseInt(request.getAttribute("length").toString());
10 %>
11 </body>
12 </html>
```

在例 5-17 中，第 1 行代码通过 page 指令的 errorPage 属性指定 exceptionDemo.jsp 页面发生异常的跳转页面为 error.jsp；第 8 行代码定义保存长度的 request 范围的变量 length，并赋值为非数值类型；第 9 行代码获取该变量并转换为 int 类型。

（2）在 Chapter05 项目的 web 目录下新建 error.jsp 文件，具体代码如例 5-18 所示。

【例 5-18】error.jsp

```
1  <%@ page contentType="text/html;charset=UTF-8" language="java" isErrorPage="true" %>
2  <html>
3  <head>
4      <title>错误提示页</title>
5  </head>
6  <body>
7  异常提示为：<%= exception.getMessage()%>
8  </body>
9  </html>
```

在例 5-18 中，第 1 行代码通过 page 指令的 isErrorPage 属性指定 error.jsp 页面为错误处理页面；第 7 行代码输出异常信息。

（3）在 IDEA 中启动 Tomcat 后，在浏览器的地址栏中输入 exceptionDemo.jsp 的地址 localhost:8080/Chapter05/exceptionDemo.jsp 并访问。浏览器的显示效果如图 5.16 所示。

图 5.16　例 5-17 的显示效果

由图 5.16 可以看出，虽然浏览器访问的是 exceptionDemo.jsp 页面，但显示的却是 error.jsp 页面的输出内容，exception 对象成功获取异常信息。

实战训练 5-2：实现简易在线测试程序

微课视频

【需求描述】

随着互联网的发展，在线测试平台逐渐得到了广泛的应用。这些在线测试平台为考生提供了方便、高效、实时的考试服务。教师在课后通常会布置几道测试题来检测学生当天的学习成果，使用在线测试程序可以非常方便地了解当天学生的知识掌握情况。要求实现一个在线测试程序，其中包含填空题、单选题、多选题和判断题，并且对学生回答情况进行评分，案例效果如图 5.17 所示。

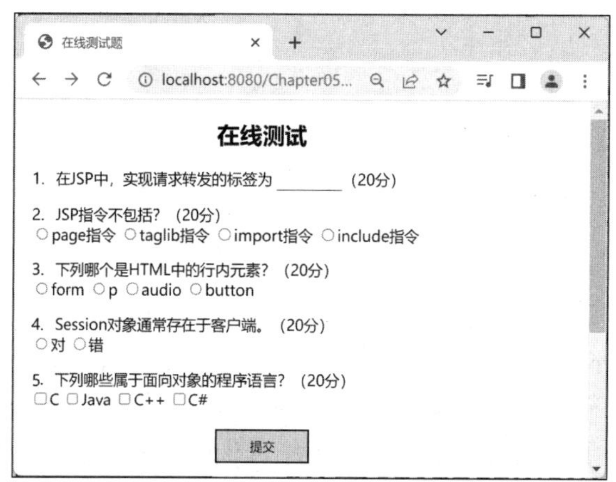

图 5.17　实战训练 5-2 的案例效果

【思路分析】

（1）设计表单，其中有一道填空题、两道单选题、一道判断题和一道多选题，使用 POST 方法提交到计算得分的 Servlet。

（2）设计计算得分的 Servlet，获取表单提交的数据，计算出结果并输出到页面。

本实战训练中使用的 CSS 文件和图片资源可参考本章配套资源（Chapter05/web/CSS）。

【代码实现】

（1）在 Chapter05 项目的 web 目录下新建目录 test02，在 test02 目录下创建 questions.jsp，模拟在线测试题，具体代码如例 5-19 所示。

【例 5-19】questions.jsp

```
<%@ page contentType="text/html;charset=UTF-8" language="java" %>
<html>
<head>
```

```
    <title>在线测试题</title>
    <link rel="stylesheet" href="<%=request.getContextPath() %>/CSS/test02.css">
</head>
<body>
<div id="main">
    <div id="title" style="margin:20px 200px;">
        <h2>在线测试</h2>
    </div>
    <form action="/Chapter05/QuestionServlet" method="post">
        <div class="test">
            <label>1.在 JSP 中，实现请求转发的标签为</label>
            <input type="text" value="" name="t1" class="input-text">(20 分)
        </div>
        <div class="test">
            <label>2.JSP 指令不包括？（20 分）</label><br>
            <input type="radio" value="A" name="t2">page 指令
            <input type="radio" value="B" name="t2">taglib 指令
            <input type="radio" value="C" name="t2">import 指令
            <input type="radio" value="D" name="t2">include 指令
        </div>
        <div class="test">
            <label>3.下列哪个是 HTML 中的行内元素？（20 分）</label><br>
            <input type="radio" value="A" name="t3">form
            <input type="radio" value="B" name="t3">p
            <input type="radio" value="C" name="t3">audio
            <input type="radio" value="D" name="t3">button
        </div>
        <div class="test">
            <label>4.Session 对象通常存在于客户端。(20 分)</label><br>
            <input type="radio" value="true" name="t4">对
            <input type="radio" value="false" name="t4">错
        </div>
        <div class="test">
            <label>5.下列哪些属于面向对象的程序语言？（20 分）</label><br>
            <input type="checkbox" value="A" name="t5">C
            <input type="checkbox" value="B" name="t5">Java
            <input type="checkbox" value="C" name="t5">C++
            <input type="checkbox" value="D" name="t5">C#
        </div>
        <div class="test" style="margin:20px 200px;">
            <input type="submit" name="submit" value="提交" class="submit">
        </div>
    </form>
</div>
</body>
</html>
```

（2）在 Chapter05 项目的 src 目录下新建包 test02，在 test02 目录中创建 QuestionServlet 类，计算得分，具体代码如例 5-20 所示。

【例 5-20】QuestionServlet.java

```
package test02;
//此处省略导入包的代码
```

```
3  @WebServlet(name = "QuestionServlet", value = "/QuestionServlet")
4  public class QuestionServlet extends HttpServlet {
5      protected void doGet(HttpServletRequest request, HttpServletResponse
response)
6              throws ServletException, IOException {
7          //防止中文乱码
8          response.setContentType("text/html;charset=utf-8");
9          request.setCharacterEncoding("UTF-8");
10         int total_score = 0;//总分
11         String[] answer = {"<jsp:forward>", "C", "D", "false"};
           //第 1～4 题答案
12         int[] score = {20, 20, 20, 20,};//第 1～4 题分值
13         //计算第 1～4 题得分
14         for (int i = 1; i <= answer.length; i++) {
15             String t = request.getParameter("t" + i);
16             if (answer[i - 1].equals(t)) {
17                 total_score += score[i - 1];
18             }
19         }
20         // 计算第 5 题得分
21         String[] t5 = request.getParameterValues("t5");
22         if (t5.length == 3) {
23             if ("B".equals(t5[0]) && "C".equals(t5[1]) && "D".equals(t5[2]
)) {
24                 total_score += 20;
25             }
26         }
27         PrintWriter out = response.getWriter();
28         out.print("您本次的得分为：" + total_score);
29     }
30     //此处省略默认的 post()方法
31 }
```

在例 5-20 中，第 10～12 行代码定义存储总分的变量 total_score、存储正确答案的数组 score 和第 1～4 题的分值；第 14～19 行代码从 request 域中获取第 1～4 题的答案，与正确答案对比，并计算第 1～4 题的总分值；第 21 行代码从 request 域中获取第 5 题的答案，与正确答案对比，并计算第 5 题的分值且与第 1～4 题的分值累加；第 27～28 行代码向浏览器输出总分值。

【训练总结】

通过本实战训练，读者能够掌握 JSP+Servlet 的综合应用，其中 Servlet 是 Java 类，侧重于编写请求处理逻辑；JSP 是页面技术，侧重于显示动态数据。

5.4 本章小结

本章主要讲解 JSP 的相关知识，包括 JSP 的概念和工作原理、JSP 脚本元素、JSP 指令元素、JSP 动作元素、JSP 内置对象等。通过对本章知识的学习，读者要能够理解 JSP 在 Web 开发中的角色，理解 JSP 的工作原理，掌握 JSP 的语法，熟练应用指令元素、动作元素、内置对象等完成 JSP 开发。

5.5 习题

一、填空题

1．当需要在 JSP 页面静态包含一个文件时，可采用________指令来实现。

2. 使用 EL 表达式中的 pageContext 对象可以成功地获取到 request、response、________和 servletConfig 对象中的属性。

3．JSP 页面中的静态 HTML 内容称为________。

4．在 JSP 文件中，可以同时存在 HTML 代码与________代码。

5．JSP 全名是 Java Server Pages，它是建立在________规范之上的动态网页开发技术。

二、判断题

1．JSP 隐含对象 out 可以通过 response.getWriter()方法获取，然后通过 println()或者 write()方法向页面发送文本内容。（　　）

2．EL 表达式中的隐含对象与 JSP 中的隐式对象除了共有 pageContext 对象，其他隐含对象则毫不相关。（　　）

3．include 指令用于静态包含一个文件，它的 file 属性只能取相对路径。（　　）

4．page 指令的属性中，所有的属性都只能出现一次，否则会编译失败。（　　）

5．JSP 文件与 HTML 文件有所不同，它不可以直接在浏览器中运行。（　　）

三、选择题

1．下列不是 JSP 隐含变量的是（　　）。

A．request　　B．out　　C．context　　D．session

2．在以下哪个标签之间可以插入变量与方法声明？（　　）

A．<%和%>　　B．<%！和%>

C．</和%>　　D．<%和!>

3．在 JSP 中，如果要导入 java.io.*包，应该使用（　　）指令。

A．page　　B．include　　C．taglib　　D．forward

4．在 JSP 中，page 指令的（　　）属性用来引入需要的包或类。

A．extends　　B．import

C．language　　D．contentType

5．在 JSP 中，只有一行代码<%=A+B%>，运行将输出（　　）。

A．A+B　　B．AB

C．113　　D．没有任何输出，因为表达式是错误的

四、简答题

1．简述在 JSP 页面中能够包含哪些内容和各自的作用。

2．简述 JSP 有哪些内置对象和各自的作用。

第6章 EL和JSTL

本章学习目标

- 理解 EL 表达式的概念。
- 掌握 EL 表达式的语法。
- 熟悉 EL 表达式隐含对象的使用。
- 了解 JSTL 标签库。
- 掌握 Core 标签库的常用标签。

在 JSP 页面中嵌入 Java 代码时，我们可以使用 JSP 表达式来输出变量或在页面之间传递参数。但是，在需要进行复杂业务逻辑操作（如遍历集合）时，代码量会增多，可读性也会下降。为了简化 JSP 页面、减少编码工作量，JSP 提供了 EL 表达式和 JSTL 标签库。EL 表达式提供了简洁的语法和丰富的运算符，同时还有许多有用的隐含对象。而 JSTL 标签库则提供了一组可重用的标签，包括 Core 标签库的标签，简化了对 JavaBean 和集合的访问。本章将详细介绍 EL 表达式和 JSTL 标签库的相关知识，包括 EL 表达式的概述、语法、运算符、优先级和隐含对象，以及 JSTL 标签库的安装、使用和 Core 标签库的应用。

6.1 EL 表达式

从 JSP 2.0 开始，EL（Expression Language，表达式语言）正式成为 JSP 开发的标准规范之一。在编写 JSP 页面时，EL 表达式能够取代 JSP 表达式以及部分 JSP 脚本片段，以更加简洁的形式实现数据访问的功能。

6.1.1 EL 表达式概述

1. EL 表达式的基本语法

EL 表达式最大的特点是方便使用，语法格式相对简单，具体如下。

```
${表达式}
```

上述语法中，EL 表达式以“${”开始，以“}”结束，中间为合法的表达式，该表达式可以是字符串，也可以是由 EL 运算符组成的表达式。

在使用 EL 表达式之前，如果要在 JSP 页面中显示 session 域中的参数 username，需要使用 JSP 脚本，示例代码如下。

```
<%if(session.getAttribute("username")!=null){
        out.println(session.getAttribute("username").toString())
}%>
```

使用 EL 表达式只需要如下的一行代码即可实现。

```
${username}
```

如果要使用 EL 表达式向页面输出一个字符串，可以将要输出的字符串放在单引号或双引号中。例如，要向页面输出字符串“Java Web 程序开发实战”，使用以下任意一行代码都可实现。

```
${"Java Web 程序开发实战"}
${'Java Web 程序开发实战'}
```

由此可见，EL 表达式极大方便了 JSP 程序的开发。

2. EL 表达式的功能

EL 表达式语法简单、使用方便，且具有以下功能。

（1）获取数据

EL 表达式用于替换 JSP 页面中的脚本表达式，它可以从各种类型的容器对象中检索 Java 对象，获取数据。

（2）执行运算

利用 EL 表达式可以在 JSP 页面中执行一些基本的关系运算、逻辑运算和算术运算，以及在 JSP 页面中完成一些简单的逻辑处理。

（3）获取 Web 开发常用对象

EL 表达式定义了一些隐含对象。通过这些隐含对象，可以获得对 JSP 内置对象的引用，进而获得 JSP 内置对象中的数据。

（4）调用 Java 方法

EL 表达式允许开发者自定义 EL 函数。通过 EL 函数，JSP 页面可以调用 Java 类的方法。

6.1.2 EL 的语法

1. EL 的关键字

同 Java 语言一样，EL 也有自己的关键字。在为变量命名时，开发者需避免使用这些关键字。EL 的关键字如下所示。

```
and  eq  gt  true  instanceof  div
or  ne  le  False  empty
mod  not  lt  ge  null
```

如果在 EL 中使用了关键字，那么在 IDEA 中将显示图 6.1 所示的错误提示。

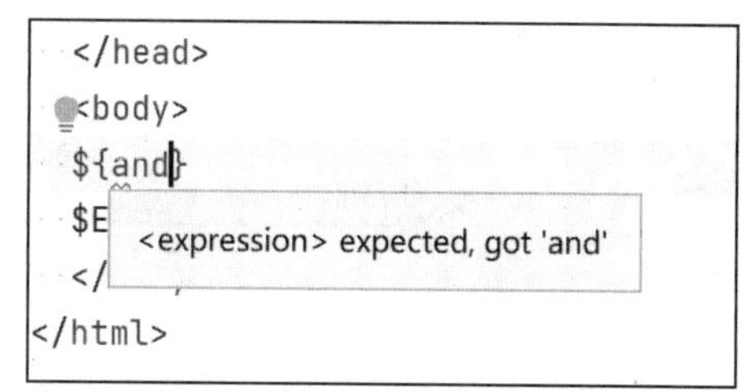

图 6.1 IDEA 中的错误提示

2. EL 的常量

EL 表达式中的常量包括布尔常量、整型常量、浮点数常量、字符串常量和 Null 常量。

（1）布尔常量

布尔常量用于区分事物的正反两面，用 true 或 false 表示。

（2）整型常量

整型常量与 Java 语言中定义的整型常量相同，范围为 Long.MIN_VALUE 到 Long.MAX_VALUE。

（3）浮点数常量

浮点数常量与Java语言中定义的浮点数常量相同，范围为Double.MIN_VALUE到Double.MAX_VALUE。

（4）字符串常量

字符串常量是用单引号或双引号标识一连串字符。

（5）Null 常量

Null 常量用于表示引用的对象为空，它只有一个值，用 null 表示，但在 EL 表达式中并不会输出 null 而是输出空字符串。

接下来，通过一个案例演示 EL 表达式中常量的用法，具体步骤如下。

（1）新建 Java Web 项目 Chapter06，在 web 目录下新建 elDemo.jsp，具体代码如例 6-1 所示。

【例 6-1】elDemo.jsp

```
<%@ page contentType="text/html;charset=UTF-8" language="java" %>
<html>
<head>
    <title>EL 常量</title>
</head>
<body>
${true} <br>
${66} <br>
${66.66} <br>
${null} <br>
${"null"}
</body>
</html>
```

（2）在 IDEA 中启动 Tomcat 后，在浏览器的地址栏中输入 elDemo.jsp 的地址 localhost:8080/Chapter06/elDemo.jsp 并访问，浏览器的显示效果如图 6.2 所示。

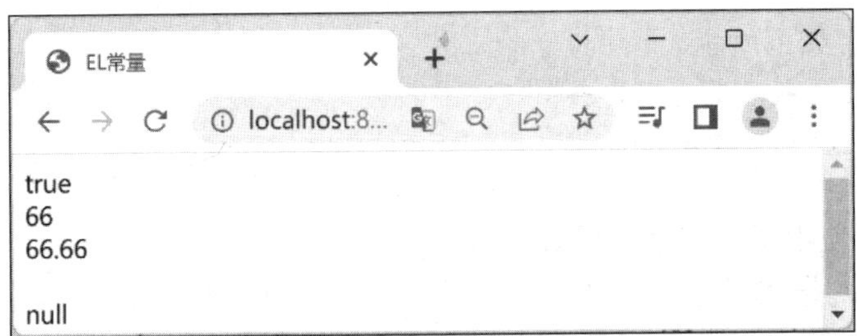

图 6.2　EL 表达式输出的常量

从图 6.2 中可以看出，浏览器成功显示了 elDemo.jsp 页面中的常量值，例 6-1 代码中表达式“${null}”显示为空。

3. EL 的变量

与 JSP 脚本元素的变量不同，EL 表达式的变量在没有预先定义的情况下即可直接使用，常用于获取 JSP 内置对象所存储的内容。

例如，现有一个包含 username 变量的 EL 表达式，具体如下。

```
${username}
```

以上 EL 表达式的作用是获取某一对象中名称为“username”的属性。在执行过程中，EL 引擎会按照以下范围依次查找：page、request、session、application。如果找到结果，直接回传；如果在所有范围内都找不到，则回传 null。

6.1.3 EL 中的运算符和优先级

EL 表达式中提供了用于处理数据的不同类型的运算符，包括算术运算符、比较运算符、逻辑运算符、条件运算符、empty 运算符等。本小节将对 EL 表达式中的运算符展开详细讲解。

1. 算术运算符

EL 中的算术运算符用于执行 EL 表达式的算术运算，具体如表 6.1 所示。

表 6.1 算术运算符

算术运算符	说明	示例	结果
+	加	${3+2}	5
-	减	${3-2}	1
*	乘	${3*2}	6
/或 div	除	${3/2}或${3 div 2}	1.5
%或 mod	取模（取余）	${3%2}或${3 mod 2}	1

表 6.1 中，“-”运算符既可以作为减号使用，也可以作为负号使用；“/”或“div”运算符在执行运算时，操作数将被强制转换为 Double 类型，然后进行相除运算，得到的商也为 Double 类型。需要注意的是，EL 中的“+”和 Java 中的“+”并不完全相同，EL 中的“+”无法实现字符串的拼接。如果“+”连接的两个字符串不能转换为数值型的字符串，则会抛出异常。反之，EL 会自动将这两个字符串转换为数值型，再进行运算。

2. 比较运算符

EL 中的比较运算符用于对两个表达式进行比较，具体如表 6.2 所示。

表 6.2 比较运算符

比较运算符	说明	示例	结果
==或 eq	等于	${3==2}或${3 eq 2}	false
!=或 ne	不等于	${3!=2}或${3 ne 2}	true
<或 lt	小于	${3<2}或${3 lt 2}	false
>或 gt	大于	${3>2}或${3 gt 2}	true
<=或 le	小于或等于	${3<=2}或${3 le 2}	false
>=或 ge	大于或等于	${3>=2}或${3 ge 2}	true

表 6.2 中比较运算符的操作表达式可以是常量、变量或 EL 表达式。所有比较运算符表达式的执行结果都是布尔类型。

3．逻辑运算符

EL 中的逻辑运算符用于对结果为布尔类型的表达式进行运算，具体如表 6.3 所示。

表 6.3　　　　逻辑运算符

逻辑运算符	说明	示例	结果
&&或 and	逻辑与	${True && False}或${True and False}	false
||或 or	逻辑或	${True \|\| False}或${True or False}	true
!或 not	逻辑非	${!True}或${not True}	false

在使用“&&”逻辑运算符时，如果有一个表达式的结果为 false，则结果必为 false；在使用“||”逻辑运算符时，如果有一个表达式的结果为 true，则结果必为 true。

接下来通过一个案例演示比较运算符和逻辑运算符的使用，具体步骤如下。

（1）在 Chapter06 项目的 web 目录下新建 logicDemo.jsp，关键代码如例 6-2 所示。

【例 6-2】logicDemo.jsp

```
<body>
<%request.setAttribute("username", "xiaoqian");%>
<%request.setAttribute("password", "123456");%>
<!-- 输入变量 username -->
username=${username}<br>
<!-- 输入变量 password -->
password=${password}<br>
<!-- 输出由比较运算符和逻辑运算符组成的表达式的值 -->
 ${username!="" and username=="xiaoqian" }<br>
 <!-- 输出由比较运算符和逻辑运算符组成的表达式的值 -->
 ${username=="xiaoqian" and password=="123456" }
 </body>
```

（2）在 IDEA 中启动 Tomcat 后，在浏览器的地址栏中输入 logicDemo.jsp 的地址 localhost:8080/Chapter06/logicDemo.jsp 并访问，浏览器的显示效果如图 6.3 所示。

图 6.3　EL 表达式实现逻辑运算

由图 6.3 可以看出，浏览器成功显示了 logicDemo.jsp 页面中的运算结果。

4．条件运算符

EL 中的条件运算符类似于 Java 语言中的三元运算符，具体语法格式如下。

```
${条件表达式?表达式1:表达式2}
```

上述语法中，条件表达式的结果为布尔类型。如果条件表达式的结果为true，就执行表达式1并返回表达式1的值；如果条件表达式的结果为false，就执行表达式2并返回表达式2的值。

5. empty运算符

empty运算符用于判断一个值是否为null或空字符串，结果为布尔类型。empty运算符有一个操作数，具体语法格式如下。

```
${empty var}
```

其中，如果出现以下几种情况的任意一种，empty运算符的执行结果为true。

- var指向的对象为null。
- var指向的对象为空字符串。
- var指向的是一个集合或数组，并且该集合或数组中没有任何元素。
- var指向的是一个map对象的键名，并且该map对象为空、该map对象没有指定的键或该map对象的键对应的值为空。

6. .和[]

EL提供了两种用于访问数据的运算符，它们分别是“.”和“[]”。

（1）“.”运算符。

与Java代码相同，EL表达式使用“.”运算符来访问某个对象的属性。例如，定义一个包含“.”运算符的EL表达式，具体如下。

```
${user.username}
```

以上EL表达式中，user为一个JavaBean对象，username为user对象的一个属性。使用该EL表达式可以获取到user对象的username属性。

（2）“[]”运算符。

“[]”运算符和“.”运算符功能类似，也用于访问对象的属性；不同的是，“[]”运算符的属性需要用双引号引起来。例如，现在有一个包含“[]”运算符的EL表达式，具体如下。

```
${user["username"]}
```

使用以上EL表达式同样可以获取到user对象的username属性。

“[]”运算符相较于“.”运算符有着更为广泛的应用场景，主要表现在以下几个方面。

（1）当属性名中包含“.”或“-”等特殊字符时就必须要用“[]”运算符。例如，要获取user对象的user-name属性，因为user-name属性名中包含特殊字符，那么EL表达式只能采用“[]”运算符，具体如下。

```
${user["user-name"]}
```

（2）使用“[]”运算符可以获取数组或有序集合指定索引位置的元素。例如，要获取arr数组的索引位置为0的元素，对应的EL表达式具体如下。

```
${arr[0]}
```

（3）使用“[]”运算符可以获取map对象的指定键名的值。例如，要获取map对象的键名为key的元素，对应的EL表达式具体如下。

```
${map["key"]}
```

（4）“.”运算符可以与“[]”运算符配合使用。例如，要获取arr数组的索引位置为0的元素的 username 属性，对应的 EL 表达式具体如下。

```
${arr[0].username}
```

接下来通过一个案例演示上述条件运算符、empty、.和[ ]的使用，具体步骤如下。

（1）在 Chapter06 项目的 src 目录下新建包 com.el，在 el 包中新建类 Student，关键代码如例 6-3 所示。

【例 6-3】Student.java

```java
package com.el;
public class Student {
    String name;
    String gender;
    //省略 name 和 gender 的 getter()、setter()方法

}
```

（2）在 Chapter06 项目的 web 目录下新建 operatorDemo.jsp，具体代码如例 6-4 所示。

【例 6-4】operatorDemo.jsp

```jsp
<%@ page import="java.util.*" %>
<%@ page import="com.el.Student" %>
<%@ page contentType="text/html;charset=UTF-8" language="java" %>
<html>
<head>
    <title>Title</title>
</head>
<body>
<h4>.运算符</h4>
<%
    Student stu = new Student();
    stu.setName("小千");
    stu.setGender("女");
    session.setAttribute("stu", stu);
%>
学生${stu.name}，性别为：${stu.gender}

<h4>[]运算符</h4>
<%
    List course = new ArrayList();
    course.add("Java");
    course.add("Python");
    session.setAttribute("course", course);
    HashMap stuMap = new HashMap();
    stuMap.put("one", "小千");
    stuMap.put("two", "小锋");
    session.setAttribute("stu", stuMap);
%>
course 中的内容：${course[0]}，${course[1]}
<br>stuMap 中的内容：${stu.one}，${stu.two}

<h4>empty 和条件运算符</h4>
<!-- 当 cart 变量为空时，输出购物车为空，否则输出 cart -->
<%
    String cart = null;
```

```
36 %>
37 ${empty cart?"购物车为空":cart}
38 </body>
39 </html>
```

在例6-4中，第1～2行代码导入该JSP文件所用的类；第10～15行代码创建了一个Student对象stu，并添加到session中；第16行代码使用“.”运算符组成的EL表达式向浏览器输出该对象的属性值；第19～23行代码创建了一个List集合course，向course中添加了两个元素，并将course添加到session中；第24～27行代码创建了一个Map集合stuMap，向stuMap中添加了两个元素，并将stuMap添加到session中；第29～30行代码使用“[]”运算符组成的EL表达式将course和stuMap中的元素输出到浏览器；第35行代码定义变量cart，并赋值为null；第37行代码使用empty运算符和条件运算符组成EL表达式向页面输出结果。

7. 运算符的优先级

EL表达式中的运算符有不同的优先级，具体如表6.4所示。

表6.4　运算符的优先级

优先级	运算符	优先级	运算符
1	[]、.	6	<、>、<=、>=（lt、gt、le、ge）
2	()	7	==、!=（eq、ne）
3	-（取负数）、!（not）、empty	8	&&（and）
4	*、/（div）、%（mod）	9	||（or）
5	+、-	10	?:

表6.4列举了不同运算符的优先级。当EL表达式中包含多种运算符时，必须要按照各自优先级的大小进行运算。在实际应用中，一般不需要记忆表6.4中所列举的优先级，而是使用“()”运算符实现想要的运算顺序。

6.2 EL的隐含对象

6.2.1 EL隐含对象概述

为了更加方便地访问Web应用程序中的数据，EL表达式提供了一系列可以直接使用的隐含对象。这些对象类似于JSP的内置对象，不需要预先实例化，开发者在需要时直接调用即可。EL表达式提供了11种隐含对象，具体如表6.5所示。

表6.5　EL的隐含对象

隐含对象名称	说明
pageContext	相当于JSP页面中的pageContext对象，用于获取request、response等其他JSP内置对象
pageScope	获取页面作用范围的属性值，相当于pageContext.getAttribute()
requestScope	获取请求作用范围的属性值，相当于request.getAttribute()
sessionScope	获取会话作用范围的属性值，相当于session.getAttribute()

续表

隐含对象名称	说明
applicationScope	获取应用程序作用范围的属性值，相当于 application.getAttribute()
param	获取请求参数的单个值，相当于 request.getParameter()
paramValues	获取请求参数的一组值，相当于 request.getParameterValues()
header	获取 HTTP 请求头字段的单个值，相当于 request.getHeader(String name)
headerValues	获取 HTTP 请求头字段的一组值，相当于 request.getHeaders(String name)
cookie	获取指定的 Cookie
initParam	获取 Web 应用的初始化参数，相当于 application.getInitParameter(String name)

表 6.5 所示的 EL 隐含对象中，pageContext 对象为页面上下文对象；pageScope、requestScope、sessionScope 和 applicationScope 为访问作用范围的隐含对象；param 和 paramValues、header 和 headerValues、initParam、cookie 是访问环境信息的隐含对象。接下来，本书将对这 3 类隐含对象进行详细讲解。

6.2.2 页面上下文对象

页面上下文对象为 pageContext，对应 javax.servlet.jsp.PageContext 类，用于访问 JSP 的部分内置对象（request、response、session、exception、page）和 servletContext。使用 pageContext 对象获取 JSP 内置对象中的 request 对象的示例代码如下。

```
${pageContext.request}
```

在获取到这些内置对象后，便可以获取其属性值。这些属性的名称与内置对象的 getter 方法相对应，把对象的 getter 方法名去掉“get”后，将首字母小写即可。例如，获取到 request 对象后，便可以通过该对象获取与客户端相关的信息，具体可获取的客户端信息参见第 3 章中的表 3.10 或 JDK API。在表 3.10 中，列出了 request 对象用于获取客户端相关信息的常用方法，在此处只需要将方法名中的“get”去掉，并将方法名的首字母改为小写即可。要访问 getMethod()方法，可以使用如下的代码。

```
${pageContext.request.method}
```

上述代码将返回 HTTP 请求的请求方法，结果为 GET 或 POST。需要注意的是，pageContext 对象无法获取保存在 request 作用范围内的属性。

6.2.3 访问作用范围的隐含对象

在 EL 中提供了 4 个用于访问作用范围的隐含对象，分别是 pageScope、requestScope、sessionScope 和 applicationScope，使用这 4 个隐含对象指定所要查找属性的作用范围后，系统将不再按照默认的顺序（page、request、session 及 application）来查找相应的属性。它们与 JSP 中的 page、request、session 及 application 内置对象类似，只不过这 4 个隐含对象只能用来取得指定作用范围内的属性值，而不能取得其他相关信息。

接下来通过一个案例演示使用 EL 表达式获取 4 个不同作用范围的属性，具体步骤如下。

（1）在 Chapter06 项目的 web 目录下创建 scopesDemo.jsp 文件，具体代码如例 6-5 所示。

【例 6-5】scopesDemo.jsp

```
<%@ page contentType="text/html;charset=UTF-8" language="java" %>
<html>
```

```
3   <head>
4       <title>访问作用域范围的隐含对象</title>
5   </head>
6   <body>
7   <%
8       pageContext.setAttribute("info", "page 属性范围");
9       request.setAttribute("info", "request 属性范围");
10      session.setAttribute("info", "session 属性范围");
11      application.setAttribute("info", "application 属性范围");
12  %>
13  <h2>不同作用范围内属性的值</h2>
14  <hr/>
15  不指定作用范围：${info}
16  <br>指定作用范围：
17  <br>page 属性内容：${pageScope.info}
18  <br>request 属性内容：${requestScope.info}
19  <br>session 属性内容：${sessionScope.info}
20  <br>application 属性内容：${applicationScope.info}
21  </body>
22  </html>
```

在例 6-5 中，第 8～11 行代码使用 pageContext、request、session 和 application 对象分别设置了属性 info 和对应的值；第 15 行代码不指定作用范围查找属性 info 的值；第 17～20 行代码使用 pageScope、requestScope、sessionScope 和 applicationScope 这 4 个隐含对象分别获取相应的作用范围中的 info 属性值。

（2）在 IDEA 中启动 Tomcat 后，在浏览器的地址栏中输入 scopesDemo.jsp 的地址 localhost:8080/Chapter06/scopesDemo.jsp 并访问，浏览器的显示效果如图 6.4 所示。

图 6.4　不同作用范围内属性的值

由图 6.4 可以看出，在没有指定作用范围的情况下，获取 info 属性的值，结果为在 page 作用范围内设置的值；在指定作用范围的情况下，可以成功获取到相应作用范围内的属性值。

6.2.4　访问环境信息的隐含对象

在 EL 中提供了 6 个访问环境信息的隐含对象，本小节将对这 6 个隐含对象进行详细讲解。

1. param 和 paramValues 对象

param 对象用于获取请求参数的值，适用于参数值只有一个的情况下。在应用 param 对象时，返回的结果为字符串。如果一个请求参数名对应多个值，则需要使用 paramValues 对象获取请求参数的值。在应用 paramValues 对象时，返回的结果为数组。

接下来，通过一个案例演示 param 对象和 paramValues 对象的使用方法，实现信息提交，具体步骤如下。

（1）在 Chapter06 项目的 web 目录下创建 login.jsp 文件，关键代码如例 6-6 所示。

【例 6-6】login.jsp

```
1   <body>
2   <%
3       request.setCharacterEncoding("UTF-8");
4   %>
5   <form action="${pageContext.request.contextPath}/main.jsp" method="post">
6       课程名称: <input type="text" name="name" value="Java"/> <br>
7       <input type="text" name="name" value="Python"/> <br>
8       <input type="text" name="name" value="大数据"/> <br>
9       网址: <input type="text" name="url" value="http://www.×××.cn/"/> <br>
10      <input type="submit" value="提交"/>
11  </form>
12  </body>
```

在例 6-6 中，第 5 行代码中表单的 action 属性是一个 EL 表达式，${pageContext.request.contextPath}等价于<%=request.getContextPath()%>，用于获取部署的应用程序名，或者是当前的项目名称。本项目名称为 Chapter06，因此 ${pageContext.request.contextPath}或<%=request.getContextPath()%>的结果为/Chapter06。实际开发中，一般写为${pageContext. request.contextPath}/login.jsp。

（2）在 Chapter06 项目的 web 目录下创建 main.jsp 文件，关键代码如例 6-7 所示。

【例 6-7】main.jsp

```
1  <body>
2  <%
3      request.setCharacterEncoding("UTF-8");
4  %>
5  请求参数值: ${param.url}
6  <br> ${paramValues.name[0]}
7  </body>
```

在例 6-7 中，第 5 行代码使用 param 对象获取 url 属性的值；第 6 行代码使用 paramValues 对象获取属性 name 数组的第一个元素的值。

（3）在 IDEA 中启动 Tomcat 后，在浏览器的地址栏中输入 login.jsp 的地址 localhost:8080/Chapter06/login.jsp 并访问。浏览器的显示效果如图 6.5 所示。

单击图 6.5 所示页面中的“提交”按钮，页面跳转到图 6.6 所示的页面。

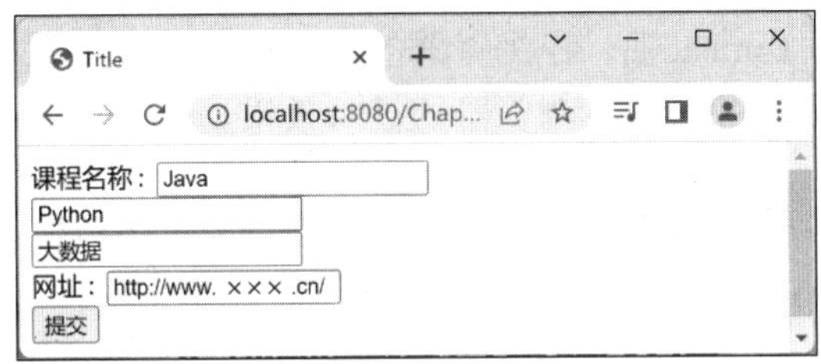

图 6.5　信息提交页面

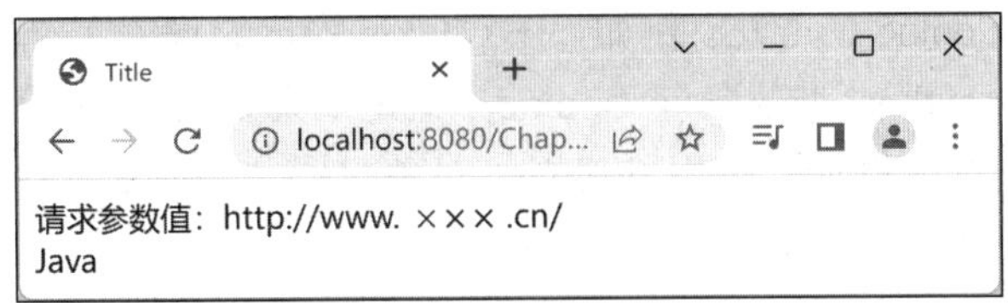

图 6.6　信息提交结果

由图 6.6 可以看出，param 对象和 paramValues 对象已成功获取到对应的属性值。

2．header 和 headerValues 对象

header 对象用于获取 HTTP 请求头字段的单个值，但是在一些情况下，可能存在同一个头字段拥有多个不同值的情况，这时就需要使用 headerValues 对象获取所有请求头字段的值组成的数组。例如，要获取 HTTP 请求头 host 字段的值的示例代码如下。

```
${header["host"]}
```

运行上述代码，在页面中会显示字段 host 的值，例如 localhost:8080。

但是如果要获取 HTTP 请求头字段 Accept-Language 的值，需要使用如下代码。

```
${headerValues["Accept-Language"][0]}
```

运行上述代码，在页面中会显示 Accept-Language 字段的第一个值，例如 zh-CN,zh;q=0.9。

3．initParam 对象

initParam 对象用于获取 Web 应用初始化参数的值。接下来，通过一个案例演示 initParam 对象的使用，具体步骤如下。

（1）打开 Chapter06 项目的 web.xml 文件，在</web-app>标签的上方添加以下设置初始化参数的代码。

```
<context-param>
<param-name>author</param-name>
<param-value>小千</param-value>
</context-param>
```

上述代码中设置了一个名称为 author 的参数，参数值为“小千”。

（2）在 Chapter06 项目的 web 目录下编写 initDemo.jsp，在该文件中使用 EL 表达式获取并显示初始化参数 author，关键代码如例 6-8 所示。

【例 6-8】initDemo.jsp

```
<body>
作者：${initParam.author}
</body>
```

（3）在 IDEA 中启动 Tomcat 后，在浏览器的地址栏中输入 initDemo.jsp 的地址 localhost: 8080/Chapter06/initDemo.jsp 并访问，浏览器的显示效果如下。

```
作者：小千
```

由上面的结果可以看出，initParam 已成功获取到对应的参数值。

4．cookie 对象

虽然在 EL 中并没有提供向 Cookie 中存储值的方法，但是它可以通过 cookie 隐含对象实现访问由请求设置的 Cookie 的方法。例如，在 Cookie 中已经设置了一个名称为 author 的值，那么可以使用${cookie.author}来获取该 Cookie。但是如果要获取 Cookie 中的值，需要使用 cookie 对象的 value 属性。例如，使用 response 对象设置一个请求有效的 cookie 对象，然后使用 EL 获取该 cookie 对象的值，可以使用下面的代码。

```
<%Cookie cookie=new Cookie("author""小千");responseaddCookie(cookie)%>
${cookie.user.value}
```

运行上面的代码后，将在页面中显示“小千”，说明 cookie 对象已成功获取到 Cookie 中属性的值。

实战训练：模拟显示网络投票结果

微课视频

【需求描述】

4 月 23 日是联合国教育、科学及文化组织设立的世界读书日。书籍是人类进步的阶梯，阅读是获取知识的重要手段。知识的获得与广泛的阅读积累是密不可分的。现要求使用 JSP 模拟一个调查当代大学生每周课外阅读频率的网络投票，了解大学生在课外阅读方面的基本情况，帮助其培养良好的阅读习惯。投票项为“每天”“每周三次及以上”“每周一到两次”“基本不看”。

【思路分析】

（1）编写用于收集投票结果的 JSP 页面。

（2）编写统计投票数据的 Servlet。

（3）编写显示投票结果的 JSP 页面。

本实战训练中使用的 CSS 文件可参考本章配套资源包中的 CSS 文件。

【代码实现】

（1）在 Chapter06 项目的 web 目录下创建 test01 文件夹，用于存储本实战训练的 JSP 文件。在该文件夹中创建 vote.jsp 页面，在该页面中添加用于收集投票信息的表单和表单元素，vote.jsp 的关键代码如例 6-9 所示。

【例 6-9】vote.jsp

```
<body>
<form name="form1" method="post" action="/Chapter06/VoteServlet">
  <h3>您的课外阅读频率是</h3>
  <ul>
    <li>
      <input name="item" type="radio"  value="每天" checked>每天</li>
    <li><input name="item" type="radio" value="每周三次以上">每周三次及以上</li>
```

```
8       <li><input name="item" type="radio"  value="每周一到两次" checked>每周一到两次</li>
9       <li><input name="item" type="radio"  value="基本不看" checked>基本不看</li>
10      <li><input name="Submit" type="submit" value="投票">
11         <input name="Submit2" type="button"value="查看投票结果"onClick="window.location.href='voteResult.jsp'"></li>
12    </ul>
13  </form>
14  </body>
```

例 6-9 的第 2 行代码中，通过 POST 方法将投票的情况提交到“/Chapter06/VoteServlet”。

（2）在 Chapter06 项目的 src 目录下的 com.el 包下新建包 test01。在该包下创建统计投票数据的 VoteServlet 类，关键代码如例 6-10 所示。

【例 6-10】VoteServlet.java

```
1   package com.el.test01;
2   //此处省略导入包的代码
3   @WebServlet("/VoteServlet")
4   public class VoteServlet extends HttpServlet {
5     public void doPost(HttpServletRequest request,
6   HttpServletResponse response)throws ServletException, IOException {
7       request.setCharacterEncoding("UTF-8");
8       String item = request.getParameter("item");
9       ServletContext servletContext = request.getSession()
10        .getServletContext();
11      Map map = null;
12      if (servletContext.getAttribute("voteResult") != null) {
13        map = (Map) servletContext.getAttribute("voteResult");
14        map.put(item, Integer.parseInt(map.get(item).toString()) + 1);
15      } else {
16        String[] arr = {"每天", "每周三次以上", "每周一到两次", "基本不看"};
17        map = new HashMap();
18        for (int i = 0; i < arr.length; i++) {
19          if (item.equals(arr[i])) {
20            map.put(arr[i], 1);
21          } else {
22            map.put(arr[i], 0);
23          }
24        }
25      }
26      servletContext.setAttribute("voteResult", map);
27      response.setContentType("text/html;charset=UTF-8");
28      PrintWriter out = response.getWriter();
29      out.println("<script>alert('投票成功！');window.location.href='test01/voteResult.jsp';</script>");
30
31    }
32  }
```

在例 6-10 中，使用 doPost()方法处理请求，在第 7 行代码中设置请求的编码为 UTF-8；第 8 行代码获取投票项 item；第 11 行代码声明一个保存投票信息的 Map 集合；第 12～25 行代码判断是否存在保存投票结果 voteResult 的 servletContext 对象，如果存在，则将 Map 集合中指定的投票项的得票数加 1，否则初始化 Map 集合，再将投票结果存储到 Map 集合中；第 26 行代码将最终的 Map 集合保存到 servletContext 对象中；第 28～29 行代码向浏览器弹出对话框并重定向到 test01/voteResult.jsp 的 JavaScript 代码。

（3）在 Chapter06 项目的 web/test01 文件夹中新建 voteResult.jsp 页面，使用 EL 表达式输出投票结果，关键代码如例 6-11 所示。

【例 6-11】voteResult.jsp

```
<body>
<h3>您每周阅读书籍的频率是：</h3>
<form name="form1" method="post" action="/Chapter06/VoteServlet">
    <ul>
        <li>每天： <img src="bar.gif" width='${220*(applicationScope.voteResult["每天"]/(applicationScope.voteResult["每天"]+applicationScope.voteResult["每周三次及以上"]+applicationScope.voteResult["每周一到两次"]+applicationScope.voteResult["基本不看"]))}' height="13">
            (${empty applicationScope.voteResult["每天"]? 0 :applicationScope.voteResult["每天"]})
        </li>
        <li>每周三次及以上： <img src="bar.gif" width='${220*(applicationScope.voteResult["每周三次及以上"]/(applicationScope.voteResult["每天"]+applicationScope.voteResult["每周三次及以上"]+applicationScope.voteResult["每周一到两次"]+applicationScope.voteResult["基本不看"]))}' height="13">
            (${empty applicationScope.voteResult["每周三次及以上"] ? 0 :applicationScope.voteResult["每周三次及以上"]})
        </li>
        <li>每周一到两次： <img src="bar.gif" width='${220*(applicationScope.voteResult["每周一到两次"]/(applicationScope.voteResult["每天"]+applicationScope.voteResult["每周三次及以上"]+applicationScope.voteResult["每周一到两次"]+applicationScope.voteResult["基本不看"]))}' height="13">
            (${empty applicationScope.voteResult["每周一到两次"] ? 0 :applicationScope.voteResult["每周一到两次"]})
        </li>
        <li>基本不看：
 <img src="bar.gif" width='${220*(applicationScope. voteResult["基本不看"]/(applicationScope.voteResult["每天"]+applicationScope.voteResult ["每周三次及以上"]+applicationScope.voteResult["每周一到两次"]+applicationScope.voteResult ["基本不看"]))}' height="13">
            (${empty applicationScope.voteResult["基本不看
"] ? 0 : applica tionScope.voteResult["基本不看"]})
        </li>
        <li>
            合计：${applicationScope.voteResult["每天"]+applicationScope.voteResult["每周三次及以上"]+applicationScope.voteResult["每周一到两次"]+applicationScope.voteResult["基本不看"]}人投票!
            <input name="Button" type="button" class="btn_grey" value="返回" onClick="window.location.href='vote.jsp'"></li>
    </ul>
</form>
</body>
```

在例 6-11 中，EL 表达式${empty applicationScope.voteResult["每天"]? 0 :applicationScope.voteResult["每天"]}用于显示阅读频率为“每天”的得票数。在 EL 表达式中使用条件运算符，当没有投票信息时，将得票数显示为 0。

（4）在 IDEA 中启动 Tomcat 后，在浏览器的地址栏中输入 vote.jsp 的地址 localhost:8080/Chapter06/test01/vote.jsp 并访问。浏览器的显示效果如图 6.7 所示。

图 6.7　网络投票页面

在图 6.7 所示的网络投票页面中，单击“投票”按钮，将进行投票；单击“查看投票结果”按钮，可以查看投票结果，如图 6.8 所示。

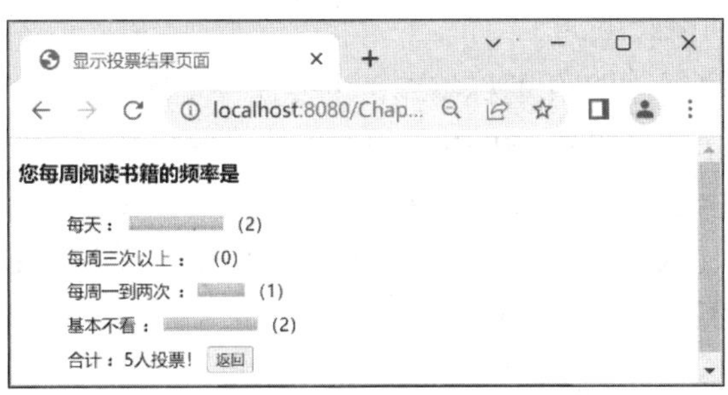

图 6.8　网络投票结果

【训练总结】

通过本实战训练，读者能够掌握在 JSP 页面中使用 EL 表达式替代 Java 脚本输出对象中的数据；除此之外，本项目实战也使用了 EL 的 empty 运算符和条件运算符。读者可以尝试增加其他的投票项，提高 EL 使用的熟练度。

6.3　JSTL 概述

6.3.1　JSTL 简介

JSTL（Java Server Pages Standard Tag Library，JSP 标准标签库）是由 Apache 组织提供的一个标准的通用型标签库。作为通用型标签库，JSTL 提供了一系列替代 JSP 脚本片段的标签，这些标签可以实现 JSP 的常用功能，比如集合的遍历、数据的输出、字符串的处理、数据的格式化等。

JSTL 包含 5 个功能不同的标签库，JSTL 的规范为这 5 个标签库分别指定了不同的 URI，并对它们的前缀做出了约定，具体如表 6.6 所示。

表 6.6　　JSTL 的 5 个标签库

标签库	前缀	URI	示例
Core	c	http://java.sun.com/jsp/jstl/core	<c:out>
Functions	fn	http://java.sun.com/jsp/jstl/functions	<fn:split>
XML	x	http://java.sun.com/jsp/jstl/xml	<x:forBach>
I18N	fmt	http://java.sun.com/jsp/jstl/fmt	<fmt:formatDate>
SQL	sql	http://java.sun.com/jsp/jstl/sql	<sql:query>

表 6.6 列举了 JSTL 的 5 个标签库，它们的定义和功能如下所示。

（1）Core 标签库是核心标签库，主要提供实现 Web 应用中通用操作的标签。例如，用于输出变量内容的<c:out>标签、用于条件判断的<c:if>标签等。

（2）Functions 标签库是一个函数标签库，它提供了一套 EL 自定义函数，这些函数封装了开发者经常用到的字符串操作。例如，提取字符串中的子字符串、获取字符串的长度和处理字符串中的空格等。

（3）XML 标签库主要提供对 XML 文档中的数据进行操作的标签。例如，解析 XML 文档、输出 XML 文档中的内容等。

（4）I18N 标签库是一个国际化的标签库，主要提供实现 Web 应用国际化的标签。例如，设置 JSP 页面的国家和语言、设置 JSP 页面的本地信息等。

（5）SQL 标签库主要提供访问数据库和对数据库中的数据进行操作的标签。例如，从数据源中获取数据库连接、从数据库表中检索数据等。由于实际开发中很少在 JSP 页面中直接操作数据库，因此该标签库被使用的机会很少。

6.3.2　JSTL 的安装和使用

由于 JSTL 标签库由第三方组织 Apache 提供，因此使用 JSTL 编写 JSP 页面时要导入相应的 JAR 包，本书采用 JSTL 1.2。本小节将分步骤演示 JSTL 的安装和使用。

（1）在浏览器中访问 JSTL 标签库的官方下载地址，显示的页面如图 6.9 所示。

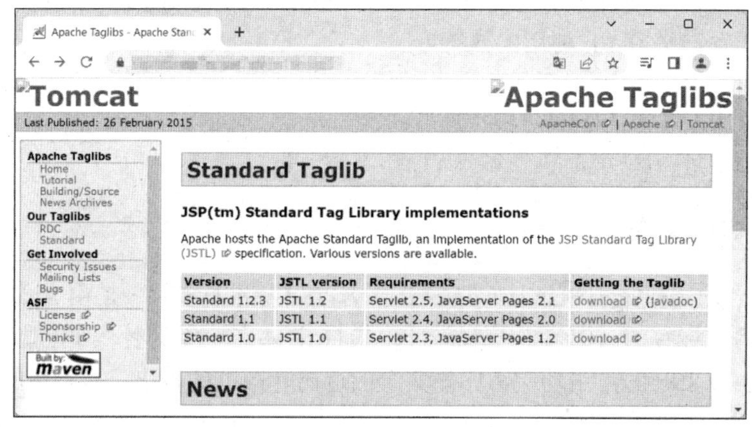

图 6.9　JSTL 的下载页面

（2）单击 JSTL 1.2 的“download”超链接，打开 JSTL 1.2 下载页面，并拖动页面找到图 6.10 所示的部分。

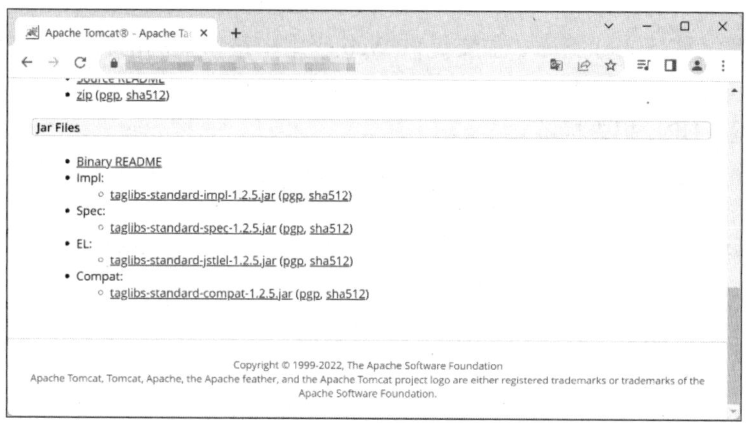

图 6.10　JSTL 的下载页面

（3）将“Jar Files”栏下的 taglibs-standard-impl-1.2.5.jar、taglibs-standard-spec-1.2.5.jar、taglibs-standard-jstlel-1.2.5.jar、taglibs-standard-compat-1.2.5.jar 共 4 个 JAR 包下载到本地。

（4）将下载的 4 个 JAR 包复制到 Chapter06 项目的 web\WEB-INF\lib 目录下。

（5）在 Chapter06 项目的 web 目录下创建 jstlTest.jsp 文件，测试 JSTL 是否导入成功，具体代码如例 6-12 所示。

【例 6-12】jstlTest.jsp

```
1  <%@ page contentType="text/html;charset=UTF-8" language="java" %>
2  <%@ taglib prefix="c" uri="http://java.sun.com/jsp/jstl/core" %>
3  <html>
4  <head>
5    <title>JSTL 测试</title>
6  </head>
7  <body>
8  <c:out value="hello"></c:out>
9  </body>
10  </html>
```

在例 6-12 中，第 2 行代码使用 taglib 指令导入 Core 标签库，其中 prefix 属性用来指定 Core 标签库的前缀，通常设置值为 c，uri 属性用来指定 Core 标签库的 URI；第 8 行代码使用<c:out>标签向页面输出“hello”字符串。

（6）在 IDEA 中启动 Tomcat 后，在浏览器的地址栏中输入 jstlTest.jsp 的地址 localhost:8080/Chapter06/jstlTest.jsp 并访问。浏览器的显示效果如图 6.11 所示。

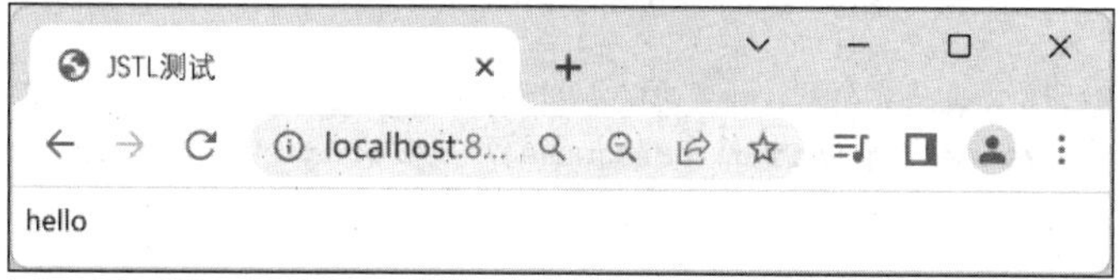

图 6.11　JSTL 的导入成功结果

6.4 Core 标签库

Core 标签库又称核心标签库，主要提供 Web 应用中最常使用的标签，它是 JSTL 中比较重要的标签库。Core 标签库共有 13 个标签，按照功能可细分为以下 4 种：通用标签、条件标签、迭代标签、URL 相关标签。

在 JSP 页面中使用 Core 标签库，首先要使用 taglib 指令导入标签库，具体语法格式如下。

```
<%@taglib prefix="c" uri="http://java.sun.com/jsp/jstl/core"%>
```

其中，prefix 属性用来指定 Core 标签库的前缀，通常设置值为 c；uri 属性用来指定 Core 标签库的 URI。

6.4.1 通用标签

通用标签主要用于操作变量，其包含<c:out>、<c:set>、<c:remove>和<c:catch>这 4 个标签。

1. <c:out>标签

<c:out>标签用于输出数据，功能上等同于基于“<%=”和“%>”形式的 JSP 表达式。<c:out>标签的语法格式如下。

```
<c:out value="value" [default="defaultValue"] [escapeXml="{true|false}]">
</c:out>
```

其中，value 属性用来指定要输出的数据，该数据可以是 JSP 表达式、EL 表达式或常量；default 属性用来指定 value 属性为 null 时要输出的默认值；escapeXml 属性用来指定是否将>、<、&等特殊字符转换成转义字符后再输出，默认值为 true。

接下来，通过一个案例演示<c:out>标签的使用，具体步骤如下。

（1）在 WebContent 目录的 jsp 目录下新建 coreDemo1.jsp，具体代码如例 6-13 所示。

【例 6-13】coreDemo1.jsp

```
<%@ page language="java" contentType="text/html; charset=UTF-8" pageEncoding="UTF-8"%>
<%@taglib prefix="c" uri="http://java.sun.com/jsp/jstl/core"%>
<html>
<head>
<meta http-equiv="Content-Type" content="text/html; charset=UTF-8">
<title>test02</title>
</head>
<body>
    <%--输出一个常量--%>
    <c:out value="xiaoqian"></c:out>
    <br>
    <%--输出 EL 表达式的值，如果 EL 表达式结果为 null，默认输出字符串“xiaofeng” --%>
    <c:out value="${param.username}" default="xiaofeng"></c:out>
    <br>
</body>
</html>
```

（2）在 IDEA 中启动 Tomcat 后，在浏览器的地址栏中输入 coreDemo1.jsp 的地址 localhost:

8080/Chapter06/coreDemo1.jsp 并访问。浏览器显示的页面如图 6.12 所示。

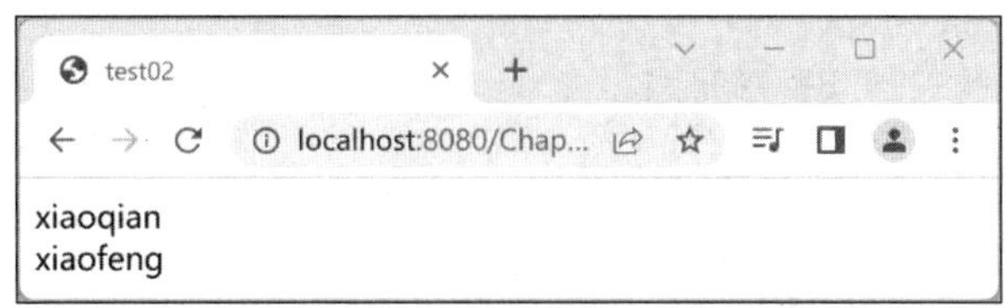

图 6.12 <c:out>标签实现的效果

从图 6.12 中可以看出，coreDemo1.jsp 成功显示<c:out>标签中设置的值。在第二个<c:out>标签中，由于客户端在访问 coreDemo1.jsp 页面时没有传递参数，<c:out>标签输出默认值“xiaofeng”。

（3）在浏览器的地址栏中输入 http://localhost:8080/Chapter06/coreDemo1.jsp? username=xiaoqian，重新访问 coreDemo1.jsp 并传入一个参数，浏览器显示的页面如图 6.13 所示。

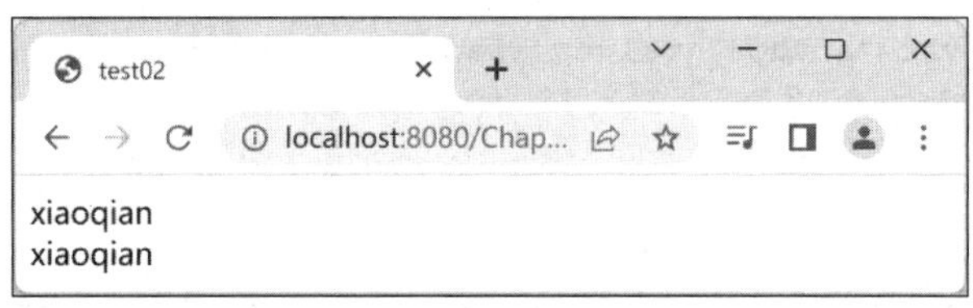

图 6.13 传入参数的效果

从图 6.13 中可以看出，coreDemo1.jsp 成功显示<c:out>标签中设置的值。在第二个<c:out>标签中，由于客户端在访问 coreDemo1.jsp 页面时传递了参数 username，<c:out>标签输出传递的参数值“xiaoqian”。

2. <c:set>标签

<c:set>标签用于设置各种域对象的属性或设置 JSP 页面中存储数据的 Map 集合和 JavaBean 的属性。

当设置域对象的属性时，其语法格式如下。

```
<c:set var="varName" value="value"[scope="{page|request|session|
application}"]></c:set>
```

其中，var 属性用来指定要设置的域对象的属性名称；value 属性用来指定 var 属性的属性值；scope 属性用来指定 var 属性所属的域，默认为 page。

当设置 JSP 页面中的 Map 集合和 JavaBean 的属性时，其语法格式如下。

```
<c:set value="value" target="target" property="propertyName"></c:set>
```

其中，value 属性用来指定 property 属性的属性值；target 属性用来指定要设置属性的对象，这个对象必须是 JavaBean 对象或 Map 对象；property 属性用来指定要为当前对象设置的属性名称。

接下来，通过一个案例演示<c:set>标签的使用，具体步骤如下。

（1）在 Chapter06 项目的 src 目录下创建 com.jstl.bean 包，在该包下新建一个 JavaBean 类 User，具体代码如例 6-14 所示。

【例 6-14】User.java

```
package com.jstl.bean;
public class User {
    private String username;
    private String password;
    //此处省略 getter、setter 方法
}
```

（2）在 Chapter06 项目的 web 目录下新建 coreDemo2.jsp，具体代码如例 6-15 所示。

【例 6-15】coreDemo2.jsp

```
<%@page import="java.util.HashMap"%>
<%@ page language="java" contentType="text/html; charset=UTF-8"
    pageEncoding="UTF-8"%>
<%@taglib prefix="c" uri="http://java.sun.com/jsp/jstl/core"%>
<html>
<head>
<title>coreDemo2</title>
</head>
<body>
    <c:set var="author" value="xiaoqian" scope="session"></c:set>
    <c:out value="${author}"></c:out>
    <br>
    <%--引入 JavaBean--%>
    <jsp:useBean id="user" class="com.qfedu.bean.User"></jsp:useBean>
    <c:set value="xiaofeng"  property="username" target="${user}"></c:set>
    <c:out value="${user.username}"></c:out>
    <br>
    <%--新建一个 Map 集合，并存入 request 域--%>
    <%
    HashMap map = new HashMap();
    request.setAttribute("map", map);
    %>
    <c:set value="Java Web"  property="course" target="${map}"></c:set>
    <c:out value="${map.course}"></c:out>
</body>
</html>
```

（3）在 IDEA 中启动 Tomcat 后，在浏览器的地址栏中输入 coreDemo2.jsp 的地址 localhost:8080/Chapter06/coreDemo2.jsp 并访问。浏览器显示的页面如图 6.14 所示。

图 6.14　<c:set>标签实现的效果

从图 6.14 中可以看出，coreDemo2.jsp 成功显示<c:set>标签中设置的值。经过分析可以发现，第一个<c:set>标签向 session 域存入了 author 属性的值“xiaoqian”，第二个<c:set>标签

向 user 对象存入了 username 属性的值“xiaofeng”，第三个<c:set>标签向 Map 集合存入了 course 属性的值“Java Web”，因此，JSP 页面就会输出这些存储的信息。

3. <c:remove>标签

<c:remove>标签用于删除各种域对象中存储的内容，其语法格式如下。

```
<c:remove var="varName"[scope="{page|request|session|application}"]>
</c:remove>
```

其中，var 属性用来指定要删除的属性名称；scope 属性用来指定要删除的属性所属的域。

接下来，通过一个案例演示<c:remove>标签的使用，具体步骤如下。

（1）在 Chapter06 项目的 web 目录下新建 coreDemo3.jsp，具体代码如例 6-16 所示。

【例 6-16】coreDemo3.jsp

```
<%@ page language="java" contentType="text/html; charset=UTF-8" pageEncoding="UTF-8"%>
<%@taglib prefix="c" uri="http://java.sun.com/jsp/jstl/core"%>
<html>
<head>
<title>coreDemo3</title>
</head>
<body>
    <%--在 request 对象中存入 course 属性--%>
    <c:set var="course" value="Java Web" scope="request"></c:set>
    Course:<c:out value="${course}"></c:out>
    <br>
    使用移除标签后
    <c:remove var="course" scope="request"></c:remove>
    <br>
    Course:<c:out value="${course}"></c:out>
</body>
</html>
```

（2）在 IDEA 中启动 Tomcat 后，在浏览器的地址栏中输入 coreDemo3.jsp 的地址 localhost:8080/Chapter06/coreDemo3.jsp 并访问。浏览器显示的页面如图 6.15 所示。

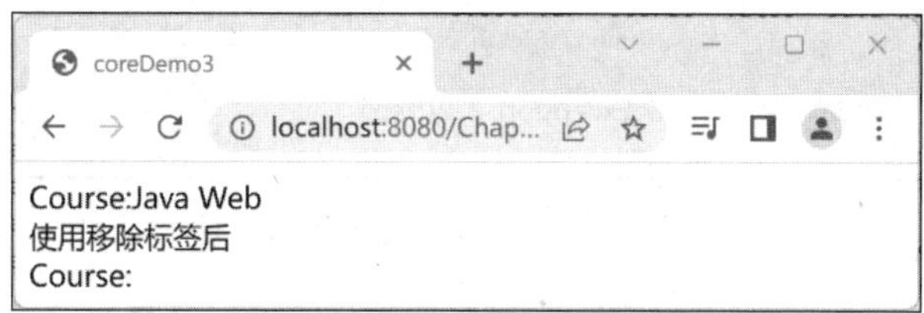

图 6.15 <c:remove>标签实现的效果

从图 6.15 中可以看出，在使用移除标签之前，request 域中的 Course 属性值为“Java Web”；在使用移除标签之后，request 域中的 Course 属性值为空。这说明<c:remove>标签已经将域对象中的 Course 属性值删除。

4. <c:catch>标签

<c:catch>标签用于捕获嵌套在标签体中的代码块抛出的异常，其语法格式如下。

```
<c:catch var="varName">
 容易产生异常的代码块
</c:catch>
```

其中，var 属性用来标识捕获异常的名称，并将异常保存在对应的域对象中。若未指定 var 属性，则仅捕获异常而不在域对象中保存异常对象。

接下来，将通过一个案例演示<c:catch>标签的使用，具体步骤如下。

（1）在 Chapter06 项目的 web 目录下新建 coreDemo4.jsp，具体代码如例 6-17 所示。

【例 6-17】coreDemo4.jsp

```
<%@ page language="java" contentType="text/html; charset=UTF-8" pageEncoding="UTF-8"%>
<%@taglib prefix="c" uri="http://java.sun.com/jsp/jstl/core"%>
<html>
<head>
<title>coreDemo4</title>
</head>
<body>
  <c:catch var="myException">
    <%
    int a =1;
    int b =0;
    out.print(a/b);
    %>
  </c:catch>
  <c:out value="${myException}"></c:out>
  <br>
  <c:out value="${myException.message}"></c:out>
</body>
</html>
```

（2）在 IDEA 中启动 Tomcat 后，在浏览器的地址栏中输入 coreDemo4.jsp 的地址 localhost:8080/Chapter06/coreDemo4.jsp 并访问。浏览器显示的页面如图 6.16 所示。

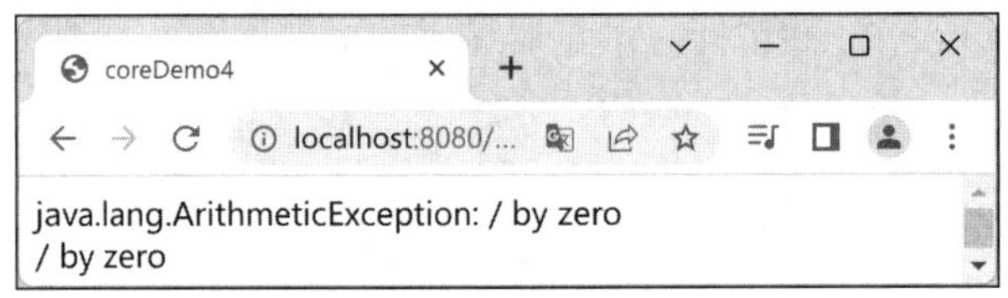

图 6.16 <c:catch>标签实现的效果

从图 6.16 中可以看出，coreDemo4.jsp 页面出现了一个算术异常，并且这个异常是由 0 作为除数引起的。由此可见，在程序执行过程中，<c:catch>标签能够捕获异常信息并将其保存在对应的域对象中，coreDemo4.jsp 最终通过 EL 表达式获取异常信息并将它们显示到页面。

6.4.2 条件标签

条件标签主要用于逻辑判断，其包含<c:if>、<c:choose>、<c:when>和<c:otherwise>这 4 个标签。

1. <c:if>标签

<c:if>标签用于条件判断，功能等同于 if 语句，其语法格式如下。

```
<c:if test="condition" var="varName" [scope="{page|request|session|
application}"]>
condition 为 true 时执行的代码块
</c:if>
```

其中，test 属性用来指定条件表达式，该表达式返回一个布尔类型的值，如果返回 true，执行标签体中的代码，否则，不执行标签体中的代码；var 属性用来指定条件表达式中变量的名称；scope 属性用来指定 var 变量的作用范围，默认值为 page。

接下来，通过一个案例演示<c:if>标签的使用，具体步骤如下。

（1）在 Chapter06 项目的 web 目录下新建 coreDemo5.jsp，具体代码如例 6-18 所示。

【例 6-18】coreDemo5.jsp

```
1  <%@ page language="java" contentType="text/html; charset=UTF-8" pageEncoding="UTF-8"%>
2  <%@taglib prefix="c" uri="http://java.sun.com/jsp/jstl/core"%>
3  <html>
4  <head>
5  <title>coreDemo5</title>
6  </head>
7  <body>
8    <%--在 session 域中存入 author 属性 --%>
9    <c:set var="author" value="小千" scope="session"></c:set>
10   <c:if test="${not empty sessionScope.author}">
11     欢迎您，${author}
12   </c:if>
13 </body>
14 </html>
```

在例 6-18 中，第 9 行代码使用<c:set>标签向 session 域存入 author 属性的值“小千”；第 10 行代码使用<c:if>标签的 test 属性返回 true，最终会输出标签体中的内容。

（2）在 IDEA 中启动 Tomcat 后，在浏览器的地址栏中输入 coreDemo5.jsp 的地址 localhost:8080/Chapter06/coreDemo5.jsp 并访问。浏览器显示的页面如图 6.17 所示。

图 6.17 <c:if>标签实现的效果

从图 6.17 中可以看出，coreDemo5.jsp 页面显示了<c:if>标签体中的内容。由此可见，<c:if>标签可以实现条件判断的功能。

2. <c:choose>标签、<c:when>标签、<c:otherwise>标签

<c:choose>标签用于多个条件的判断，功能类似于 if…else 语句或 if…elseif…else 语句。

<c:choose>标签没有属性，它可以通过嵌套<c:when>标签和<c:otherwise>标签实现功能。

当实现类似于 if…else 语句的功能时，其语法格式如下。

```
<c:choose>
     <c:when test="condition">
         condition 为 true 时执行的代码块
     </c:when>
      <c:otherwise>
         执行的代码块
      </c:otherwise>
</c:choose>
```

当实现类似于 if…elseif…else 语句的功能时，其语法格式如下。

```
<c:choose>
        <c:when test="condition">
             condition 为 true 时执行的代码块
        </c:when>
        <c:when test="condition">
             condition 为 true 时执行的代码块
        </c:when>
        <c:otherwise>
            执行的代码块
        </c:otherwise>
</c:choose>
```

其中，<c:when>标签的 test 属性用来指定条件表达式，该表达式返回一个布尔类型的值，如果返回 true，执行标签体中的代码，否则，不执行标签体中的代码；<c:otherwise>标签没有属性，它作为<c:choose>标签的最后分支出现，当所有的<c:when>标签的 test 属性都返回 false 时，才执行<c:otherwise>标签体的内容。这里需要注意的是，同一个<c:choose>标签中的所有<c:when>标签必须出现在<c:otherwise>标签之前。

接下来，将通过一个案例演示以上 3 个标签的使用，具体步骤如下。

（1）在 Chapter06 项目的 web 目录下新建 coreDemo6.jsp，关键代码如例 6-19 所示。

【例 6-19】coreDemo6.jsp

```
<%@ page contentType="text/html;charset=UTF-8" language="java" %>
<%@ taglib prefix="c" uri="http://java.sun.com/jsp/jstl/core" %>
<html>
<head>
  <title>coreDemo6</title>
</head>
<body>
<%--在 session 域中存入 author 属性--%>
<c:set var="score" value="95" scope="page"></c:set>
<c:choose>
  <c:when test="${score>=90}">
    成绩优秀
  </c:when>
  <c:when test="${score<90&&score>=80}">
    成绩良好
  </c:when>
  <c:when test="${score<80&&score>=60}">
```

```
18        成绩合格
19      </c:when>
20      <c:otherwise>
21        没有通过考试，要加油哦
22      </c:otherwise>
23    </c:choose>
24    </body>
25    <html>
```

在例 6-19 中，第 9 行代码使用<c:set>标签向 session 域存入了 score 属性的值“95”；第 4～17 行代码中<c:choose>标签会根据<c:when>标签指定的条件进行判断，进而确定要输出的内容。

（2）在 IDEA 中启动 Tomcat 后，在浏览器的地址栏中输入 coreDemo6.jsp 的地址 localhost:8080/Chapter06/coreDemo6.jsp 并访问。浏览器显示的页面如图 6.18 所示。

图 6.18 <c:choose>标签实现的效果

从图 6.18 中可以看出，coreDemo6.jsp 页面根据<c:when>标签指定的条件显示了相关内容。

6.4.3 迭代标签

迭代标签主要用于对 JSP 页面的数据进行迭代操作，其包含<c:forEach>和<c:forTokens>这两个标签。

1. <c:forEach>标签

<c:forEach>标签用于迭代数组、集合对象中的元素，功能上等同于在 JSP 的脚本元素中使用 for 循环语句，其语法格式如下。

```
<c:forEach [var="varName"] items="collection" [varStatus="varStatusName"]
[begin="begin"] [end="end"] [step="step"]>
标签体内容
</c:forEach>
```

其中，var 属性用来指定将当前迭代到的元素保存到 page 域中的属性名称，items 属性用来指定将要迭代的集合对象；varStatus 用来指定当前迭代状态信息的对象保存到域对象中的名称；begin 属性用来指定迭代的起始索引；step 属性用来指定迭代的步长；end 属性用来指定迭代的结束索引。

接下来，通过一个案例演示使用<c:forEach>标签迭代数组中的元素，具体步骤如下。

（1）在 Chapter06 项目的 web 目录下新建 coreDemo7.jsp，具体代码如例 6-20 所示。

【例 6-20】coreDemo7.jsp

```
<%@ page contentType="text/html;charset=UTF-8" language="java" %>
<%@ taglib prefix="c" uri="http://java.sun.com/jsp/jstl/core" %>
<html>
```

```
4   <head>
5     <title>coreDemo7</title>
6   </head>
7   <body>
8   <%
9     String[] arr = {"Java", "Python", "大数据"};
10    request.setAttribute("arr", arr);
11  %>
12  <c:forEach var="name" items="${arr}">
13    ${name} <br>
14  </c:forEach>
15  <body>
16  <html>
```

在例 6-20 中，第 9～11 行代码使用 JSP 脚本元素生成一个数组，并将数组存入 request 对象中；第 12～14 行代码使用<c: forEach>标签对该数组的元素进行迭代，最终获取数组中的每个元素。

（2）在 IDEA 中启动 Tomcat 后，在浏览器的地址栏中输入 coreDemo7.jsp 的地址 localhost: 8080/Chapter06/coreDemo7.jsp 并访问。浏览器显示的页面如图 6.19 所示。

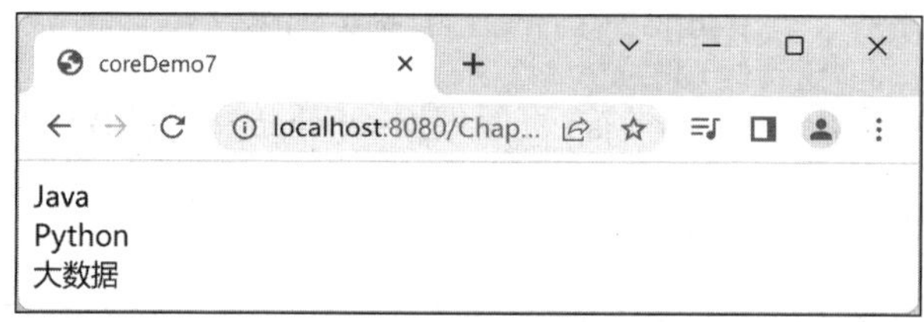

图 6.19 <c:forEach>标签迭代数组的效果

由图 6.19 可以看出，coreDemo7.jsp 页面显示了数组 arr 中的所有元素。由此可见，<c: forEach>标签可以完成对数组或集合中的所有元素的迭代。

除了迭代数组或集合中的所有元素外，<c: forEach>标签还可以迭代数组或集合内的指定范围的元素。接下来，将通过一个案例对该功能进行演示，具体步骤如下。

（1）在 Chapter06 项目的 web 目录下新建 coreDemo8.jsp，具体代码如例 6-21 所示。

【例 6-21】coreDemo8.jsp

```
<%@ page contentType="text/html;charset=UTF-8" language="java" %>
<%@ taglib prefix="c" uri="http://java.sun.com/jsp/jstl/core" %>
<html>
<head>
  <title>coreDemo8</title>
</head>
<body>
<%
  String[] arr = {"Java", "Python", "大数据"};
  request.setAttribute("arr", arr);
%>
<c:forEach var="name" items="${arr}" begin="0" step="2">
  ${name }<br>
```

```
14  </c:forEach>
15  </body>
```

在例6-21中，第12行代码使用<c:forEach>标签的begin属性指定了迭代的起始索引为0，使用step属性指定了迭代的步长为2。

（2）在IDEA中启动Tomcat后，在浏览器的地址栏中输入coreDemo8.jsp的地址localhost:8080/Chapter06/coreDemo8.jsp并访问。浏览器显示的页面如图6.20所示。

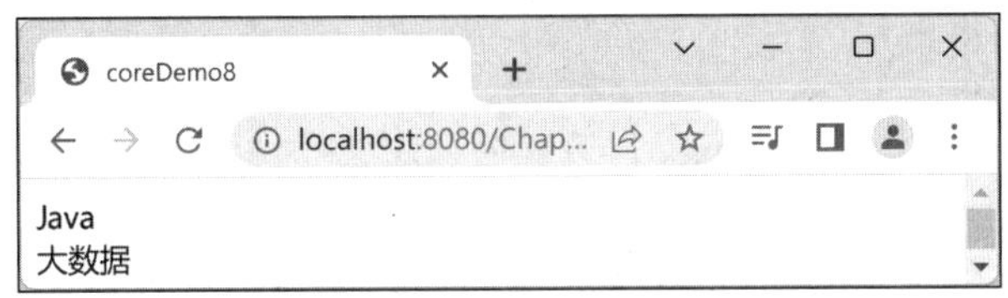

图6.20　<c:forEach>标签迭代数组指定范围的效果

从图6.20中可以看出，coreDemo8.jsp页面显示了数组arr中索引为0、1的元素。由此可见，<c: forEach>标签能够控制将要迭代元素的范围。

2. <c:forTokens>标签

<c:forTokens>标签用于按指定的分隔符对字符串进行迭代，其语法格式如下。

```
<c:forTokens items="sourceStr" delims="delimiters" [var="varName"]
[varStatus="varStatusName"] [begin="begin"] [end="end"] [step="step"]>
标签体内容
</c:forTokens>
```

其中，items属性用来指定将要迭代的字符串；delims属性用来指定一个或多个分隔符；var属性用来指定将当前迭代到的子字符串保存到域对象中的属性名称；varStatus属性用来指定当前迭代状态信息的对象保存到域对象中的名称；begin属性用来指定迭代的起始索引；step属性用来指定迭代的步长；end属性用来指定迭代的结束索引。

接下来，通过一个案例演示<c:forTokens>标签的使用，具体步骤如下。

（1）在Chapter06项目的web目录下新建coreDemo9.jsp，具体代码如例6-22所示。

【例6-22】coreDemo9.jsp

```
<%@ page contentType="text/html;charset=UTF-8" language="java" %>
<%@ taglib prefix="c" uri="http://java.sun.com/jsp/jstl/core" %>
<html>
<head>
  <title>coreDemo9</title>
</head>
<body>
<c:forTokens var="str" items="a|b|c|d,e" delims="|,">
   ${str} <br>
</c:forTokens>
</body>
</html>
```

（2）在IDEA中启动Tomcat后，在浏览器的地址栏中输入coreDemo9.jsp的地址localhost:8080/Chapter06/coreDemo9.jsp并访问。浏览器显示的页面如图6.21所示。

从图 6.21 中可以看出，coreDemo9.jsp 页面成功显示了分隔后的字符串。经过分析发现，<c: forTokens>标签按照分隔符“|”和“,”将字符串“a|b|c|d,e”分隔为“a”“b”“c”“d”“e”。

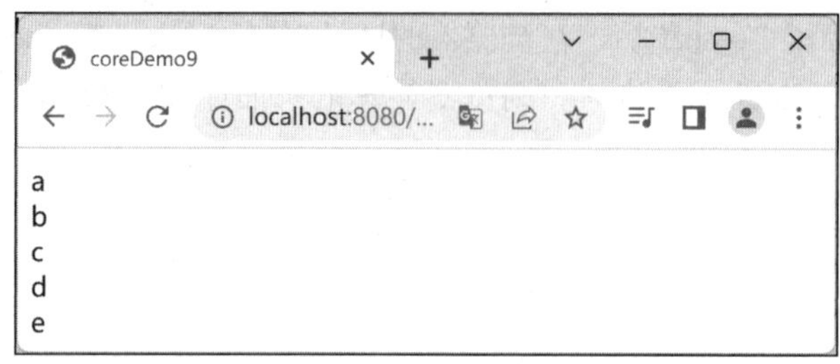

图 6.21　<c:forTokens>标签迭代字符串的效果

6.4.4　URL 相关标签

在实际开发中，有时需要在 JSP 页面中完成 URL 的重写以及重定向等特殊功能。为实现这些需求，JSTL 提供了一些与 URL 操作相关的标签，包括<c:url>、<c:param>、<c:redirect>和<c:import>标签。

1. <c:url>标签、<c:param>标签

<c:url>标签用于在 JSP 页面中构造一个新的 URL 地址，并实现 URL 重写；<c:param>标签一般嵌套在<c:url>标签内，用于设置提交的参数。<c:url>和<c:param>标签的语法格式如下。

```
<c:url value="value" [context="context"] [var="varName"]
 [scope="{page|request|session|application}"]>
    <c:param name="name" value="value"></c:param>
</c:url>
```

其中，在<c:url>标签中，value 属性用来指定要构造的 URL；context 属性用来指定导入同一服务器下其他 Web 应用的名称；var 属性用来指定构造出的 URL 地址保存到域对象的属性名称；scope 属性用来指定构造出的 URL 保存的域对象。在<c:param>标签中，name 属性用来指定将要提交的参数名称；value 属性用来指定将要提交的参数的值。这里需要注意的是，除了使用<c:param>标签提交参数，也可以通过<c:url>标签的 value 属性，将参数附加到要构造的 URL 中。

接下来，将通过一个案例演示以上两个标签的使用，具体步骤如下。

（1）在 Chapter06 项目的 web 目录下新建 coreDemo10.jsp，具体代码如例 6-23 所示。

【例 6-23】coreDemo10.jsp

```
<%@ page contentType="text/html;charset=UTF-8" language="java" %>
<%@ taglib prefix="c" uri="http://java.sun.com/jsp/jstl/core" %>
<%--直接在 URL 后追加参数--%>
<c:url var="myURL01" value="/coreDemo11.jsp?username=xiaoqian">
</c:url>
<a href="${myURL01}">myURL01.jsp</a>
<br>
```

```
8  <%--使用<c:param>标签提交参数--%>
9  <c:url var="myURL02" value="/coreDemo11.jsp">
10   <c:param name="username" value="xiaofeng"></c:param>
11 </c:url>
12 <a href="${myURL02}">myURL02.jsp</a>
13 </body>
14 </html>
```

在例 6-23 中，第 4 行代码使用<c:url>标签在 value 值指定的 URL 后追加参数；第 10 行代码使用<c:url>标签采用嵌套<c:param>标签的方式传递参数。

（2）在 Chapter06 项目的 web 目录下新建 coreDemo11.jsp，具体代码如例 6-24 所示。

【例 6-24】coreDemo11.jsp

```
<%@ page language="java" contentType="text/html; charset=UTF-8" pageEncoding="UTF-8"%>
<!DOCTYPE html PUBLIC "-//W3C//DTD HTML 4.01 Transitional//EN"
    "http://www.w3.org/TR/html4/loose.dtd">
<html>
<head>
<meta http-equiv="Content-Type" content="text/html; charset=UTF-8">
<title>coreDemo11</title>
</head>
<body>
    <%--获取请求参数 username 的值--%>
    username: ${param.username}
</body>
</html>
```

（3）在 IDEA 中启动 Tomcat 后，在浏览器的地址栏中输入 coreDemo10.jsp 的地址 localhost:8080/Chapter06/coreDemo10.jsp 并访问。浏览器显示的页面如图 6.22 所示。

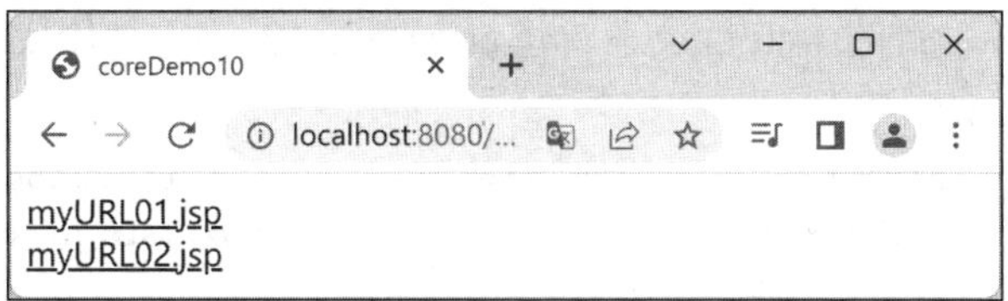

图 6.22 <c:url>实现的效果

由图 6.22 可以看出，coreDemo10.jsp 页面成功显示了使用<c:url>标签构造出的 URL 超链接。

（4）单击“myURL01.jsp”超链接，浏览器显示的页面如图 6.23 所示。

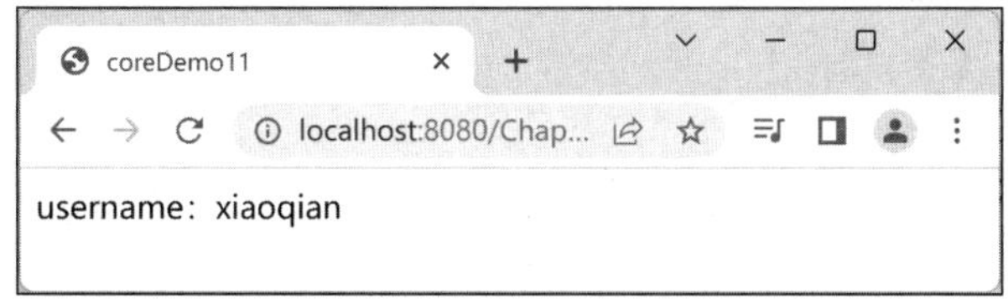

图 6.23 单击超链接效果

由图 6.23 可以看出，页面成功跳转至 coreDemo11.jsp 页面并显示出传递的参数值，这说明使用<c:url>标签构造的 URL 有效。

（5）单击浏览器的“ ← ”按钮，返回到图 6.22 所示的页面，单击“myURL02.jsp”超链接，浏览器显示的页面如图 6.24 所示。

图 6.24　<c:param>标签实现的效果

由图 6.24 可以看出，页面成功跳转至 coreDemo11.jsp 页面并显示出传递的参数的值，这说明使用<c:url>标签构造的 URL 有效，并且使用<c:param>标签指定的参数能够被成功提交。

2. <c:redirect>标签

<c:redirect>标签用于将请求重定向到其他 Web 资源，功能上等同于 response 对象的 sendRedirect()方法，其语法格式如下。

```
<c:redirect url="value" [context="context"]>
 <c:param name="name" value="value"></c:param>
</c:redirect>
```

其中，在<c:redirect>标签中，url 属性用来指定重定向的目标资源的 URL 地址；context 属性用来指定重定向到同一个服务器中其他 Web 应用的名称。在<c:param>标签中，name 属性用来指定将要提交的参数名称；value 属性用来指定参数的值。

接下来，通过一个案例演示<c: redirect>标签的使用，具体步骤如下。

（1）在 Chapter06 项目的 web 目录下新建 coreDemo12.jsp，具体代码如例 6-25 所示。

【例 6-25】coreDemo12.jsp

```
<%@ page contentType="text/html;charset=UTF-8" language="java" %>
<%@ taglib prefix="c" uri="http://java.sun.com/jsp/jstl/core" %>
<html>
<head>
  <title>coreDemo12</title>
</head>
<body>
<%--将请求重定向到 coreDemo13.jsp--%>
<c:redirect url="coreDemo13.jsp">
  <c:param name="username" value="xiaoqian"></c:param>
</c:redirect>
</body>
</html>
```

在以上代码中，<c:redirect>标签将请求重定向到 coreDemo13.jsp，并传递<c:param>标签设置的参数 username。

（2）在 Chapter06 项目的 web 目录下新建 coreDemo13.jsp，具体代码如例 6-26 所示。

【例 6-26】coreDemo13.jsp

```
<%@ page contentType="text/html;charset=UTF-8" language="java" %>
<%@ taglib prefix="c" uri="http://java.sun.com/jsp/jstl/core" %>
<html>
<head>
  <title>coreDemo13</title>
</head>
<body>
${param.username}
</body>
</html>
```

（3）在 IDEA 中启动 Tomcat 后，在浏览器的地址栏中输入 coreDemo12.jsp 的地址 localhost: 8080/Chapter06/coreDemo12.jsp 并访问。浏览器显示的页面如图 6.25 所示。

图 6.25 <c:redirect>标签实现的效果

从图 6.25 中可以看出，浏览器的地址栏发生变化，页面跳转到 coreDemo13.jsp 页面并显示出参数 username 的值，这说明使用<c: redirect>标签可以实现 JSP 页面的重定向。

3. <c:import>标签

<c:import>标签用于在 JSP 页面中导入一个 URL 地址指向的 Web 资源，功能上类似于<jsp:include>动作元素，其语法格式如下。

```
<c:import url="value" [var="varName"]  [context="context"]
[scope="{page|request|session|application}"]
[charEncoding="charEncoding"]>
</c:import>
```

其中，url 属性用来指定要导入资源的 URL 地址；var 属性用来指定导入资源保存在域对象的属性名称；scope 属性用来指定导入资源保存的域对象；context 属性用来指定导入资源所属的同一个服务器中的 Web 应用的名称；charEncoding 属性用来指定导入资源内容转换成字符串时所使用的字符集编码。

接下来，通过一个案例演示<c:import>标签的使用，具体步骤如下。

（1）在 Chapter06 项目的 web 目录下新建 coreDemo14.jsp，具体代码如例 6-27 所示。

【例 6-27】coreDemo14.jsp

```
<%@ page contentType="text/html;charset=UTF-8" language="java" %>
<%@ taglib prefix="c" uri="http://java.sun.com/jsp/jstl/core" %>
<html>
<head>
  <title>coreDemo14</title>
</head>
<body>
```

```
8   <c:import url="coreDemo15.jsp"> </c:import>
9   </body>
10  </html>
```

在例 6-27 中，第 8 行代码通过<c:import>标签为 coreDemo14.jsp 文件引入了 coreDemo15.jsp 中的内容。

（2）在 Chapter06 项目的 web 目录下新建 coreDemo15.jsp，具体代码如例 6-28 所示。

【例 6-28】coreDemo15.jsp

```
<%@ page contentType="text/html;charset=UTF-8" language="java" %>
<%@ taglib prefix="c" uri="http://java.sun.com/jsp/jstl/core" %>
<html>
<head>
  <title>coreDemo15</title>
</head>
<body>
${"Hello JSTL"}
</body>
</html>
```

（3）在 IDEA 中启动 Tomcat 后，在浏览器的地址栏中输入 coreDemo14.jsp 的地址 localhost:8080/Chapter06/coreDemo14.jsp 并访问。浏览器显示的页面如图 6.26 所示。

图 6.26　<c:import>标签实现的效果

从图 6.26 中可以看出，当访问 coreDemo14.jsp 时，它所引入的 coreDemo15.jsp 的内容同样也被显示。

6.5　本章小结

本章主要讲解了 EL 表达式和 JSTL 标签库的使用，包括 EL 的概念、语法、隐含对象、自定义函数以及 JSTL 的概念、Core 标签库等。通过学习 EL 表达式和 JSTL 标签库的知识，读者可以更加高效、便捷地开发 JSP 页面，提高 Web 应用的开发效率和质量。同时，这些知识也是 Java Web 开发的基础，可为读者学习其他高级框架和技术打下坚实的基础。

6.6　习题

一、填空题

1．JSTL 标签库由________个不同功能的标签库共同组成。

2．EL 表达式的________隐含对象用于获取客户端的 Cookie 信息。

3．EL 的________隐含对象代表 application 域中用于保存属性的 Map 对象。

4．________是一个________标签库，它包含实现 Web 应用中通用操作的标签。

5．在 JSP 页面中，可以通过 JSTL 的________标签循环遍历集合或数组。

二、判断题

1．EL 表达式的 initParam 隐含对象可获取 web.xml 文件中配置的 Servlet 信息。（ ）

2．JSTL 标签库中的 Core 标签库的 URI 为 http://java.sun.com/jsp/core。（ ）

3．EL 表达式的 cookie 隐含对象用于获取客户端的 Cookie 信息。（ ）

4．EL 表达式中条件运算符用于执行某种条件判断，它类似于 Java 语言中的 if-else 语句。（ ）

三、选择题

1．在 c_if.jsp 中有如下代码片段：

```
< c:if test="true">
true
< /c:if>
< c:else test="false">
false
< /c:else>
```

对于上述代码片段说法正确的是（ ）。

A．该页面代码部署启动时，控制台会报错

B．在该页面会出现编译错误，并有红叉提示

C．访问该页面会出现结果：true false

D．访问该页面时，浏览器没有任何信息显示

2．阅读下列代码片段：

```
c_out.jsp:
<%-第 1 个 out 标签 --%>
userName1 属性的值为:
<c:out value="username1" default="unknown" />
<%-第 2 个 out 标签 --%>
userName2 属性的值为:
<c:out value="username2">
unknown
</c:out>
```

当使用浏览器访问 c_out.jsp 时会有什么结果（ ）。

A．userName1 属性的值为 unknown，userName2 属性的值为 username2

B．userName1 属性的值为 username1，userName2 属性的值为 username2

C．userName1 属性的值为 null，userName2 属性的值为 null

D．userName1 属性的值为 username1，userName2 属性的值为 unknown

3．下列隐含对象中，用于获取请求头字段的某个值的是（ ）。

A．header　　B．headerValue

C．headerValues　　D．headerScope

4．已知 JSP 页面中存在如下代码：

```
<% session.setAttribute("pageContext", "itcast"); %>
${pageContext}
```

则以下说法中正确的是（　　）。

A．将出现语法错误，因为 pageContext 是保留字

B．运行时存在异常

C．不出现异常，输出 null

D．不出现异常，输出 pageContext 对象

5．下列选项中，与 request.getAttribute("p")；等效的 EL 表达式是（　　）。

A．$<request.p>　　B．$[requestScope.p]

C．$(request.p)　　D．${requestScope.p}

四、简答题

1．JSTL 是什么？有哪些常用的 JSTL 标签？

2．EL 表达式是什么？有哪些常用的 EL 表达式？

第 7 章 MVC 设计模式

本章学习目标

- 理解 JavaBean 的概念及种类。
- 理解 JSP Model1 和 JSP Model2 模式的结构。
- 掌握 JSP Model2 模式的应用。
- 理解 MVC 设计模式的原理。

JSP 方案在设计之初可以让程序员从严格的 Java 语法中解脱出来，但是当程序复杂到一定程度时，JSP 包含处理业务逻辑的代码、HTML 和 CSS 等页面代码以及与数据库交互的代码。这些不同功能的代码混杂在一起，使代码高度耦合，降低了程序的可读性和可维护性。为了解决这个问题，MVC 设计模式被引入 Java Web 开发中。本章将详细讲解 MVC 设计模式及 JavaBean 技术、JSP 开发模式等知识，包括 JavaBean 的种类和使用方式、使用 JavaBean 解决中文乱码问题、JSP Model1 开发模式和 JSP Model2 开发模式以及 MVC 设计模式的介绍和使用。

7.1 JavaBean 技术

在 JSP 网页开发的初级阶段，网页代码和业务逻辑代码是写在一起的。这种书写方式给程序的调试和维护都带来了很大困难，也不能体现面向对象的开发模式，问题焦点在于将 HTML 和 Java 代码分离。分离使用的技术是 JavaBean，JSP 加入 JavaBean 的开发模式也被称为 JSP+JavaBean。本节将对 JavaBean 技术进行详细讲解。

7.1.1 JavaBean 概述

在传统的 Java Web 开发中，JSP 文件中嵌入了大量处理业务逻辑的 Java 代码，例如对数据库的操作、对集合的处理等代码，JSP 既负责数据展示，又负责业务逻辑处理和流程控制。传统 JSP 开发模式的简化流程图如图 7.1 所示。

如果将 JSP 页面中原有的 Java 代码单独封装成一个处理某种业务逻辑的类，然后在 JSP 页面中调用此类，不但降低了 HTML 和 Java 代码之间的耦合度，提高了程序的可读性，而且提高了 Java 代码的通用性和灵活度。这种实现 Java 代码与 HTML 分离的 Java 类就是 JavaBean 组件。在 JSP+JavaBean 开发模式中，JSP 页面负责调用 JavaBean 组件来响应用户的请求，并将处理结果返回给用户。在这种模式下，JSP 负责视图和控制器的双重功能，JavaBean 负责处理业务逻辑，简化流程图如图 7.2 所示。

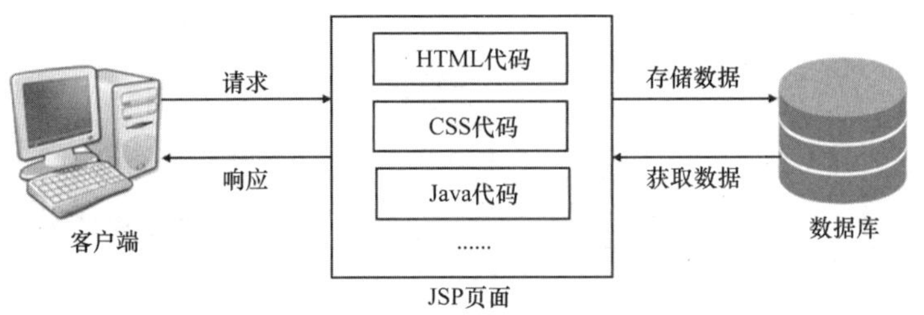

图 7.1　传统 JSP 开发模式的简化流程图

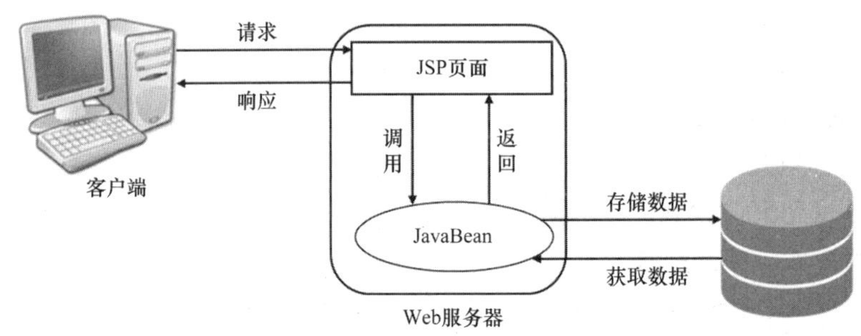

图 7.2　JSP+JavaBean 开发模式的简化流程图

由图 7.2 可以看出，JavaBean 的应用简化了 JSP 页面，在 JSP 页面中只需要包含页面设计代码，并通过调用 JavaBean 组件完成业务逻辑操作和数据库操作等。

JavaBean 是一种用 Java 语言写成的可重用组件。JavaBean 实际上是一种遵循特定规范的 Java 类，使用 JavaBean 可将功能处理、数据库访问和其他任何可用 Java 代码创造的对象进行打包，并且其他的开发者可以通过内部的 JSP 页面、Servlet、其他 JavaBean、Applet 程序或者应用来使用这些对象。我们可以认为 JavaBean 提供了一种随时随地复制和粘贴的功能，而不用关心任何改变。JavaBean 具有以下特点。

- 类必须使用 public 修饰，且实现 Serializable 接口。
- 必须保证有公共无参的构造方法。
- 属性必须私有化，并提供 public 类型的 getter 和 setter 方法供外部访问（boolean 类型属性使用 isXxx()格式）。

使用 JavaBean 可以无限扩充 Java 程序的功能，通过 JavaBean 的组合可以快速地生成新的应用程序。对于程序开发者来说，JavaBean 最大的优势是可以实现代码的重复利用，程序的易维护性等也有明显提高。

7.1.2　JavaBean 的种类

JavaBean 传统的应用在于可视化领域，如 Swing 程序中的按钮、面板和窗体等。自从 JSP 诞生后，JavaBean 更多应用在非可视化领域，用于数据封装、数据库操作和逻辑运算等，在服务器端应用方面表现出了越来越强的生命力。

接下来，通过一个案例演示 JavaBean 的定义，该案例通过 JavaBean 封装 Person 对象。

在 IDEA 中新建 Java Web 项目 Chapter07，在 Chapter07 的 src 目录下新建 com.javaBean.Person 类，关键代码如例 7-1 所示。

【例 7-1】Person.java

```
1   import java.io.Serializable;
2   public class Person implements Serializable {
3       private String name;
4       private int age;
5       public Person() {
6       }
7       public Person(String name, int age) {
8           this.name = name;
9           this.age = age;
10      }
11      public String getName() {
12          return name;
13      }
14      public void setName(String name) {
15          this.name = name;
16      }
17      public int getAge() {
18          return age;
19      }
20      public void setAge(int age) {
21          this.age = age;
22      }
23  }
```

在例 7-1 中，第 3～4 行代码声明了 name 和 age 属性；第 5～6 行代码定义了 Person 的公共无参构造方法；第 7～10 行代码定义了 Person 的公共全参构造方法；第 11～22 行代码分别为 name 和 age 属性提供了 getter 和 setter 方法。

通常，JavaBean 中一组对应的 getter 和 setter 方法被称为属性（Property）。需要注意的是，JavaBean 的属性并不等同于面向对象编程中的类的成员变量（Attribute），而是对类的成员变量的读写操作，注意 getter 和 setter 方法中的属性名必须首字母大写，框架中常使用 JavaBean 的属性。在例 7-1 中，可以称该 JavaBean 具有两个可读可写的属性：name 和 age。在编码的过程中，通常声明属性和成员变量相同，仅是因为没必要定义太多同义的名称。

JavaBean 的属性只需要定义 getter 和 setter 方法，不一定需要对应的字段。例如，为例 7-1 中的 Person 类定义一个 isChild()的只读属性，示例代码如下。

```
public boolean isChild() {
    return age <= 6;
}
```

上述代码中，通过 isChild()属性对 age 字段进行判断，用于判定该 Person 是否是一个儿童。可以看出，getter 和 setter 方法也是一种封装数据的方式。

7.1.3 JavaBean 的使用

通过前面的学习，我们可以对 JavaBean 有初步的了解。但对于在 JSP 中调用 JavaBean，我们还需要了解一些 JSP 的特定内容。在 JSP 中调用 JavaBean 实现数据封装或数据传递有 3

个标准的标签，分别是<jsp:useBean>、<jsp:setProperty>和<jsp:getProperty>。本小节对 JavaBean 在 JSP 中的应用进行详细讲解。

1．使用<jsp:useBean>标签创建 JavaBean 对象

<jsp:useBean>标签可以在 JSP 中声明一个具有一定作用范围和唯一 id 的 JavaBean。声明后，JavaBean 对象就成了脚本变量，JSP 可以通过 id 来识别 JavaBean，也可以通过脚本元素或其他自定义标签来访问。<jsp:useBean>标签的语法格式如下。

```
<jsp:useBean id="名称" scope="作用域"/>
```

上述语法中，id 属性是 JavaBean 对象的唯一标识，代表一个 JavaBean 的实例，id 的值可以是任意值，但在同一 JSP 文件中，<jsp:useBean>中的 id 值不允许重复；scope 属性代表 JavaBean 的作用域，scope 的值根据需求可以是 page、request、session 或 application。

接下来，通过一个案例演示<jsp:useBean>标签的使用。

（1）在 Chapter07 项目的 web 目录下新建 useBeanDemo.jsp，关键代码如例 7.2 所示。

【例 7-2】useBeanDemo.jsp

```
1   <%@ page contentType="text/html;charset=UTF-8" language="java" %>
2   <html>
3   <head>
4       <title>useBean 演示</title>
5   </head>
6   <body>
7   <jsp:useBean id="date" class="java.util.Date"/>
8   <p>日期为: <%= date %></p>
9   </body>
10  </html>
```

在例 7-2 中，第 7 行代码通过<jsp:useBean>标签实例化了一个 Date 类的 JavaBean 对象，id 为 date；第 8 行代码通过<p>标签将 date 对象输出到页面。

（2）在 IDEA 中启动 Tomcat 后，在浏览器的地址栏中输入 useBeanDemo.jsp 的访问地址 localhost:8080/Chapter07/useBeanDemo.jsp。浏览器的显示效果如图 7.3 所示。

图 7.3 <jsp:useBean>实现输出当前时间

<jsp:useBean>标签能够获取 Date 类的实例，是因为 Date 类是遵循 JavaBean 规范的。<jsp:useBean>标签获取类的实例，内部是通过调用类的公共无参构造方法实现的，而 Date 类中提供了公共无参构造方法（可查看 JDK-API 源代码验证）。

2．使用<jsp:setProperty>标签设置 JavaBean 的属性值

<jsp:setProperty>标签可以设置 JavaBean 实例的属性值。需要注意的是，<jsp:setProperty>标签必须要在<jsp:useBean>创建实例之后使用。<jsp:setProperty>标签的语法格式如下。

```
<jsp:setProperty name="bean 的 id" property="属性名" value="value"/>
```

上述语法中，name 属性代表通过<jsp:useBean>标签创建的 JavaBean 实例；property 属性代表要设置值的属性名，如果使用 property= “*”，程序会查找当前的请求的所有参数，并且匹配 JavaBean 中具有相同名称的属性，再通过 setter 方法赋予 value 属性，如果 value 属性为空，则不会修改 JavaBean 中的属性值；value 代表赋予 JavaBean 的属性 property 的具体值。

3．使用<jsp:getProperty>标签设置 JavaBean 的属性值

<jsp:getProperty>标签可以得到 JavaBean 实例的属性值，并将其转换为 java.lang.String 类型，最后放置在隐含的 Out 对象中。与<jsp:setProperty>标签一样，<jsp:getProperty>标签的使用也必须要在<jsp:useBean>创建实例之后。<jsp:getProperty>标签的语法格式如下。

```
<jsp:getProperty name="bean 的 id" property="属性名"/>
```

上述语法中，name 属性代表想要获取属性值的 JavaBean 实例；property 属性代表想要获取值的属性名。

接下来，通过一个案例演示<jsp:setProperty>标签和<jsp:getProperty>标签的使用，实现操作例 7-1 中 Person 类的属性。

（1）在 Chapter07 项目的 web 目录下新建 propertyDemo.jsp，如例 7-3 所示。

【例 7-3】propertyDemo.jsp

```
<%@ page contentType="text/html;charset=UTF-8" language="java" %>
<html>
<head>
    <title>Title</title>
</head>
<body>
<jsp:useBean id="person" class="com.javaBean.Person"></jsp:useBean>
<jsp:setProperty name="person" property="name" value="小明"></jsp:setProperty>
<jsp:setProperty name="person" property="age" value="18"></jsp:setProperty>
<p>姓名:
    <jsp:getProperty name="person" property="name"/>
</p>
<p>年龄:
    <jsp:getProperty name="person" property="age"/>
</p>
<p>是否儿童:
    <jsp:getProperty name="person" property="child"/>
</p>
</body>
</html>
```

（2）在 IDEA 中启动 Tomcat 后，在浏览器的地址栏中输入 propertyDemo.jsp 的访问地址 localhost:8080/Chapter07/propertyDemo.jsp。浏览器的显示效果如图 7.4 所示。

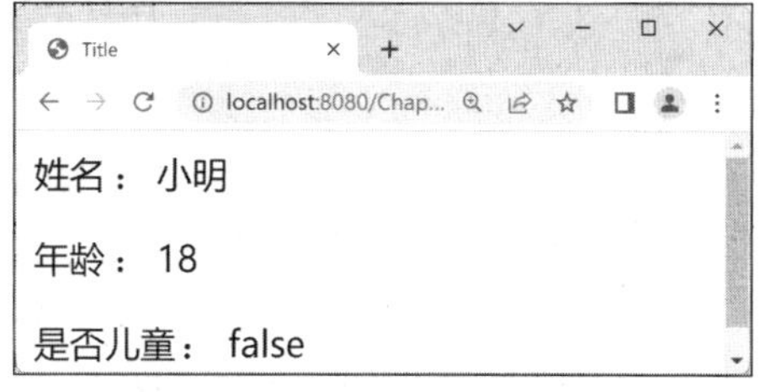

图 7.4　例 7-3 的显示效果

<jsp:getProperty/>标签内部通过调用 getter 方法获取属性值，<jsp:setProperty/>标签内部通过调用 setter 方法设置属性值。因此，在编写 JavaBean 时要遵循 JavaBean 规范。

4．JSP 和 JavaBean 结合实例

JSP 与 JavaBean 结合使用的场景十分广泛，几乎所有的 JSP 页面中实体对象及业务逻辑处理都由 JavaBean 技术实现。通过 JavaBean 可以减少 JSP 页面中的 Java 代码，并且提高程序的可读性和可维护性。

接下来，通过一个案例讲解 JavaBean 在 JSP 中的应用，实现待办事项的添加功能。案例实现步骤如下。

（1）在 Chapter07 项目的 com.javaBean 包下创建名称为 Todo 的类，实现对待办事项信息的封装，Todo 类相当于待办事项信息的 JavaBean，关键代码如例 7-4 所示。

【例 7-4】Todo.java

```
1   package com.javaBean;
2   import java.time.LocalDate;
3   public class Todo {
4       private String title;//标题
5       private String description;//描述
6       private String targetDate;//目标完成时间
7       private boolean status;//状态
8       public Todo() {
9       }
10      public String getTitle() {
11          return title;
12      }
13      public void setTitle(String title) {
14          this.title = title;
15      }
16      public String getDescription() {
17          return description;
18      }
19      public void setDescription(String description) {
20          this.description = description;
21      }
22      public LocalDate getTargetDate() {
23          return targetDate;
24      }
25      public void setTargetDate(LocalDate targetDate) {
26          this.targetDate = targetDate;
27      }
28      public boolean isStatus() {
29          return status;
30      }
31      public void setStatus(boolean status) {
32          this.status = status;
33      }
34  }
```

在例 7-4 中，第 4～7 行代码定义了待办事项的标题、描述、目标完成时间、状态 4 个属性；第 8～9 行代码定义了 Todo 类的公共无参构造方法；第 10～33 行代码声明了待办事项的 JavaBean 的 4 组 getter 和 setter 属性。

（2）在 Chapter07 项目的 web 目录下创建用于填写待办事项信息的页面 todo-form.jsp。具体代码如例 7-5 所示。

【例 7-5】todo-form.jsp

```
1   <%@ page contentType="text/html;charset=UTF-8" language="java" %>
2   <html>
3   <head>
4       <title>添加待办事项</title>
5   </head>
6   <body>
7   <form action="todo-info.jsp" method="post">
8       <table align="center" width="400" height="200" border="1">
9           <tr>
10              <td align="center" colspan="2" height="40">添加待办事项</td>
11          </tr>
12          <tr>
13              <td align="center">
14                  标题：<input type="text" name="title">
15              </td>
16          </tr>
17          <tr>
18              <td align="center">
19                  描述：<input type="text" name="description">
20              </td>
21          </tr>
22          <tr>
23              <td align="center">
24                  目标完成时间：<input type="date" name="targetDate">
25              </td>
26          </tr>
27          <tr>
28              <td align="center">
29                  状态： <select name="isDone">
30                  <option value="进行中">进行中</option>
31                  <option value="已完成">已完成</option>
32              </select>
33              </td>
34          </tr>
35      </table>
36  </form>
37  </body>
38  </html>
```

在例 7-5 中，第 7 行代码表示以 POST 的提交方法将该 form 表单中所填写的信息提交到“todo-info.jsp”页面；第 8～21 行代码在 table 中定义待办事项的标题、描述的文本框；第 22～26 行代码定义了待办事项的目标完成时间控件；第 27～34 行代码定义了待办事项的状态选择控件。

（3）在 Chapter07 项目的 web 目录下创建用于展示待办事项具体信息的页面 fodo-info.jsp，将所获取的待办事项的信息输出到页面中，关键代码如例 7-6 所示。

【例 7-6】todo-info.jsp

```
1  <%@ page contentType="text/html;charset=UTF-8" language="java" %>
2  <html>
3  <head>
4      <title>待办事项信息</title>
5  </head>
6  <body>
7  <%request.setCharacterEncoding("UTF-8"); %>
8  <jsp:useBean id="todo" class="com.javaBean.Todo" scope="page">
9      <jsp:setProperty name="todo" property="*"></jsp:setProperty>
10 </jsp:useBean>
11 <table>
12     <tr>
13         <td align="center">标题:
14             <jsp:getProperty name="todo" property="title"/>
15         </td>
16     </tr>
17     <tr>
18         <td align="center">描述:
19             <jsp:getProperty name="todo" property="description"/>
20         </td>
21     </tr>
22     <tr>
23         <td align="center">目标完成时间:
24             <jsp:getProperty name="todo" property="targetDate"/>
25         </td>
26     </tr>
27     <tr>
28         <td align="center">状态:
29             <jsp:getProperty name="todo" property="status"/>
30         </td>
31     </tr>
32 </table>
33 </body>
34 </html>
```

在例 7-6 中，第 7 行代码用于为参数传入 UTF-8 编码格式，以覆盖 request 对象中默认的 ISO-8859-1 编码格式；第 8～10 行代码用于接收 todo 对象的所有参数；第 11～32 行代码在 table 中编写事项标题、描述、目标完成时间和状态所对应的文本框或控件，在获取了 todo 对象的所有属性后，todo-info.jsp 页面通过<jsp:getProperty>标签读取了 JavaBean 对象 todo 的属性值。

（4）在 IDEA 中启动 Tomcat 后，在浏览器的地址栏中输入 todo-form.jsp 的访问地址 localhost:8080/Chapter07/todo-form.jsp，并填写表单信息。浏览器的显示效果如图 7.5 所示。

单击图 7.5 所示页面中的“添加”按钮，将表单数据提交到 todo-info.jsp 页面，浏览器的显示效果如图 7.6 所示。

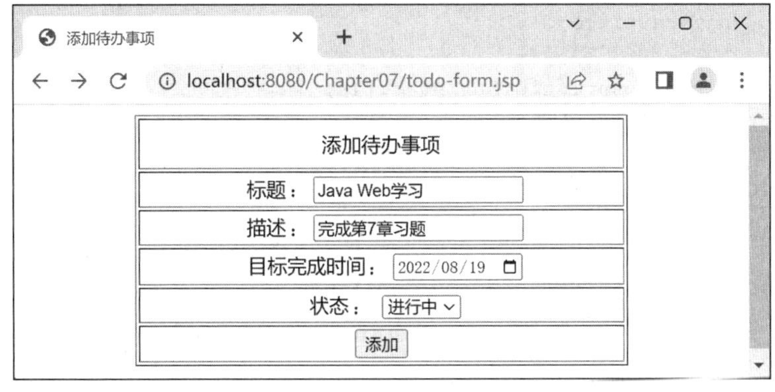

图 7.5　添加待办事项页面

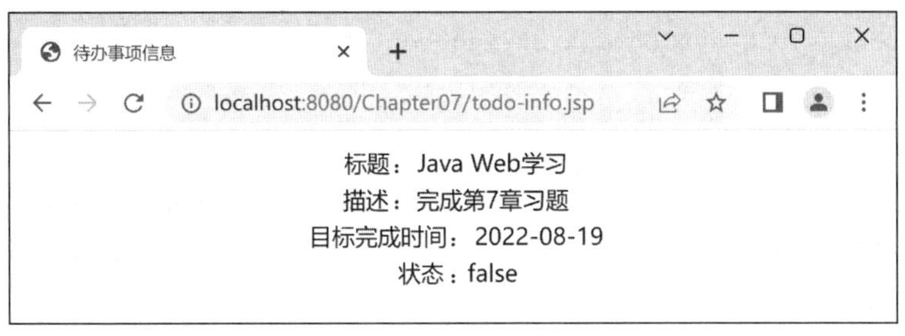

图 7.6　待办事项信息页面

7.1.4　解决中文乱码问题

用户在 JSP 页面提交中文内容后可能会出现乱码的问题，例如，在例 7-5 中的 todo-form.jsp 页面中提交中文数据后，在例 7-6 的 todo-info.jsp 页面中会出现中文乱码问题。此时，通过使用 request.setCharacterEncoding("UTF-8")语句可以解决该问题。除此之外，也可通过 JavaBean 来解决。通过构建一个专门用于处理字符乱码的 JavaBean 类，定义方法对接收的数据进行重新编码，使其和跳转页面的编码格式一致，即可实现中文内容的正常显示。

接下来，通过一个案例讲解使用 JavaBean 解决中文乱码问题，模拟在论坛发帖的功能。案例实现步骤如下。

1. 创建 Posts 类

在 Chapter07 项目的 com.javaBean 包下创建名称为 Posts 的类，实现对帖子内容的封装，关键代码如例 7-7 所示。

【例 7-7】Posts.java

```
package com.javaBean;
public class Posts {
    private String title;
    private String mode;
    private String content;
    public Posts() {
    }
    public String getTitle() {
```

```
9           return title;
10      }
11      public void setTitle(String title) {
12          this.title = title;
13      }
14      public String getMode() {
15          return mode;
16      }
17      public void setMode(String mode) {
18          this.mode = mode;
19      }
20      public String getContent() {
21          return content;
22      }
23      public void setContent(String content) {
24          this.content = content;
25      }
26  }
```

在例 7-7 中，第 3～5 行代码分别定义了 Posts 类的 title、mode、content 属性；第 6～7 行定义了 Posts 类的公共无参构造方法；第 8～25 行代码分别为 title、mode 和 content 提供了 getter 和 setter 方法。

2．创建对字符编码进行处理的 JavaBean

在 Chapter07 项目的 com.javaBean 包下创建名称为 EncodingProcess 的类，编写 toString() 方法实现对字符编码的转换，关键代码如例 7-8 所示。

【例 7-8】EncodingProcess.java

```
import java.io.UnsupportedEncodingException;
public class EncodingProcess {
    public EncodingProcess() {
    }
    /**
     * 对字符串进行处理
     * @param str 需要转码的字符串
     * @return 以 UTF-8 编码后的字符串
     */
    public String toString(String str) {
        String content = "";
        if (str != null && !"".equals(str)) {
            try {
                content = new String(str.getBytes("ISO-8859-1"), "UTF-8");
            } catch (UnsupportedEncodingException e) {
                // TODO: handle exception
                e.printStackTrace();
            }
        }
        return content;
    }
}
```

在例 7-8 中，第 12～19 行代码用于判断字符串是否为空或为空字符串，若字符串不为空，则先将该字符串转换为在 ISO-8859-1 编码环境下的字节数组，然后在 UTF-8 编码环境下翻译这个数组，从而得到 UTF-8 字符集编码。

3. 创建 post.jsp 页面

在 Chapter07 项目的 web 目录下创建用于填写帖子信息的 post.jsp，关键代码如例 7-9 所示。

【例 7-9】post.jsp

```
<%@ page contentType="text/html;charset=UTF-8" language="java" %>
<html>
<head>
    <title>帖子发布</title>
</head>
<body>
<form action="release.jsp" method="post">
    <table align="center" width="500" height="300" border="1">
        <tr>
            <td align="center">
                <b>我要发帖</b>
            </td>
        </tr>
        <tr>
            <td>
                标题:<input type="text" name="title" placeholder="请输入标题(1～50 个字符)">
            </td>
        </tr>
        <tr>
            <td>
                所属模块: <select name="mode">
                <option value="请选择模块" selected>请选择模块</option>
                <option value="电子书籍">电子书籍</option>
                <option value="在线视频">在线视频</option>
                <option value="新手报到">新手报到</option>
                <option value="职业规划">职业规划</option>
            </select>
            </td>
        </tr>
        <tr>
            <td>
                内容: <textarea name="content" rows="10" cols="50"></textarea>
            </td>
        </tr>
        <tr>
            <td align="center">
                <input type="submit" value="发布">
            </td>
```

```
39            </tr>
40        </table>
41    </form>
42    </body>
43    </html>
```

在例 7-9 中，第 7 行代码表示以 POST 提交方法将 form 表单中的数据提交到 release.jsp 页面；第 8～41 行代码在 table 中定义了帖子的标题、所属模块和内容的输入框或选择框以及发布帖子的按钮。

4．创建 release.jsp 页面

在 Chapter07 项目的 web 目录下创建用于展示帖子具体信息的 release.jsp 页面，将所获取的帖子的信息进行处理后输出到页面中，关键代码如例 7-10 所示。

【例 7-10】release.jsp

```
1    <%@ page contentType="text/html;charset=UTF-8" language="java" %>
2    <html>
3    <head>
4        <title>帖子信息</title>
5    </head>
6    <body>
7    <jsp:useBean id="posts" class="com.javaBean.Posts"></jsp:useBean>
8    <jsp:useBean id="encoding" class="com.javaBean.EncodingProcess">
9    </jsp:useBean>
10   <jsp:setProperty name="posts" property="*"></jsp:setProperty>
11   <div align="center">
12       <div id="container">
13           <div id="title">
14               <b>标题：<%=encoding.toString(posts.getBiaoti())%></b>
15           </div>
16           <div id="mode">
17               所属模块：<%=encoding.toString(posts.getMode())%>
18           </div>
19           <div id="content">
20               内容：<%=encoding.toString(posts.getContent())%>
21           </div>
22       </div>
23   </div>
24   </body>
25   </html>
```

在例 7-10 中，第 7 行代码通过<jsp:useBean>标签实例化了一个 Posts 类的 JavaBean 对象，id 为 posts；第 8～9 行代码用于实例化 EncodingProcess 类的 JavaBean 对象，id 为 encoding；第 10 行代码用于接收 posts 对象的所有参数；第 14 行、第 17 行和第 20 行代码用于对获取到的帖子内容进行转码。

在 IDEA 中启动 Tomcat 后，在浏览器的地址栏中输入 post.jsp 的访问地址 localhost:8080/Chapter07/post.jsp，浏览器的显示效果如图 7.7 所示。

在图 7.7 所示的帖子发布页面中，输入帖子的标题和内容，选择帖子所属模块，单击“发布”按钮，跳转到帖子信息页面，如图 7.8 所示。

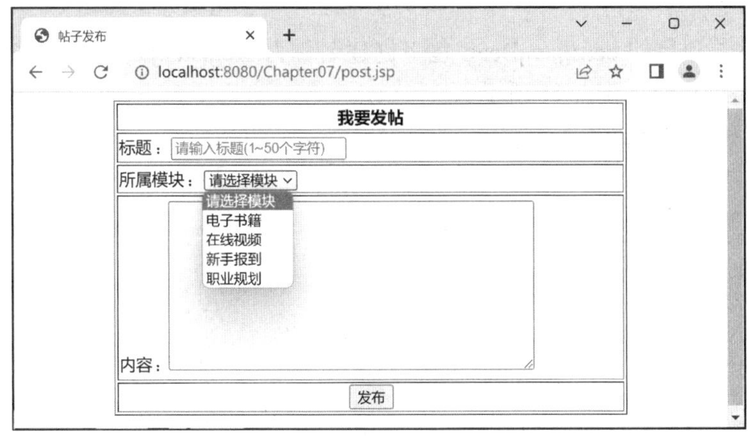

图 7.7　帖子发布页面

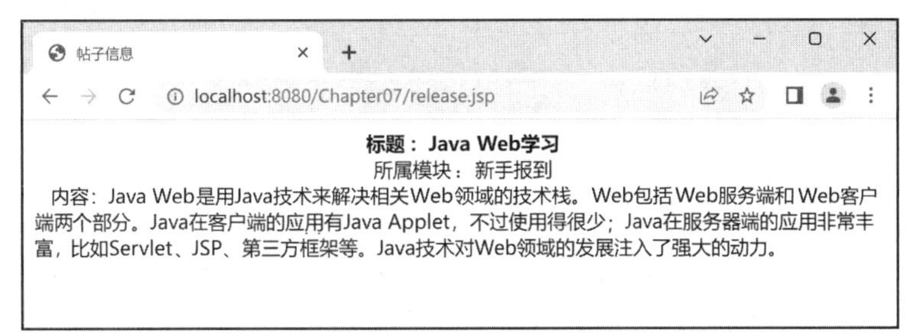

图 7.8　帖子信息页面

知识拓展

在 Tomcat 8 之前的版本中预设的编码格式是 ISO-8859-1，而在 ISO-8859-1 的编码表中并没有包含汉字字符，因此，实践中非常容易出现中文乱码问题。request.setCharacterEncoding("UTF-8")语句仅能用来处理 POST 请求，对 GET 请求无效。使用 GET 请求方法时，需要对请求参数进行转码。从 Tomcat 8 开始使用 UTF-8 编码格式，系统只需要对 POST 请求方法进行处理即可。

实战训练 7-1：实现注册校验功能

微课视频

【需求描述】

用户在注册网站时，需要在表单中填写用户名、密码和手机号码，选择注册的用户类型和所在的省份。对用户提交的注册信息进行校验，要求用户名为 2～8 位的字符串，密码必须为 6～12 位的字符串，手机号码格式合法。

【思路分析】

本实战训练需要定义一个输入用户注册信息的表单页面和一个用户注册信息校验的反馈页面，还需要定义一个用来做用户注册信息校验的 JavaBean。

【实现步骤】

1．创建 Register.java

在 Chapter07 项目的 com.javaBean 包下创建名称为 Register.java 的类，实现对用户注册信息的封装，关键代码如例 7-11 所示。

【例 7-11】Register.java

```
package com.javaBean;
import java.util.HashMap;
import java.util.Map;
public class Register {
    private String username;//用户名
    private String password;//密码
    private String conPwd;//确认密码
    private String phone;//手机号码
    private String province;//所在区域（省份）
    private String type;//用户类型
    private Map<String, String> errors = new HashMap<String, String>();//错误信息 Map
    public Register() {
    }
    public String getUsername() {
        return username;
    }
    public void setUsername(String username) {
        this.username = username;
    }
    public String getPassword() {
        return password;
    }
    public void setPassword(String password) {
        this.password = password;
    }
    public String getConPwd() {return conPwd;}
    public void setConPwd(String conPwd) {
        this.conPwd = conPwd;
    }
    public String getPhone() {
        return phone;
    }
    public void setPhone(String phone) {
        this.phone = phone;
    }
    public String getProvince() {return province;}
    public void setProvince(String province) {
        this.province = province;
    }
    public String getType() {return type;}
    public void setType(String type) {
        this.type = type;
```

```
43        }
44        public String getErrors(String key) {
45            String value = this.errors.get(key);
46            return key == null || value == null ? "" : value;
47        }
48        public void setErrors(Map<String, String> errors) {
49            this.errors = errors;
50        }
51        public boolean isValidate() {
52            boolean flag = true;
53            if (this.username.length() < 4 && this.username.length()> 8) {
54                flag = false;
55                this.username = "";//清空原本的name内容
56                this.errors.put("errUname", "用户名必须为4～8位！");
57            }
58            if (this.password.length() < 6 && this.password.length()> 12) {
59                flag = false;
60                this.password = "";
61                this.errors.put("errPwd", "密码必须为6～12位！");
62            }
63            if (!this.password.equals(this.conPwd)) {
64                flag = false;
65                this.conPwd = "";
66                this.errors.put("errCon", "两次输入的密码不一致");
67            }
68            if (!this.getPhone().matches("1[3-9]\\d{9}$")) {
69                flag = false;
70                this.phone = "";
71                this.errors.put("errPhone", "手机号码格式错误");
72            }
73            return flag;
74        }
75    }
```

在例7-11中，第5～11行代码定义了用户注册需填写的信息及验证反馈等属性；第12～43行代码定义了注册信息属性的getter和setter方法；第44～50行代码定义了getErrors(String key)方法用于获取验证反馈的错误信息的errors集合，setErrors()方法用于向errors集合中存放验证反馈的错误信息；第51～74行代码定义了isValidate()方法用于对注册表单所提交的信息进行校验。

2．创建注册页面

在Chapter07项目的web目录下创建用于填写用户注册信息的页面register.jsp，关键代码如例7-12所示。

【例7-12】register.jsp

```
<%@ page contentType="text/html;charset=UTF-8" language="java" %>
<html>
<head>
    <title>注册页面</title>
</head>
```

```
<body>
<%request.setCharacterEncoding("UTF-8");%>
<jsp:useBean id="reg" scope="request" class="com.javaBean.Register"></jsp:useBean>
<form action="check.jsp" method="post">
    <table align="center" width="500" border="1">
        <tr>
            <td align="center" colspan="2"><b>用户注册</b></td>
        </tr>
        <tr>
            <td>用户名:</td>
            <td>

                <input type="text" name="username" /><%=reg.getErrors("erUname")%>
            </td>
        </tr>
        <tr>
            <td>密码: </td>
            <td><input type="password" name="password" /><%=reg.getErrors("errPwd")%>
            </td>
        </tr>
        <tr>
            <td>确认密码: </td>
            <td><input type="password" name="conPwd" /><%=reg.getErrors("errCon")%>
            </td>
        </tr>
        <tr>
            <td>手机号码: </td>
            <td><input type="text" name="phone"/><%=reg.getErrors("errPhone")%>
            </td>
        </tr>
        <tr>
            <td>所在区域: </td>
            <td>
                <select name="province">
                    <option value="所在区域" selected>省份</option>
                    <option value="山东">山东</option>
                    <option value="山东">河南</option>
                    <option value="山东">河北</option>
                    <option value="山东">辽宁</option>
                </select>
            </td>
        </tr>
        <tr>
            <td>用户类型: </td>
            <td>
                <select name="status">
```

```
52                      <option value="用户类型" selected>用户类型</option>
53                      <option value="专家">专家</option>
54                      <option value="种植户">种植户</option>
55                  </select>
56              </td>
57          </tr>
58          <tr>
59              <td align="center" colspan="2">
60                  <input type="submit" value="提交">
61                  <input type="reset" value="重置">
62              </td>
63          </tr>
64      </table>
65  </form>
66  </body>
67  </html>
```

在例 7-12 中，第 8 行代码使用<jsp:useBean>标签导入 JavaBean 对象，用于接收验证反馈的错误信息；第 9～65 行代码定义了一个 form 表单，包括用户输入的注册信息和“提交”、“重置”按钮。

3．编写用户注册信息校验页面

在 Chapter07 项目的 web 目录下创建用于校验用户注册信息的页面 check.jsp，关键代码如例 7-13 所示。

【例 7-13】check.jsp

```
1   <%@ page contentType="text/html;charset=UTF-8" language="java" %>
2   <html>
3   <head>
4       <title>注册信息校验</title>
5   </head>
6   <body>
7   <%request.setCharacterEncoding("UTF-8");%>
8   <jsp:useBean id="reg" scope="request" class="com.javaBean.Register"/>
9   <jsp:setProperty name="reg" property="*"/>
10  <%
11      if (reg.isValidate()) {
12  %>
13  <jsp:forward page="success.jsp"/>
14  <%
15      } else {
16  %>
17  <jsp:forward page="register.jsp"/>
18  <%
19      }
20  %>
21  </body>
22  </html>
```

在例 7-13 中，第 10～20 行代码调用 isValidate()方法校验注册信息是否合法。如果校验成功，程序会跳转到 success.jsp 页面，用户重新填写注册信息，否则，跳转到 register.jsp 页面，展示用户的注册信息。

4．编写用户注册反馈页面

在 Chapter07 项目的 web 目录下创建校验成功、展示用户注册信息的页面 success.jsp，关键代码如例 7-14 所示。

【例 7-14】success.jsp

```
1   <%@ page contentType="text/html;charset=UTF-8" language="java" %>
2   <html>
3   <head>
4       <title>注册成功</title>
5   </head>
6   <body>
7   <jsp:useBean id="reg" class="com.javaBean.Register" scope="request"></jsp:useBean>
8   <jsp:setProperty name="reg" property="*"></jsp:setProperty>
9   用户名：<jsp:getProperty name="reg" property="username"/><br>
10  密码：<jsp:getProperty name="reg" property="password"/><br>
11  手机号码：<jsp:getProperty name="reg" property="phone"/><br>
12  所在区域：<jsp:getProperty name="reg" property="province"/><br>
13  用户类型：<jsp:getProperty name="reg" property="type"/><br>
14  </body>
15  </html>
```

在例 7-14 中，第 7 行代码使用<jsp:useBean>标签导入 JavaBean 对象；第 8 行代码获取用户注册信息，并封装到 JavaBean 对象中；第 9～13 行代码展示用户的注册信息。

5．运行项目，查看效果

在 IDEA 中启动 Tomcat 后，在浏览器的地址栏中输入 register.jsp 的访问地址 localhost:8080/Chapter07/register.jsp，并填写表单信息。浏览器的显示效果如图 7.9 所示

图 7.9　用户注册页面

校验失败反馈页面和校验成功信息展示页面分别如图 7.10 和图 7.11 所示。

【训练总结】

通过本实战训练，读者能够定义遵循 JavaBean 规范的 Java 类，并通过 JSP 的<jsp:useBean>标签完成 JavaBean 对象的实例化以及使用<jsp:setProperty>和<jsp:getProperty>标签操作 JavaBean 对象的属性，掌握用 JSP+JavaBean 的开发模式进行编程。

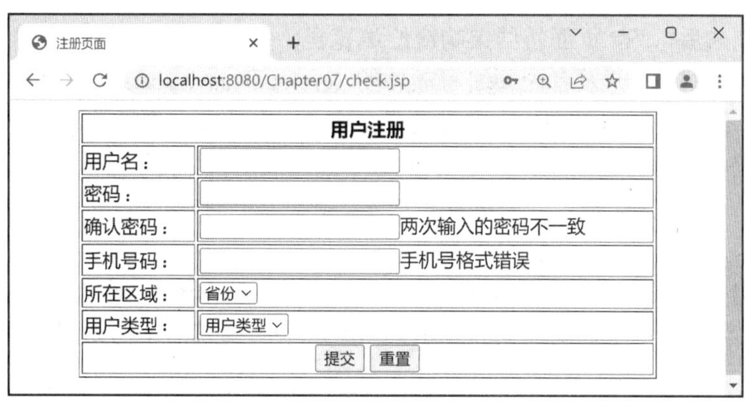

图 7.10　校验失败反馈页面

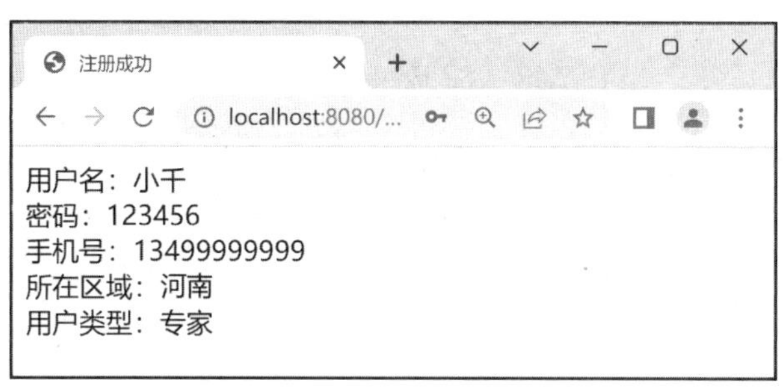

图 7.11　校验成功信息展示页面

7.2　JSP 开发模式

在使用 JavaBean 之前的 Java Web 开发中，实现流程控制、业务逻辑和页面展示的代码是混在一起的，因而很难分离出单独的业务模型，从而使产品设计的弹性很小，难以满足用户的变化性需求。为了改善以上状况，Sun 公司先后提出 JSP Model1 和 JSP Model2 两种开发模式。本节将对 JSP 的两种开发模式进行讲解。

7.2.1　JSP Model1

在早期的 Java Web 开发中，由于 JSP 页面可以将处理业务逻辑的代码和 HTML 代码结合并快速构建一套小型系统，因此 JSP 页面成为 Java Web 开发的主要组件。在使用 JSP 开发的 Web 应用中，JSP 文件是一个独立的、能自主完成所有任务的模块，它负责处理业务逻辑、控制网页流程和用户展示页面。早期的 JSP 模式结构如图 7.12 所示。

图 7.12　早期的 JSP 模式结构

由图 7.12 可以看出，当浏览器发出请求时，Web 容器中的 JSP 页面负责处理请求并操作数据库，处理完成后，JSP 页面将结果响应给浏览器。

在使用上述模式时，开发者无须编写额外的 Servlet 和 JavaBean，节省了开发时间并降低了编码工作量。但是，只使用 JSP 的模式也存在缺点。当开发大型系统时，数据、业务逻辑、流程控制的代码混合在一起，使得程序的重复利用性降低；当业务逻辑需要更改时，就必须修改所有相关的 JSP 文件，造成较高的维护成本。由于以上问题，Sun 公司提出了 JSP Model1 模式。

JSP Model1 模式采用 JSP+JavaBean 的结构，其中，JavaBean 对象负责封装数据和业务逻辑，JSP 页面只负责流程控制和页面显示。JSP Model1 模式的结构如图 7.13 所示。

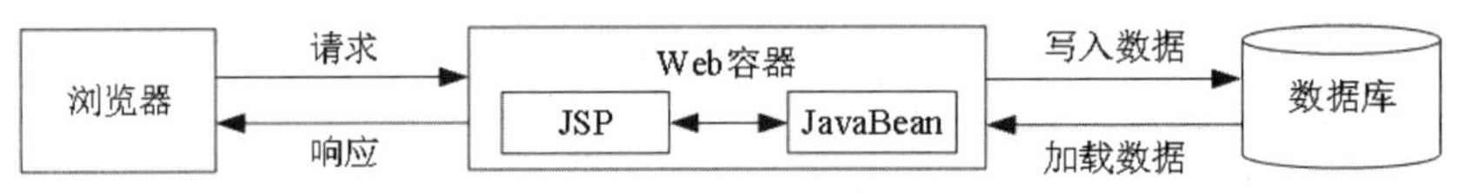

图 7.13　JSP Model1 模式的结构

图 7.13 展示了 JSP Model1 模式的结构，相对于早期只使用 JSP 页面的结构，在该结构下，开发者可将部分重复利用的组件抽取并编写为 JavaBean。当浏览器发送请求时，Web 容器通过 JSP 调用 JavaBean 进行数据存取、业务逻辑的处理，最后将结果回传到 JSP 页面并显示结果。JSP Model1 模式具有如下优点。

（1）程序的可读性提高

在 JSP Model1 模式中，负责封装数据和业务逻辑的功能的代码被写在 JavaBean 中，这样就减少了与页面显示代码混合的情况，提高了程序可读性。

（2）各个模块的可重复利用率提高

在实际开发中，如果使用 JavaBean 实现一些通用的业务逻辑功能，就能使不同的 JSP 共享这些通用的 JavaBean，从而减少重复代码、提高开发效率。

（3）程序的维护难度降低

JavaBean 将实现业务逻辑的代码从 JSP 中分离。如果后期需要对业务逻辑进行修改，开发者修改对应的 JavaBean 即可，无须过多关注 JSP。

7.2.2　JSP Model2

JSP Model1 模式只有 JSP 和 JavaBean，它的中心是 JSP 页面，在 JSP 页面中既有 HTML 代码，又有 Java 代码。例如，例 7-13 中通过 JSP 实现了页面的跳转。这样在 JSP 页面中同时实现了业务逻辑和流程控制，虽然可以快速开发，但是部分业务逻辑和表示逻辑并没有在 JSP 页面中进行抽象和分离，JSP 的职责过重，所以非常不利于系统业务的重用和改动，不便于维护。为了解决以上问题，Sun 公司在 JSP Model1 的基础上又提出了 JSP Model2 模式。

JSP Model2 模式采用 JSP+Servlet+JavaBean 的结构，它引入 Servlet 并将 JSP 页面的流程控制功能转交给 Servlet，这样就实现了 Web 应用中页面展示模块、流程控制模块和业务逻辑模块的相互分离。JSP Model2 模式实际上是一种基于 MVC（Model-View-Controller，模型-视图-控制器）结构的开发模式，它通过 JavaBean 实现 MVC 的模型层，通过 JSP 实现 MVC 的视图层，通过 Servlet 实现 MVC 的控制层。这些组件的交互和重用可以弥补 JSP Model1 模式的不足。JSP Model2 模式的结构如图 7.14 所示。

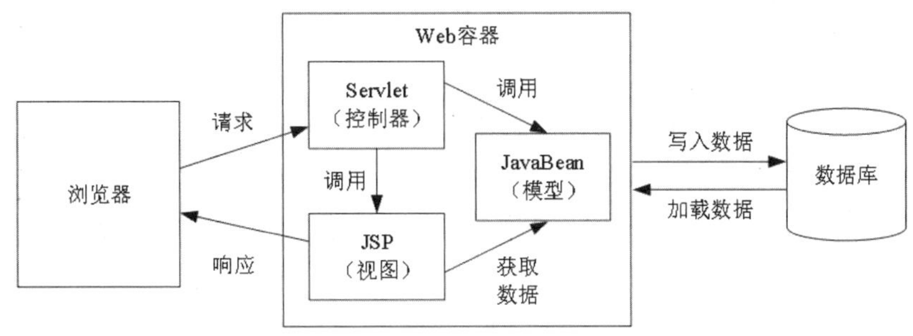

图 7.14　JSP Model2 模式的结构

由图 7.14 可以看出，JSP Model2 其实是在 JSP Model1 基础上又抽出了一层控制层。JSP Model2 模式的 Web 应用在提供服务时的工作流程具体如下。

（1）用户通过浏览器将请求发送到 Servlet。

（2）Servlet 根据用户请求调用相应的 JavaBean 完成对请求数据、业务操作、结果数据的处理和封装。

（3）Servlet 根据处理结果调用相应的 JSP 页面。

（4）JSP 页面调用 JavaBean 获取页面所需的结果数据。

（5）包含结果数据的 JSP 页面被响应回浏览器。

JSP Model2 模式使得程序分层更加清晰，它的出现为大型系统的开发提供了便利。JSP Model2 模式具有如下优点。

（1）开发流程更加明确

JSP Model2 模式分离了页面展示模块、流程控制模块和业务逻辑模块，这使得整个项目可以分模块实现功能，开发者各司其职、互不干扰，项目管理更加精准、明确。

（2）统一的流程管控

JSP Model2 模式采用 Servlet 集中控制每个请求的处理流程，简化了 JSP 页面的功能并降低了流程控制代码的耦合度。由于 Servlet 本身就是一个 Java 类，因此使用它接收请求参数和实现页面跳转等功能是非常合适的。

（3）程序维护更加简单

JSP Model2 模式具有组件化的特点，各模块代码的重用度高，可以被反复调用。除此之外，模块化的代码有更好的扩展性。在后期维护过程中，如果要为程序修改或增加功能，只需修改一些关联代码即可。

7.3　MVC 设计模式

在 7.2 节的学习中，我们提到了 MVC 设计模式。MVC 设计模式是软件工程中的一种软件架构模式，它用一种业务逻辑、数据与界面显示分离的方法来组织代码，将众多的业务逻辑聚集到一个部件里面，在需要改进和个性化定制界面及用户交互时，不需要重新编写业务逻辑，可达到减少编码时间、提高代码复用性的目的。MVC 设计模式把软件系统分为 3 个基本模块：模型（Model）、视图（View）和控制器（Controller）。这 3 个模块的作用如下。

1. 模型

模型用于封装与应用程序的业务逻辑相关的数据以及对数据的处理方法。模型具有对数据直接访问的能力，例如对数据库数据的访问。模型不依赖于视图和控制器，即不关心它会被如何显示或被如何操作，但是模型的状态发生变化时一般会通过一种刷新机制通知视图。

2. 视图

视图负责向用户显示相关数据并与用户交互。视图将处理后的信息显示给用户并能接收用户的输入数据，但它并不进行任何实际的业务处理。视图可以从它监视的模型中查询业务状态，当模型的状态发生改变时，视图会对用户界面进行同步更新，但视图不能改变模型。

3. 控制器

控制器起到不同层面间的组织作用，用于控制应用程序的流程。当用户通过视图和程序互动时，控制器从视图中获取数据，并将请求和数据交给相关的模型处理。数据处理完后，控制器会根据处理结果选择对应的视图，视图将模型返回的数据展示给用户。

模型、视图和控制器肩负不同的功能，同一个模块中的组件保持高内聚性，各模块之间则以松散耦合的方式协同工作。MVC 设计模式的结构如图 7.15 所示。

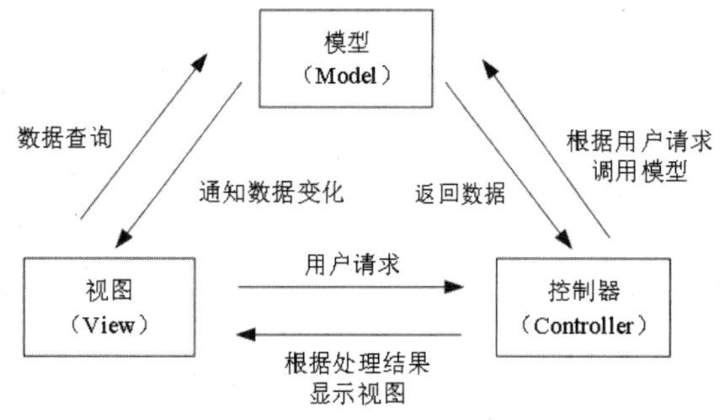

图 7.15　MVC 设计模式的结构

由图 7.15 可以看出，MVC 设计模式的处理流程如下：首先控制器接收用户请求并调用对应的模型进行处理，然后模型根据用户请求处理业务逻辑并返回数据，最后控制器调用相应的视图来格式化模型返回的数据并将处理结果显示给用户。

MVC 设计模式被广泛运用于各类程序设计，很多应用系统，尤其是一些大型 Web 应用，更需要灵活使用 MVC 设计模式对其系统架构进行设计。在 Java Web 开发中，模型一般由 JavaBean 充当，视图一般由 JSP 充当（这样 JSP 就可以专注于显示数据并与用户互动），控制器一般由 Servlet 充当（因为 Servlet 是一个 Java 类，因此控制流程的代码很容易被添加，同时程序的可扩展性也得到提高）。

实战训练 7-2：实现分页功能

【需求描述】

《三国演义》是中国第一部长篇章回体历史小说，是中国四大古典名著之一。它主要描写了魏、蜀、吴 3 个统治集团之间的政治和军事斗争，塑造了一系列鲜明生动的人物形象。现要求使用 MVC 设计模式实现三国人物资料库的分页查询功能。分页是 Web 应用程序开发中开发者必须掌握的一种技术，开发者合理地使用分页技术能极大地提高 Web 数据访问性能。案例效果如图 7.16 所示。

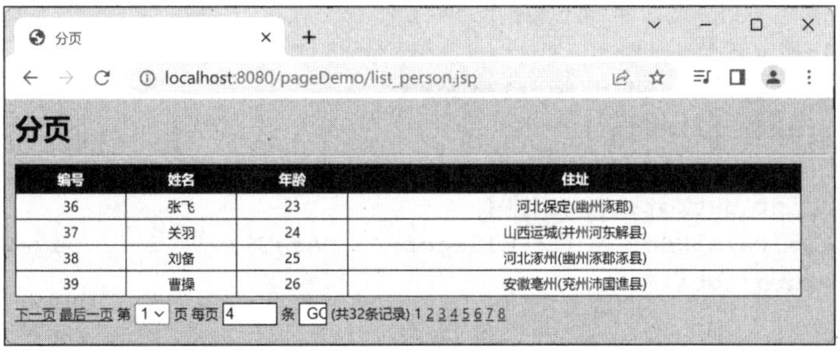

图 7.16　三国人物资料库的分页页面

【思路分析】

（1）创建存储用户信息的数据库（可直接执行本章配套资源包中数据库脚本文件夹中的 SQL 文件）。

（2）创建封装三国人物信息的 JavaBean。

（3）创建封装分页结果对象的 JavaBean。

（4）创建定义分页查询方法的 Dao。

【代码实现】

（1）创建 Java Web 项目 pageDemo，在该项目的 src 目录下创建包 entity，用于存放本项目中用到的实体类。在 entity 包下创建封装三国人物信息的 Person 类，该类需遵循 JavaBean 规范，关键代码如例 7-15 所示。

【例 7-15】Person.java

```
package entity;
public class Person {
    private Integer id;
    private String name;
    private Integer age;
    private String photo;
    private String address;
    private String info;
    //此处省略构造器和 getter、setter 方法
}
```

（2）在 entity 包下创建封装分页结果对象的 PageBean 类，该类需遵循 JavaBean 规范，关键代码如例 7-16 所示。

【例 7-16】PageBean.java

```
1   package entity;
2   import java.util.List;
3   public class PageBean {
4       private int current=1;      //当前页
5       private int pageSize=4;     //每页显示的数据量
6       private int totalRecord;    //总记录数
7       private int totalPage;      //总页数
8       private boolean pre;        //上一页
9       private boolean next;       //下一页
10      private List list;          //分页展示的数据
11      private int pageNm ;        //每页从第几条数据开始显示
12      //此处省略部分基础的getter和setter方法
13      public void setTotalRecord(int totalRecord) {
14      this.totalRecord = totalRecord;
15      this.getTotalPage();
16    }
17    public int getTotalPage() {
18        this.totalPage = (totalRecord + pageSize - 1) / pageSize;
19        return totalPage;
20    }
21    public int getPageNm() {
22        this.pageNm = (current-1) * pageSize;
23        return pageNm;
24    }
25    public boolean isPre() {
26        pre = current> 1 ? true : false;
27        return pre;
28    }
29    public boolean isNext() {
30        next = current < totalPage ? true : false;
31        return next;
32    }
33  }
```

在例 7-16 中，第 17～20 行代码用于计算总页数，计算公式为总页数=(总记录数＋每页数据量−1)/每页数据量，其中，pageSize-1 即 totalRecord/pageSize 的最大余数；第 21～24 行代码用于计算每页从第几条数据开始显示，计算公式为开始的数据=(当前页−1)×每页数据量；第 25～28 行代码用于判断是否存在上一页；第 29～31 行代码用于判断是否存在下一页。

（3）在 src 目录下创建 util 包，用于存放数据库操作的工具类 JDBCUtil。JDBCUtil 的关键代码如例 7-17 所示。

【例 7-17】JDBCUtil.java

```
package util;
//此处省略导入包的代码
public class JDBCUtil {
    private static final String DRIVER = "com.mysql.cj.jdbc.Driver";
    private static final String URL = "jdbc:mysql://localhost:3306/chapter07?serverTimezone=GMT%2B8";
    private static final String USER = "root";
```

```
    private static final String PWD = "admin";
    private Connection con = null;
    private Connection getConnection() throws SQLException, ClassNotFoundException {
        Class.forName(DRIVER);
        return DriverManager.getConnection(URL, USER, PWD);

    }
    public ResultSet executeQuery(String sql) {
        try {
            this.con = this.getConnection();
            PreparedStatement ps = con.prepareStatement(sql);
            return ps.executeQuery();
        } catch (Exception e) {
            e.printStackTrace();
        }
        return null;
    }
    public ResultSet executeQuery(String sql, Object[] params) {
        try {
            this.con = this.getConnection();
            PreparedStatement ps = con.prepareStatement(sql);
            for (int i = 0; i < params.length; i++) {
                ps.setObject(i + 1, params[i]);
            }
            return ps.executeQuery();
        } catch (Exception e) {
            e.printStackTrace();
        }
        return null;
    }
    public int executeUpdate(String sql) {
        try {
            this.con = this.getConnection();
            PreparedStatement ps = con.prepareStatement(sql);
            return ps.executeUpdate();
        } catch (Exception e) {
            e.printStackTrace();
        }
        return 0;
    }
    public int executeUpdate(String sql, Object[] params) {
        try {
            this.con = this.getConnection();
            PreparedStatement ps = con.prepareStatement(sql);
            for (int i = 0; i < params.length; i++) {
                ps.setObject(i + 1, params[i]);
            }
            return ps.executeUpdate();
        } catch (Exception e) {
            e.printStackTrace();
```

```
        }
        return 0;
    }
    public void closeConnection() {
        try {
            if (this.con != null && !con.isClosed()) {
                con.close();
            }
        } catch (Exception e) {
            e.printStackTrace();
        }
    }
}
```

（4）在 src 目录下创建 dao 包，用于存放三国人物信息的数据操作。关键代码如例 7-18 所示。

【例 7-18】PersonDao.java

```
package dao;
//此处省略导入包的代码
public class PersonDao {
  private JDBCUtil JDBCUtil = new JDBCUtil();
  public void listPage(PageBean pageBean) {
    String countSql = "select count(*) from sanguo";
    ResultSet rs = JDBCUtil.executeQuery(countSql);
    try {
      rs.next();
      int totalRecord = rs.getInt(1);
      pageBean.setTotalRecord(totalRecord);
    } catch (SQLException e) {
      e.printStackTrace();
    }
    if (pageBean.getCurrent()> pageBean.getTotalPage()) {
      pageBean.setCurrent(pageBean.getTotalPage());
    }
    String limitSql = "select * from sanguo  limit "+pageBean.getPageNm()+","+pageBean.getPageSize();
    rs = JDBCUtil.executeQuery(limitSql);
    System.out.println(rs);
    try {
      List list = new ArrayList();
      while (rs.next()) {
        Person p = new Person();
        p.setId(new Integer(rs.getInt(1)));
        p.setName(rs.getString(2));
        p.setAge(rs.getInt(3));
        p.setPhoto(rs.getString(4));
        p.setAddress(rs.getString(5));
        p.setInfo(rs.getString(6));
        list.add(p);
      }
      pageBean.setList(list);
```

```
34        } catch (Exception e) {
35          e.printStackTrace();
36        }
37      }
38      public static void main(String[] args) {
39        PersonDao personDao = new PersonDao();
40        PageBean pageBean = new PageBean();
41        pageBean.setCurrent(2);
42        personDao.listPage(pageBean);
43        Iterator it = pageBean.getList().iterator();
44        while (it.hasNext()) {
45          Person person = (Person) it.next();
46          System.out.println(person.getName());
47        }
48      }
49    }
```

在例 7-18 中，第 18 行代码的 LIMIT 子句可以被用于强制 SELECT 语句返回指定的记录数。

（5）在 Chapter07 项目的 web 目录下创建用于显示分页结果数据的 list_person.jsp 文件，具体代码如例 7-19 所示。

【例 7-19】list_person.jsp

```
<html>
  <head>
    <title>分页</title>
    <link href="css/style.css" rel="stylesheet" type="text/css" />
  </head>
  <body>
    <div id="title">分页</div>
    <hr />
    <form action="page" method="post">
      <input type="hidden" name="op" value="toList" />
      <table id="list">
        <tr>
          <th>编号</th>
          <th>姓名</th>
          <th>年龄</th>
          <th>住址</th>
        </tr>
        <%
          PageBean pageBean = (PageBean) session.getAttribute("PAGE");
          List list = pageBean.getList();
          for (int i = 0; i < list.size(); i++) {
            Person p = (Person) list.get(i);
        %>
        <tr>
          <td><%=p.getId()%></td>
          <td><%=p.getName()%></td>
          <td><%=p.getAge()%></td>
          <td><%=p.getAddress()%></td>
        </tr>
        <%
```

```
            }
          %>
        </table>
        <div id="link">
          <%
            if (pageBean.isPre()) {
          %>
          <a href="page?op=toList&current=1">第一页</a>
          <a href="page?op=toList&current=<%=pageBean.getCurrent() - 1%>">
          上一页</a>
          <%
            }
          %>
          <%
            if (pageBean.isNext()) {
          %>
          <a href="page?op=toList&current=<%=pageBean.getCurrent() + 1%>">
          下一页</a>
          <a href="page?op=toList&current=<%=pageBean.getTotalPage()%>">
          最后一页</a>
          <%
            }
          %>
          第
          <select id="current" onchange="toList(this.value);">
            <%
              int totalPage = pageBean.getTotalPage();
              for (int i = 1; i <= totalPage; i++) {
            %>
            <option value="<%=i%>"
              <%=pageBean.getCurrent() == i ? "selected" : ""%>>
              <%=i%>
            </option>
            <%
              }
            %>
          </select>
          页 每页
          <input type="text" name="pageSize" size="2"
            value="<%=pageBean.getPageSize()%>" class="txt" />
          条
          <input type="submit" value="GO" class="btn" />

          (共<%=pageBean.getTotalRecord()%>条记录)
          <%
            for (int i = 1; i <= totalPage; i++) {
              if(pageBean.getCurrent()==i){
                out.println(i);
                continue;
              }
          %>
```

```
                <a href="page?op=toList&current=<%=i%>"><%=i%></a>
                <%
                  }
                %>
            </div>
        </form>
        <script type="text/javascript">
            function toList(current){
                location.href="page?op=toList&current="+current;
            }
        </script>
    </body>
</html>
```

【训练总结】

通过本实战训练，读者可以使用 MVC 设计思想进行程序开发，并掌握分页的算法，综合练习 JSP 基础部分知识的使用。

7.4 本章小结

本章主要介绍了 JavaBean 技术和 JSP 组件的开发模式，同时也对 MVC 设计模式进行了详细讲解。通过学习本章的内容，读者将能够理解 MVC 设计模式的概念，掌握 JSP 开发模式的发展历程，了解两种 JSP 开发模式的结构和特点，并能够根据 JSP Model2 模式和 MVC 设计模式编写 Java Web 程序。本章所涉及的知识点是 Java Web 开发的重要组成部分。对于 Java Web 开发的初学者来说，这部分内容是非常重要的内容。

7.5 习题

一、填空题

1. 为了更方便地使用 JSP 技术，Sun 公司为 JSP 技术提供了两种开发模式：________和________。
2. MVC 是 3 层开发结构，其 3 个字母按顺序分别代表________、________、________。
3. JSP Model1 采用________的技术，将页面显示和业务逻辑分开。
4. ________负责管理应用程序的业务数据、定义访问控制以及修改这些数据的业务规则。
5. 控制器（Controller）是负责应用程序中处理________的部分。

二、判断题

1. JSP Model1 模式采用 JSP+Servlet+JavaBean 的技术，实际上它就是 MVC 设计模式。（　　）
2. 在 JSP Model1 模式中，封装数据和处理数据的业务逻辑交给了 JavaBean 组件，JSP 只负责接收用户请求和调用 JavaBean 组件来响应用户的请求。（　　）
3. 在 JSP Model2 模式中，控制器的角色由 Servlet 实现，视图的角色由 JSP 页面实现。（　　）

4．MVC 设计模式是一种软件设计模式，它提供了一种按功能对软件进行模块划分的方法。（　　）

三、选择题

1．使用 JSP Model2 开发的系统中，实现视图的是（　　）。

A．JSP　　B．HTML　　C．JavaBean　　D．Servlet

2．MVC 开发模式中用于负责与用户交互并展示模型中数据的模块是（　　）。

A．模型　　B．表示层

C．视图　　D．控制器

3．下列选项中，哪个是 MVC 设计模式中的模型？（　　）

A．JSP　　B．Servlet　　C．Action　　D．JavaBean

4．下列关于 MVC 设计模式的特点的描述中，错误的是（　　）。

A．有利于开发中的分工

B．使程序结构的耦合性增强

C．有利于组件的重用

D．MVC 设计模式是当前主流的设计模式之一

5．在 JSP Model2 模式中，接收浏览器请求的是（　　）。

A．JSP　　B．JS　　C．Servlet　　D．JavaBean

四、简答题

1．什么是 MVC 设计模式？

2．MVC 设计模式中模型、视图和控制器分别是什么？

第8章 Servlet 高级应用

本章学习目标

- 理解 Filter 的概念。
- 理解 Filter 的工作原理。
- 掌握 Filter 的创建及配置。
- 掌握 Filter 常用 API 的使用。

在 Java Web 开发中，Servlet 是最基础的组件之一，但 Servlet 的功能是有限的。为了扩展 Servlet 的功能，Servlet API 提供了 Filter 和 Listener。Filter 可以拦截请求和响应，对它们进行处理；而 Listener 可以监听 Servlet 的生命周期和作用域对象的创建与销毁。本章将对 Filter 和 Listener 的相关知识进行详细讲解，包括 Filter 和 Listener 的概念、API 和具体的应用场景，帮助读者了解它们的作用和使用方法，从而在实际开发中充分发挥它们的作用。

8.1 Filter 概述

Filter（过滤器）是一种可用于对 HTTP 请求和响应进行预处理和后处理的组件。Filter 允许开发者在 Servlet 容器内部对请求和响应进行拦截和修改，从而在 Servlet 处理请求之前或之后添加一些自定义的逻辑。

8.1.1 Filter 简介

Filter 是 Servlet 规范中的一部分，用于在 Servlet 容器中拦截 HTTP 请求和响应。当用户访问 Web 资源时，它能够对服务器调用 Web 资源的过程进行拦截，从而实现一些特定的功能，比如设置字符编码、过滤敏感词等。

Filter 是运行在服务器中的特殊 Java 类。当用户的请求到达目标 Web 资源之前，Filter 可以检查 ServletRequest 对象，修改请求头和请求正文，或者对请求进行预处理。在执行结果响应到客户端之前，Filter 可以检查 ServletResponse 对象，修改响应头和响应正文。Filter 的拦截过程如图 8.1 所示。

图 8.1 所示的 Filter 的拦截过程可进一步细分为以下几个步骤。

（1）客户端发送请求时，服务器会检查请求的资源是否匹配相应的 Filter，如果存在匹配的 Filter，服务器会将请求交给 Filter 处理。

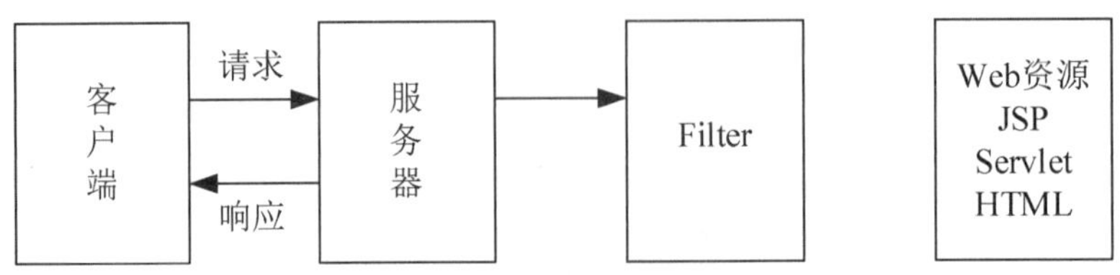

图 8.1　Filter 的拦截过程

（2）Filter 可以修改请求信息或进行预处理，然后将请求直接返回或转发给目标 Web 资源。

（3）如果请求被转发给目标 Web 资源，则目标 Web 资源对请求进行处理后做出响应。

（4）响应被转发给 Filter。

（5）Filter 可根据业务需要修改响应的内容。

（6）服务器将响应内容发送给客户端。

在 Web 开发中，我们可以将不同 Web 资源中的相同操作放到同一个 Filter 中来完成，以避免重复的功能实现，减少相关 Web 资源中的重复代码，从而提高程序的性能。

8.1.2　Filter 相关 API

1．Filter 接口

Filter 接口位于 javax.servlet 包中，它定义了服务器与 Filter 程序交互时遵循的协议。所有 Filter 类必须先实现 Filter 接口，然后才能被服务器识别，进而实现 Filter 的功能。

Filter 接口共提供了 3 个方法，具体如表 8.1 所示。

表 8.1　　Filter 接口的常用方法

方法	说明
void init(FilterConfig config)	Filter 的初始化方法。服务器创建好 Filter 对象之后，会调用该方法来初始化 Filter 对象。init()方法中有一个类型为 FilterConfig 的参数，服务器通过这个参数向 Filter 传递配置信息
void doFilter(ServletRequest req, ServletResponse res, FilterChain chain)	Filter 的功能实现方法。当用户请求经过时，服务器调用该方法对请求和响应进行处理。该方法由服务器传入 3 个参数对象，分别是 ServletRequest 对象、ServletResponse 对象和 FilterChain 对象，其中，ServletRequest 对象和 ServletResponse 对象分别封装了请求信息和响应信息，FilterChain 对象用于将请求交给下一个 Filter 或目标资源
void destroy()	Filter 的销毁方法。该方法在 Filter 生命周期结束前由服务器调用，可以释放打开的资源

实现 Filer 接口后，使用表 8.1 中的方法可以处理 HTTP 请求和响应，例如进行安全验证、统一的日志记录、压缩响应数据等。

2．FilterConfig 接口

FilterConfig 接口用于封装 Filter 程序的配置信息。在 Filter 初始化时，服务器将 FilterConfig 对象作为参数传给 Filter 对象的初始化方法。

FilterConfig 接口共提供了 4 个方法，具体如表 8.2 所示。

表 8.2 FilterConfig 接口的常用方法

方法	说明
String getFilterName()	返回配置信息中指定的 Filter 的名称
String getInitParameter(String name)	返回配置信息中指定名称的初始化的值
Enumeration getInitParameterNames()	返回配置信息中所有初始化参数的名称的集合
ServletContext getServletContext()	返回 FilterConfig 对象中所包装的 ServletContext 对象

表 8.2 中所示的方法可以用来获取 Filter 的配置信息，从而对 Filter 进行一些初始化操作。例如，在 web.xml 文件中为 Filter 配置初始化参数，然后通过 FilterConfig 接口获取这些参数的值，从而对 Filter 进行一些特定的处理。

3. FilterChain 接口

FilterChain 接口主要用于管理一系列 Filter 的执行顺序。当一个请求被发送到一个 Servlet 时，它首先被传递到 Web 容器中的 FilterChain，然后按照预定义的顺序依次调用一系列的 Filter，最终才到达 Servlet。

FilterChain 接口提供了 doFilter()方法，用于调用 FilterChain 中的下一个 Filter 或目标 Servlet，以处理当前请求。如果没有下一个 Filter，则直接将请求发送到目标 Servlet。doFilter()方法的声明格式如下所示。

```
void doFilter(ServletRequest req,ServletRespons res)
```

在实际应用中，FilterChain 中的 Filter 按照添加的顺序执行。在执行每个 Filter 时，可以在其中修改 ServletRequest 和 ServletResponse 对象，以实现某些特定的功能，例如身份验证、日志记录、数据过滤等。最后一个 Filter 将请求传递给目标 Servlet，然后该 Servlet 生成 ServletResponse 对象并将其返回给客户端。

在 Java Servlet API 中，FilterChain 的默认实现类是 ApplicationFilterChain，它由 Web 容器提供。ApplicationFilterChain 在调用每个 Filter 时，使用一个计数器来确保所有的 Filter 都被执行，并在最后一个 Filter 调用目标 Servlet 之后将响应传递回来。

8.1.3 Filter 的生命周期

Filter 的生命周期是指一个 Filter 对象从创建到执行拦截，再到销毁的过程。与 Servlet 类似，Filter 也是通过其接口中定义的方法来实现生命周期的。

1. 初始化阶段

Filter 的初始化阶段分为以下两个步骤。

（1）创建 Filter 对象。服务器在启动时，会根据 web.xml 中声明的 Filter 顺序依次创建 Filter 对象。

（2）执行 init()方法。创建 Filter 对象之后，服务器将调用 init()方法对 Filter 对象进行初始化。在这个过程中，Filter 对象使用服务器为其提供的 FilterConfig 对象，从 web.xml 文件中获取初始化的参数。在 Filter 的整个生命周期内，init()方法只被执行一次。

2．执行 doFilter()方法

当客户端请求目标资源时，服务器会筛选出符合映射条件的 Filter，并根据 web.xml 中的配置顺序依次调用它们的 doFilter()方法。在对多个拦截器的调用过程中，当前 Filter 通过 FilterChain 对象的 doFilter()方法将请求传给下一个 Filter 或其他资源。

3．销毁阶段

当 Web 应用终止时，服务器调用 destroy()方法来释放资源，然后销毁 Filter 对象。

8.2 Filter 开发

编写一个 Filter 程序主要分两步：首先要创建一个 Filter 类，使其实现 javax.servlet.filter 接口，然后将创建好的 Filter 类配置到 Web 应用中。由于 IDEA 集成了创建 Filter 类的相关操作，接下来，使用 IDEA 演示如何开发一个 Filter 程序。

8.2.1 Filter 的创建

在 IDEA 中创建 Filter 相对简单，具体步骤如下。

（1）在 IDEA 中新建 Java Web 项目 Chapter08，用鼠标右键单击该项目的 src 目录，在弹出的快捷菜单中选择“New”→“Web Filter”选项，如图 8.2 所示，进入创建 Filter 的界面。

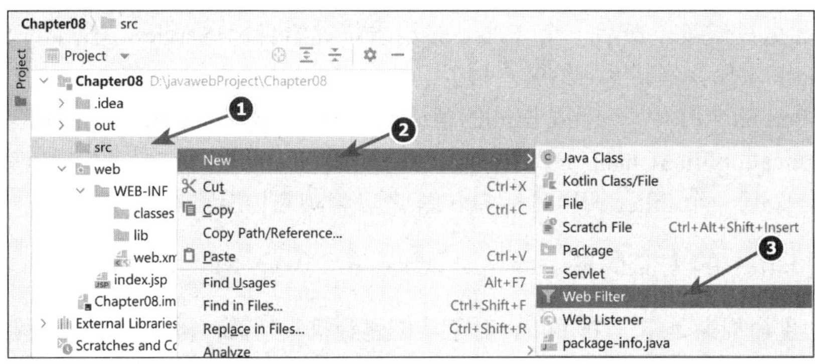

图 8.2 执行命令进入创建 Filter 的界面

（2）在创建 Filter 的界面中，“Name”文本框用于指定 Filter 的名称，“Package”文本框用于指定 Filter 所在的包名，这里输入“com.filter”，“Class”文本框用于指定 Filter 的类名，这里输入“com.filter.FilterDemo1”。单击“OK”按钮，即可完成 Filter 的创建，如图 8.3 所示。

（3）完成 Filter 的创建后，IDEA 会打开 FilterDemo1 类创建完成后的界面，如图 8.4 所示。从图 8.4 可以看出，FilterDemo1 类实现了 Filter 接口的 init()、doFilter()、destroy()方法。通常情况下，Filter 的功能要通过 doFilter()方法实现。同时，FilterDemo1 类上方自动添加了 @WebFilter 注解。

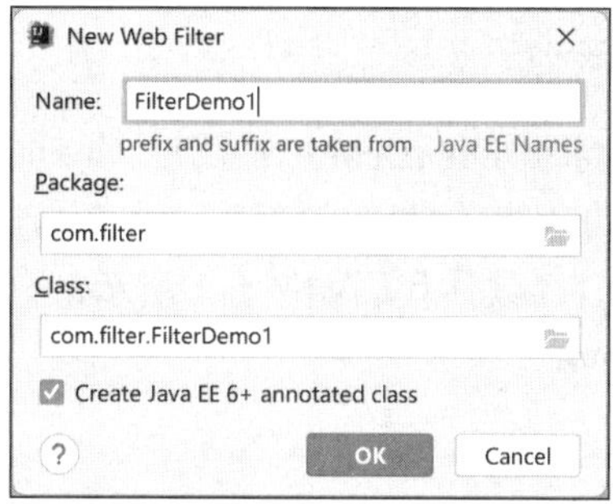

图 8.3　创建 Filter 的界面

```
FilterDemo1.java

package com.filter;

import ...

@WebFilter(filterName = "FilterDemo1")
public class FilterDemo1 implements Filter {

    public void init(FilterConfig config) throws ServletException {
    }

    public void destroy() {
    }

    @Override
    public void doFilter(ServletRequest request, ServletResponse response, FilterChain chain)
        throws ServletException, IOException {
        chain.doFilter(request, response);
    }
}
```

图 8.4　FilterDemo1 类创建完成后的界面

@WebFilter 注解用于将一个类声明为 Filter，该注解将会在部署时被 Servlet 容器处理，Servlet 容器将根据具体的属性配置相应的类部署为 Filter。@WebFilter 注解的常用属性如表 8.3 所示。

表 8.3　　@WebFilter 注解的常用属性

属性	类型	是否必要	说明
asyncSupported	boolean	否	指定 Filter 是否支持异步模式
dispatcherTypes	DispatcherType	否	指定 Filter 对哪种方式的请求进行过滤。支持的属性为 ASYNC、ERROR，FORWARD、INCLUDE、REQUEST，默认情况下，过滤所有方式的请求
filterName	String	否	Filter 名称
initParams	WebinitParam	否	配置参数
displayName	String	否	Filter 显示名
servletNames	String	否	指定对哪些 Servlet 进行过滤
urlPatterns/value	String	否	两个属性作用相同，指定拦截的路径

表 8.3 中的所有属性均为可选属性，但是 value、urlPatterns、servletNames 三者必须至少包含一个，且 value 和 urlPatterns 不能共存。如果同时指定，通常忽略 value 的取值。

（4）修改 Filter 类 FilterDemo1，在 doFilter()方法中加入如下所示的功能代码。

```
PrintWriter out = response.getWriter();
out.println("Hello Filter");
```

在上述代码中，当客户端请求被 FilterDemo1 拦截时，doFilter()方法中的功能代码将被调用。

（5）为了验证 FilterDemo1 的功能，这里需要新建一个 Servlet 类作为拦截目标。在 com.filter 包下创建 Servlet 类 FilterServlet1，具体代码如例 8-1 所示。

【例 8-1】FilterServlet1.Java

```
package com.filter;
//此处省略导入包的代码
@WebServlet("/FilterServlet1")
public class FilterServlet1 extends HttpServlet {
  protected void doGet(HttpServletRequest request,
HttpServletResponse response) throws ServletException, IOException {
    PrintWriter out = response.getWriter();
    out.print("This is FilterServlet1");
  }
  protected void doPost(HttpServletRequest request,
HttpServletResponse response) throws ServletException, IOException {
    doGet(request, response);
  }
}
```

8.2.2 Filter 的配置

Filter 创建完成后，若想让其拦截资源，还需进行配置。实际上，@WebFilter 的 urlPatterns 配置方法和 Servlet 的 urlPatterns 配置方法是类似的。除此之外，表 8.3 所示的@WebFilter 的 dispatcherTypes 属性可用于指定被拦截资源的访问方式，有 REQUEST、INCLUDE、FORWARD、ERROR 这 4 个值可选，具体如下。

1. REQUEST

如果<dispatcher>的属性值被设置为“REQUEST”，当用户直接访问被拦截的 Web 资源时，服务器将调用 Filter。如果被拦截的 Web 资源是通过 RequestDispatcher 的 include()方法或 forward()方法访问的，服务器不调用 Filter。

2. INCLUDE

如果<dispatcher>的属性值被设置为“INCLUDE”，只有被拦截的 Web 资源是通过 RequestDispatcher 的 include()方法访问时，服务器才调用 Filter，否则，Filter 不会被调用。

3. FORWARD

如果<dispatcher>的属性值被设置为“FORWARD”，只有被拦截的 Web 资源是通过 RequestDispatcher 的 forward()方法访问时，服务器才调用 Filter，否则，Filter 不会被调用。

4. ERROR

如果<dispatcher>的属性值被设置为“ERROR”，只有被拦截的 Web 资源是通过异常处理机制调用时，服务器才调用 Filter，否则，Filter 不会被调用。

接下来，将以 FilterDemo1 为例来演示 Filter 的配置。

（1）修改 FilterDemo1 的@WebFilter 注解的属性值如下。

```
@WebFilter(filterName = "FilterDemo1",urlPatterns = "/FilterServlet1")
```

根据以上属性值可知，所有访问 FilterServlet1 的请求都将被 FilterDemo1 拦截。当客户端访问 FilterServlet1 时，请求被发送到 FilterDemo1 并调用它的 doFilter()方法。

（2）在 IDEA 中启动 Tomcat 后，在浏览器的地址栏中输入 localhost:8080/Chapter08/FilterServlet1 访问 FilterServlet1。浏览器的显示效果如图 8.5 所示。

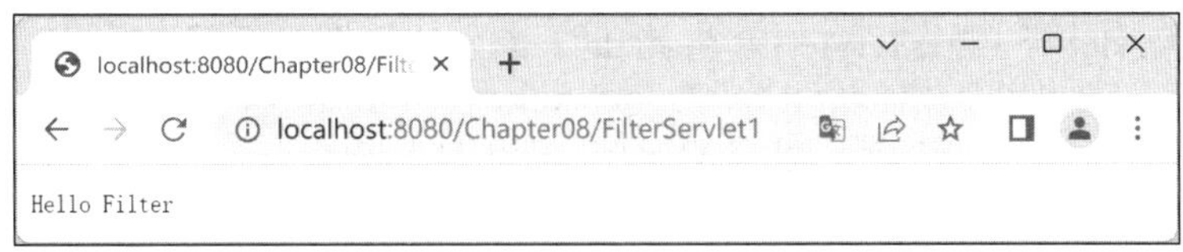

图 8.5　Filter 拦截请求的效果

从图 8.5 中可以看出，浏览器显示出“Hello Filter”，这是 Web 应用执行 FilterDemo1 的 doFilter()方法时响应的内容。

（3）再次修改 FilterDemo1 的@WebFilter 注解的属性值如下。

```
@WebFilter(filterName = "FilterDemo1")
```

根据以上属性值可知，FilterDemo1 不对任何访问 Web 资源的请求进行拦截。

（4）在 IDEA 中重启 Tomcat 后，再次在浏览器的地址栏中输入 localhost:8080/Chapter08/FilterServlet1 访问 FilterServlet1。浏览器的显示效果如图 8.6 所示。

图 8.6　Filter 不做拦截的效果

从图 8.6 中可以看出，FilterDemo1 不再拦截，浏览器显示了 FilterServlet1 响应的内容。

（5）再次修改 FilterDemo1 的@WebFilter 注解的属性值如下。

```
@WebFilter(filterName = "FilterDemo1",urlPatterns = "/*")
```

根据以上属性值可知，FilterDemo1 会拦截任何访问 Web 资源的请求。

（6）在 IDEA 中重启 Tomcat 后，再次在浏览器的地址栏中输入 localhost:8080/Chapter08/FilterServlet1 访问 FilterServlet1。浏览器的显示效果如图 8.7 所示。

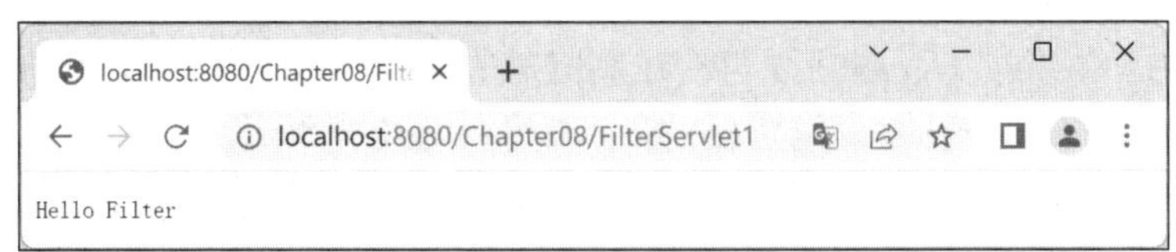

图 8.7　Filter 拦截所有请求的效果

从图 8.7 中可以看出，浏览器显示出“Hello Filter”，这就说明 FilterDemo1 被调用。

（7）在 Chapter08 项目的 web 目录下新建 jsp01.jsp，具体代码如例 8-2 所示。

【例 8-2】jsp01.jsp

```
<%@ page contentType="text/html;charset=UTF-8" language="java" %>
<html>
<head>
  <title>Title</title>
</head>
<body>
This is jsp01
</body>
</html>
```

（8）修改 Servlet 类 FilterServlet1，将其 doGet()方法体中的代码修改为如下所示。

```
protected void doGet(HttpServletRequest request, HttpServletResponse
response) throws ServletException, IOException {
    RequestDispatcher dispatcher = request.getRequestDispatcher("/jsp01.jsp");
    dispatcher.forward(request, response);
}
```

在上述代码中，dispatcher 对象的 forward()方法将访问 FilterServlet1 的请求转发到 jsp01.jsp。

（9）修改 FilterDemo1 的@WebFilter 注解的属性值如下。。

```
@WebFilter(filterName = "FilterDemo1",urlPatterns = "/jsp01.jsp")
```

根据以上属性值可知，FilterDemo1 将要拦截访问 jsp01.jsp 的请求。

（10）在 IDEA 中重启 Tomcat 后，再次在浏览器的地址栏中输入 localhost:8080/Chapter08/FilterServlet1 访问 FilterServlet1。浏览器的显示效果如图 8.8 所示。

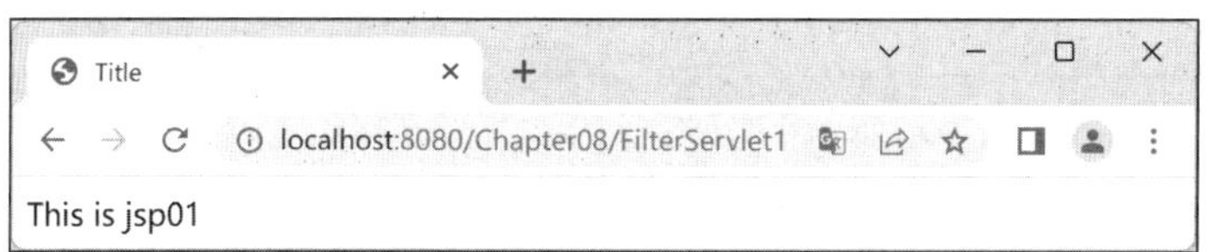

图 8.8　Filer 未成功拦截的页面

从图 8.8 中可以看出，浏览器显示出 jsp01.jsp 页面的内容，FilterDemo1 并没有对转发到 jsp01.jsp 的请求进行拦截。经过分析发现，本次访问 jsp01.jsp 页面的请求是由 FilterServlet1 转发而来，如果要拦截此类请求，还需对拦截器进行相关配置。

（11）修改 FilterDemo1 的@WebFilter 注解的属性值如下。

```
@WebFilter(filterName = "FilterDemo1",urlPatterns = "/jsp01.jsp",dispatcherTy
pes = FORWARD)
```

以上所示的@WebFilter 注解加入了 dispatcherTypes 属性，并设置属性值为 FORWARD，可知 FilterDemo1 会拦截由其他 Web 资源转发到 jsp01.jsp 的请求。

（12）在 IDEA 中重启 Tomcat 后，再次在浏览器的地址栏中输入 localhost:8080/Chapter08/FilterServlet1 访问 FilterServlet1。浏览器的显示效果如图 8.9 所示。

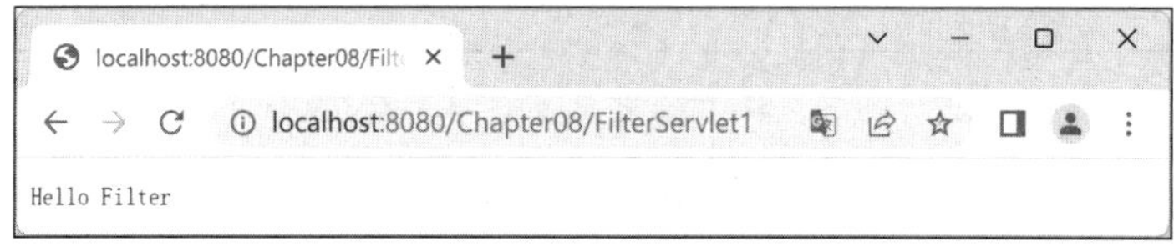

图 8.9　Filter 成功拦截的页面

从图 8.9 中可以看出，浏览器显示出“Hello Filter”，这就说明 FilterDemo1 拦截了转发到 jsp01.jsp 的请求。

8.3 Filter 的链式调用

在实际开发中，一个 Web 应用往往会部署很多个 Filter，可以通过 Filter 的链式调用来实现。这种方式不仅能够提高代码的复用性，同时也能够提高代码的可读性和可维护性。在 Java 中，通过 FilterChain 对象来实现 Filter 的链式调用。本节将对 Filter 链式调用的相关知识进行详细介绍。

当 Filter 链拦截所映射的资源时，服务器将会根据 web.xml 文件中的配置顺序依次调用相关 Filter，每个 Filter 通过执行自身的 doFilter()方法完成特定的操作。假如现在有两个 Filter 协同工作，它们的 doFilter()方法均采用如下结构。

```
code1
chain.doFilter()
code2
```

当客户端访问 Web 资源时，这两个 Filter 会组成一个 Filter 链，具体拦截过程如图 8.10 所示。

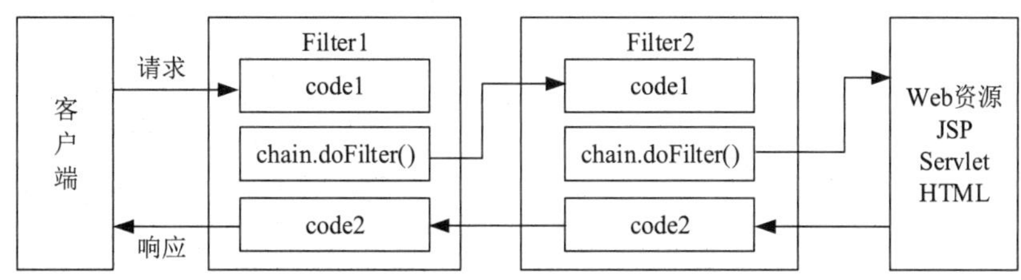

图 8.10 Filter 链的拦截过程

图 8.10 描述了 Filter 链的拦截过程。当客户端发送请求时，Filter1 会对该请求进行拦截。在执行完代码块 code1 的功能后，Filter1 调用 FilterChain 对象的 doFilter()方法将请求发送到 Filter2，Filter2 以相同形式完成操作并将请求发送给 Web 资源。当服务器返回响应信息时，响应信息会被 Filter2 拦截并执行代码块 code2 的操作，以此类推，最终响应信息发送到客户端。

接下来，通过一个案例演示 Filter 链的使用。

（1）在 Chapter08 项目的 com.filter 包下新建 Filter 类 FilterDemo2，具体代码如例 8-3 所示。

【例 8-3】FilterDemo2.java

```
package com.filter;
//此处省略导入包的代码
@WebFilter(filterName = "FilterDemo2")
public class FilterDemo2 implements Filter {
    public void init(FilterConfig config) throws ServletException {}
    public void destroy() {}
    public void doFilter(ServletRequest request, ServletResponse
    response, FilterChain chain)throws ServletException, IOException {
        PrintWriter out = response.getWriter();
```

```
10          out.print("FilterDemo2 before ");
11          out.print("<br>");
12          //将请求发给下一个 Filter 或其他 Web 资源
13          chain.doFilter(request, response);
14          out.print("FilterDemo2 after");
15          out.print("<br />");
16      }
17  }
```

在 doFilter()方法体中，第 13 行代码用于将请求发送给下一个 Filter 或其他 Web 资源，第 13 行之前的代码在拦截请求时执行，第 13 行之后的代码在拦截响应时执行。

（2）在 Chapter08 项目的 com.filter 包下新建 Filter 类 FilterDemo3，具体代码如例 8-4 所示。

【例 8-4】FilterDemo3.java

```
package com.filter;
//此处省略导入包的代码
@WebFilter(filterName = "FilterDemo3")
public class FilterDemo3 implements Filter {
    public void init(FilterConfig config) throws ServletException {}
    public void destroy() {}
    public void doFilter(ServletRequest request, ServletResponse
    response, FilterChain chain)throws ServletException, IOException {
        PrintWriter out = response.getWriter();
        out.print("FilterDemo3 before ");
        out.print("<br />");
        //将请求发给下一个 Filter 或其他 Web 资源
        chain.doFilter(request, response);
        out.print("FilterDemo3 after");
        out.print("<br>");
    }
}
```

（3）在 Chapter08 项目的 com.filter 包下新建 Servlet 类 FilterServlet2，具体代码如例 8-5 所示。

【例 8-5】FilterServlet2.java

```
package com.filter;
//此处省略导入包的代码
@WebServlet("/FilterServlet2")
public class FilterServlet2 extends HttpServlet {
    protected void doGet(HttpServletRequest request, HttpServletResponse response) throws ServletException, IOException {
         PrintWriter out = response.getWriter();
         out.print("this is FilterServlet2");
         out.print("<br />");
    }
    protected void doPost(HttpServletRequest request, HttpServletResponse response) throws ServletException, IOException {
        doGet(request, response);
    }
}
```

当浏览器访问 FilterServlet2 时，服务器向浏览器响应字符串“this is FilterServlet2”。

（4）分别修改 FilterDemo2、FilterDemo3 的@WebFilter 注解的属性信息如下。

```
@WebFilter(filterName = "FilterDemo2",urlPatterns = "/ FilterServlet2")
@WebFilter(filterName = "FilterDemo3",urlPatterns = "/ FilterServlet2")
```

需要注意的是，当 FilterDemo2、FilterDemo3 同时对 FilterServlet2 进行拦截时，需要在 web.xml 中配置拦截顺序。如果 FilterDemo2 的配置信息在前，则先执行 FilterDemo3，否则将按照 Filter 定义的顺序进行连接。

（5）在 IDEA 中重启 Tomcat 后，在浏览器的地址栏中输入 localhost:8080/Chapter08/FilterServlet2 访问 FilterServlet2。浏览器的显示效果如图 8.11 所示。

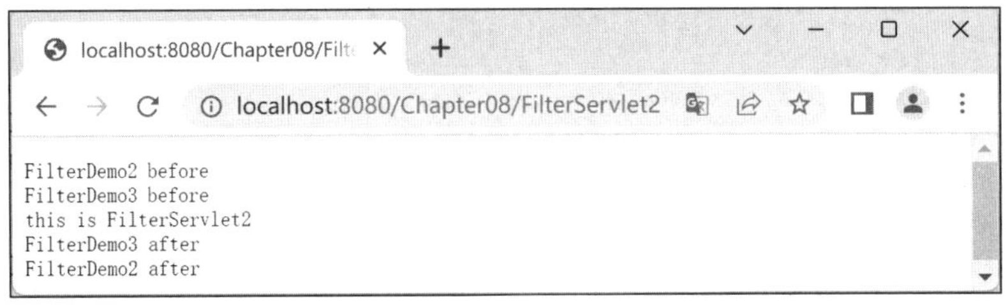

图 8.11　Filter 链式调用的效果

从图 8.11 中可以看出，浏览器显示出 FilterDemo2、FilterDemo3、Filter Servlet2 的内容。经过分析可以发现，当浏览器发送访问 FilterServlet2 的请求时，FilterDemo2 拦截该请求并执行向页面输出字符串“FilterDemo2 before”的代码，请求被发送到 FilterDemo3 后，FilterDemo3 执行向页面输出字符串“FilterDemo3 before”的代码，最后请求被发送到 FilterServlet2 并执行 FilterServlet2 的 doGet()方法。当响应信息返回时，顺序相反，最终响应信息被发送到浏览器。

8.4　Filter 的应用

Filter 的特性使它可以处理很多特殊的工作，例如，防止盗链、过滤敏感词、设置字符编码等。接下来，本节将对 Filter 的具体应用进行讲解。

8.4.1　应用 1：防止盗链

盗链是指一个网站在未经允许的情况下通过各种方式嵌入其他网站资源的行为。通常情况下，盗链会占用被盗链网站的带宽，并给被盗链网站带来资源消耗和性能压力。

对于网站来说，防止本站点的资源被盗链是十分必要的。简单来说，防止盗链就是要实现这样一种效果：当其他网站要引用本网站的资源时，将会提示一个错误信息，只有本网站内的网页引用时，资源才会正常显示。

接下来，通过一个案例演示如何使用 Filter 防止盗链。

（1）在 Chapter08 项目的 com.filter.test 包下新建 Filter 类 FilterDemo4，具体代码如例 8-6 所示。

【例 8-6】FilterDemo4.java

```
package com.filter.test;
//此处省略导入包的代码
@WebFilter("FilterDemo4")
```

```
public class FilterDemo4 implements Filter {
    public void doFilter(ServletRequest request, ServletResponse
        response,FilterChain chain) throws IOException, ServletException {
        HttpServletRequest req = (HttpServletRequest) request;
        HttpServletResponse res = (HttpServletResponse) response;
        //获取请求头中 referer 字段的值
        String referer = req.getHeader("referer");
        //如果是浏览器直接发来的请求或其他地址的网站转发的请求，则转发到 error.jpg
        if (referer==null||!referer.contains(request.getServerName()))
        {
            RequestDispatcher dispatcher = req.getRequestDispatcher
                ("/pic/error.jpg");
            dispatcher.forward(req, res);
        } else {
            chain.doFilter(request,response);
        }
    }
    public void init(FilterConfig fConfig) throws ServletException {}
    public void destroy() {}
}
```

在例 8-6 中，FilterDemo4 将对拦截的请求进行判断，如果该请求是浏览器直接发送的或由其他地址的网站转发而来，那么它将被转发到提示错误信息的页面。

（2）在 Chapter08 的 web 目录下新建 pic 目录，把 info.jpg 和 error.jpg 两张图片复制到 pic 目录下。

（3）修改 FilterDemo4 的@WebFilter 注解的属性信息如下。

```
@WebFilter(value = "FilterDemo4",urlPatterns = "/pic/*")
```

根据以上属性值可知，FilterDemo4 会拦截访问 pic 目录中资源的所有请求。

（4）在 com.filter.test 包下新建 Servlet 类 FilterServlet3，具体代码如例 8-7 所示。

【例 8-7】FilterServlet3.java

```
1   package com.filter.test;
2   @WebServlet( value = "/FilterServlet3")
3   public class FilterServlet3 extends HttpServlet {
4       protected void doGet(HttpServletRequest request,
5   HttpServletResponse response)throws ServletException, IOException {
6           RequestDispatcher dispatcher = request.getRequestDispatcher("pic/
info.jpg");
7           dispatcher.forward(request, response);
8       }
9       //此处省略 doPost()方法
10  }
```

在例 8-7 中，第 6 行代码设置访问 FilterServlet3 的请求被转发到 info.jpg。

（5）在 IDEA 中重启 Tomcat 后，在浏览器的地址栏中输入 localhost:8080/Chapter08/ pic/info.jpg 并访问。浏览器的显示效果如图 8.12 所示。

从图 8.12 中可以看出，浏览器显示了图片 error.jpg 的内容。这是因为当通过在浏览器地址栏中输入 URL 的方式访问图片 info.jpg 时，FilterDemo4 会对请求进行拦截并将该请求发送到 error.jpg。与此相同，其他地址的网站访问 info.jpg 的请求也会被拦截，这样就有效防止了当前 Web 应用中的资源被盗链。

图 8.12　访问 info.jpg 失败的页面

（6）关掉图 8.12 所示的页面，访问 http://localhost:8080/Chapter08/FilterServlet3，浏览器显示效果如图 8.13 所示。

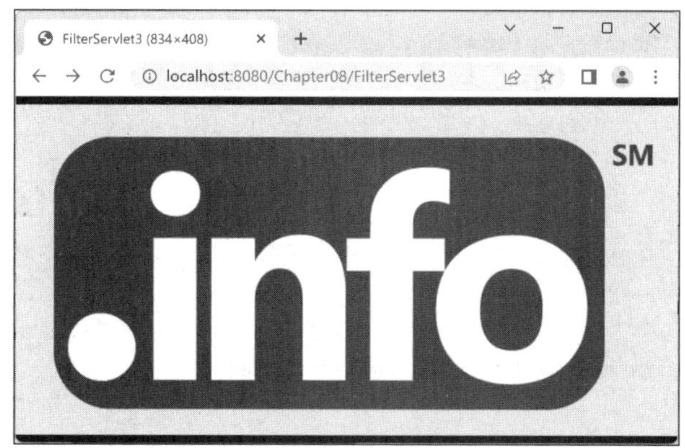

图 8.13　成功访问 info.jpg 的页面

从图 8.13 中可以看出，浏览器显示了图片 info.jpg 的内容。由此可见，FilterDemo4 没有拦截当前 Web 应用中访问图片 info.jpg 的请求。

8.4.2　应用 2：敏感词过滤器

在大多数网站，敏感词是指一些违反法律法规、带有暴力或不健康色彩的词语。除此之外，网站也可以根据需要制定本站点的敏感词库。例如，部分电商网站会把“山寨”“水货”等作为商品评论中的敏感词，当用户发表带有敏感词的评论时，敏感词会被“*”字符替换。

过滤敏感词的机制有很多，使用 Filter 过滤敏感词是一种较为简便的做法。接下来，通过一个案例演示如何使用 Filter 过滤敏感词。

（1）在 Chapter08 项目的 com.filter.test 包下新建 Filter 类 WorldFilter，具体代码如例 8-8 所示。

【例 8-8】WorldFilter.java

```
package com.filter.test;
//此处省略导入包的代码
public class WorldFilter implements Filter {
    public void doFilter(ServletRequest request, ServletResponse
        response,FilterChain chain) throws IOException, ServletException {
```

```
6          HttpServletRequest req=(HttpServletRequest) request;
7          HttpServletResponse res=(HttpServletResponse) response;
8          req.setCharacterEncoding("UTF-8");
9          chain.doFilter(new MyRequest(req), res);
10     }
11     public void destroy() {
12     }
13     public void init(FilterConfig fConfig) {
14     }
15 }
16 class MyRequest extends HttpServletRequestWrapper {
17     private HttpServletRequest request;
18     public MyRequest(HttpServletRequest request) {
19         super(request);
20         this.request=request;
21     }
22     public String getParameter(String name) {
23         if ("info".equals(name)) {
24             String info = request.getParameter("info");
25             //设置敏感词
26             String[] str ={"山寨","绝版","水货"};
27             //将页面提交信息中的敏感词替换为“**”
28             for (String s : str) {
29                 info = info.replace(s, "**");
30             }
31             return info;
32         }
33         return request.getParameter(name);
34     }
35 }
```

在例 8-8 中，第 9 行代码将请求交给 MyRequest 的对象处理，MyRequest 类中的 getParameter() 方法可以将敏感词替换为“**”，从而 WorldFilter 会修改被拦截请求中的敏感词，将敏感词替换为“**”。

（2）在 com.filter.test 包下新建 Servlet 类 WorldServlet，具体代码如例 8-9 所示。

【例 8-9】WorldServlet.java

```
package com.qfedu.servlet;
//此处省略导入包的代码
@WebServlet(value = "/WorldServlet")
public class WorldServlet extends HttpServlet {
  protected void doGet(HttpServletRequest request, HttpServletResponse response) throws ServletException, IOException {
      response.setContentType("text/html;charset=UTF-8");
      String username = request.getParameter("username");
      String info = request.getParameter("info");
      PrintWriter out = response.getWriter();
      out.print("用户名: "+username);
      out.print("<br>");
      out.print("留言: "+info);
  }
```

```
    //此处省略 doPost()方法
}
```

在例 8-9 中，WorldFilter 将修改后的请求信息发送给 WorldServlet，WorldServlet 向页面响应相关信息。

（3）修改 WorldFilter 的@WebFilter 注解的属性信息如下。

```
@WebFilter(filterName = "WorldFilter",urlPatterns = "/WorldServlet")
```

根据以上属性值可知，WorldFilter 会拦截访问 WorldServlet 的所有请求。

（4）在 Chapter08 项目的 web 目录下新建文件 comment.html，具体代码如例 8-10 所示。

【例 8-10】comment.html

```
<html>
<head>
<meta charset="UTF-8">
<title>comment</title>
</head>
<body>
<form action="/chapter08/Servlet04" method="post">
  用户名：  <input type="text" name="username"/><br/>
  用户留言：<textarea rows="5" cols="20" name="info"></textarea><br/>
       <input type="submit" value="提交"/>
</form>
</body>
```

（5）在 IDEA 中重启 Tomcat 后，在浏览器的地址栏中输入 localhost:8080/Chapter08/ comment.html 并访问。浏览器的显示效果如图 8.14 所示。

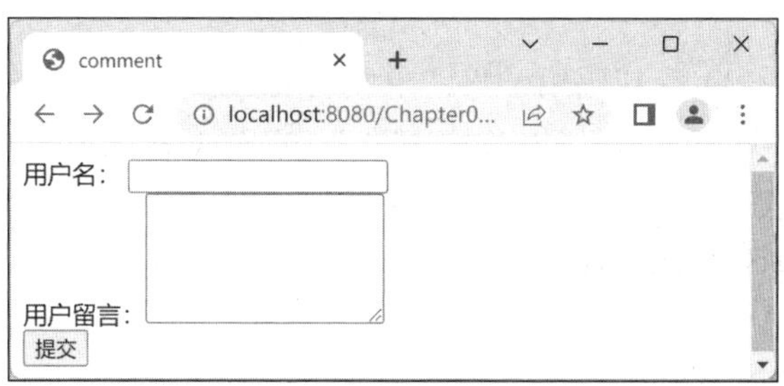

图 8.14　用户留言页面

（6）打开 comment.html 页面以后，在“用户名”文本框中输入“小千”，在“用户留言”文本框中输入“商家的绝版手办是山寨货！”，单击“提交”按钮，浏览器的显示效果如图 8.15 所示。

图 8.15　显示留言信息的页面

从图 8.15 中可以看出，浏览器显示了 comment.html 页面提交的留言信息，其中，敏感词“绝版”“山寨”已被屏蔽。由此可见，WorldFilter 实现了对敏感词的过滤功能。

8.4.3 应用 3：字符编码过滤器

当客户端和服务器交互时，如果传递的数据中包含中文字符，这些字符可能会出现中文乱码。第 3 章介绍了在 Servlet 程序中设置编码以避免中文乱码的方法，但是这种方法有很大的局限，如果一个 Web 应用中包含很多 Servlet 程序，势必会造成代码重复并降低程序的性能。为了解决这个问题，实际开发中一般采用 Filter 实现字符编码。

接下来，通过一个案例演示如何使用 Filter 实现字符编码。

（1）在 Chapter08 的 com.filter.test 包下新建 Filter 类 EncodeFilter，具体代码如例 8-11 所示。

【例 8-11】EncodeFilter.java

```
1   package com.filter.test;
2   //此处省略导入包的代码
3   @WebFilter(filterName = "EncodeFilter",urlPatterns = "/EncodeFilter")
4   public class EncodeFilter {
5       public void doFilter(ServletRequest request, ServletResponse
6           response,FilterChain chain) throws IOException, ServletException {
7           HttpServletRequest req = (HttpServletRequest) request;
8           HttpServletResponse res = (HttpServletResponse) response;
9           req.setCharacterEncoding("UTF-8");
10          res.setContentType("text/html;charset=UTF-8");
11          chain.doFilter(req, res);
12      }
13      public void init(FilterConfig fConfig) throws ServletException {}
14      public void destroy() {}
15  }
```

在例 8-11 中，第 9～11 行代码用于将请求和响应信息的编码方式转换为 UTF-8。

（2）在 Chapter08 项目的 com.filter.test 包下新建 Servlet 类 EncodeServlet，具体代码如例 8-12 所示。

【例 8-12】EncodeServlet.java

```
package com.filter.test;
//此处省略导入包的代码
@WebServlet("/EncodeServlet")
public class EncodeServlet extends HttpServlet {
  protected void doGet(HttpServletRequest request,
  HttpServletResponse response) throws ServletException, IOException {
    //获取参数值并响应到浏览器
    String username = request.getParameter("username");
    String password = request.getParameter("password");
    PrintWriter out = response.getWriter();
    out.println(username);
    out.println(password);
  }
  //此处省略 doPost()方法
}
```

（3）修改 WorldFilter 的@WebFilter 注解的属性信息如下。

```
@WebFilter(filterName = "EncodeFilter",urlPatterns = "/*")
```

（4）在 Chapter08 项目的 web 目录下新建 login.html 文件，关键代码如例 8-13 所示。

【例 8-13】login.html

```
<body>
<form action="/Chapter08/EncodeServlet" method="post">
  用户名: <input type="text" name="username"><br>
  密 码: <input type="password" name="password"><br>
  <input type="submit" value="提交">
</form>
</body>
```

在例 8-13 中，login.html 页面将向 Web 应用提交一个包含用户名和密码的表单，其中用户名中可能出现中文字符。

（5）在 IDEA 中重启 Tomcat 后，在浏览器的地址栏中输入 localhost:8080/Chapter08/login.html 并访问。浏览器的显示效果如图 8.16 所示。

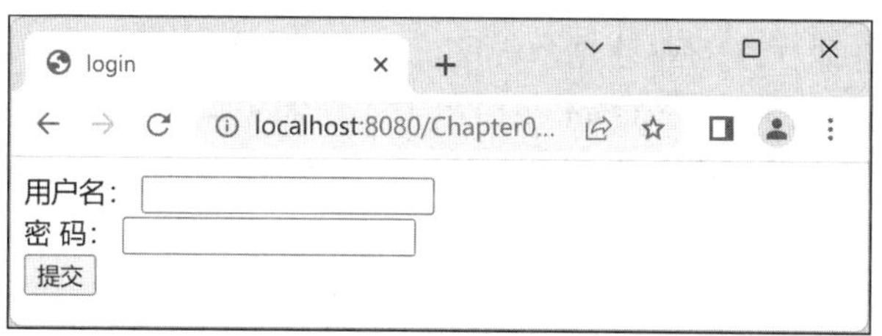

图 8.16　用户登录页面

（6）打开 login.html 页面以后，在“用户名”文本框中输入“小千”，在“密码”文本框中输入“123456”，单击“提交”按钮，浏览器显示的页面如图 8.17 所示。

图 8.17　显示用户信息的页面

从图 8.17 中可以看出，浏览器显示了 login.html 页面提交的用户信息，其中，用户名“小千”虽然是中文字符，但仍然被正确显示。由此可见，WorldFilter 为请求和响应信息的中文字符重新设置了编码方式。

8.5　Listener 简介

Listener 又称监听器，用于对 Web 应用中特定的事件进行监听。当被监听的事件发生时，Listener 将会触发对应的方法来实现一些特殊的功能。

一个 Listener 就是一个实现特定接口的 Java 类，它用于监听另一个 Java 类对象的方法调用或属性改变，当被监听的对象出现方法调用或属性改变后，Listener 的某个方法将立即被执行。Listener 的工作原理示意如图 8.18 所示。

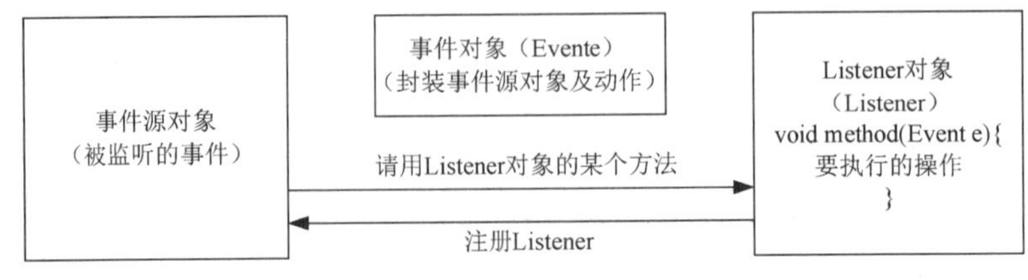

图 8.18　Listener 的工作原理示意

从图 8.18 中可知，事件监听涉及 3 个组件：事件源对象、事件对象、Listener 对象。首先，事件源对象要和 Listener 对象绑定，当事件源对象执行某一个动作时，它会调用 Listener 对象的一个方法，并在调用该方法时传入事件对象（即 Event 对象），事件对象中封装了事件源对象及其动作的相关信息，Listener 对象通过传入的事件对象可以获取事件源对象，从而对事件源对象进行操作。

为了简化开发、降低程序的业务复杂程度，Java 语言封装了 Web 开发中事件触发和调用 Listener 的过程，并提供了多种 Listener 接口用于实现对不同事件的监听。在实际开发中，开发者无须关注事件如何触发以及怎么调用对应的 Listener，只需记住常用 Listener 接口的功能并能根据这些接口编写相应的 Listener 实现类即可。编写完成以后，当事件触发 Listener 时，服务器会自动调用 Listener 实现类中的方法完成指定操作。

Java EE 中定义了一系列的 Listener 接口，其中常用的有 8 种。这 8 种 Listener 接口主要用于监听 ServletContext、HttpSession 和 ServletRequest 这 3 个对象。按照具体功能，这 8 种 Listener 接口又可分为以下 3 类。

- 与 ServletContext 相关的 Listener 接口：ServletContextListener 接口、ServletContextAttributeListener 接口。
- 与 HttpSession 相关的 Listener 接口：HttpSessionListener 接口、HttpSessionAttributeListener 接口、HttpSessionBindingListener 接口、HttpSessionActivationListener 接口。
- 与 ServletRequest 相关的 Listener 接口：ServletRequestListener 接口、ServletRequestAttributeListener 接口。

上述接口分别用于实现各种不同的功能。关于这些 Listener 接口，8.7 节会有详细介绍，此处不赘述。

8.6　Listener 开发

一个 Listener 程序就是一个实现 Listener 接口的 Java 类。编写一个 Listener 程序主要分两步：首先要创建一个 Listener 类，使其实现对应的接口；其次是将创建好的 Listener 类配置到 Web 应用中。接下来，通过一个案例演示如何编写一个 Listener 程序。

（1）在 Chapter08 项目的 src 目录下新建包 com.listener，用鼠标右键单击该包，在弹出的快捷菜单中选择“New”→“Web Listener”选项，如图 8.19 所示，进入创建 Listener 的界面。

（2）在创建 Listener 的界面中，“Name”文本框用于指定 Listener 的名称，这里输入“ListenerDemo1”，“Package”文本框用于指定 Listener 所在的包名，这里输入“com.listener”，“Class”文本框用于指定 Listener 的类名，这里为“com.listener.ListenerDemo1”。单击“OK”

按钮，进入下一个界面，如图 8.20 所示。

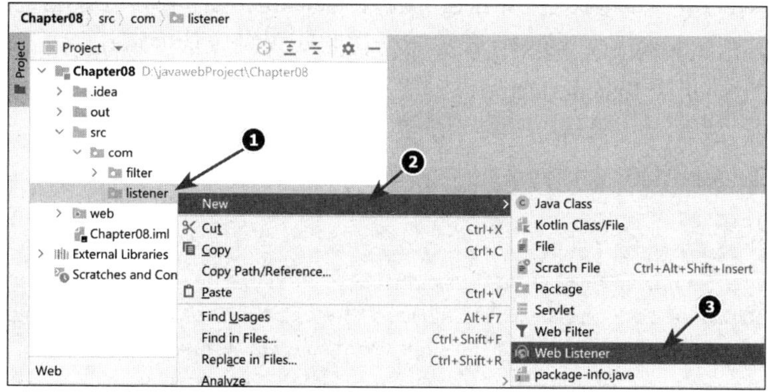

图 8.19　执行命令进入创建 Listener 的界面

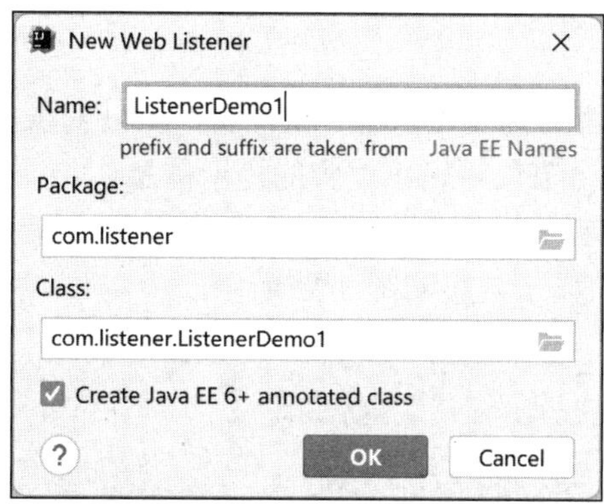

图 8.20　创建 Listener 的界面

（3）这时，IDEA 会弹出 ListenerDemo1 类创建完成后的界面，如图 8.21 所示。

```
ListenerDemo1.java
package com.listener;

import ...

@WebListener
public class ListenerDemo1 implements ServletContextListener, HttpSessionListener,
    HttpSessionAttributeListener {

    public ListenerDemo1() {
    }
    @Override
    public void contextInitialized(ServletContextEvent sce) {
        /* This method is called when the servlet context is initialized(when the Web application is
    }
    @Override
    public void contextDestroyed(ServletContextEvent sce) {
        /* This method is called when the servlet Context is undeployed or Application Server shuts
    }
    @Override
    public void sessionCreated(HttpSessionEvent se) {
        /* Session is created. */
    }

    @Override
    public void sessionDestroyed(HttpSessionEvent se) {
        /* Session is destroyed. */
    }
    @Override
    public void attributeAdded(HttpSessionBindingEvent sbe) {
```

图 8.21　ListenerDemo1 类创建完成的界面

从图 8.21 中可以看出，ListenerDemo1 类自动添加了@WebListener 注解。IDEA 在创建 Listener 时会自动配置 Listener，开发者也可通过 web.xml 文件对其进行配置。一个 web.xml 文件中可以配置多个 Listener，触发时服务器会按照配置顺序依次调用。

（4）修改 Listener 类 ListenerDemo1，重写 ServletContextListener 接口中的方法，具体代码如例 8-14 所示。

【例 8-14】ListenerDemo1.java

```
package com.listener;
import javax.servlet.*;
public class ListenerDemo1 implements ServletContextListener {
    public void contextInitialized(ServletContextEvent arg0)  {
      System.out.println("ServletContext 对象被创建了");
    }
    public void contextDestroyed(ServletContextEvent arg0)  {
      System.out.println("ServletContext 对象被销毁了");
    }
}
```

在例 8-14 中，ListenerDemo1 对象可以监听 ServletContext 对象的生命周期。当 ServletContext 对象被创建或销毁时，控制台窗口将输出对应的提示信息。

（5）在 IDEA 中重启 Tomcat 后，在浏览器的地址栏中输入 localhost:8080/Chapter08/login.html 并访问。浏览器的显示效果如图 8.22 所示。

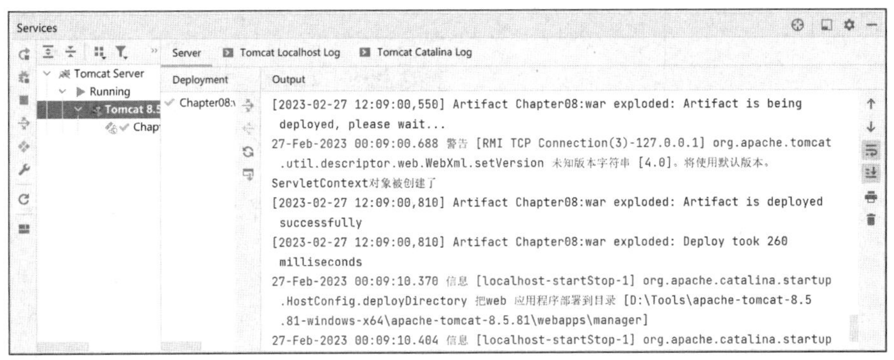

图 8.22　ServletContextListener 的监听效果

从图 8.22 中可以看出，控制台窗口显示了 ServletContext 对象被创建的信息。经过分析发现，当服务器启动时，服务器会为 Web 应用创建 ServletContext 对象。由于 ListenerDemo1 类实现了 ServletContextListener 接口，当 ServletContext 对象创建时，服务器会调用 ListenerDemo1 类的 contextInitialized()方法，因此控制台窗口输出字符串“Servlet Context 对象被创建了”。

（6）关闭 Tomcat，此时控制台窗口显示的信息如图 8.23 所示。

从图 8.23 中可以看出，控制台窗口显示了 ServletContext 对象被销毁的信息。这就说明当服务器关闭时，Web 应用的 ServletContext 对象被销毁，同时，服务器调用了 Listener Demo1 类中的 contextInitialized()方法，控制台窗口最终输出字符串“ServletContext 对象被销毁了”。

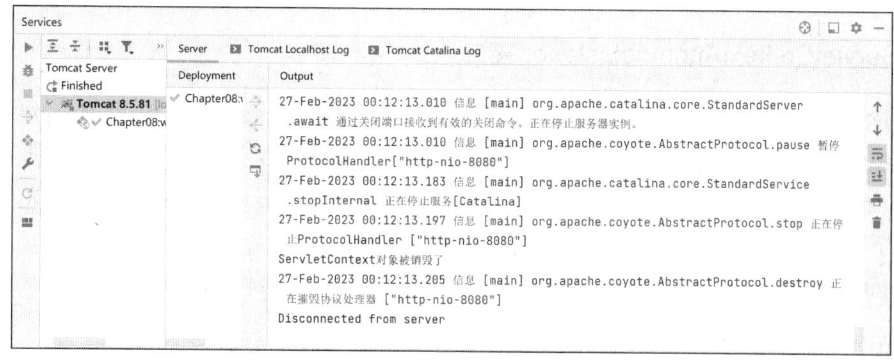

图 8.23 ServletContext 对象被销毁的信息

8.7 Listener 的 API

Java EE 提供了 8 种 Listener 接口，这 8 种 Listener 接口分别用于实现不同的功能，开发者在编写 Listener 类时按照业务需求实现对应的接口即可。接下来，本节将对 8 种 Listener 接口进行详细介绍。

8.7.1 与 ServletContext 对象相关的接口

与 ServletContext 对象相关的接口有两个，分别是 ServletContextListener 接口和 ServletContextAttributeListener 接口。

1. ServletContextListener 接口

ServletContextListener 接口用于监听 Web 应用中 ServletContext 对象的创建和销毁。当 Web 应用中配置有实现了 ServletContextListener 接口的 Listener 时，如果 ServletContext 对象被创建或销毁，服务器会产生一个事件对象并调用 Listener 中对应的事件处理方法。

ServletContextListener 接口中定义了两个方法，具体如表 8.4 所示。

表 8.4 ServletContextListener 接口的方法

方法	说明
void contextInitialized(ServletContextEvent arg0)	用于监听 ServletContext 对象的创建
void contextDestroyed(ServletContextEvent arg0)	用于监听 ServletContext 对象的销毁

（1）contextInitialized()方法

当 ServletContext 对象创建时，服务器将调用 contextInitialized()方法并传入一个 ServletContextEvent 对象。contextInitialized()方法通过 ServletContextEvent 对象可获得 ServletContext 对象并执行相应的操作。

（2）contextDestroyed ()方法

当 ServletContext 对象销毁时，服务器将调用 contextDestroyed()方法。contextDestroyed()方法通过传入的 ServletContextEvent 对象执行相应的操作。

由于 8.6 节的案例已演示过 ServletContextListener 接口的使用，这里不再重复讲解。

2．ServletContextAttributeListener 接口

ServletContextAttributeListener 接口用于监听 ServletContext 对象内属性的创建、修改和删除。ServletContext 对象可以作为存储数据的容器，当 Web 应用中配置有实现了 ServletContextAttributeListener 接口的 Listener 时，如果 ServletContext 对象存储的属性发生变化，服务器会产生一个事件对象并调用 Listener 中对应的事件处理方法。

ServletContextAttributeListener 接口中定义了 3 个方法，具体如表 8.5 所示。

表 8.5　ServletContextAttributeListener 接口的方法

方法	说明
void attributeAdded(ServletContextAttributeEvent scae)	用于监听 ServletContext 对象内属性的创建
void attributeRemoved(ServletContextAttributeEvent scae)	用于监听 ServletContext 对象内属性的删除
void attributeReplaced(ServletContextAttributeEvent scae)	用于监听 ServletContext 对象内属性的修改

（1）attributeAdded()方法

在 Web 应用运行过程中，当程序把一个属性存入 ServletContext 对象时，服务器将调用 attributeAdded()方法并传入一个 ServletContextAttributeEvent 对象。

（2）attributeRemoved()方法

在 Web 应用运行过程中，当程序把一个属性从 ServletContext 对象中删除时，服务器将调用 attributeRemoved()方法并传入一个 ServletContextAttributeEvent 对象。

（3）attributeReplaced()方法

在 Web 应用运行过程中，当程序修改 ServletContext 对象中的属性时，服务器将调用 attributeReplaced()方法并传入一个 ServletContextAttributeEvent 对象。

接下来，通过一个案例演示 ServletContextAttributeListener 接口的使用。

（1）在 Chapter08 项目的 com.listener 包下新建 Listener 类 ListenerDemo2，具体代码如例 8-15 所示。

【例 8-15】ListenerDemo2.java

```
package com.listener;
//此处省略导入包语句
@WebListener
public class ListenerDemo2 implements ServletContextAttributeListener {
    public void attributeAdded(ServletContextAttributeEvent event) {
        String attributeName = event.getName();
        Object attributeValue = event.getValue();
        System.out.println("添加属性 - name: " + attributeName + ", value: " + attributeValue);
    }
    public void attributeRemoved(ServletContextAttributeEvent event) {
        String attributeName = event.getName();
        Object attributeValue = event.getValue();
        System.out.println("移除属性 - name: " + attributeName + ", value: " + attributeValue);
```

```
    }
    public void attributeReplaced(ServletContextAttributeEvent event)
    {
        String attributeName = event.getName();
        Object oldValue = event.getValue();
        Object newValue =
        event.getServletContext().getAttribute(attributeName);
        System.out.println("修改属性 - name: " + attributeName + ",
        old value: " + oldValue + ", new value: " + newValue);
    }
}
```

在例 8-15 中，ListenerDemo2 类实现了 ServletContextAttributeListener 接口并重写了相应的方法。在 attributeAdded()方法被调用时，控制台窗口将输出 ServletContext 对象中被添加的属性信息；在 attributeRemoved()方法被调用时，控制台窗口将输出 ServletContext 对象中被删除的属性信息；在 attributeReplaced()方法被调用时，控制台窗口将输出 ServletContext 对象中被修改的属性信息。

（2）在 com.listener 包下创建 Servlet 类 ListenerServlet1，具体代码如例 8-16 所示。

【例 8-16】ListenerServlet1.java

```
package com.listener;
//此处省略导入包语句
@WebServlet("/ListenerServlet1")
public class ListenerServlet1 extends HttpServlet {
    protected void doGet(HttpServletRequest request,
    HttpServletResponse response)throws ServletException, IOException {
        //获取 ServletContext 对象
        ServletContext context = getServletContext();
        //设置属性值
        context.setAttribute("myAttribute", "Hello, World!");
        //修改属性值
        context.setAttribute("myAttribute","Hello, Java!");
        //删除属性
        context.removeAttribute("myAttribute");
    }
    //此处省略 doPost()方法
}
```

在例 8-16 中，ServletContext 对象首先设置属性 myAttribute，然后修改属性 myAttribute 的值，最后删除属性 myAttribute。如果当前 Web 应用中配置有实现 ServletContextAttributeListener 接口的 Listener，那么该 Listener 中的方法将被调用。

（3）在 IDEA 中重启 Tomcat 后，在浏览器的地址栏中输入 localhost:8080/Chapter08/ListenerServlet1 并访问，此时控制台窗口显示的信息如图 8.24 所示。

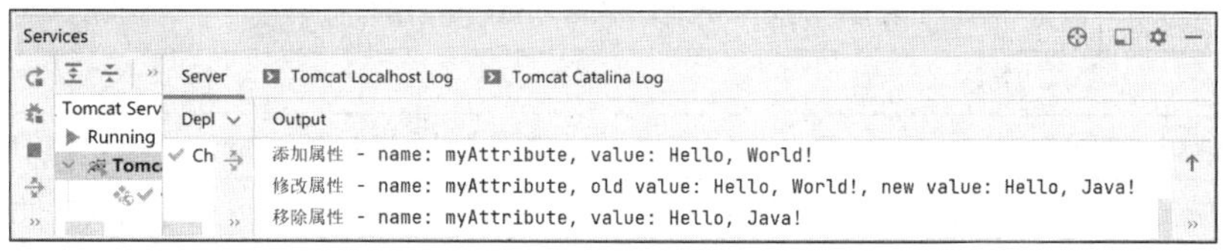

图 8.24 ServletContextAttributeListener 的监听效果

从图 8.24 中可以看出，控制台窗口输出了 ListenerDemo2 类执行时的信息。这就说明当 ServletContext 对象中存储的属性发生变化时，服务器调用了 ListenerDemo2 对象中的方法，最终 ListenerDemo2 类实现了对 ServletContext 对象中属性变化的监听。

8.7.2 与 HttpSession 对象相关的接口

与 HttpSession 对象相关的接口有 4 个，分别是 HttpSessionListener 接口、HttpSessionAttribute Listener 接口、HttpSessionBindingListener 接口和 HttpSessionActivationListener 接口。

1. HttpSessionListener 接口

HttpSessionListener 接口用于监听 HttpSession 对象的创建和销毁。HttpSession 对象封装了客户端与服务器的会话信息，当 Web 应用中配置有实现了 HttpSessionListener 接口的 Listener 时，如果 HttpSession 对象被创建或销毁，服务器会产生一个事件对象并调用 Listener 中对应的事件处理方法。

HttpSessionListener 接口中定义了两个方法，具体如表 8.6 所示。

表 8.6　HttpSessionListener 接口的方法

方法	说明
void sessionCreated(HttpSessionEvent arg0)	用于监听 HttpSession 对象的创建
void sessionDestroyed(HttpSessionEvent arg0)	用于监听 HttpSession 对象的销毁

（1）sessionCreated()方法

当 HttpSession 对象创建时，服务器将调用 sessionCreated()方法并传入一个 HttpSession Event 对象。sessionCreated()方法通过 HttpSessionEvent 对象可获得 HttpSession 对象并执行相应的操作。

（2）sessionDestroyed()方法

当 HttpSession 对象销毁时，服务器将调用 sessionDestroyed()方法。sessionDestroyed()方法通过传入的 HttpSessionEvent 对象执行相应的操作。

2. HttpSessionAttributeListener 接口

HttpSessionAttributeListener 接口用于监听 HttpSession 对象内属性的创建、修改和删除。HttpSession 对象可以作为存储数据的容器，当 Web 应用中配置有实现了 HttpSessionAttribute Listener 接口的 Listener 时，如果 HttpSession 对象存储的属性对象发生变化，服务器会产生一个事件对象并调用 Listener 中对应的事件处理方法。

HttpSessionAttributeListener 接口中定义了 3 个方法，具体如表 8.7 所示。

表 8.7　HttpSessionAttributeListener 接口的方法

方法	说明
void attributeAdded(HttpSessionBindingEvent arg0)	用于监听 HttpSession 对象内属性的创建
void attributeRemoved(HttpSessionBindingEvent arg0)	用于监听 HttpSession 对象内属性的删除
void attributeReplaced(HttpSessionBindingEvent arg0)	用于监听 HttpSession 对象内属性的修改

（1）attributeAdded()方法

在 Web 应用运行过程中，当程序把一个属性存入 HttpSession 对象时，服务器将调用 attributeAdded()方法并传入一个 HttpSessionBindingEvent 对象。HttpSessionBindingEvent 对象中封装了 HttpSession 对象及保存到 HttpSession 对象中的属性对象。attributeAdded()方法可通过 HttpSessionBindingEvent 对象获取这些信息并执行相应的操作。

（2）attributeRemoved()方法

在 Web 应用运行过程中，当程序把一个属性从 HttpSession 对象中删除时，服务器将调用 attributeRemoved()方法并传入一个 HttpSessionBindingEvent 对象。

（3）attributeReplaced()方法

在 Web 应用运行过程中，当程序修改 HttpSession 对象中的属性时，服务器将调用 attributeReplaced()方法并传入一个 HttpSessionBindingEvent 对象。

接下来，通过一个案例演示 HttpSessionListener 接口和 HttpSessionAttributeListener 接口的使用。

（1）在 Chapter08 项目的 com.listener 包下新建 Listener 类 ListenerDemo3，具体代码如例 8-17 所示。

【例 8-17】ListenerDemo3.java

```
package com.listener;
//此处省略导入包的语句
@WebListener
public class ListenerDemo3 implements HttpSessionListener {
    public void sessionCreated(HttpSessionEvent event)  {
        System.out.println("HttpSession 对象被创建了");
    }
    public void sessionDestroyed(HttpSessionEvent event)  {
        System.out.println("HttpSession 对象被销毁了");
    }
}
```

在例 8-17 中，ListenerDemo3 类实现了 HttpSessionListener 接口并重写了相应的方法。当 HttpSession 对象被创建或销毁时，控制台窗口将输出对应的提示信息。

（2）在 Chapter08 项目的 com.listener 包下新建 Listener 类 ListenerDemo4，具体代码如例 8-18 所示。

【例 8-18】ListenerDemo4.java

```
package com.listener;
//此处省略导入包语句
@WebListener
public class ListenerDemo4 implements HttpSessionAttributeListener {
    public void attributeRemoved(HttpSessionBindingEvent event)  {
        String name = event.getName();
        System.out.println("HttpSession 对象删除"+name+"属性");
    }
    public void attributeAdded(HttpSessionBindingEvent event)  {
        String name = event.getName();
        System.out.println("HttpSession 对象添加"+name+"属性");
    }
    public void attributeReplaced(HttpSessionBindingEvent event)  {
```

```
        String name = event.getName();
        System.out.println("HttpSession 对象修改"+name+"属性");
    }
}
```

在例 8-18 中，ListenerDemo4 类实现了 HttpSessionAttributeListener 接口并重写了相应的方法。当相应方法被调用时，控制台窗口会输出对应的信息。

（3）在 com.listener 包下创建 Servlet 类 ListenerServlet2，具体代码如例 8-19 所示。

【例 8-19】ListenerServlet2.java

```
package com.listener;
//此处省略导入包语句
@WebServlet("/ListenerServlet2")
public class ListenerServlet2 extends HttpServlet {
    protected void doGet(HttpServletRequest request,
    HttpServletResponseresponse) throws ServletException, IOException {
        //获取 HttpSession 对象
        HttpSession session = request.getSession();
        session.setAttribute("username", "xiaoqian");
        session.setAttribute("username", "xiaofeng");
        session.removeAttribute("username");
        //销毁 HttpSession 对象
        session.invalidate();
    }
    protected void doPost(HttpServletRequest req, HttpServletResponse
    resp)throws ServletException, IOException {
        super.doPost(req, resp);
    }
}
```

在例 8-19 中，Web 应用实现了对 HttpSession 对象的一系列操作。如果当前 Web 应用中配置有实现 HttpSessionListener 接口或 HttpSessionAttributeListener 接口的 Listener，那么该 Listener 中的相关方法将被调用。

（4）在 IDEA 中重启 Tomcat 后，在浏览器的地址栏中输入 localhost:8080/Chapter08/ListenerServlet2 并访问，此时控制台窗口显示的信息如图 8.25 所示。

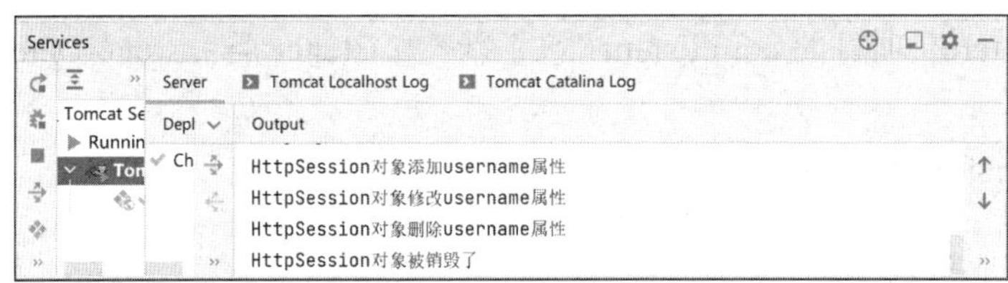

图 8.25　HttpSessionAttributeListener 的监听效果

从图 8.25 中可以看出，控制台窗口输出了 ListenerDemo3、ListenerDemo4 执行时的信息。这就说明当 HttpSession 对象及其存储的属性发生变化时，服务器调用了 Listener Demo3 类、ListenerDemo4 类中的对应方法。

3. HttpSessionBindingListener 接口

HttpSessionBindingListener 接口用于监听实现了该接口的类的对象在 HttpSession 对象中

的绑定和解绑。当实现了 HttpSessionBindingListener 接口的类对象被绑定到 HttpSession 对象或从 HttpSession 对象中解绑时，服务器会产生一个事件对象并调用 Listener 中对应的事件处理方法。

HttpSessionBindingListener 接口中定义了两个方法，具体如表 8.8 所示。

表 8.8　HttpSessionBindingListener 接口的方法

方法	说明
void valueBound (HttpSessionBindingEvent arg0)	用于监听 HttpSession 对象内特定对象的绑定
void valueUnbound (HttpSessionBindingEvent arg0)	用于监听 HttpSession 对象内特定对象的解绑

（1）valueBound()方法

在 Web 应用运行过程中，当程序把一个实现 HttpSessionBindingListener 接口的类对象绑定到 HttpSession 对象时，服务器将调用 valueBound()方法并传入一个 HttpSessionBindingEvent 对象。HttpSessionBindingEvent 对象中封装了 HttpSession 对象，valueBound()方法可通过 HttpSessionBindingEvent 对象获取这些信息并执行相应的操作。

（2）valueUnbound()方法

在 Web 应用运行过程中，当程序把一个实现 HttpSessionBindingListener 接口的类对象从 HttpSession 对象中解绑时，服务器将调用 valueUnbound()方法并传入一个 HttpSessionBinding Event 对象。

接下来，通过一个案例演示 HttpSessionBindingListener 接口的使用。

（1）在 Chapter08 项目的 com.listener 包下新建 Listener 类 ListenerDemo5，具体代码如例 8-20 所示。

【例 8-20】ListenerDemo5.java

```
package com.listener;
//此处省略导入包的代码
public class ListenerDemo5 implements HttpSessionBindingListener {
    public void valueUnbound(HttpSessionBindingEvent event)  {
        String name = event.getName();
        System.out.println(name+"对象从 HttpSession 对象解绑");
    }
    public void valueBound(HttpSessionBindingEvent event)  {
        String name = event.getName();
        System.out.println(name+"对象被绑定到 HttpSession 对象");
    }
}
```

在例 8-20 中，ListenerDemo5 类实现了 HttpSessionBindingListener 接口并重写了相应的方法。在 valueBound()方法被调用时，控制台窗口将输出 HttpSession 对象绑定的对象信息；在 valueUnbound()方法被调用时，控制台窗口将输出从 HttpSession 对象解绑的对象信息。

（2）在 Chapter08 的 com.listener 包下新建 Servlet 类 ListenerServlet3，具体代码如例 8-21 所示。

【例 8-21】ListenerServlet3.java

```
package com.Listener;
//此处省略导入包的语句
```

```
public class ListenerServlet3 extends HttpServlet {
  protected void doGet(HttpServletRequest request,
    HttpServletResponse response) throws ServletException, IOException {
    HttpSession session = request.getSession();
    session.setAttribute("ListenerDemo5", new ListenerDemo5());
    session.removeAttribute("ListenerDemo5");
  }
  protected void doPost(HttpServletRequest request,
    HttpServletResponse response) throws ServletException, IOException {
    doGet(request, response);
  }
}
```

在例 8-21 中，HttpSession 对象首先绑定 ListenerDemo5 对象，然后解绑 ListenerDemo5 对象，这些操作将会触发 ListenerDemo5 类中的方法。

（3）为了避免 ListenerDemo3 类、ListenerDemo4 类影响执行结果，这里需要将 Listener Demo3 类、ListenerDemo4 类的@WebListener 注解删除。

（4）在 IDEA 中重启 Tomcat 后，在浏览器的地址栏中输入 localhost:8080/Chapter08/Listener Servlet3 并访问，此时控制台窗口显示的信息如图 8.26 所示。

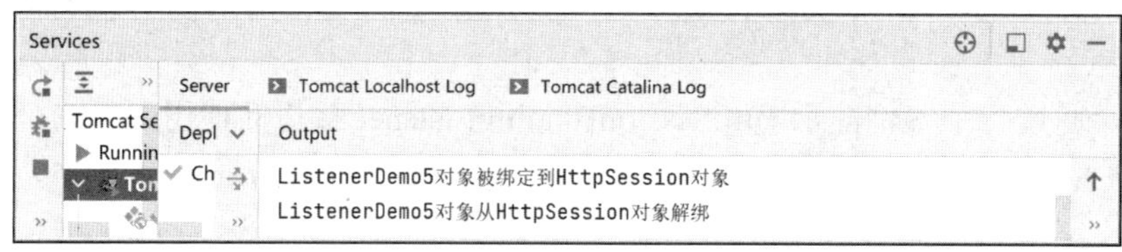

图 8.26　HttpSessionBindingListener 的监听效果

从图 8.26 中可以看出，控制台窗口输出了 ListenerDemo5 类执行时的信息。这就说明当 ListenerDemo5 类的对象绑定到 HttpSession 对象或从 HttpSession 对象中解绑时，服务器调用了 ListenerDemo5 类的方法。

4．HttpSessionActivationListener 接口

当 Web 应用需要保存重要数据时，通常使用 HttpSession 对象来存储会话信息。为了保证会话信息不会由于服务器重启或者其他原因而丢失，服务器可以将 HttpSession 对象持久化到硬盘上，这个过程被称为钝化（Passivation）。当 Web 应用需要读取存储在硬盘中的会话信息时，服务器可以从硬盘中重新加载这些信息，这个过程称为活化（Activation）。这种机制可以使 Web 应用更加健壮和可靠。

HttpSessionActivationListener 接口用于监听特定类对象的钝化和活化。当一个类对象实现了 HttpSessionActivationListener 接口并绑定到一个 HttpSession 对象后，如果这个 HttpSession 对象被钝化或者活化，服务器会产生一个事件对象并调用 Listener 中对应的事件处理方法，即实现了 HttpSessionActivationListener 接口的类对象可以在 HttpSession 对象被钝化和活化的时候，执行一些特定的操作。

HttpSessionActivationListener 接口中定义了两个方法，具体如表 8.9 所示。

表 8.9 HttpSessionActivationListener 接口的方法

方法	说明
void sessionWillPassivate(HttpSessionEvent arg0)	用于监听 HttpSession 对象内特定对象的钝化
void sessionDidActivate(HttpSessionEvent arg0)	用于监听 HttpSession 对象内特定对象的活化

（1）sessionWillPassivate()方法

当一个实现了 HttpSessionActivationListener 接口的类对象绑定到 HttpSession 对象并随着 HttpSession 对象被钝化时，服务器将调用 sessionWillPassivate()方法并传入一个 HttpSession Event 对象。通过传入的 HttpSessionEvent 对象，sessionWillPassivate()方法可执行相应的操作。

（2）sessionDidActivate()方法

当一个类对象绑定到 HttpSession 对象并实现了 HttpSessionActivationListener 接口，在该对象随着 HttpSession 对象被活化时，服务器会调用 sessionDidActivate()方法，并传入一个 HttpSessionEvent 对象，以供 sessionDidActivate()方法执行相应的操作。

接下来，通过一个案例演示 HttpSessionActivationListener 接口的使用。

（1）在 Chapter08 项目的 com.listener 包下新建 Listener 类 ListenerDemo6，具体代码如例 8-22 所示。

【例 8-22】ListenerDemo6.java

```
package com.listener;
import java.io.Serializable;
//此处省略导入包语句
public class ListenerDemo6 implements HttpSessionActivationListener,
Serializable {
    private String info;
    public String getInfo() {
        return info;
    }
    public void setInfo(String info) {
        this.info = info;
    }
    public void sessionDidActivate(HttpSessionEvent event) {
        System.out.println("ListenerDemo6 的对象被活化了");
    }
    public void sessionWillPassivate(HttpSessionEvent event) {
        System.out.println("ListenerDemo6 的对象被钝化了");
    }
}
```

在例 8-22 中，ListenerDemo6 类实现了 HttpSessionActivationListener 和 Serializable 接口。其中，Serializable 接口是序列化接口，在实现了 Serializable 接口后，ListenerDemo6 的类对象能够被序列化到硬盘。此外，ListenerDemo6 类提供了一个属性 info 用于存储信息。在 sessionDidActivate()方法被调用时，控制台窗口将输出特定对象被活化的信息；在 sessionWillPassivate()方法被调用时，控制台窗口将输出特定对象被钝化的信息。

（2）在 Chapter08 项目的 com.servlet 包下新建 Servlet 类 ListenerServlet4，具体代码如例 8-23 所示。

【例 8-23】ListenerServlet4.java

```
package com.listener;
//此处省略导入包语句
@WebServlet("/ListenerServlet4")
public class ListenerServlet4 extends HttpServlet {
    protected void doGet(HttpServletRequest request,
    HttpServletResponse response) throws ServletException, IOException {
        HttpSession session = request.getSession();
        ListenerDemo6 bean = new ListenerDemo6();
        bean.setInfo("Hello Listener");
        session.setAttribute("bean", bean);
    }
   //此处省略 doPost()方法
}
```

在例 8-23 中，HttpSession 对象存入了 ListenerDemo6 对象及其属性信息。

（3）在 Chapter08 的 com.servlet 包下新建 Servlet 类 ListenerServlet5，具体代码如例 8-24 所示。

【例 8-24】ListenerServlet5.java

```
package com.listener;
//此处省略导入包语句
@WebServlet("/ListenerServlet5")
public class ListenerServlet5 extends HttpServlet {
    protected void doGet(HttpServletRequest request,
    HttpServletResponse response) throws ServletException, IOException {
        HttpSession session = request.getSession();
        ListenerDemo6 bean=(ListenerDemo6) session.getAttribute("bean");
        String info = bean.getInfo();
        response.getWriter().print(info);
    }
    protected void doPost(HttpServletRequest request,
HttpServletResponse response) throws ServletException, IOException {
        doGet(request, response);
    }
}
```

在以上代码中，Web 应用获取 HttpSession 中存储的值并响应到浏览器。

（4）为了让 Web 应用自动实现 HttpSession 对象的钝化和活化，这里需要对 Tomcat 服务器进行配置。打开 Tomcat 安装目录下 conf 文件夹中的 context.xml 文件，在<Context>元素中增加配置信息，具体代码如下。

```
<Manager className="org.apache.catalina.session.PersistentManager"
    maxIdleSwap="D:/sessions">
    <Store className="org.apache.catalina.session.FileStore"
        directory=" "/>
</Manager>
```

上述 Tomcat 配置代码的具体含义如下。

- <Manager>元素定义了使用 PersistentManager 作为 Session 的管理器，用于创建、管理和持久化 Session 对象。其中，className 属性用于指定管理器的全限定名；maxIdleSwap 属性用于指定一个 Session 在多长时间内没有被访问就被钝化，单位为分钟，此处为 1 分钟。

- <Store>元素定义了使用 FileStore 作为 Session 的存储方式，用于将 Session 序列化并存储到硬盘上，即使用文件系统存储 Session 对象。其中，className 属性指定了存储方式的全限定名；directory 属性指定了存储 Session 对象的目录，该目录必须在 Tomcat 服务器可访问的范围内。此处存储目录为 D:/sessions。

（5）在 IDEA 中启动 Tomcat 后，在浏览器的地址栏中输入 localhost:8080/Chapter08/ListenerServlet4 并访问。当 ListenerServlet4 被请求时，相关数据被存入 HttpSession 对象中。

（6）关闭 Tomcat，此时控制台窗口显示的信息如图 8.27 所示。

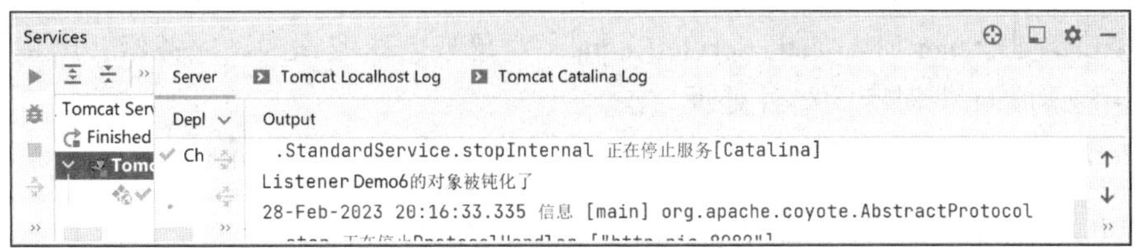

图 8.27 HttpSessionActivationListener 监听 Session 钝化的效果

从图 8.27 中可以看出，控制台窗口输出了"ListenerDemo6 的对象被钝化了"的信息。这就说明当 ListenerDemo6 的对象随着 HttpSession 对象被钝化时，服务器调用了 ListenerDemo6 类的 sessionWillPassivate()方法。

（7）在 IDEA 中重启 Tomcat 后，在浏览器的地址栏中输入 localhost:8080/Chapter08/ListenerServlet5 并访问，浏览器显示的页面如图 8.28 所示。

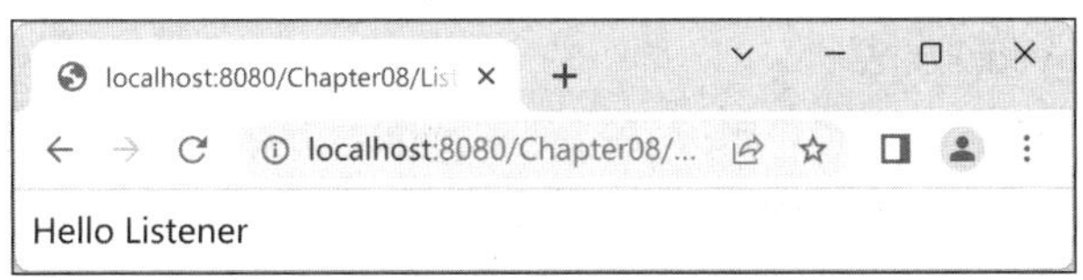

图 8.28 HttpSession 对象中存储的信息

从图 8.28 中可以看出，浏览器显示了 HttpSession 对象中存储的信息。由此可见，钝化的 HttpSession 对象及其存储的信息被加载到内存，此时控制台窗口显示的信息如图 8.29 所示。

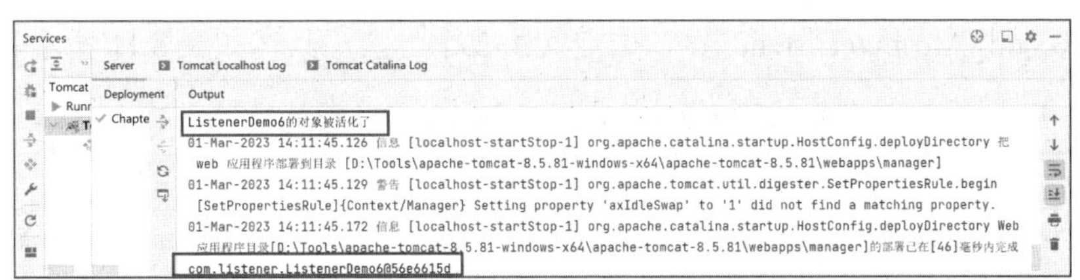

图 8.29 HttpSessionActivationListener 监听 Session 活化的效果

从图 8.29 中可以看出，控制台窗口输出了"ListenerDemo6 的对象被活化了"的信息。这就说明当 ListenerDemo6 类的对象随着 HttpSession 对象被活化时，服务器调用了 ListenerDemo6 类的 sessionDidActivate()方法。

8.7.3 与 ServletRequest 对象相关的接口

与 ServletRequest 对象相关的接口有两个，分别是 ServletRequestListener 接口和 ServletRequestAttributeListener 接口。

1. ServletRequestListener 接口

ServletRequestListener 接口用于监听 Web 应用中 ServletRequest 对象的创建和销毁。ServletRequest 对象封装了客户端发送的请求信息，当 Web 应用中配置有实现了 ServletRequestListener 接口的 Listener 时，如果 ServletRequest 对象被创建或销毁，服务器会产生一个事件对象并调用 Listener 中对应的事件处理方法。

ServletRequestListener 接口中定义了两个方法，具体如表 8.10 所示。

表 8.10　　ServletRequestListener 接口的方法

方法	说明
void requestInitialized(ServletRequestEvent arg0)	用于监听 ServletRequest 对象的创建
void requestDestroyed(ServletRequestEvent arg0)	用于监听 ServletRequest 对象的销毁

（1）requestInitialized()方法

当 ServletRequest 对象创建时，服务器将调用 requestInitialized()方法并传入一个 ServletRequestEvent 对象。requestInitialized()方法通过 ServletRequestEvent 对象可获得 ServletRequest 对象并执行相应的操作。

（2）requestDestroyed()方法

当 ServletRequest 对象销毁时，服务器将调用 requestDestroyed()方法。requestDestroyed()方法通过传入的 ServletRequestEvent 对象执行相应的操作。

2. ServletRequestAttributeListener 接口

ServletRequestAttributeListener 接口用于监听 ServletRequest 对象内属性的创建、修改和删除。ServletRequest 对象可以作为存储数据的容器，当 Web 应用中配置有实现了 ServletRequestAttributeListener 接口的 Listener 时，如果 ServletRequest 对象内存储的属性发生变化，服务器会产生一个事件对象并调用 Listener 中对应的事件处理方法。

ServletRequestAttributeListener 接口中定义了 3 个方法，具体如表 8.11 所示。

表 8.11　　ServletRequestAttributeListener 接口的方法

方法	说明
void attributeAdded(ServletRequestAttributeEvent arg0)	用于监听 ServletRequest 对象内属性的创建
void attributeRemoved(ServletRequestAttributeEvent arg0)	用于监听 ServletRequest 对象内属性的删除
void attributeReplaced(ServletRequestAttributeEvent arg0)	用于监听 ServletRequest 对象内属性的修改

（1）attributeAdded()方法

在 Web 应用运行过程中，当程序把一个属性存入 ServletRequest 对象时，服务器将调用 attributeAdded()方法并传入一个 ServletRequestAttributeEvent 对象。attributeAdded()方法可通

过 ServletRequestAttributeEvent 对象获取这些信息并执行相应的操作。

（2）attributeRemoved()方法

在 Web 应用运行过程中，当程序把一个属性从 ServletRequest 对象中删除时，服务器将调用 attributeRemoved()方法并传入一个 ServletRequestAttributeEvent 对象。

（3）attributeReplaced()方法

在 Web 应用运行过程中，当程序修改 ServletRequest 对象中的属性时，服务器将调用 attributeReplaced()方法并传入一个 ServletRequestAttributeEvent 对象。

接下来，通过一个案例演示 ServletRequestListener 接口和 ServletRequestAttributeListener 接口的使用。

（1）在 Chapter08 项目的 com.listener 包下新建 Listener 类 ListenerDemo7，具体代码如例 8-25 所示。

【例 8-25】ListenerDemo7.java

```
package com.listener;
//此处省略导入包语句
public class ListenerDemo7 implements ServletRequestListener {
    public void requestDestroyed(ServletRequestEvent event) {
          System.out.println("ServletRequest 对象被销毁了");
    }
    public void requestInitialized(ServletRequestEvent event) {
         System.out.println("ServletRequest 对象被创建了");
    }
}
```

在例 8-25 中，ListenerDemo7 类实现了 ServletRequestListener 接口并重写了相应的方法。当 ServletRequest 对象被创建或销毁时，控制台窗口将输出对应的提示信息。

（2）在 Chapter08 项目的 com.listener 包下新建 Listener 类 ListenerDemo8，具体代码如例 8-26 所示。

【例 8-26】ListenerDemo8.java

```
package com.listener;
//此处省略导入包语句
public class ListenerDemo8 implements ServletRequestAttributeListener {
    public void attributeAdded(ServletRequestAttributeEvent event) {
         String name = event.getName();
         System.out.println("ServletRequest 对象添加"+name+"属性");
    }
    public void attributeRemoved(ServletRequestAttributeEvent event) {
        String name = event.getName();
       System.out.println("ServletRequest 对象删除"+name+"属性");
    }
    public void attributeReplaced(ServletRequestAttributeEvent event) {
       String name = event.getName();
       System.out.println("ServletRequest 对象修改"+name+"属性");
    }
}
```

在例 8-26 中，ListenerDemo8 类实现了 ServletRequestAttributeListener 接口并重写了相应的方法。当相应方法被调用时，控制台窗口会输出对应的信息。

（3）在 com.listener 包下创建 Servlet 类 ListenerServlet6，具体代码如例 8-27 所示。

【例 8-27】ListenerServlet6.java

```
package com.listener;
//此处省略导入包语句
@WebServlet("/ListenerServlet6")
public class ListenerServlet6 extends HttpServlet {
    protected void doGet(HttpServletRequest request,
HttpServletResponse response) throws ServletException, IOException {
        request.setAttribute("username", "xiaoqian");
        request.setAttribute("username", "xiaofeng");
        request.removeAttribute("username");
    }
    //此处省略 doPost()方法
}
```

在例 8-27 中，Web 应用实现了对 ServletRequest 对象的一系列操作。如果当前 Web 应用中配置有实现 ServletRequestListener 接口或 ServletRequestAttributeListener 接口的 Listener，那么该 Listener 中的相关方法将被调用。

（4）在 IDEA 中重启 Tomcat 后，在浏览器的地址栏中输入 localhost:8080/Chapter08/ListenerServlet6，此时控制台窗口显示的信息如图 8.30 所示。

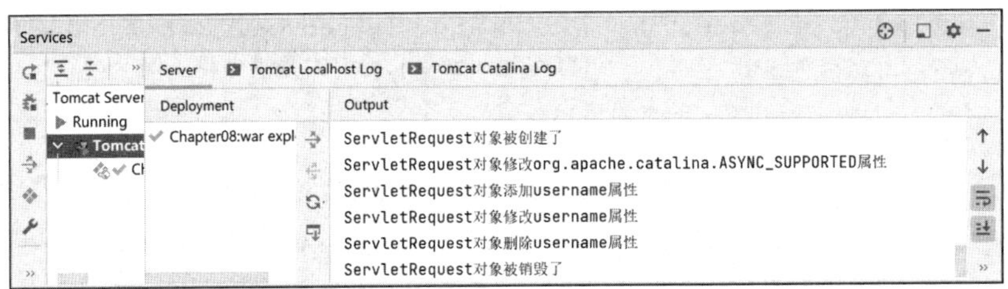

图 8.30　ServletRequestAttributeListener 的监听效果

从图 8.30 中可以看出，控制台窗口输出了 ListenerDemo7、ListenerDemo8 执行时的信息。这就说明当 ServletRequest 对象及其存储的属性发生变化时，服务器调用了 ListenerDemo7、ListenerDemo8 类中的对应方法。

8.8　Listener 应用

Listener 的特性使它可以实现很多特殊的功能，例如，统计在线用户数量、保存登录信息等，而且它不会与 Servlet 耦合，保证了程序的可扩展性。接下来，通过一个案例演示如何使用 Listener 统计在线用户数量。

（1）在 Chapter08 项目的 src 目录下新建 com.listener.test 包，在该包下新建类 UserInfo，具体代码如例 8-28 所示。

【例 8-28】UserInfo.java

```
package com.listener.test;
import java.io.Serializable;
public class UserInfo implements Serializable {
    private String id;
```

```
    private String username;
    private String password
    //此处省略构造器和 getter/Setter 方法
}
```

例 8-28 的 UserInfo 类是一个 JavaBean，表示用户信息，其中包含 id、username 和 password 属性。

（2）在 Chapter08 项目的 com.listener.test 包下新建 Listener 类 UserSessionListener，具体代码如例 8-29 所示。

【例 8-29】UserSessionListener.java

```
package com.listener.test;
//此处省略导入包语句
public class UserSessionListener implements HttpSessionListener {
    //维护在线用户列表
    private static Set<UserInfo> onlineUsers = new HashSet<>();
    //维护在线用户数据
    private static int onlineCount = 0;
    public UserSessionListener() {
        super();
    }
    public static int getOnlineCount() {
        return onlineCount;
    }
    public static Set<UserInfo> getOnlineUsers() {
        return onlineUsers;
    }
    //session 创建时触发的方法
    public void sessionCreated(HttpSessionEvent se) {
        System.out.println("Session Created: " + se.getSession(). getId());
    }
    //session 销毁时触发的方法
    public void sessionDestroyed(HttpSessionEvent se) {
        System.out.println("Session Destroyed: " + se.getSession(). getId());
        UserInfo userInfo = (UserInfo) se.getSession(). getAttribute("userInfo");
        if (userInfo != null) {
            onlineUsers.remove(userInfo); //从在线用户列表中删除该用户
            onlineCount--; //在线人数减 1
        }
    }
    //将用户添加到在线用户列表中
    public static synchronized void addOnlineUser(UserInfo user) {
        if (user != null) {
            onlineUsers.add(user);
            onlineCount++;
        }
    }
    public void removeUser(UserInfo user) {
        onlineUsers.remove(user);
        onlineCount--;
```

```
40      }
41  }
```

在例 8-29 中，UserSessionListener 类实现了 HttpSessionListener 接口并重写了相应的方法，用于监听 HttpSession 的创建和销毁事件，以及记录在线用户列表和在线用户数量。第 5 行和第 7 行代码分别通过静态变量 onlineUsers 维护在线用户列表、通过静态变量 onlineCount 维护在线用户数量；第 22～28 行代码在 sessionDestroyed()方法中，从 HttpSession 中获取用户信息，并从在线用户列表中将该用户删除，同时将在线人数减 1；第 31～36 行代码提供了 addOnlineUser()方法，用于将用户添加到在线用户列表中；第 37～40 行代码提供了 removeUser()方法，用于将用户从在线用户列表中移除。

（3）修改 Chapter08 项目的 web 目录下的 login.html 文件，将<form>元素的代码修改为如下代码。

```
<form action="/Chapter08/LoginServlet" method="post">
```

（4）在 Chapter08 项目的 com.listener.test 包下新建 Servlet 类 LoginServlet，具体代码如例 8-30 所示。

【例 8-30】LoginServlet.java

```
1   package com.servlet.test;
2   //此处省略导入包语句
3   @WebServlet("/LoginServlet")
4   public class LoginServlet extends HttpServlet {
5       protected void doPost(HttpServletRequest request, HttpServletResponse response) throws ServletException, IOException {
6           String username = request.getParameter("username");
7           String password = request.getParameter("password");
8           UserInfo userInfo = new UserInfo();
9           userInfo.setUsername(username);
10          userInfo.setPassword(password);
11          UserSessionListener.addOnlineUser(userInfo);
12          request.getSession().setAttribute("userInfo", userInfo);
13          request.getSession().setAttribute("userSessionListener", new UserSessionListener());
14          response.sendRedirect(request.getContextPath() + "/onlineUsers.jsp");
15      }
16  }
```

在例 8-30 中，第 6～10 行代码中 Web 应用从 login.html 页面获取用户信息并将其封装为 UserInfo 对象；第 11 行代码将 UserInfo 对象添加到 UserSessionListener 的在线用户列表中；第 12～13 行代码分别将 UserInfo 对象和 UserSessionListener 对象存储到 Session 域中，以便在页面中使用 UserInfo 对象获取当前登录用户的信息，以及使用 UserSessionListener 对象获取在线用户列表和在线用户数量；第 14 行代码重定向到 onlineUsers.jsp 页面。

（5）在 Chapter08 项目的 web 目录下新建 onlineUsers.jsp 文件，具体代码如例 8-31 所示。由于 onlineUsers.jsp 文件中使用了 JSTL 标签，因此这里需要将第 6 章 JSTL 的 4 个 JAR 包复制到 web\WEB-IN\lib 目录下，将包导入项目中。

【例 8-31】onlineUsers.jsp

```
<%@ page contentType="text/html;charset=UTF-8" language="java" %>
<%@ taglib uri="http://java.sun.com/jsp/jstl/core" prefix="c"%>
```

```
3   <html>
4   <head>
5     <title>在线用户列表</title>
6   </head>
7   <body>
8   <c:choose>
9     <c:when test="${null==sessionScope.userInfo}">
10      <a href="${pageContext.request.contextPath}/login.html">登录
11      </a><br><br>
12    </c:when>
13    <c:otherwise>
14      你好，${sessionScope.userInfo.username}
15      <a href="${pageContext.request.contextPath}/LogoutServlet">注销
16      </a><br><br>
17    </c:otherwise>
18  </c:choose>
19  <h3>当前在线用户人数：</h3><c:out value="${sessionScope.userSessionListener.getOnlineCount()}"></c:out>
20  <h3>当前在线用户列表：</h3>
21  <c:forEach var="user" items="${sessionScope.userSessionListener.getOnlineUsers()}">
22    <p>${user.username}</p>
23  </c:forEach>
24  </body>
25  </html>
```

例 8-31 的 onlineUsers.jsp 文件用于显示当前登录用户、当前在线用户人数和当前在线用户列表。其中，第 8～18 行代码判断用户是否已经登录，如果没有登录则显示“登录”链接，如果已经登录则显示“你好，xxx”和“注销”链接；第 19 行代码从 Session 域中获取 userSessionListener 对象并调用 getOnlineCount()方法获取在线用户人数；第 21～23 行代码使用了 JSTL 标签库的 forEach 标签，用于遍历在线用户列表，将每个用户的用户名显示在页面上。

（6）在 Chapter08 项目的 com.listener.test 下新建 LogoutServlet 类，具体代码如例 8-32 所示。

【例 8-32】LogoutServlet.java

```
package com.listener.test;
import java.io.IOException;
//此处省略导入包语句
@WebServlet("/LogoutServlet")
public class LogoutServlet extends HttpServlet {
    protected void doGet(HttpServletRequest request,
    HttpServletResponse response)throws ServletException, IOException {
        HttpSession session = request.getSession();
        UserInfo user = (UserInfo) session.getAttribute("userInfo");
        UserSessionListener userSessionListener = (UserSessionListener) session.getAttribute("userSessionListener");
        if (user != null && userSessionListener != null) {
            userSessionListener.removeUser(user);
            session.setAttribute("userSessionListener", userSessionListener);
        }
        session.invalidate();
        response.sendRedirect(request.getContextPath() + "/onlineUsers.jsp");
```

```
        }
}
```

在例 8-32 中，Web 应用从 HttpSession 对象删除登录用户的信息。当 HttpSession 对象绑定的属性被删除时，将会调用 UserInfo 类中的方法。

（7）在 IDEA 中启动 Tomcat 后，在浏览器的地址栏中输入 localhost:8080/Chapter08/login.html，浏览器显示的页面如图 8.31 所示。

图 8.31　用户登录页面

（8）在 IDEA 中重启 Tomcat，在“用户名”文本框中输入“xiaoqian”，在“密码”文本框中输入“123456”，单击“提交”按钮，此时浏览器显示的页面如图 8.32 所示。

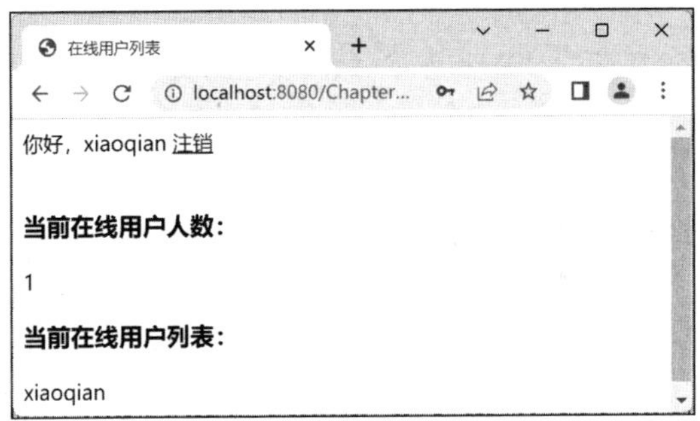

图 8.32　登录成功的页面

（9）为了避免同一会话影响执行效果，下面使用新建会话的方式打开一个新的浏览器窗口，在地址栏中输入“localhost:8080/Chapter08/login.html”，在“用户名”文本框中输入“xiaoxiao”，在“密码”文本框中输入“123456”，单击“提交”按钮，此时浏览器显示的页面如图 8.33 所示。

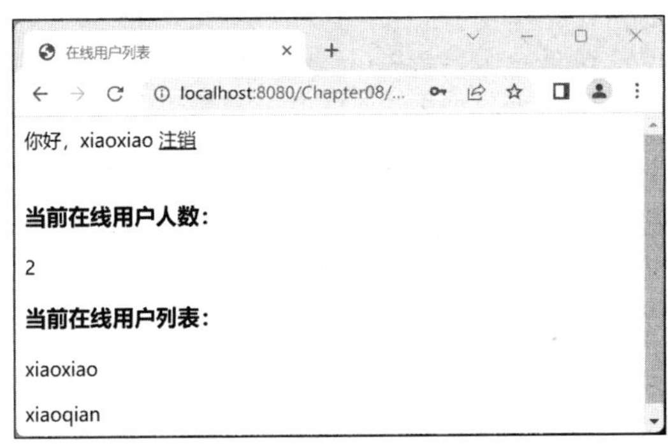

图 8.33　在线人数和列表更新效果

从图 8.33 中可以看出，浏览器显示了当前登录用户和所有在线用户的信息。

8.9　本章小结

本章主要介绍了 Servlet 高级应用——Filter 的应用和 Listener 的应用。本章具体内容为首先对 Filter 进行概述，包括 Filter 的定义、作用、API 和生命周期，为后续学习打下了基础，然后讲解了 Filter 的创建和配置方式，介绍了 Filter 的链式调用，并通过 3 个典型的应用案例——防止盗链、敏感词过滤器和字符编码过滤器，使读者进一步了解 Filter 的实际应用；接下来讲解了 Listener 的相关知识，包括 Listener 的定义、API 和分类，最后通过一个在线用户列表的应用案例，帮助读者进一步掌握 Listener 的使用方法和实际应用。通过对本章的学习，读者能够深入了解 Filter 和 Listener，掌握 Filter 和 Listener 的使用方法，从而可以更好地完成 Web 应用程序的开发和维护工作。

8.10　习题

一、填空题

1. ________是用于在 Web 应用程序运行期间拦截客户端请求并在请求到达目标资源之前/之后执行某些操作的组件。

2. Servlet 监听器划分为以下 3 种：ServletContext 事件监听器、HttpSession 事件监听器和________事件监听器。

3. 在请求过滤处理后，需要调用 chain 参数的________方法将请求向下传递给下一过滤器或者目标资源。

4. FilterChain 对象的________方法用于调用下一个 Filter，如果没有下一个 Filter 则调用目标资源。

5. 在 Filter 中，可以通过________方法来获取请求的参数。

二、判断题

1. 在 Filter 中实现统一全站编码时，对于请求方法 POST 和 GET 解决乱码问题的方式是相同的。(　　)

2. <dispatcher>元素的取值共有 3 个，分别是 REQUEST、INCLUDE、FORWARD。(　　)

3. 在 web.xml 中，一个 <listener>元素中可以出现多个<listener-class>子元素。(　　)

4. 一个 Filter 对象中的 doFilter()方法可以被多次调用。(　　)

5. Servlet 3.0 规范支持使用注解的形式来配置 Servlet。(　　)

三、选择题

1. 下列选项中，用于在 web.xml 中配置 Filter 的元素是（　　）。

A. <listener-url>　　　B. <url-listener>

C. <listener>　　　D. <listener-name>

2．下列不属于 Servlet 中 Filter 类型的是（　　）。

A．Servlet 上下文监听　　B．HTTP 会话监听

C．Servlet 请求监听　　D．Servlet 容器监听

3．下列选项中，用于监听 HttpSession 对象中属性变更的接口是（　　）。

A．HttpSessionAttributeListener

B．ServletContextAttributeListener

C．ServletRequestAttributeListener

D．ApplicationAttributeListener

4．在实际开发中，定义 Filter 只需要实现（　　）接口即可。

A．FilterConfig　　B．Filter

C．FilterChain　　D．MyFilter

5．下列选项中，用于匹配拦截器所过滤的 URL 的元素是（　　）。

A．<filter-mapping>　　B．＜url-pattern>

C．＜filter>　　D．＜filter-name>

四、简答题

1．简述 Listener 和 Filter 在 Java Web 应用程序中分别有什么作用。

2．简述 Filter 的生命周期。

第 9 章 Java Web 的数据库操作

本章学习目标

- 理解数据库的事务及其属性。
- 掌握 JDBC 事务管理。
- 理解数据库连接池的概念及原理。
- 掌握两种开源数据库连接池的使用。

动态网页的主要特点就是能及时更新数据，这些更新的数据来源于数据库。在 Java 语言基础的学习过程中，我们初步介绍了 JDBC 编程，掌握 JDBC 的常用 API 和使用 JDBC 编程的步骤可以完成对数据库的增、删、改、查等基本操作。本章将带领读者回顾 JDBC 编程的基础内容，并开始 JDBC 高级用法的讲解，包括事务管理、连接池等。这些技术构成了 Java Web 分层开发中持久层的核心要件，是 Java 程序操作数据库的重要支撑。

9.1 JDBC 基础

JDBC 是 Java 语言中用于连接和操作关系数据库的 API。它提供了一种标准的方式来访问数据库，使得 Java 开发者可以通过统一的接口来连接和操作不同的数据库。使用 JDBC 操作数据库是 Java 编程中的一个基本技能。本节将对 JDBC 的基础知识进行介绍。

9.1.1 JDBC 概述

JDBC（Java Database Connectivity，Java 数据库互连）是一套用于执行 SQL 语句的 Java API，它由一组用 Java 语言编写的类和接口组成，是 Java 程序访问数据库的标准规范。

通过 JDBC 提供的 API，应用程序可以连接到数据库，并使用 SQL 语句完成对数据库中数据的插入、删除、更新、查询等操作，如图 9.1 所示。使用 JDBC，开发者无须为访问不同的数据库而编写不同的应用程序，只需使用 JDBC 编写一个通用程序即可。

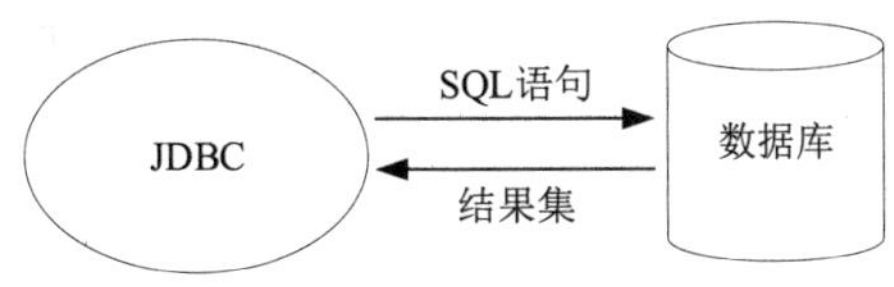

图 9.1 JDBC 访问数据库

应用程序在使用 JDBC 访问特定的数据库时，需要与不同的数据库驱动进行连接。JDBC 提供接口，而驱动是接口的实现，没有驱动将无法完成数据库连接。每个数据库厂商都需要提供自己的驱动，用来连接本公司的数据库，如图 9.2 所示。

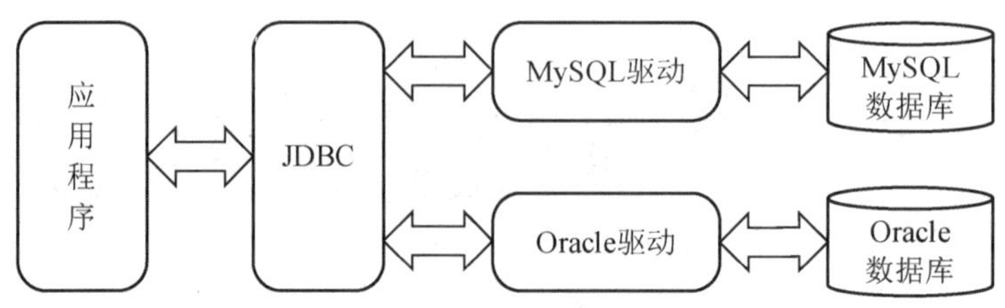

图 9.2 通过数据库驱动实现与数据库的连接

9.1.2 JDBC API

JDBC 定义了一系列操作数据库的接口和类，这些接口和类位于 java.sql 包中。接下来，本小节将详细介绍 JDBC 的常用 API。

1. Driver 接口

Driver 接口是所有 JDBC 驱动程序必须要实现的接口，该接口提供给数据库厂商使用。在编写 JDBC 程序时，必须先装载特定数据库厂商的驱动程序。装载驱动程序通过 java.lang.Class 类中的静态方法 forName()实现。

2. DriverManager 类

DriverManager 类用于加载 JDBC 驱动并创建与数据库的连接。DriverManager 类的常用方法如表 9.1 所示。

表 9.1 DriverManager 类的常用方法

方法名称	功能描述
registerDriver(Driver driver)	注册数据库的驱动程序
getConnection (String url,String user,String password)	获取数据库连接

3. Connection 接口

Connection 接口表示 Java 程序和数据库的连接，Java 程序和数据库的交互是通过 Connection 接口完成的。Connection 接口的常用方法如表 9.2 所示。

表 9.2 Connection 接口的常用方法

方法名称	功能描述
createStatement()	创建向数据库发送 SQL 语句的 Statement 对象
prepareStatement(String sql)	创建向数据库发送预编译 SQL 语句的 PrepareSatement 对象
prepareCall(String sql)	创建执行存储过程的 CallableStatement 对象

4. Statement 接口

Statement 接口用于向数据库发送 SQL 语句。Statement 接口提供了 3 个执行 SQL 语句的方法，具体如表 9.3 所示。

表 9.3 Statement 接口的方法

方法名称	功能描述
execute(String sql)	执行语句，返回是否有结果集
executeQuery(String sql)	执行 select 语句，返回结果集
executeUpdate(String sql)	执行 insert/update/delete 语句，返回更新的行数

5. PreparedStatement 接口

PreparedStatement 接口继承自 Statement 接口，用于执行预编译的 SQL 语句。PreparedStatement 接口提供了一些对数据库进行基本操作的方法，具体如表 9.4 所示。

表 9.4 PreparedStatement 接口的方法

方法名称	功能描述
executeQuery()	执行 select 语句，返回结果集
executeUpdate()	执行 insert/update/delete 语句，返回更新的行数
addBatch()	把多条 SQL 语句放到一个批处理中
executeBatch()	向数据库发送一批 SQL 语句并执行

6. ResultSet 接口

ResultSet 接口表示执行 select 语句获得的结果集，该结果集采用逻辑表格的形式封装。ResultSet 接口中提供了一系列操作结果集的方法，具体如表 9.5 所示。

表 9.5 ResultSet 接口的方法

方法名称	功能描述
getString(int index)、getString(String columnName)	获得在数据库里是 varchar、char 等类型的数据
getFloat(int index)、getFloat(String columnName)	获得在数据库里是 Float 类型的数据
getDate(int index)、getDate(String columnName)	获得在数据库里是 Date 类型的数据
getBoolean(int index)、getBoolean(String columnName)	获得在数据库里是 Boolean 类型的数据
getObject(int index)、getObject(String columnName)	向数据库发送一批 SQL 语句并执行
next()	移动到下一行
previous()	移动到上一行
absolute(int row)	移动到指定行
beforeFirst()	移动到 ResultSet 的最前面
afterLast()	移动到 ResultSet 的最后面

ResultSet 对象维护了一个指向表格数据行的指针，指针默认在第 1 行之前。调用 next()或 previous()等移动指针的方法，可以使指针指向具体的数据行，进而调用 getObject()方法获取指定的查询结果。

9.1.3 JDBC URL

JDBC URL 提供了一种标识数据库的方法，它可以使 JDBC 程序识别指定的数据库并与之建立连接。大家在编写 JDBC 程序时，无须关注 JDBC URL 的形成过程，只需使用与所用的数据库一起提供的 URL 即可。

JDBC URL 的标准语法如图 9.3 所示（以 MySQL 数据库为例）。

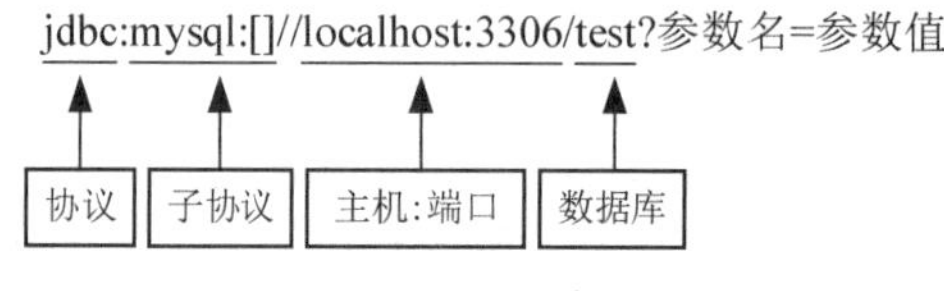

图 9.3 JDBC URL 的标准语法

从图 9.3 中可以看出，JDBC URL 由协议、子协议、主机、端口、数据库、参数等组成。其中，JDBC URL 中的协议总是 jdbc；子协议因数据库厂商的不同而有所差异，在本例中为 mysql；主机为数据库所在主机地址，端口为 MySQL 数据库的默认端口号 3306；参数多为连接属性的配置信息，包括数据库的用户名、密码、编码、套接字连接的超时等。JDBC URL 的常用参数如表 9.6 所示。

表 9.6 JDBC URL 的常用参数

参数名称	参数作用
user	数据库用户名，用于连接数据库
password	用户密码，用于连接数据库
useUnicode	是否使用 Unicode 字符集。如果参数 characterEncoding 设置为 gb2312 或 gbk，本参数值必须设置为 true
characterEncoding	当 useUnicode 设置为 true 时，指定字符编码。例如可设置为 gb2312、gbk、utf8
autoReconnect	当数据库连接异常中断时，是否自动重新连接
autoReconnectForPools	是否使用针对数据库连接池的重连策略
failOverReadOnly	自动重连成功后，连接是否设置为只读
maxReconnects	重连的次数
initialTimeout	两次重连之间的时间间隔，单位为秒
connectTimeout	与数据库服务器建立套接字连接时的超时，单位为毫秒。0 表示永不超时，适用于 JDK 1.4 及更高版本
socketTimeoutsocket	操作（读写）超时，单位为毫秒。0 表示永不超时

9.2 JDBC 操作数据库

JDBC 操作数据库是指使用 Java 语言中的 JDBC API 来连接和操作关系数据库。除了对数据库进行基本的 CRUD 操作外，JDBC 还提供了事务处理机制，以确保数据库操作的原子性、一致性、隔离性和持久性。本节将对 JDBC 操作数据库的步骤、事务的相关概念和 JDBC 事务管理进行详细讲解。

9.2.1 JDBC 编程案例

编写 JDBC 程序的每个步骤都离不开 JDBC 相关 API 的支持。JDBC 编程需要完成 5 个步骤，具体如下。

1．注册并加载数据库驱动（Driver 类）

JDBC 定义了驱动接口 java.sql.Driver，MySQL 数据库的驱动包为接口 java.sql.Driver 提供了实现类 com.mysql.jdbc.Driver。在实际开发中，一般采用 Class 类的 forName()方法加载驱动类，示例代码如下。

```
Class.forName("com.mysql.jdbc.Driver");
```

2．获取数据库连接（Connection 对象）

DriverManager 类是驱动管理类，负责管理一组 JDBC 驱动程序，它通过属性 drivers 存入很多驱动类。当 DriverManager 获取连接的时候，它会把 drivers 里的各个驱动的 URL 和创建连接时传进来的 URL 逐一比较，遇到对应的 URL 则会尝试建立连接。

```
Connection conn = DriverManager.getConnection
(String url, String username, String password);
```

3．获取 SQL 语句执行者（Statement 对象）

Connection 对象提供了 3 种获取 SQL 语句执行者（Statement 对象）的方法，其中，调用 createStatement()方法获取 Statement 对象，调用 prepareStatement()方法获取 PreparedStatement 对象。以获取 Statement 对象为例，代码如下。

```
Statement statement = conn.createStatement();
```

如果获取 PreparedStatement 对象，还需传入 String 类型的 SQL 语句作为参数。

4．执行 SQL 语句并操作结果集（ResultSet 对象）

Statement 对象提供了 3 种方法执行 SQL 语句，其中，execute()方法可以执行任何 SQL 语句；executeUpdate()方法用于执行 DDL（Data Description Language，数据描述语言）语句和 DML（Data Manipulation Language，数据操纵语言）语句，执行 DDL 语句时返回值为 0，执行 DML 语句时返回值为影响的行数；executeQuery()方法用于执行实现查询功能的 SQL 语句，返回值是一个结果集（ResultSet 对象）。以 executeQuery()方法为例，具体实现代码如下。

```
ResultSet resultSet = statement.executeQuery(sql);
```

结果集封装了执行查询 SQL 语句后返回的结果，程序可以通过遍历结果集获取每一行的数据。ResultSet 对象具有指向其当前数据行的指针，在最开始的时候指针被置于第 1 行之前，可调用 ResultSet 接口的 next()方法将指针移动到下一行。实际应用时常将 ResultSet 接口的 next()方法放在 while()循环当中，如果有下一行则返回 true，遍历继续进行；没有下一行时返回 false，遍历结束。

从结果集中获取数据分为两个步骤，首先调用 next()、previous()、first()、last()等方法移动指针，其次调用 getXxx()方法获取指针指向行的特定列的值。该方法既可以使用列索引作为参数，也可以使用列名称作为参数。使用列索引作为参数，性能更好；使用列名称作为参数，可读性更好。操作结果集的示例代码如下。

```
while(rs.next()){
    Object object = resultSet.getObject(1);
}
```

上述代码中，参数“1”表示获取当前指针指向行的第 1 列的数据，除此之外，getObject()方法的参数名也可以是 String 类型数据表的列名，此时 getObject()方法获取该列名对应的数据。

5．释放数据库资源

为了节省资源、提升性能，包括 Connection、Statement、ResultSet 在内的 JDBC 资源在使用之后要及时释放。释放的正确顺序是：先得到的后释放，后得到的先释放。示例代码如下。

```
resultSet.close();
statement.close();
conn.close();
```

接下来，通过一个案例演示 JDBC 的基本操作，完成对数据库中 student 表的增、删、改、查操作，具体步骤如下。

（1）在 MySQL 中创建数据库 chapter09 和数据表 student，student 表结构如下所示。

```
DROP DATABASE IF EXISTS chapter09;
CREATE DATABASE chapter09;
USE chapter09;
CREATE TABLE student(
sid INT PRIMARY KEY AUTO_INCREMENT, #ID
sname VARCHAR(20), #学生姓名
age VARCHAR(20), #学生年龄
course VARCHAR(20) #专业
);
```

（2）向数据表 student 添加数据，SQL 语句如下所示。

```
INSERT INTO student(sname,age,course) VALUES ('zhangsan','20','Java');
INSERT INTO student(sname,age,course) VALUES ('lisi','21','Java');
INSERT INTO student(sname,age,course) VALUES ('wangwu','22','前端');
INSERT INTO student(sname,age,course) VALUES ('zhaoliu','22','Python');
INSERT INTO student(sname,age,course) VALUES ('sunqi','22','大数据');
INSERT INTO student(sname,age,course) VALUES ('zhangsansan','22','Java');
```

也可使用 Navicat 等可视化数据库操作软件进行建表的操作。

（3）在 IDEA 中新建 Java Web 项目 Chapter09，将 MySQL 数据库的驱动 JAR 包 mysql-connector-java-8.0.21.jar 复制到 Chapter09 项目的 lib 目录下，如图 9.4 所示。

（4）在 Chapter09 项目的 src 目录下新建包 com.jdbc，在该包下新建类 Student，关键代码如例 9-1 所示。

【例 9-1】Student.java

```
package com.jdbc;
public class Student {
    private int sid;
    private String sname;
```

```
    private String age;
    private String course;
    //以下省略全参构造器、getter、setter 方法和 toString()方法
}
```

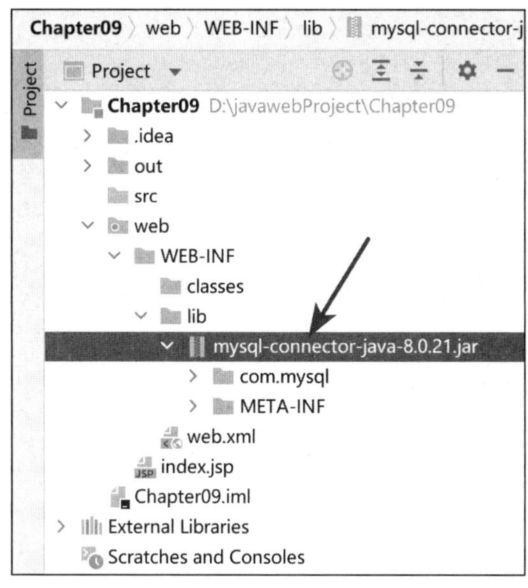

图 9.4　加入驱动后的项目结构

（5）创建 JDBCUtils 工具类。在开发过程中，每次对数据库的操作都需要注册驱动、获取连接、释放资源等，造成大量重复代码。为了降低冗余、提升开发效率，可以将 JDBC 的相关操作封装到 JDBC 工具类中。在 com.jdbc 包中创建 JDBCUtils 工具类，具体代码如例 9-2 所示。

【例 9-2】JDBCUtils.java

```
package com.jdbc;
//此处省略导入包的代码
public class JDBCUtils {
    public static Connection getConnection() throws SQLException,
            ClassNotFoundException {
        Class.forName("com.mysql.cj.jdbc.Driver");
        String url = "jdbc:mysql://localhost:3306/chapter09?serverTimezone
        =GMT%2B8";
        String username = "root";
        String password = "admin";
        Connection conn = DriverManager.getConnection(url, username,
                password);
        return conn;
    }
    public static void release(Statement stmt, Connection conn) {
        if (stmt != null) {
            try {
                stmt.close();
            } catch (SQLException e) {
```

```
19                 e.printStackTrace();
20             }
21             stmt = null;
22         }
23         if (conn != null) {
24             try {
25                 conn.close();
26             } catch (SQLException e) {
27                 e.printStackTrace();
28             }
29             conn = null;
30         }
31     }
32     public static void release(ResultSet rs, Statement stmt,
33                                Connection conn){
34         if (rs != null) {
35             try {
36                 rs.close();
37             } catch (SQLException e) {
38                 e.printStackTrace();
39             }
40             rs = null;
41         }
42         release(stmt, conn);
43     }
44 }
```

在例 9-2 中，第 3～13 行代码的 getConnection()方法用于获取数据库连接对象；第 14～31 行的 release()方法用于释放 Statement 语句对象所使用的资源；第 32～43 行代码用于释放 PrepareStatement 语句对象所使用的资源。

（6）在 com.jdbc 包中创建操作 student 表的 StudentCRUD 类，在该类中实现向 student 表中插入数据和查询所有数据的方法。关键代码如例 9-3 所示。

【例 9-3】StudentCRUD.java

```
package com.jdbc;
//此处省略导入包的代码
public class StudentCRUD {
    static Connection con = JDBCUtils.getConnection();
    //添加操作
    public static void testInsert(Student student) throws SQLException {
        //创建 SQL 语句
        String sql="insert into student(sid,sname,age,course)value(?,?,?,?)";
        PreparedStatement ps = con.prepareStatement(sql);
        ps.setInt(1,student.getSid());
        ps.setString(2,student.getSname());
        ps.setInt(3,student.getAge());
        ps.setString(4,student.getCourse());
        ps.executeUpdate();
        JDBCUtils.closeResource(con,ps);
    }
    //查询所有 Student
```

```
    public static void testSelect()throws SQLException{
        String sql = "Select * from student";
        Statement st = con.createStatement();
        ResultSet rs = st.executeQuery(sql);
        while (rs.next()){
            int sid = rs.getInt("sid");
            String sname = rs.getString("sname");
            int age = rs.getInt("age");
            String course = rs.getString("course");
            Student student = new Student(sid,sname,age,course);
            System.out.println(student);
        }
    }
    public static void main(String[] args) throws SQLException {
        testInsert(new Student(10,"Tom",22,"Java"));
        testSelect();
    }
}
```

例 9-3 的运行效果如图 9.5 所示。

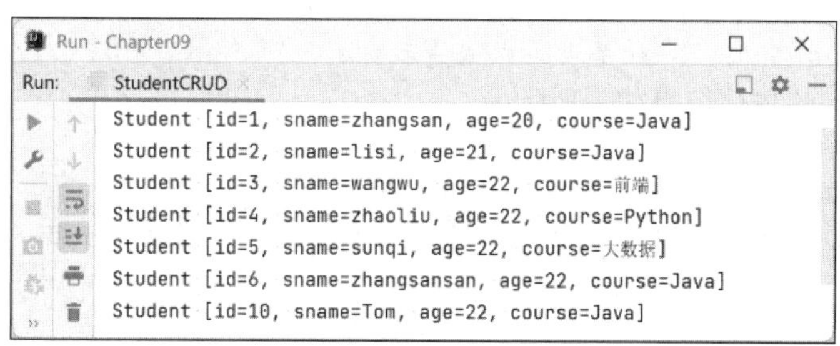

图 9.5　查询 student 表所有数据的控制台效果

由图 9.5 可以看出，数据插入成功，并成功查询出 student 表的所有数据。

9.2.2　事务的概念

事务是指数据库中的一个操作序列。它由一条或多条 SQL 命令所组成，这些 SQL 命令不可分割。只有当事务中的所有 SQL 命令被成功执行后，整个事务引发的操作才会被更新到数据库。如果有至少一条 SQL 命令执行失败，所有操作将会被取消。

接下来，通过一个生活案例来讲解数据库的事务。现在很多商店提供扫码支付功能，假如顾客 A 购物之后需支付商家 500 元，其购物行为触发的 SQL 语句如下。

```
UPDATE account SET money = money-500 WHERE name = 'lilei';
UPDATE account SET money = money+500 WHERE name = 'shop';
```

这两条 SQL 命令属于同一个操作序列，只有全部被成功执行时，整个事务才会被更新到数据库，否则，全部 SQL 命令都要被取消。这样就避免了顾客 A 账户少 500 元而商店账户金额不变的情况出现。

各大数据库厂商均提供了对事务的支持，接下来以 MySQL 为例讲解数据库中事务的管理。

MySQL 数据库共有以下两种管理事务的方式。

1. 自动提交事务

在默认状态下，MySQL 自动提交事务，即每执行一条 SQL 语句就提交一次事务。这种情况下可以通过 MySQL 的全局变量 autocommit 进行查看，SQL 语句如下。

```
SHOW VARIABLES LIKE '%commit%';
```

通过 SQL 语句查看当前数据库的事务状态，执行结果如下所示。

```
mysql> SHOW VARIABLES LIKE '%commit%';
+--------------------------------+-------+
| Variable_name                  | Value |
+--------------------------------+-------+
| autocommit                     | ON    |
| innodb_commit_concurrency      | 0     |
| innodb_flush_log_at_trx_commit | 1     |
+--------------------------------+-------+
3 rows in set (0.00 sec)
```

从以上执行结果可以看出，全局变量 autocommit 的值为 ON，这时，数据库事务是自动提交的。

关闭数据库自动提交事务的功能，SQL 语句如下所示。

```
SET AUTOCOMMIT = 0;     #0 表示 OFF，1 表示 ON
```

以上 SQL 语句的执行结果如下所示。

```
mysql> SET AUTOCOMMIT = 0;
Query OK, 0 rows affected (0.00 sec)
```

再次通过 SQL 语句查看当前数据库的事务状态，执行结果如下所示。

```
mysql> SHOW VARIABLES LIKE '%commit%';
+--------------------------------+-------+
| Variable_name                  | Value |
+--------------------------------+-------+
| autocommit                     | OFF   |
| innodb_commit_concurrency      | 0     |
| innodb_flush_log_at_trx_commit | 1     |
+--------------------------------+-------+
3 rows in set (0.00 sec)
```

从以上执行结果可以看出，全局变量 autocommit 的值为 OFF，这时，数据库事务是需要手动提交的。

2. 手动提交事务

手动进行事务管理时，首先要开启事务（START TRANSACTION），再提交（COMMIT）或回滚（ROLLBACK）事务。提交事务会将整个事务中的操作更新到数据库，回滚事务则会取消整个事务中已执行的所有操作。当手动提交事务时，上文案例中购物支付触发的 SQL 语句如下所示。

```
START TRANSACTION;     #开启事务
UPDATE  account  SET money = money-500  WHERE name = 'lilei';
UPDATE  account  SET money = money+500  WHERE name = 'shop';
COMMIT;     #提交事务
#或者（提交或回滚二选一）
ROLLBACK   #回滚事务
```

在实际开发中，事务是并发控制的基本单位。将一组操作序列组合为一个要么全部成功要么全部失败的单元，可以简化错误恢复流程并使应用程序更加可靠。

9.2.3　事务的 ACID 属性

ACID 指的是数据库事务正确执行的 4 个基本属性的缩写。它包含原子性（Atomicity）、一致性（Consistency）、隔离性（Isolation）、持久性（Durability）。一个支持事务的数据库必须要具有这 4 个属性，否则在事务管理中无法保证数据的正确性。

1．原子性

整个事务中的所有操作是不可分割的，要么完全执行，要么完全不执行，不停滞在中间某个环节。事务的操作序列如果全部成功，就必须完全应用到数据库；如果有一项操作失败，则不能对数据库有任何影响。

2．一致性

事务完成时，数据必须是一致的。也就是说，事务开始之前，数据存储中的数据处于一致状态，保证数据无损。就转账来说，假设用户 A 和用户 B 的钱加起来一共是 5000 元，那么不管 A 和 B 之间如何转账，转几次账，事务结束后两个用户的钱加起来应该还是 5000 元，这就是事务的一致性。

3．隔离性

隔离性是指事务与事务之间互相独立，彼此隔离。当多个用户并发访问数据库时，比如操作同一张表时，数据库为每一个用户开启的事务不能被其他事务的操作所干扰。对于任意两个并发的事务 T1 和 T2，在事务 T1 看来，T2 要么在 T1 开始之前就已经结束，要么在 T1 结束之后才开始，这样每个事务都感觉不到有其他事务在并发地执行。

关于事务的隔离性，数据库提供了多种隔离级别，9.2.4 小节中会进行介绍。

4．持久性

持久性是指事务一旦提交，那么对数据库中数据的改变就是永久性的。即使是数据库系统遇到故障，也不会丢失事务处理的结果。例如，银行转账过程中，转账后账户的数据要能被永远保存下来。

9.2.4　数据库的隔离级别

对数据库而言，其明显的特征是资源可被多个用户共享。当相同的数据库资源被多个用户（多个事务）同时访问时，如果没有采取必要的隔离措施，就会导致各种并发问题，破坏数据的完整性。

如果不考虑隔离性，数据库将会存在 3 种并发问题。

1．脏读

脏读是指一个事务读到了另一个事务尚未提交的更改数据。例如，事务 T1 修改某一数据后，事务 T2 读取同一数据，然后事务 T1 由于某种原因被撤销，这时 T1 已修改过的数据恢复原值，T2 读到的数据就与数据库中的数据不一致，其读到的数据就为“脏”数据，对该数据的操作也无法被承认。

2．不可重复读

不可重复读是指一个事务读取数据后，另一个事务执行更新操作，使第一个事务无法再现前一次的读取结果。例如，事务 T1 读取 B=100 进行运算，事务 T2 读取同一数据 B，对其进行修改后将 B=200 写回数据库。这时，T1 为了对读取值进行校对而重读 B，B 已为 200，与第一次读取的值不一致。

3．幻读

幻读是指一个事务读取数据后，另一个事务执行插入操作，使第一个事务无法再现前一次的读取结果。例如，事务 T1 两次统计所有账户的总金额，在这期间，事务 T2 插入了一条新记录，使得两次统计的总金额不一致。

为了解决并发造成的问题，数据库规范定义了 4 种隔离级别，用于限定事务之间的可见性。不同的事务隔离级别能够解决数据并发问题的能力是不同的，具体如表 9.7 所示。

表 9.7 数据库的隔离级别

隔离级别	脏读	不可重复读	幻读
read uncommitted（读未提交）	允许	允许	允许
read committed（读已提交）	不允许	允许	允许
repeatable read（可重复读）	不允许	不允许	允许
serializable（串行化）	不允许	不允许	不允许

- read uncommitted：一个事务读到另一个事务没有提交的数据。
- read committed：一个事务读到另一个事务已经提交的数据。
- repeatable read：在一个事务中读到的数据始终一致，无论别的事务是否提交。
- serializable：只能同时执行一个事务，相当于事务中的单线程。

以上 4 种隔离级别安全性最高的是 serializable，最低的是 read uncommitted，当然安全性越高，执行效率就越低。像 serializable 这样的级别，就是以锁表的方式，使得其他的事务只能在锁外等待，所以平时选用何种隔离级别应该根据实际情况考虑。MySQL 数据库默认的隔离级别为 repeatable read。

9.2.5 JDBC 事务管理

在 JDBC 的数据库操作中，Connection 对象为事务管理提供了以下 3 个方法。

- setAutoCommit(boolean autocommit)：设置是否自动提交事务。
- commit ()：提交事务。
- rollback()：回滚。

默认情况下，JDBC 的事务是自动提交的，一条关于数据库的更新表达式代表一项事务。操作成功后，系统将自动调用 commit()来提交，否则将调用 rollback()来回滚。

如果想要手动进行事务管理，需要调用 setAutoCommit(false)来禁止自动提交。在讲解事务的概念时，本书提到过顾客 A 到商店购物时扫码支付的场景，接下来通过一个案例对 JDBC 事务管理做详细讲解，具体步骤如下。

1. 创建数据库和表

创建一个名为 chapter02 的数据库，并在该数据库中创建名为 account 的表，向表中插入若干条数据，具体的 SQL 语句如下所示。

```
DROP DATABASE IF EXISTS chapter02;
CREATE DATABASE chapter02;
USE chapter02;
CREATE TABLE account(
id INT PRIMARY KEY AUTO_INCREMENT, #ID
aname VARCHAR(20), #姓名
money DOUBLE #余额
);
INSERT INTO account(aname,money) VALUES('lilei',3000);
INSERT INTO account(aname,money) VALUES('shop',20000);
```

上述 SQL 语句执行完后，在命令行窗口中检验数据库环境是否成功搭建。执行 select 语句，执行结果如下所示。

```
mysql> SELECT * FROM account;
+----+-------+-------+
| id | aname | money |
+----+-------+-------+
|  1 | lilei |  3000 |
|  2 | shop  | 20000 |
+----+-------+-------+
2 rows in set (0.00 sec)
```

从以上执行结果可以看出，数据插入成功。

2. 创建 Java 工程

将 MySQL 数据库的驱动 JAR 包 mysql-connector-java-8.0.21-bin.jar 复制到 Chapter09 的 lib 目录下，将该 JAR 包导入项目中。在项目 Chapter09 的 src 目录下新建 com.transaction 包，在 com.transaction 包下新建 TestPayment 类，该类用于模拟支付过程，其中，lilei 将支付给 shop 人民币 100 元，具体代码如例 9-4 所示。

【例 9-4】TestPayment.Java

```
package com.transaction;
//此处省略导入包语句
public class TestPayment {
    public static void main(String[] args) {
      Connection conn = null;
      PreparedStatement pstat1 = null;
      PreparedStatement pstat2 = null;
      try {
      Class.forName("com.mysql.jdbc.Driver");
          conn=DriverManager.getConnection
             ("jdbc:mysql://localhost:3306/chapter02", "root", "root");
```

```
            //关闭事务的自动提交
            conn.setAutoCommit(false);
            //lilei 的账户减去 100 元
            pstat1 = conn.prepareStatement
                ("UPDATE account SET money = money-100 WHERE aname=?");
            pstat1.setString(1, "lilei");
            pstat1.executeUpdate();
            //shop 的账户增加 100 元
            pstat2 = conn.prepareStatement
                  ("UPDATE account SET money = money+100 WHERE aname=?");
            pstat2.setString(1,"shop");
            pstat2.executeUpdate();
            //提交事务
            conn.commit();
            System.out.println("支付完毕");
        } catch (Exception e) {
              //如果有异常，回滚事务
            try {
                 conn.rollback();
                 System.out.println("支付失败");
                 }catch (SQLException e1) {
                 e1.printStackTrace();
                 }
            }    finally{
                 //释放资源
                 if (pstat1!=null) {
                     try {
                         pstat1.close();
                     } catch (SQLException e) {
                        e.printStackTrace();
                     }
                     pstat1=null;
                 }
                 if (pstat2!=null) {
                     try {
                         pstat2.close();
                 } catch (SQLException e) {
                   e.printStackTrace();
                 }
                 pstat2=null;
                 }
              if (conn !=null) {
                  try {
                      conn.close();
                  } catch (SQLException e) {
                      e.printStackTrace();
                  }
                  conn=null;
              }
            }
      }
}
```

代码运行完毕，再次发送 select 语句，运行结果如下所示。

```
mysql>  SELECT * FROM account;
+----+-------+-------+
| id | aname | money |
+----+-------+-------+
|  1 | lilei |  2900 |
|  2 | shop  | 20100 |
+----+-------+-------+
2 rows in set (0.00 sec)
```

由此可见，JDBC 已将本次事务引发的操作提交到数据库中。

9.3 数据库连接池

数据库连接池（Database Connection Pool）是一种用于管理和优化数据库连接的技术。传统的数据库操作方式可能会频繁地创建和销毁数据库连接，对数据库服务器和应用程序的性能产生不利影响。为了解决这一问题，数据库连接池技术应运而生。本节将对数据库连接池的必要性、优势、工作原理等进行详细介绍，并带领读者自定义数据库连接池。

9.3.1 数据库连接池的必要性

编写 JDBC 程序一般会按照注册并加载数据库驱动、建立数据库连接、执行 SQL 语句、断开数据库连接的步骤进行。

然而，在实际开发过程中，建立数据库连接是一个费时的活动。每一次请求都要建立一次数据库连接，每次向数据库建立连接的时候都要将 Connection 对象加载到内存中。若遇到访问量剧增的情况，势必会造成系统资源和时间的大量消耗，严重的甚至会造成服务器的崩溃。而且，对于每一次建立的数据库连接，使用完后都要断开，数据库的连接资源不能得到很好的重复利用。如果程序出现异常而未能断开连接，将会导致数据库系统中的内存泄漏，最终导致重启数据库。

从上述分析可以看出，传统的管理数据库连接的方式存在缺陷。为了解决这个问题，实际开发中通常使用数据库连接池技术。

9.3.2 数据库连接池的优势

数据库连接池，简单地说，就是为数据库连接建立一个“缓冲池”。预先在缓冲池中放入一定数量的连接，当需要建立数据库连接时，只需从“缓冲池”中取出一个，使用完后再放回去，具体如图 9.6 所示。

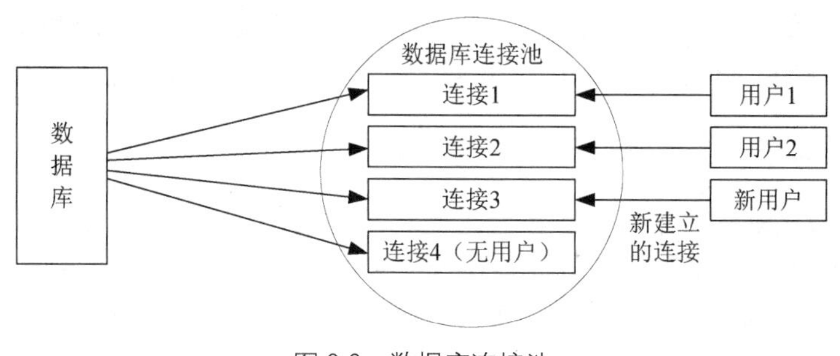

图 9.6 数据库连接池

数据库连接池负责分配、管理和释放数据库连接，它允许应用程序重复使用一个现有的数据库连接，而不是重新建立一个。数据库连接池对连接资源进行管理和调配，共有 4 个方面的优势。

1．资源重用

数据库连接得到重用，一方面避免了频繁创建、释放连接引起的大量性能开销，另一方面也增进了系统运行环境的平稳性，减少了内存碎片以及数据库临时进程/线程的数量。

2．缩短系统整体响应时间

数据库连接池在初始化过程中，往往已经创建了若干数据库连接并置于池中备用。此时连接的初始化工作均已完成。对于业务请求处理而言，直接利用现有可用连接，避免了数据库连接初始化和释放过程中的时间开销，从而缩短了系统整体响应时间。

3．新的资源分配手段

对于多程序共享同一数据库的系统，可在应用层通过数据库连接池配置某一程序能够使用的最大数据库连接数，以避免某一程序独占所有数据库资源。

4．统一的连接管理，避免数据库连接泄漏

在较为完备的数据库连接池实现中，可根据连接占用超时设定，强制收回被占用连接，从而避免常规数据库连接操作中可能出现的资源泄漏。

9.3.3　数据库连接池的工作原理

数据库连接池技术的核心思想是连接的重用，通过建立一个数据库连接池以及一套连接使用、分配、管理策略，使得该连接池中的连接可以得到高效、安全的重用，避免了数据库连接频繁创建、释放的开销。另外，数据库连接池对 JDBC 中的原始连接进行了封装，方便数据库应用对于连接的使用，提高了开发效率。

对数据库连接池的工作原理可以从连接池的建立、连接池的管理、连接池的关闭、连接池的配置 4 个方面去理解。

1．连接池的建立

一般在系统初始化时，连接池会根据系统配置建立，并在池中建立若干个连接对象，以便使用时能从连接池中获取。连接池中的连接不能随意创建和释放，避免了连接随意创建和释放造成的系统开销。Java 中提供了很多容器类，用户可以使用容器类方便地建立连接池。

2．连接池的管理

连接池管理策略是连接池机制的核心，会对系统性能产生很大影响。当线程请求数据库连接时，首先查看连接池中是否有空闲连接，如果存在空闲连接，则将连接分配给线程使用；如果没有空闲连接，则查看当前所开的连接数是否已经达到最大连接数，没有达到就重新创建一个连接，达到就按设定的最长等待时间进行等待，超出最长等待时间则抛出异常。

当线程释放数据库连接时，先判断该连接的引用次数是否超过了规定值，如果超过了就从连接池中删除该连接，否则就将其保留为其他线程服务。该策略保证了数据库连接的有效重用，避免了频繁创建、释放连接所带来的系统资源开销。

3．连接池的关闭

当应用程序退出时，关闭连接池中所有的连接，释放连接池相关资源，该过程正好与连接池的创建相反。

4．连接池的配置

数据库连接池中采用 minConn 和 maxConn 来限制连接的数量。minConn 是当应用启动的时候连接池所创建的连接数，如果过大则启动将变慢，但是启动后响应更快；如果过小则启动加快，但是最初使用时会因为连接不足而降低执行速度，用户可以通过反复试验来确定饱和点。maxConn 是连接池中的最大连接数，用户可设定连接池最大连接数来防止系统无尽地与数据库连接。

9.3.4　自定义数据库连接池

为了方便大家理解，本小节将演示如何自定义一个简单的数据库连接池。自定义数据库连接池的基本思想就是新建一个 List 集合充当连接池，然后在连接池中添加几个连接，当需要使用连接的时候，从连接池中获取，而不使用时则将连接归还到连接池中。

（1）在 src 目录下的 com.transaction 包下新建 MyConnectionPool 类，该类用于模拟连接池的基本功能，具体代码如例 9-5 所示。

【例 9-5】MyConnectionPool.Java

```
package com.transaction;
//此处省略导入包的代码
public class MyConnectionPool {
    private static LinkedList<Connection> myPool =
        new LinkedList<Connection>();
    //模拟初始化连接池，在连接池中建立 3 个连接
    static {
        try {
            for (int i = 0; i < 3; i++) {
                //注册驱动
                Class.forName("com.mysql.cj.jdbc.Driver");
                //通过 JDBC 获得连接
                Connection connection = DriverManager.getConnection
("jdbc:mysql://localhost:3306/chapter09?serverTimezone=UTC", "root", "admin");
                //将连接加入连接池中
                myPool.add(connection);
            }
        } catch (Exception e) {
            e.printStackTrace();
        }
    }
    //获取连接
```

```
23      public static Connection getConnection() {
24          return myPool.removeFirst();
25      }
26      //将连接放回连接池
27      public static void releaseConnection(Connection conn) {
28          if (conn != null) {
29              myPool.add(conn);
30          }
31      }
32  }
```

在例 9-5 中，第 14 行代码的“serverTimezone=UTC”表示统一标准的世界时间，用于临时指定 Web 服务器和 MySQL 服务器会话期间的 MySQL 服务器时区，避免获取不到数据库连接对象。

（2）在 src 目录下的 com.transaction 包下新建 TestMyConnectionPool 类，该类用于测试连接池的效果，具体代码如例 9-6 所示。

【例 9-6】TestMyConnectionPool.Java

```
package com.qfedu.transaction;
import java.sql.Connection;
public class TestMyConnectionPool {
    public static void main(String[] args) {
      for (int i = 0; i <5; i++) {
      try {
        //从连接池获得连接
        Connection conn = MyConnectionPool.getConnection();
        System.out.println(conn);
        //将连接放回连接池
        MyConnectionPool.releaseConnection(conn);
      } catch (Exception e) {
        e.printStackTrace();
      }
    }
  }
}
```

运行 TestMyConnectionPool 类代码，具体运行效果如图 9.7 所示。

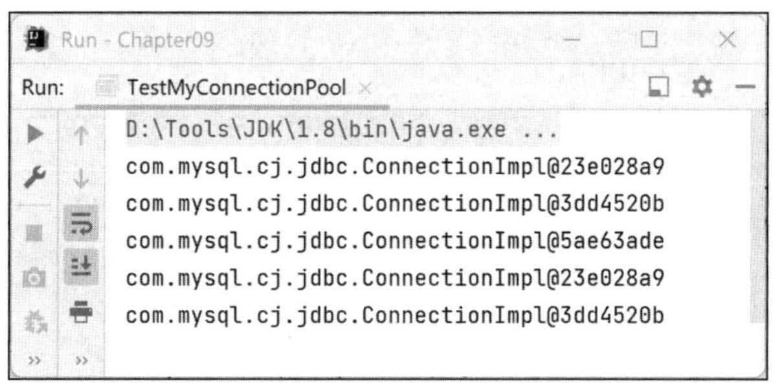

图 9.7　自定义连接池获取的 Connection 对象

从图 9.7 可以看出，控制台显示连接池中的 Connection 对象。

例 9-6 模拟了连接池的实现过程，实际开发中已有很多性能优良的第三方连接池可供使用，开发者一般只需理解连接池的原理，如果没有特殊要求则无须自行定义连接池。

为了方便利用数据库连接池进行开发，Java 语言为数据库连接池提供了公共的接口 DataSource。各个第三方数据库连接池一般都要实现该接口，从而使 Java 程序能够在不同的数据库连接池之间切换。

目前常用的数据库连接池有 C3P0 和 Durid，它们都实现了 DataSource 接口。接下来，本章将对这两种数据库连接池做重点讲解。

9.4 C3P0 数据库连接池

C3P0 数据库连接池是一种常用的 JDBC 连接池，其提供了灵活的参数配置和监控功能，可以有效地管理和优化数据库连接的使用。C3P0 数据库连接池可以与许多常见的关系数据库进行集成，如 MySQL、Oracle 和 PostgreSQL 等。本节将对 C3P0 数据库连接池进行讲解，包括 C3P0 数据库连接池的优势、常用方法以及在实际应用中的案例分析。

9.4.1 C3P0 数据库连接池介绍

在目前的开发中，C3P0 数据库连接池是使用较多的开源数据库连接池之一。它性能高效，支持 JDBC 定义的规范，扩展性好，可以与 Spring、MyBatis 等开源框架整合使用，很受开发者欢迎。

C3P0 数据库连接池通过核心类 ComboPooledDataSource 实现 DataSource 接口，该类支撑着整个连接池的主要功能。它提供了许多方法来实现对数据库连接池的配置和操作，具体如表 9.8 所示。

表 9.8　ComboPooledDataSource 类的方法

方法名称	功能描述
void setDriverClass(String driverClass)	设置连接 JDBC 驱动类的名称
void setJdbcUrl(String jdbcUrl)	设置连接的数据库路径
void setUser(String user)	设置数据库用户名
void setPassword(String password)	设置数据库密码
void setMaxPoolSize(int maxPoolSize)	设置数据库连接池最大连接数
void setMinPoolSize(int minPoolSize)	设置数据库连接池最小连接数
void setInitialPoolSize(int initialPoolSize)	设置数据库连接池初始化的连接数
void setMaxIdleTime(int maxIdleTime)	设置连接的最大空闲时间
Connection getConnection()	获得连接

9.4.2 C3P0 数据库连接池的使用

使用 C3P0 数据库连接池主要是对其核心类 ComboPooledDataSource 方法的调用。在此之前，首先要获得一个可用的 ComboPooledDataSource 对象。通常情况下，获得该对象的方式有以下两种。

1．通过编程方式创建对象并设置属性

这种实现方式使用 ComboPooledDataSource 类直接创建对象，然后调用方法为其设置属性，最后获取数据库的连接。接下来将通过具体案例对这一过程进行讲解。

（1）将 C3P0 数据库连接池的 JAR 包 c3p0-0.9.5.jar 和 mchange-commons-java-0.2.12.jar 复制到 Chapter09 项目的 lib 目录下，将包导入项目中。

（2）在 Chapter09 项目的 src 目录下的 com.c3p0 包下新建 C3P0Demo1 类，具体代码如例 9-7 所示。

【例 9-7】C3P0Demo1.java

```
1   package com.c3p0;
2   import com.mchange.v2.c3p0.ComboPooledDataSource;
3   public class C3P0Demo1 {
4       public static void main(String[] args) throws Exception {
5           //创建 C3P0 连接池
6           ComboPooledDataSource dataSource = new ComboPooledDataSource();
7           //4 项基本设置
8           dataSource.setDriverClass("com.mysql.cj.jdbc.Driver");
9           dataSource.setJdbcUrl("jdbc:mysql://localhost:3306/chapter09?serverTimezone=UTC");
10          dataSource.setUser("root");
11          dataSource.setPassword("admin");
12          //其他设置
13          //初始化连接数为 10
14          dataSource.setInitialPoolSize(10);
15          //设置最大连接数为 20
16          dataSource.setMaxPoolSize(20);
17          //设置最小连接数为 3
18          dataSource.setMinPoolSize(3);
19          //设置每次创建的连接数
20          dataSource.setAcquireIncrement(3);
21          System.out.println(dataSource.getConnection());
22      }
23  }
```

在例 9-7 中，第 6 行代码使用 new 的方式创建了一个 ComboPooledDataSource 对象；第 8～20 行代码通过各个 set 方法配置连接池参数；第 21 行代码将该数据源输出到控制台。

（3）运行 C3P0Demo1 类代码，运行效果如图 9.8 所示。

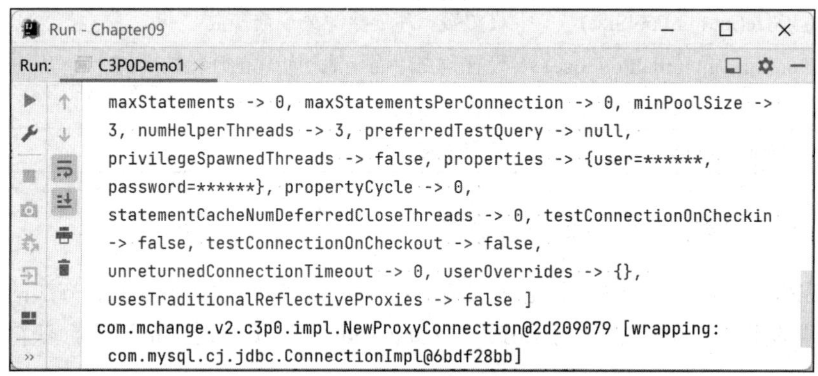

图 9.8　使用 C3P0 获取连接对象的控制台效果

由图 9.8 可以看出，控制台显示出连接池中的 Connection 对象，说明 C3P0 数据库连接池已成功获得数据库连接对象。

2．通过读取配置文件的方式创建 ComboPooledDataSource 对象

使用这种方式，首先将数据库连接池的配置信息写入 c3p0-config.xml 文件中，然后通过 ComboPooledDataSource 类的构造方法读取配置信息并创建该类对象，最后调用该类对象的方法获取数据库连接。接下来将通过具体案例对这一过程进行讲解。

（1）在 src 目录下创建一个 c3p0-config.xml 配置文件，具体代码如例 9-8 所示。

【例 9-8】c3p0-config.xml

```
<?xml version="1.0" encoding="UTF-8"?>
<c3p0-config>
  <!-- 默认配置，如果没有指定则使用这个配置 -->
  <default-config>
    <property name="driverClass">com.mysql.jc.jdbc.Driver</property>
    <property name="jdbcUrl">
      jdbc:mysql://localhost:3306/chapter09?serverTimezone=UTC
    </property>
    <property name="user">root</property>
    <property name="password">root</property>
    <property name="checkoutTimeout">30000</property>
    <property name="idleConnectionTestPeriod">30</property>
    <property name="initialPoolSize">10</property>
    <property name="maxIdleTime">30</property>
    <property name="maxPoolSize">100</property>
    <property name="minPoolSize">10</property>
    <property name="maxStatements">200</property>
    <user-overrides user="test-user">
      <property name="maxPoolSize">10</property>
      <property name="minPoolSize">1</property>
      <property name="maxStatements">0</property>
    </user-overrides>
  </default-config>
  <!-- 命名的配置，指定时使用 -->
  <named-config name="qfedu">
    <property name="driverClass">com.mysql.cj.jdbc.Driver</property>
    <property name="jdbcUrl">
      jdbc:mysql://localhost:3306/chapter09?serverTimezone=UTC
    </property>
    <property name="user">root</property>
    <property name="password">admin</property>
    <!-- 如果池中连接不够，一次增长多少个 -->
    <property name="acquireIncrement">5</property>
    <property name="initialPoolSize">20</property>
    <property name="minPoolSize">10</property>
    <property name="maxPoolSize">40</property>
    <property name="maxStatements">0</property>
    <property name="maxStatementsPerConnection">5</property>
```

```
  </named-config>
</c3p0-config>
```

在 c3p0-config.xml 文件中，<default-config>和</default-config>标签中的内容为默认配置，用户如果在创建 ComboPooledDataSource 对象时没有指定配置信息，就默认采用该配置。<named-config name="qfedu">和</named-config>标签中的内容为命名配置，用户如果想要采用该配置，就必须在需要创建 ComboPooledDataSource 对象时传入<named-config>标签中 name 属性的值。

（2）在 src 目录下的 com.c3p0 包下新建 C3P0Demo2 类，该类用于测试 C3P0 数据库连接池的功能，具体代码如例 9-9 所示。

【例 9-9】C3P0Demo2.java

```
package com.c3p0;
import com.mchange.v2.c3p0.ComboPooledDataSource;
public class C3P0Demo2 {
  public static void main(String[] args) throws Exception {
    //使用 name 属性值为 qfedu 的配置
    ComboPooledDataSource dataSource = new
              ComboPooledDataSource("qfedu");
    System.out.println(dataSource.getConnection());
  }
}
```

（3）运行 C3P0Demo2 类代码，运行效果如图 9.9 所示。

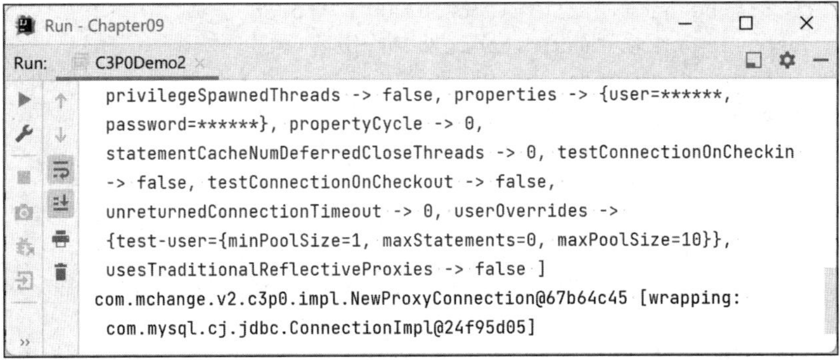

图 9.9　例 9-9 的运行效果

由图 9.9 可以看出，控制台显示出连接池中的 Connection 对象，这就说明 C3P0 数据库连接池成功获得了数据库连接对象。

9.5　Druid 数据库连接池

Druid 数据库连接池是一个开源的、性能优越的 JDBC 连接池，其在性能、稳定性和安全性方面都有着优秀的表现，并且支持多种数据库类型和驱动程序，适用于各种规模的应用程序和高并发、多线程的应用场景，因此备受开发者的青睐。本节将对 Druid 数据库连接池进行讲解，包括 Druid 数据库连接池的优势、常用方法以及在实际应用中的案例分析。

9.5.1 Druid 数据库连接池介绍

Druid 数据库连接池结合了 C3P0、DBCP、Proxool 等数据库连接池的优点，同时加入了日志监控，可以很好地监控数据库访问性能，帮助开发者更好地了解连接池的状态和使用情况。此外，Druid 还支持多种连接获取策略和多种类型的连接检查，包括测试连接语句和检查超时等，可以避免无效和超时的数据库连接。同时，Druid 数据库连接池还支持并发访问和线程安全，可以在高并发和多线程的应用场景下保证连接池的稳定性和安全性。

Druid 数据库连接池通过 DruidDataSource 核心类实现 DataSource 接口。与 C3P0 数据库连接池的 ComboPooledDataSource 类相同，DruidDataSource 类也提供了一套 API 来完成对连接池对象的配置和操作。DruidDataSource 类提供的方法如表 9.9 所示。

表 9.9 DruidDataSource 类提供的方法

方法名称	功能描述
void setDriverClassName(String driverClassName)	设置 JDBC 驱动类的名称
void setUrl(String url)	设置连接的数据库路径
void setUsername(String username)	设置数据库用户名
void setPassword(String password)	设置数据库密码
void setMaxActive(int maxActive)	设置数据库连接池最大连接数
void setMinIdle(int minIdle)	设置数据库连接池最小连接数
void setInitialSize(int initialSize)	设置数据库连接池初始化的连接数
Connection getConnection()	获得连接

除使用 new 的方式直接创建 DruidDataSource 对象外，Druid 数据库连接池还提供了 DruidDataSourceFactory 类用于创建 DruidDataSource 对象。它通过调用 createDataSource()方法读取配置文件信息并返回一个连接池对象给调用者，这些与 C3P0 是不同的。

9.5.2 Druid 数据库连接池的使用

当使用 Druid 数据库连接池时，首先要获取 DruidDataSource 对象。获取 DruidDataSource 对象有两种方式，具体如下。

1. 通过编程方式创建 DruidDataSource 对象并设置属性

这种实现方式采用硬编码方式，直接创建 DruidDataSource 对象后调用方法为其设置属性值，最后获取数据库的连接。接下来将通过具体案例对这一过程进行讲解。

（1）将 Druid 数据库连接池的 JAR 包 druid-1.2.6.jar 和 commons-pool-1.6.jar 复制到 Chapter09 项目的 lib 目录下，将包导入项目中。

（2）在 src 目录下的 com.druid 包下新建 DruidDemo1 类，具体代码如例 9-10 所示。

【例 9-10】DruidDemo1.java

```
package com.druid;
//此处省略导入包语句
public class DruidDemo1 {
```

```
4       public static void main(String[] args) throws SQLException {
5           //创建 Druid 连接池
6           DruidDataSource dataSource = new DruidDataSource();
7           //4 项基本配置
8           dataSource.setDriverClassName("com.mysql.jdbc.Driver");
9           dataSource.setUrl("jdbc:mysql://localhost:3306/chapter09?serverTimezone=UTC");
10          dataSource.setUsername("root");
11          dataSource.setPassword("admin");
12          //其他配置
13          dataSource.setInitialSize(5);
14          dataSource.setMinIdle(1);
15          dataSource.setMaxActive(10);
16          dataSource.setMaxActive(10);
17          System.out.println(dataSource.getConnection());
18      }
19  }
```

在例 9-10 中，第 6 行代码使用 new 的方式创建了一个 DruidDataSource 对象；第 8～16 行代码通过各个 set 方法配置连接池参数；第 17 行代码将该数据源输出到控制台。

（3）运行 DruidDemo1 类代码，运行效果如图 9.10 所示。

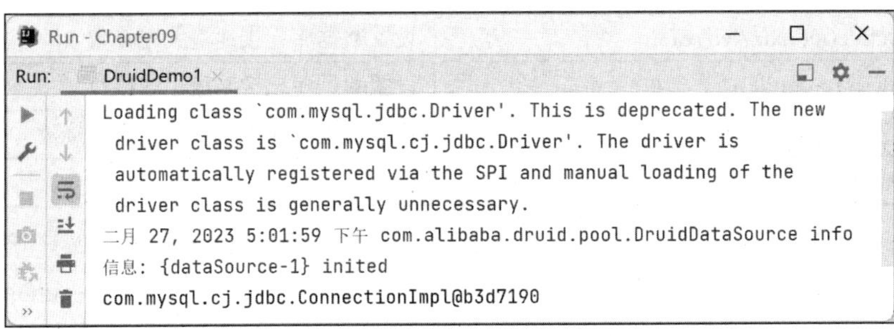

图 9.10　使用 Druid 获取连接对象的控制台效果

从图 9.10 中可以看出，控制台显示连接池中的 Connection 对象，这就说明 Druid 数据库连接池成功获得了数据库连接对象。

2. 通过读取配置文件创建 DruidDataSource 对象

使用这种方式，首先将数据库连接池的配置信息写入 dbcpconfig.properties 文件中，然后将配置信息加载到 DruidDataSource 中并创建 DruidDataSource 对象，最后调用该对象的方法获取数据库连接。接下来将通过具体案例对这一过程进行讲解。

（1）在 src 目录下创建 druidconfig.properties 文件，具体代码如例 9-11 所示。

【例 9-11】druidconfig.properties

```
driverClassName=com.mysql.jdbc.Driver
url=jdbc:mysql://localhost:3306/chapter09?serverTimezone=UTC
username=root
password=admin
initialSize=5
minIdle=1
```

```
7   maxActive=10
8   maxWait=60000
9   timeBetweenEvictionRunsMillis=60000
10  minEvictableIdleTimeMillis=300000
11  validationQuery=SELECT 'x'
12  testWhileIdle=true
13  testOnBorrow=false
14  testOnReturn=false
15  poolPreparedStatements=true
16  maxPoolPreparedStatementPerConnectionSize=20
```

在例 9-11 的配置文件中，第 1～4 行代码定义了 MySQL 数据库的驱动程序类名、数据库连接 URL、用户名和密码；其余的代码定义了一些连接池配置属性，例如，连接池的初始大小、最大活动连接数、最小空闲连接数等。

（2）在 src 目录下的 com.druid 包下新建 DruidDemo2 类，该类用于测试 Druid 数据库连接池的功能，实现从数据库 chapter09 中查询 student 表的所有信息，具体代码如例 9-12 所示。

【例 9-12】DruidDemo2.java

```
1   package com.druid;
2   //此处省略导入包的代码
3   public class DruidDemo2 {
4       public static void main(String[] args) throws Exception {
5           Properties properties = new Properties();
6           InputStream inputStream = DruidDemo2.class.getClassLoader()
7               .getResourceAsStream("druidconfig.properties");
8           DataSource dataSource = DruidDataSourceFactory.createDataSource
            (properties);
9           Connection conn = dataSource.getConnection();
10          //执行查询
11          PreparedStatement ps = conn.prepareStatement("SELECT * FROM stude
            nt");
12          ResultSet rs = ps.executeQuery();
13          //处理结果集
14          while (rs.next()) {
15              System.out.println(
16                  "sid: " + rs.getInt("sid") + ", sname: " +
17                  rs.getString("sname") + ", age: " + rs.getInt("age") +
                    ",course" + rs.getString("course"));
18          }
19          inputStream.close();
20          rs.close();
21          ps.close();
22          conn.close();
23      }
24  }
```

在例 9-12 中，第 6～7 行代码使用 class.getClassLoader().getResourceAsStream()方法加载 Druid 数据库连接池的配置文件；第 8 行代码使用 DruidDataSourceFactory.createDataSource()方法创建 Druid 连接池，并将配置文件中的属性传递给该方法。最后，使用创建的 dataSource（数据源）进行数据库操作。

需要注意的是，配置文件的编码格式必须与 Java 代码中使用的编码格式保持一致，否则无法读取配置文件中的属性值。用户可以在配置文件开头添加“encoding=UTF-8”或在使用 Properties 对象加载配置文件时，显式指定采用配置文件的编码格式进行加载。

（3）运行 DruidDemo2 类代码，运行结果如图 9.11 所示。

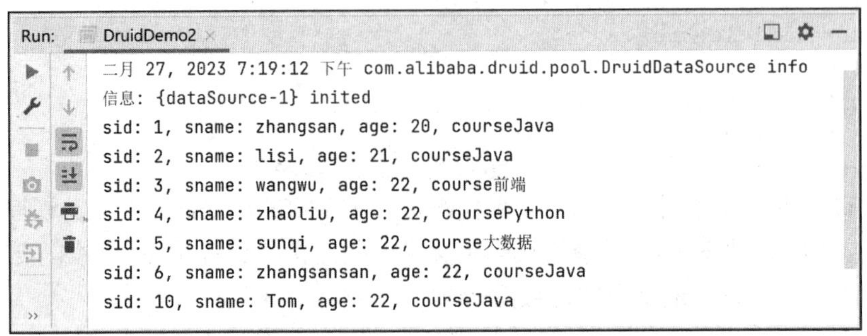

图 9.11 例 9-12 的运行效果

从图 9.11 中可以看出，控制台显示连接池中的 Connection 对象，这就说明 Druid 数据库连接池成功获得了数据库连接对象。

9.6 本章小结

本章主要介绍了 JDBC 的基础知识，包括 JDBC 的概念、体系结构、核心 API，以及 JDBC 事务管理和数据库连接池的相关知识，包括事务的概念、属性、JDBC 事务管理、数据库连接池的概述、工作原理等，最后通过案例对 C3P0 和 Druid 两种数据库连接池技术进行了详细讲解。学习完本章内容，大家应该了解 JDBC 的概念，掌握 JDBC 的开发流程并可以开发简单的 JDBC 程序，同时也应该掌握 JDBC 处理事务以及通过数据库连接池获取连接的开发流程。

9.7 习题

一、填空题

1．使用 JDBC 编程的第一步是调用________方法来加载数据库驱动。

2．在 JDBC 中，使用________接口来表示一个数据库连接。

3．调用 Connection 对象的________方法可以创建一个 Statement 对象，用于执行 SQL 语句。

4．在使用 JDBC 进行事务控制时，需要通过________接口来实现事务控制。

5．________是一个常用的数据库连接池，可以通过配置文件来配置连接池参数。

二、判断题

1．在 JDBC 中，使用 Connection 接口的 setAutoCommit()方法可以开启或关闭事务。（　　）

2．使用 JDBC 编程时，需要手动关闭连接、语句和结果集对象，否则可能会导致内存泄漏。（　　）

3．JDBC 的事务机制是通过 Connection 对象实现的。（　　）

4．使用数据库连接池可以有效地避免因为频繁连接数据库而引起的性能问题。（　　）

三、选择题

1．下列哪个是 JDBC API 的核心类？（　　）

A．Driver　　B．Connection

C．ResultSet　　D．Statement

2．在使用 JDBC 编程时，下列哪个方法可以用来执行 insert、update 或 delete 语句？（　　）

A．executeQuery()　　B．executeUpdate()

C．execute()　　D．executeBatch()

3．在 JDBC 中，下列哪个接口用于表示事务？（　　）

A．Connection　　B．Statement

C．ResultSet　　D．Transaction

4．下列哪个方法可以开启 JDBC 事务？（　　）

A．Connection.setAutoCommit(false)

B．Connection.setAutoCommit(true)

C．Connection.setTransactionIsolation(Connection.TRANSACTION_READ_COMMITTED)

D．Connection.setTransactionIsolation(Connection.TRANSACTION_SERIALIZABLE)

5．下列哪个选项描述了数据库连接池的优势？（　　）

A．提供更多的数据库连接

B．可以减少应用程序与数据库之间的网络开销

C．可以提高数据库性能

D．可以使应用程序更易于维护

四、简答题

1．什么是 JDBC 事务？在 JDBC 中如何实现事务控制？

2．请简要介绍一下 JDBC 中的数据库连接池和常用的数据库连接池实现方式。

第 10 章 宠物领养信息管理系统

微课视频

本章学习目标

- 掌握宠物领养信息管理系统的项目需求。
- 掌握宠物领养信息管理系统的功能结构。
- 熟悉 E-R 图和数据库表的设计。
- 掌握用户注册、登录功能的实现。
- 掌握各个信息管理模块功能的实现。
- 掌握 Bootstrap 框架在 Java Web 项目中的应用。

通过对前面章节的学习，读者应该已经能够熟练掌握 Java Web 开发涉及的基础知识，接下来就使用这些知识进行 Web 网站的开发。本章将使用 Java Web 相关知识开发一个宠物领养信息管理系统来实现宠物领养数据的有效管理。该系统的主要任务是对用户信息、领养信息、宠物信息、公告信息进行统一的管理，满足用户的各类需求。

10.1 项目概述

10.1.1 需求分析

许多宠物救助站的信息管理仍然采用传统的人工管理模式。在这种管理模式下，进行各种信息管理工作（例如信息审核校对、数据统计和实时查询等）需要一些必要的人工操作程序步骤，如人工制表、人工信息录入、人工校对和人工查询等。然而，随着领养信息的不断增加和更新，宠物救助站工作人员的工作量将会越来越大，因此传统的信息管理模式已经无法满足现代科学管理体系的需求。

宠物领养信息管理系统的应用是现代社会信息化水平的重要体现。随着宠物领养理念的逐渐普及，相关信息的管理和领养后的回访工作面临着极大的挑战。宠物领养信息管理系统是为解决这些问题而开发的典型信息管理系统，其主要功能是处理大量与宠物领养相关的业务。该系统提供了充足的信息和快捷的查询方式，使得宠物救助站的工作人员能够高效地掌握宠物领养相关情况，并且快速查询宠物领养相关信息。

关于该宠物领养信息管理系统，我们主要讲解如何建设一个 B/S 管理系统。作为一种计算机应用，该系统应满足以下需求。

（1）操作界面应该简单明了、易于操作，使用户能够轻松理解系统的各项功能。

（2）系统应当能够快速检索和查询信息，提供便利的查询功能。

（3）系统应当具备高可靠性和大存储量的特点，以保障数据的安全性和稳定性。

（4）系统应当支持用户注册、登录和验证等功能，以确保数据的安全性和访问权限的合理性。

（5）工作人员登录系统后，可以方便地管理各个模块的信息，主要包括注册/登录模块、用户管理模块、领养管理模块、宠物管理模块和公告管理模块。

10.1.2　功能结构和业务流程

宠物领养信息管理系统分为 5 个功能模块，如图 10.1 所示。

当宠物救助站的工作人员注册并登录该系统后，可以进行信息管理，业务流程如图 10.2 所示。

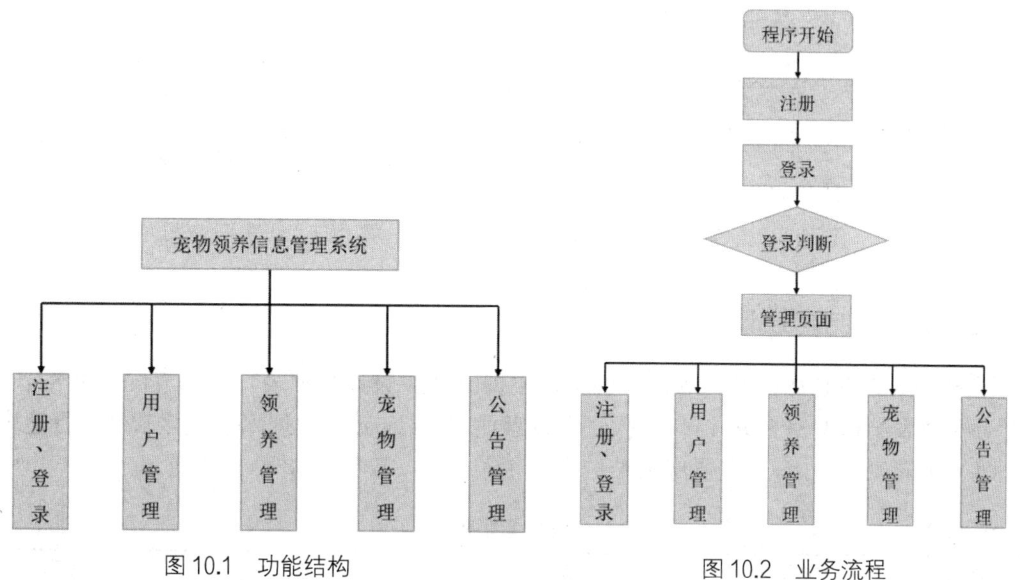

图 10.1　功能结构　　图 10.2　业务流程

10.2　数据库设计

良好的数据库设计是应用系统高效运行的关键，其不仅能够帮助维护和更新日常数据，还能够提高系统的运行效率。合理的数据库设计能够简化它所支持的 Web 页面的 Java 代码，易于实现，并且能提高数据存储效率，确保数据完整性和一致性。本节将介绍宠物领养信息管理系统的数据库设计流程。

10.2.1　E-R 图设计

在进行数据库设计前，需要明确宠物领养信息管理系统中有哪些实体对象，根据实体对象之间的关联进行数据库设计。根据需求分析可知，主要实体有用户、领养、宠物、公告，对应设计 E-R（Entity-Relationship，实体—联系）图，具体如下。

（1）用户 E-R 图如图 10.3 所示。

（2）领养 E-R 图如图 10.4 所示。

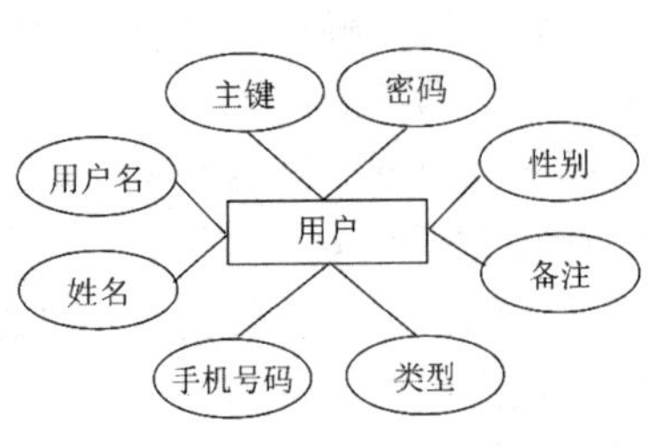

图 10.3　用户 E-R 图

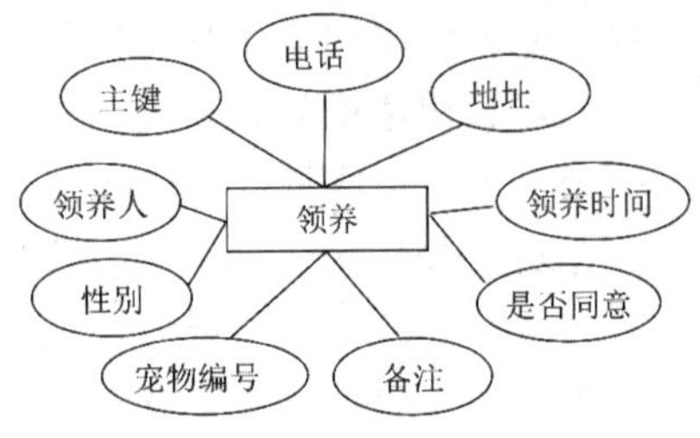

图 10.4　领养 E-R 图

（3）宠物 E-R 图如图 10.5 所示。

（4）公告 E-R 图如图 10.6 所示。

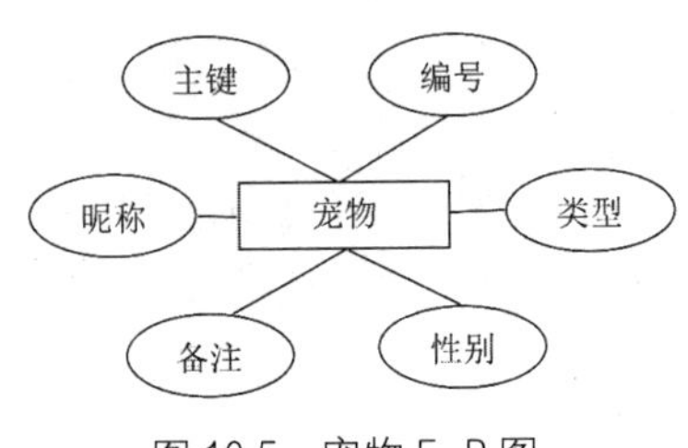

图 10.5　宠物 E-R 图

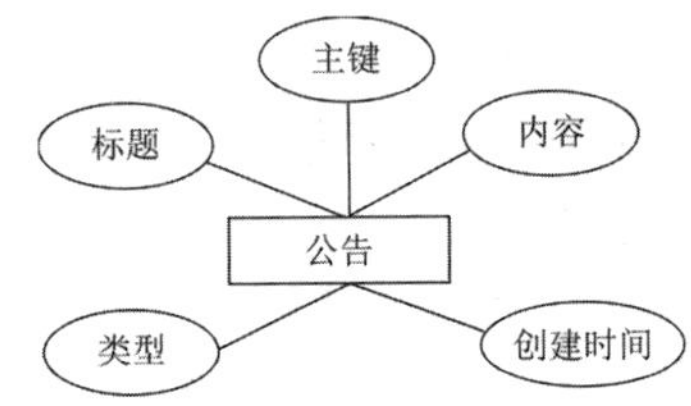

图 10.6　公告 E-R 图

10.2.2　表结构设计

了解实体类的 E-R 图结构后，我们可以根据 E-R 图设计数据表。本小节仅提供表结构，读者可根据表结构编写 SQL 语句进行建表或者使用 Navicat 等数据库可视化软件进行建表。

（1）用户表（t_user）主要用来维护用户相关信息，表结构如表 10.1 所示。

表 10.1　用户表结构

序号	字段名	数据类型	主键	长度	说明
1	id	bigint	是	20	主键
2	username	varchar	否	50	用户名
3	password	varchar	否	50	密码
4	real_name	varchar	否	50	姓名
5	user_sex	varchar	否	50	性别
6	user_phone	varchar	否	50	手机号码
7	user_text	varchar	否	50	备注
8	user_type	varchar	否	50	类型

（2）领养表（t_lingyang）主要用来维护和领养相关的信息，表结构如表 10.2 所示。

表 10.2　领养表结构

序号	字段名	数据类型	主键	长度	说明
1	id	bigint	是	20	主键
2	lingyang_name	varchar	否	50	领养人

续表

序号	字段名	数据类型	主键	长度	说明
3	lingyang_tel	varchar	否	50	电话
4	lingyang_sex	varchar	否	50	性别
5	lingyang_address	varchar	否	50	地址
6	lingyang_pet	varchar	否	50	宠物编号
7	lingyang_time	varchar	否	50	领养时间
8	lingyang_agree	varchar	否	50	是否同意
9	lingyang_text	varchar	否	500	备注

（3）宠物表（t_pet）主要用来维护宠物相关的信息，表结构如表 10.3 所示。

表 10.3 宠物表结构

序号	字段名	数据类型	主键	长度	说明
1	id	bigint	是	20	主键
2	pet_no	varchar	否	50	编号
3	pet_name	varchar	否	50	昵称
4	pet_type	varchar	否	50	类型
5	pet_text	varchar	否	50	备注
6	pet_sex	varchar	否	50	性别

（4）公告表（t_notice）主要用来维护公告相关的信息，表结构如表 10.4 所示。

表 10.4 公告表结构

序号	字段名	数据类型	主键	长度	说明
1	id	bigint	是	20	主键
2	notice_name	varchar	否	50	标题
3	notice_text	varchar	否	50	内容
4	notice_type	varchar	否	50	类型
5	create_date	varchar	否	50	创建时间

10.3 项目环境搭建

在开始代码编写工作之前，需要先进行项目环境搭建工作，包括设置项目的运行环境和建立项目的结构。本节将详细介绍如何进行项目环境搭建工作。

10.3.1 项目运行环境

系统开发平台及运行环境如下所示。

- 操作系统：Windows 10 及以上。
- 数据库：MySQL 8.0+。

- 开发环境：JDK 1.8+。
- 开发工具：IntelliJ IDEA。
- 应用服务器：Apache Tomcat 8.5+。
- 浏览器：Chrome、Edge、Firefox。
- 技术栈：Servlet+JSP+JDBC+Bootstrap。

10.3.2 项目环境搭建流程

1. 创建数据库

在 MySQL 数据库中创建名为 pet 的数据库，并根据表结构在 pet 数据库中创建相应的表，也可直接执行本章配套资源中的 SQL 文件创建数据库。

2. 搭建项目结构

（1）在 IDEA 中创建 Java Web 项目 pet，将项目所需的 JAR 包导入项目的 web/WEB-INF/lib 目录下。本项目使用 C3P0 数据库连接池连接数据库，因此，需要导入 C3P0 数据库连接池的 JAR 包。

（2）本项目使用 Bootstrap 框架进行页面样式的设计，因此，需要导入 Bootstrap 框架的内容。本项目使用 Bootstrap 3.3.7，将 Bootstrap 的 css 文件夹、fonts 文件夹和 js 文件夹复制到 pet 项目的 web/bootstrap-3.3.7-dist 目录下。

（3）将 JSTL 标签库的 JAR 包和连接 MySQL 数据库的 JAR 包导入 pet 项目的 web/WEB-INF/lib 目录下。

导入 JAR 包和 Bootstrap 内容后的 web 目录结构如图 10.7 所示。

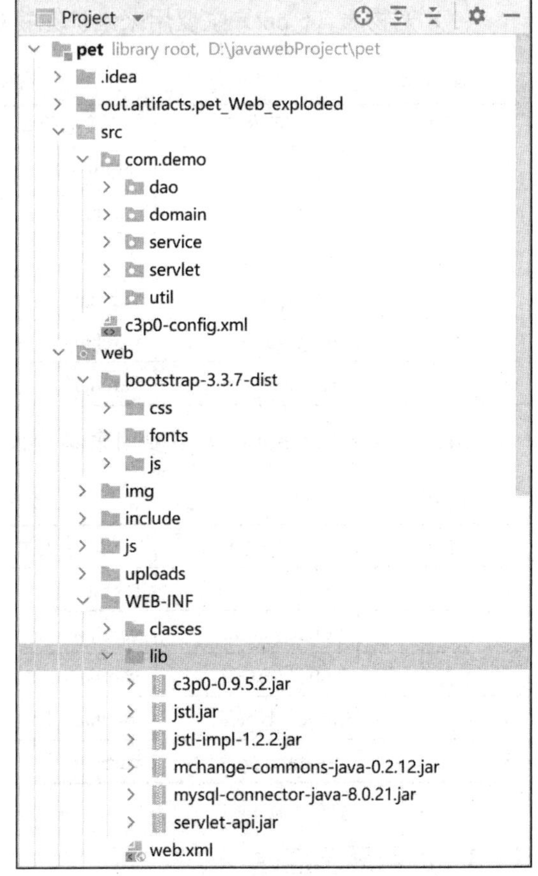

图 10.7 web 目录结构

本系统部分包和类的功能说明如下。

- domain：即 javabean，也常命名为 vo、pojo、entity 等。
- dao/dao.impl：数据层接口及其实现。对于数据库的操作都放到 dao 层，即 dao 包中通常是对数据库的增、删、改、查等操作。
- service/service.impl：完成相应的业务逻辑处理，并调用 dao 层。
- servlet：完成界面请求、对界面进行跳转等，servlet 调用 service 层。
- util：工具包，放置如数据库的连接和系统常量的定义等工具类。
- CommonUtils：通用工具类，用于放置一些公用的方法，如编码处理等。

- DataSourcesUtils：获取数据库连接的工具类。
- LoginFilter：登录 Filter。对于未登录的用户，不允许其访问信息，将强制为其重定向至登录页面。
- PageBean：处理页面的分页逻辑。

3．创建核心配置文件和工具类

（1）配置 c3p0-config.xml 文件

为了配置 C3P0 连接池的数据库连接参数，我们需要在导入 C3P0 连接池的 JAR 包并发布到类路径后，在项目的 com.demo 目录下创建 c3p0-config.xml 文件。这个文件中包含数据库连接所需要的参数，如数据库 URL、用户名、密码等。通过配置这个文件，我们可以实现连接池的自动管理，提高系统性能和稳定性。具体代码如例 10-1 所示。

【例 10-1】c3p0-config.xml

```
<?xml version="1.0" encoding="UTF-8"?>
<c3p0-config>
  <default-config>
     <property name="driverClass">com.mysql.cj.jdbc.Driver</property>
    <property name="jdbcUrl">
jdbc:mysql://localhost:3306/pet?useUnicode=true&amp;
characterEncoding=utf8&amp;serverTimezone=GMT%2B8</property>
    <property name="user">root</property>
    <property name="password">admin</property>
    <property name="acquireIncrement">5</property>
    <property name="initialPoolSize">10</property>
    <property name="minPoolSize">5</property>
    <property name="maxPoolSize">20</property>
  </default-config>
 </c3p0-config>
```

（2）编写数据库工具类

为了更好地管理和利用数据库连接，开发者可以在 pet 项目的 src 目录下的 util 包中新建名为 DataSourcesUtils 的类。该类主要负责使用 C3P0 数据库连接池来获取数据源和数据库连接对象。通过使用连接池，我们可以更加高效地获取和释放数据库连接，提高系统的性能和稳定性。同时，使用连接池还可以有效地避免数据库连接的泄漏和滥用问题，保障系统的安全性和可靠性。具体代码如例 10-2 所示。

【例 10-2】DataSourcesUtils.java

```
package com.demo.util;
//此处省略导入包的代码
public class DataSourcesUtils {
    private static DataSource ds;
    static{
        ds=new ComboPooledDataSource();
    }
    public static DataSource getDs(){
        return ds;
    }
    public static Connection getConnection() throws SQLException {
```

```
12          return ds.getConnection();
13      }
14  }
```

在例 10-2 中，第 4 行代码用于创建一个数据源对象；第 5～7 行代码在静态代码块中初始化数据源对象；第 8～10 行代码返回数据源对象；第 11～13 行代码用于创建数据库连接池对象。

（3）编写登录 Filter

为了保证用户在未登录状态下无法对数据库进行操作，开发者可以在 pet 项目的 src 目录下的 util 包中编写 LoginFilter 类。该类负责过滤编码为 UTF-8 及登录拦截，并禁止未登录用户访问。通过这样的设置，可以有效地保护数据库中的数据不被未登录的用户随意访问和修改。这样不仅可以提高系统的安全性，还可以保证数据的完整性和可靠性。具体代码如例 10-3 所示。

【例 10-3】LoginFilter.java

```
package com.demo.util;
//此处省略导入包的代码
@WebFilter(filterName = "MyFile",urlPatterns = "/*")
public class LoginFilter implements Filter {
    public void destroy() {
    }
    public void doFilter(ServletRequest req, ServletResponse res, FilterChain chain) throws IOException, ServletException {
        HttpServletRequest request = (HttpServletRequest) req;
        HttpServletResponse response = (HttpServletResponse) res;
        HttpSession session = request.getSession();
        //过滤编码
        request.setCharacterEncoding("UTF-8");
        response.setCharacterEncoding("UTF-8");
        //移除错误提示
        session.removeAttribute("alert_msg");
        //登录拦截
        String uri = request.getRequestURI();
        String action = request.getParameter("action");
        if (uri.endsWith("login.jsp")||uri.endsWith("register.jsp")
          || "register".equalsIgnoreCase(action)||"validationCode"
          .equalsIgnoreCase(action)||"login".equalsIgnoreCase(action)
          || uri.contains("/include/")||uri.contains("/img/")
          || uri.contains("/js/")) {
            chain.doFilter(request, response);
            return;
        } else if (session.getAttribute("loginUser") == null) {
            session.setAttribute("alert_msg", "错误：请先登录！");
            response.sendRedirect("login.jsp");
            return;
        }
        chain.doFilter(request, response);
    }
    public void init(FilterConfig arg0) throws ServletException {
    }
}
```

在例 10-3 中，第 3 行代码将@WebFilter 注解中 urlPatterns 的属性值设置为“/*”，本项目中所有的请求都将被 LoginFilter 过滤，从而实现系统的统一编码；第 12～13 行代码用于将编码统一设置为 UTF-8；第 15 行代码用于用户登录失败，刷新登录页面时，移除错误提示信息；第 16～30 行代码用于登录拦截，当用户访问系统内部的资源时，检查 session 中是否存在用户登录信息，如果不存在就重定向到 login.jsp 页面。

（4）编写通用工具类

为了提高代码的复用性和可维护性，开发者可以在 pet 项目的 src 目录下的 util 包中新建 CommonUtils 类，集中存放一些公用的方法，如将时间格式化为字符串以及统一转换前端传入后端的内容编码等方法，以避免因编码不同而导致的乱码等问题。这些方法可以被整个项目共用，减少了代码冗余，也方便了项目的管理和维护。具体代码如例 10-4 所示。

【例 10-4】CommonUtils.java

```
package com.demo.util;
import java.text.SimpleDateFormat;
public class CommonUtils {
  public static String getTime() {
    return new SimpleDateFormat("yyyy-MM-dd HH:mm:ss").format(System.currentTimeMillis());
  }
  private static boolean isChinese(char c) {
    Character.UnicodeBlock ub = Character.UnicodeBlock.of(c);
    return (ub == Character.UnicodeBlock.CJK_UNIFIED_IDEOGRAPHS
      ||ub==Character.UnicodeBlock.CJK_COMPATIBILITY_IDEOGRAPHS
      ||ub==Character.UnicodeBlock.CJK_UNIFIED_IDEOGRAPHS_EXTENSION_A
      ||ub==Character.UnicodeBlock.GENERAL_PUNCTUATION
      ||ub==Character.UnicodeBlock.CJK_SYMBOLS_AND_PUNCTUATION
      ||ub==Character.UnicodeBlock.HALFWIDTH_AND_FULLWIDTH_FORMS);
  }
  public static boolean isMessyCode(String strName) {
    java.util.regex.Pattern p = java.util.regex.Pattern.compile("\\s*|\t*|\r*|\n*");
    java.util.regex.Matcher m = p.matcher(strName);
    String after = m.replaceAll("");
    String temp = after.replaceAll("\\p{P}", "");
    char[] ch = temp.trim().toCharArray();
    float chLength = 0;
    float count = 0;
    for (int i = 0; i < ch.length; i++) {
      char c = ch[i];
      if (!Character.isLetterOrDigit(c)) {
        if (!isChinese(c)) {
          count = count + 1;
        }
        chLength++;
      }
    }
    return count / chLength> 0.4;
  }
```

```
35    public static String decode(javax.servlet.http.HttpServletRequest request, String parameterName) {
36      String str;
37      if ((str = request.getParameter(parameterName)) == null) {
38        return null;
39      }
40      try {
41        if (isMessyCode(str)) {
42          str = new String(str.getBytes("ISO-8859-1"), "UTF-8");
43        }
44        if (isMessyCode(str)) {
45          str = new String(str.getBytes("GB2312"), "UTF-8");
46        }
47        if (isMessyCode(str)) {
48          str = new String(str.getBytes("GBK"), "UTF-8");
49        }
50        if (isMessyCode(str)) {
51          str = new String(str.getBytes("UTF-8"), "ISO-8859-1");
52        }
53        if (isMessyCode(str)) {
54          str = new String(str.getBytes("GB2312"), "ISO-8859-1");
55        }
56        if (isMessyCode(str)) {
57          str = new String(str.getBytes("GBK"), "ISO-8859-1");
58        }
59        if (isMessyCode(str)) {
60          str = new String(str.getBytes("UTF-8"), "GB2312");
61        }
62        if (isMessyCode(str)) {
63          str = new String(str.getBytes("ISO-8859-1"), "GB2312");
64        }
65        if (isMessyCode(str)) {
66          str = new String(str.getBytes("GBK"), "GB2312");
67        }
68        if (isMessyCode(str)) {
69          str = new String(str.getBytes("UTF-8"), "GBK");
70        }
71        if (isMessyCode(str)) {
72          str = new String(str.getBytes("ISO-8859-1"), "GBK");
73        }
74        if (isMessyCode(str)) {
75          str = new String(str.getBytes("GB2312"), "GBK");
76        }
77      } catch (Exception e) {
78        e.printStackTrace();
79      }
80      return str.trim();
81    }
82  }
```

在例 10-4 中，第 4～6 行代码用于获取当前系统时间并格式化为字符串；第 7～15 行代码用于判断页面内容是否为中文；第 16～34 行代码用于判断字符串是否为乱码；第 35～82 行代码用于对编码进行统一转换。

（5）新建 PageBean 类

为了实现页面显示对象的分页，开发者可以在 pet 项目的 src 目录下的 util 包中新建 PageBean 类。该类提供了一些方法，可以根据传入的参数来实现分页显示。通过使用 PageBean 类，能够方便地在页面上显示分页信息，并且能够实现翻页功能。关键代码如例 10-5 所示。

【例 10-5】PageBean.java

```
package com.demo.util;
import java.util.List;
public class PageBean<T> {
    private List<T> list;   //结果集
    private int totalRecord;//总条数
    private int pageNum;    //当前页
    private int pageSize;   //每页显示数据量
    private int totalPage;  //总页数
    private int startIndex; //开始索引
    private int start;      //显示的起始页
    private int end;        //显示的结束页
    private String servlet; //查询时要请求的接口
    private String searchColumn;//待模糊查询的列
    private String keyword;//待模糊查询的关键字
    public PageBean(int pageNum, int totalRecord) {
        this.pageNum = (pageNum = Math.max(pageNum, 1));
        this.pageSize = 10;//默认每页显示数据量为 10
        this.totalRecord = totalRecord;
        //计算总页数(totalPage)
        if (totalRecord % pageSize == 0) {
            //如能整除，每页显示 pageSize 条数据
            this.totalPage = totalRecord / pageSize;
        } else {
            //如不能整除，需要加 1 页，显示多余的数据
            this.totalPage = totalRecord / pageSize + 1;
        }
        //开始索引
        this.startIndex = (pageNum - 1) * pageSize;
        //显示 5 页，可自定义
        this.start = 1;
        this.end = 5;
        //显示页数的算法
        if (totalPage <= 5) {
            this.end = this.totalPage;
        } else {
            this.start = pageNum - 2;
            this.end = pageNum + 2;
            if (start < 0) {
                this.start = 1;
                this.end = 5;
            }
            if (end> this.totalPage) {
                this.end = totalPage;
                this.start = end - 5;
            }
```

```
46            }
47        }
48        //省略 getter()和 setter()方法
49    }
```

在例 10-5 中，泛型类 PageBean 用于处理分页逻辑。第 4～11 行代码定义了实现分页所需的变量。第 15～47 行代码为 PageBean 的构造方法，通过传入的当前页（pageNum）和总条数（totalRecord）计算出总页数（totalPage）和开始索引（startIndex），然后根据显示页数的算法，计算出显示的起始页（start）和结束页（end），最终得到一个 PageBean 对象，用于分页显示结果集。其中，第 33～46 行代码为关于显示页数的算法，如果总页数小于或等于 5 页，则直接将显示的起始页设置为 1，结束页设置为总页数，否则将显示的起始页设置为当前页减 2，结束页设置为当前页加 2，但如果计算得到的起始页小于 0，则将起始页设置为 1，结束页设置为 5；如果计算得到的结束页大于总页数，则将结束页设置为总页数，起始页设置为结束页减 5。

10.4 系统实现

微课视频

10.4.1 注册、登录模块

通过宠物领养信息管理系统的注册、登录模块，用户可以创建自己的账户，然后使用该账户登录系统，在系统中进行各种操作，例如浏览、查询、修改等。同时，注册、登录模块还可以防止未经授权的访问和操作，保障系统的安全性。本小节将详细讲解用户注册、登录模块的实现。本书重点在于讲解后台 Java 代码，因此，对页面代码只给出一些典型的示例；有关其他页面的代码，读者可以参考本章配套资源包。

1. 实现注册功能

对于宠物领养信息管理系统，首次使用该系统的用户需要先注册账号，如图 10.8 所示。用户在注册时需要填写登录账号、登录密码并确认密码，在每一个文本框中都有文字提示。在输入所有数据以后，单击“注册”按钮，即可完成注册。

图 10.8　用户注册页面

（1）在 pet 项目的 web 目录下新建 register.jsp 文件，用于显示用户注册页面。用户可以在该页面填写登录账号、登录密码并确认密码，然后单击“注册”按钮完成注册。关键代码如例 10-6 所示。

【例 10-6】register.jsp

```
<body>
<div class="bg"></div>
<div class="container">
  <div class="line bouncein">
    <div class="xs6 xm4 xs3-move xm4-move">
      <div style="height:150px;"></div>
      <div class="media media-y margin-big-bottom">
      </div>
      <form action="AuthServlet?action=register" method="post">
        <input type="hidden" name="forwardPage" id="forwardPage" value="menu.jsp"/>
        <div class="panel loginbox">
          <div class="text-center margin-big padding-big-top"
               style="font-size: 35px;font-weight: 700;color:#000000;text-shadow: 2px 3px #FFFFFF;">
             宠物领养信息管理系统
          </div>
          <a href="login.jsp"
             style="font-size: 24px;color: black;text-decoration: none;padding-left: 140px;">登录</a>       <a
                style="font-size: 24px;color:#269abc ;text-decoration: none;">注册</a>
          <div class="panel-body" style="padding:30px; padding-bottom:10px; padding-top:10px;">
            <div class="form-group">
              <div class="field field-icon-right">
                <input type="text" class="input input-big" 、
                name="username" id="username" placeholder="登录账号"/>
                <span class="icon icon-user margin-small"></span>
              </div>
            </div>
            <div class="form-group">
              <div class="field field-icon-right">
                <input type="password" class="input input-big"
                name="password" id="password" placeholder="登录密码"/>
                <span class="icon icon-key margin-small"></span>
              </div>
            </div>
            <div class="form-group">
              <div class="field field-icon-right">
                <input type="password" class="input input-big"
                name="password2" id="password2" placeholder="确认密码"/>
                <span class="icon icon-key margin-small"></span>
              </div>
            </div>
          </div>
```

```
42            <div style="padding:30px;">
43              <input type="submit" class="button button-block bg-main text-big input-big" value="注册">
44            </div>
45          </div>
46        </form>
47      </div>
48    </div>
49  </div>
50  </body>
```

在例 10-6 中，第 9 行代码<form>标签的 action 参数用于指定表单数据提交的目标地址，此处 action 属性值被设置为“AuthServlet?action=register”，表示表单数据将会提交到名为“AuthServlet”的 Servlet，同时附带参数“action=register”，“?”用于向 Servlet 传递参数，Servlet 将会根据“action”参数的值来判断需要执行的操作，这里是注册功能。本页面采用了 Bootstrap 框架的样式和布局，使页面看起来更加美观和易用。

（2）在 pet 项目的 src 目录下的 com.demo.servlet 包中新建 AuthServlet 类，用于放置注册、登录、退出、验证码校验和密码修改的方法。

当用户在注册页面中单击“注册”按钮时，浏览器的请求路径为“AuthServlet?action=register”，即请求服务器中的 AuthServlet 处理注册的业务；当用户在登录页面中单击“登录”按钮时，浏览器请求服务器中的 AuthServlet 处理登录的业务，<form>标签的 action 属性值应为“AuthServlet?action=login”；当用户单击系统中的“退出”按钮时，浏览器的请求路径为“AuthServlet?action=logout”。其他需要根据 action 参数值进行不同操作的同理。AuthServlet 类中 doPost()方法处理不同请求的流程如例 10-7 所示。

【例 10-7】AuthServlet.java

```
public void doPost(HttpServletRequest request, HttpServletResponse
response)throws ServletException, IOException {
    request.setCharacterEncoding("UTF-8");
    response.setCharacterEncoding("UTF-8");
    String action = CommonUtils.decode(request, "action");
    if ("register".equalsIgnoreCase(action)) {//注册
        //处理注册的逻辑代码
    }else if("login".equalsIgnoreCase(action)){//登录
        //处理登录的逻辑代码
    }else if("logout".equalsIgnoreCase(action)){//退出
        //处理退出的逻辑代码
    }else if("validationCode".equalsIgnoreCase(action)){
    //验证码生成和校验
        //处理验证码生成和校验的逻辑代码
    }else if("resetPassword".equalsIgnoreCase(action)){//密码修改
        //处理密码修改的逻辑代码
    }
```

（3）在 AuthServlet 类中补充处理注册的逻辑代码，关键代码如下所示。

```
String username = CommonUtils.decode(request, "username");
String password = CommonUtils.decode(request, "password");
UserService userService = new UserServiceImpl();
Map<String, Object> params = new HashMap();
```

```
5   params.put("searchColumn", "username");//使用 username 字段进行模糊查询
6   params.put("keyword", username);
7   params.put("startIndex", 0);
8   params.put("pageSize", Long.MAX_VALUE);
9   List<User> list = (List<User>) userService.list(params).get("list");
10  for (User user : list) {
11      if (user.getUsername().equals(username) /*&& user.getPassword().equals(password)*/) {//说明该用户名已存在，必须换个用户名才能注册
12          request.getSession().setAttribute("alert_msg", "错误：用户名已存在！");
13          request.getRequestDispatcher("register.jsp").forward(request, response);
14          return;
15      }
16  }
17  User vo = new User();
18  vo.setUsername(username);
19  vo.setPassword(password);
20  userService.add(vo);
21  request.getSession().setAttribute("alert_msg", "注册成功！用户名：[" + username + "]");
22  request.getRequestDispatcher("login.jsp").forward(request, response);
```

上述代码中，第 1～2 行代码对页面传入的用户名和密码进行统一编码处理；第 3～9 行代码通过 service 层查询所有的用户信息；第 10～16 行代码查验该用户名是否已经存在，如果已经存在，则需要换一个用户名，并跳转回注册页面；第 17～21 行代码用于进行用户注册，调用 service 层方法完成注册操作；第 22 行代码用于在注册成功后将页面跳转到登录页面。

2. 实现登录功能

用户完成注册后，可以对宠物领养信息管理系统进行登录操作。用户登录页面如图 10.9 所示。在登录时，系统需要验证登录账号和密码是否正确，并进行验证码校验；只有登录账号、密码和验证码全部正确才能够登录成功。

图 10.9　用户登录页面

（1）在 pet 项目的 web 目录下新建 login.jsp 文件，用于显示用户登录页面。用户可以在该页面填写登录账号、密码和验证码，然后单击“登录”按钮进行登录。关键代码如例 10-8 所示。

【例 10-8】login.jsp

```
<body>
<div class="bg"></div>
<div class="container">
  <div class="line bouncein">
    <div class="xs6 xm4 xs3-move xm4-move">
      <div style="height:150px;"></div>
      <div class="media media-y margin-big-bottom">
      </div>
      <form action="AuthServlet?action=login" method="post" onsubmit="return check()">
        <div class="panel loginbox">
          <div class="text-center margin-big padding-big-top"
               style="font-size: 35px;font-weight: 700;color:#000000;text-shadow: 2px 3px #FFFFFF;">
             宠物领养信息管理系统
          </div>
          <a style="font-size: 24px;color: #269abc;text-decoration: none; padding-left: 140px;">登录</a>
          <a href="register.jsp" style="font-size: 24px;color:black ;text-decoration: none;">注册</a>
          <div class="panel-body" style="padding:30px; padding-bottom:10px; padding-top:10px;">
            <div class="form-group">
              <div class="field field-icon-right">
                <input type="text" class="input input-big"
                name="username" id="username" placeholder="登录账号"/>
                <span class="icon icon-user margin-small"></span>
              </div>
            </div>
            <div class="form-group">
              <div class="field field-icon-right">
                <input type="password" class="input input-big"
                name="password" id="password" placeholder="登录密码"/>
                <span class="icon icon-key margin-small"></span>
              </div>
            </div>
            <div class="form-group">
              <div class="field field-icon-right">
                <input type="text" class="input input-big"
                name="validationCode" id="validationCode" placeholder="请输入验证码"
 style="width: 180px;float: left;"/>
                <img id="img_validation_code"
                src="AuthServlet?action=validationCode" onclick="refresh()"
                     style="height: 44px;width: 150px;float: right;border-radius: 4px;"/>
              </div>
```

```
40              </div>
41            </div>
42            <br>
43            <div style="padding:30px;">
44              <input type="submit" class="button button-block bg-main text-big input-big" value="登录">
45            </div>
46          </div>
47        </form>
48      </div>
49    </div>
50  </div>
51  </body>
52  <script type="text/javascript">
53    //提交之前进行检查，如果执行 return false，则不允许提交
54    function check() {
55      //根据 id 获取值
56      var username = document.getElementById("username").value;
57      var password = document.getElementById("password").value;
58      if (username == "") {
59        alert("用户名不能为空");
60        return false;
61      }
62      if (password == "") {
63        alert("密码不能为空");
64        return false;
65      }
66      return true;
67    }
68    function refresh() {
69      var img = document.getElementById("img_validation_code")
70      img.src = "AuthServlet?action=validationCode&r=" + Math.random();
71    }
72  </script>
```

在例 10-8 中，第 9 行代码中<form>标签的 action 属性值为“AuthServlet?action=login”，表示在图 10.9 所示的登录页面单击“登录”按钮时，表单数据将会提交到 AuthServlet，AuthServlet 将会根据“action”参数的值“login”进入登录业务的处理流程；第 32～39 行代码用于展示验证码和刷新验证码，其中，第 36 行代码中<img>标签的 src 属性值为“AuthServlet?action=validationCode”表示向 AuthServlet 请求验证码，表单还通过 onclick 事件绑定了一个名为 refresh 的 JavaScript 函数，通过第 68～71 行的 JavaScript 代码编写 refresh()函数刷新验证码；第 53～67 行的 JavaScript 代码用于对登录账号输入框和密码输入框进行非空校验。

（2）在 AuthServlet 类中补充生成验证码的逻辑代码，用于生成在登录页面中展示的验证码，关键代码如下所示。

```
String codeChars = "0123456789";//图形验证码的字符集合
int charsLength = codeChars.length();//获得验证码集合的长度
response.setHeader("ragma", "No-cache");
response.setHeader("Cache-Control", "no-cache");
response.setDateHeader("Expires", 0);
int width = 90, height = 20;//设置图形验证码的长和宽（图形的大小）
```

```
7   BufferedImage image = new BufferedImage(width, height, BufferedImage.TYPE_INT_RGB);
8   Graphics g = image.getGraphics();// 获得用于输出文字的 Graphics 对象
9   Random random = new Random();
10  g.setColor(getRandomColor(180, 250));//随机设置要填充的颜色
11  g.fillRect(0, 0, width, height);// 填充图形背景
12  g.setFont(new Font("Times New Roman", Font.ITALIC, height));
13  g.setColor(getRandomColor(120, 180));//随机设置字体颜色
14  StringBuilder validationCode = new StringBuilder();
15  String[] fontNames = {"Times New Roman", "Book antiqua", "Arial"};
16  for (int i = 0; i < 4; i++) {
17      g.setFont(new Font(fontNames[random.nextInt(3)], Font.ITALIC, height));
18      char codeChar = codeChars.charAt(random.nextInt(charsLength));
19      validationCode.append(codeChar);
20      g.setColor(getRandomColor(10, 100));
21      g.drawString(String.valueOf(codeChar), 16 * i + random.nextInt(7),
22          height - random.nextInt(6));
23  }
24  HttpSession session = request.getSession();
25  session.setMaxInactiveInterval(5 * 60);
26  //将验证码保存在 session 对象中，key 为 validationcode
27  session.setAttribute("validationCode", validationCode.toString());
28  g.dispose();// 关闭 Graphics 对象
29  OutputStream os = response.getOutputStream();
30  ImageIO.write(image, "JPEG", os);//以 JPEG 格式向客户端发送图形验证码
```

上述代码中，第 1～2 行代码定义了一个包含数字 0～9 的字符串变量 codeChars，并记录该字符串的长度 charsLength；第 3～5 行代码设置了一些 HTTP 头信息，以确保验证码图片不被缓存；第 6～8 行代码设置了验证码图片的宽和长，并创建了一个 BufferedImage 对象和一个 Graphics 对象，用于在该对象上绘制图形；第 9～15 行代码使用 getRandomColor()方法随机选择了背景和文本颜色，同时将文本字体设置为 Times New Roman，字体大小设置为图形高度；第 16～23 行代码随机选择 4 个字符从字符集合中生成一个验证码，将其添加到 StringBuilder 对象 validationCode 中，并使用 Graphics 对象在图形中绘制；第 24～30 行代码将验证码保存在 session 中，并将生成的验证码图形以 JPEG 格式输出到浏览器。

上述代码使用的 getRandomColor()方法的代码如下所示。

```
private Color getRandomColor(int minColor, int maxColor) {
    Random random = new Random();
    // 保存 minColor，最大不会超过 255
    if (minColor> 255) {
        minColor = 255;
    }
    // 保存 maxColor，最大不会超过 255
    if (maxColor> 255) {
        maxColor = 255;
    }
    // 获得红色的随机颜色值
```

```
12      int red = minColor + random.nextInt(maxColor - minColor);
13      // 获得绿色的随机颜色值
14      int green = minColor + random.nextInt(maxColor - minColor);
15      // 获得蓝色的随机颜色值
16      int blue = minColor + random.nextInt(maxColor - minColor);
17      return new Color(red, green, blue);
18  }
```

上述代码定义了私有方法 getRandomColor()用于生成随机颜色值，该方法的两个参数 minColor 和 maxColor 用于指定生成的随机颜色值的范围。第 2 行代码实例化一个 Random 对象，用于生成随机数；第 4～10 行代码对传入的 minColor 和 maxColor 参数进行处理，确保它们不会超过颜色范围的最大值 255；第 12～16 行代码调用 nextInt()方法生成 3 个随机数，分别代表红、绿、蓝 3 个颜色通道的值；第 17 行代码使用生成的 3 个随机数作为参数，创建一个 Color 对象并作为结果返回。

（3）在 AuthServlet 类中补充处理登录逻辑的代码，关键代码如下所示。

```
1   String username = CommonUtils.decode(request, "username");
2   String password = CommonUtils.decode(request, "password");
3   String validationCode = CommonUtils.decode(request, "validationCode");
4   if (validationCode != null && !validationCode.equals(
5       request.getSession().getAttribute("validationCode"))) {
        //验证码不正确
6       request.getSession().setAttribute("alert_msg", "错误：验证码不正确！");
7       request.getRequestDispatcher("login.jsp").forward(request, response);
8       return;
9   }
10  UserService userService = new UserServiceImpl();
11  Map<String, Object> params = new HashMap();
12  params.put("searchColumn", "username");//使用 username 字段进行模糊查询
13  params.put("keyword", username);
14  List<User> list = (List<User>) userService.list(params).get("list");
15  for (User user : list) {
16      if (user.getUsername().equals(username) && user.getPassword()
17          .equals(password)) {
18          request.getSession().setAttribute("loginUser", user);
19          request.getSession().setMaxInactiveInterval(Integer.MAX_VALUE);
20          request.getRequestDispatcher("menu.jsp").forward(request, response);
21          return;
22      }
23  }
24  request.getSession().setAttribute("alert_msg", "错误：用户名或密码错误！");
25  request.getRequestDispatcher("login.jsp").forward(request, response);
```

在上述代码中，第 3～9 行代码用于完成验证码校验，将从 Request 域中获取的验证码和 Session 域中的验证码进行对比，如果 Request 域中的验证码不为 null 且不等于 Session 域中的验证码，则弹出错误提示框并跳转到 login.jsp 页面；第 10～23 行代码将页面提交的用户名和密码作为查询条件，在用户表中查询是否存在匹配的用户信息，如果用户表中存在该用户信息，则用户登录成功，通过第 20 行代码跳转到主页 menu.jsp；第 24～25 行代码用于在登

录失败时弹出提示信息框，并跳转到登录页面。

3．编写 Service 层方法

在 pet 项目的 src 目录下的 com.demo.service 包中新建 UserService 接口（具体代码见本章源代码包），用于实现与用户相关的业务逻辑操作，并创建它的实现类 UserServiceImpl。在 MVC 设计模式中，Service 层负责处理控制层（Servlet）和数据访问层（Dao）之间的交互，从而使应用程序的各个模块更加独立和可维护。UserServiceImpl 类中与注册和登录相关的关键代码如例 10-9 所示。

【例 10-9】UserServiceImpl.java

```
public class UserServiceImpl implements UserService {
    public void add(User vo) {
        UserDAO userDAO = new UserDAOImpl();
        userDAO.add(vo);
    }
    public Map<String, Object> list(Map<String, Object> params) {
        UserDAO userDAO = new UserDAOImpl();
        return userDAO.list(params);
    }
}
```

例 10-9 主要实现了 UserService 接口中定义的方法，并在方法中调用了对应的 UserDAOImpl 对象的方法，从而实现对数据库中用户信息的添加和列表查询操作，以此完成用户注册和用户登录功能。

4．编写 Dao 层方法

在 pet 项目的 src 目录下的 com.demo.dao 包中新建 UserDao 接口（具体代码见本章源代码包），用于实现与用户相关的数据库交互操作，并创建它的实现类 UserDaoImpl。在 MVC 设计模式中，Dao 层主要负责与数据库进行交互，即完成数据的增、删、改、查等操作。UserDaoImpl 类中处理用户注册和登录的关键代码如例 10-10 所示。

【例 10-10】UserDaoImpl.java

```
public class UserDAOImpl implements UserDAO {
    public void add(User vo) {
        String sql = "insert into 't_user' ('username','password','real_name','user_sex','user_phone','user_text','user_type') values(?,?,?,?,?,?,?)";
        try {
            Connection c = DataSourceUtils.getConnection();
            PreparedStatement ps = c.prepareStatement(sql);
            ps.setString(1, vo.getUsername());
            ps.setString(2, vo.getPassword());
            ps.setString(3, vo.getRealName());
            ps.setString(4, vo.getUserSex());
            ps.setString(5, vo.getUserPhone());
            ps.setString(6, vo.getUserText());
            ps.setString(7, vo.getUserType());
            ps.execute();
```

```
            ps.close();
            c.close();
        } catch (Exception e) {
            e.printStackTrace();
        }
    }
    public Map<String, Object> list(Map<String, Object> params) {
        List<User> list = new ArrayList();
        int totalCount = 0;
        String condition = "";
        String sqlList;
        if (params.get("searchColumn") != null && !"".equals(params.get("searchColumn"))) {
             condition += " and `" + params.get("searchColumn") +
             "` like '%" + params.get("keyword") + "%'";
        }
        try {
            Connection c = DataSourceUtils.getConnection();
            PreparedStatement ps;
            ResultSet rs;
            String limit = (params.get("startIndex") != null &&
                 params.get("pageSize") != null) ? " limit "+ params.get("startIndex") +
                     "," + params.get("pageSize") : "";
            sqlList = "select * from `t_user` where 1=1 " +
                 condition + " order by id asc " + limit + ";";
            ps = c.prepareStatement(sqlList);
            rs = ps.executeQuery();
            while (rs.next()) {
                User vo = new User();
                vo.setId(rs.getLong("id"));
                vo.setUsername(rs.getString("username"));
                vo.setPassword(rs.getString("password"));
                vo.setRealName(rs.getString("real_name"));
                vo.setUserSex(rs.getString("user_sex"));
                vo.setUserPhone(rs.getString("user_phone"));
                vo.setUserText(rs.getString("user_text"));
                vo.setUserType(rs.getString("user_type"));
                list.add(vo);
            }
            String sqlCount = "select count(*) from `t_user` where 1=1 " + condition;
            ps = c.prepareStatement(sqlCount);
            rs = ps.executeQuery();
            if (rs.next()) {
                totalCount = rs.getInt(1);
            }
            rs.close();
            ps.close();
```

```
61                  c.close();
62              } catch (Exception e) {
63                  e.printStackTrace();
64              }
65              Map<String, Object> result = new HashMap();
66              result.put("list", list);
67              result.put("totalCount", totalCount);
68              return result;
69          }
70          public User login(String username, String password) {
71              String sql = "select * from `t_user` where username=" +
72                  username + "and password=" + password;
73              User vo =null;
74              try {
75                  Connection c = DataSourceUtils.getConnection();
76                  Statement s = c.createStatement();
77                  ResultSet rs = s.executeQuery(sql);
78                  if (rs.next()) {
79                      vo = new User();
80                      vo.setId(rs.getLong("id"));
81                      vo.setUsername(rs.getString("username"));
82                      vo.setPassword(rs.getString("password"));
83                      vo.setRealName(rs.getString("real_name"));
84                      vo.setUserSex(rs.getString("user_sex"));
85                      vo.setUserPhone(rs.getString("user_phone"));
86                      vo.setUserText(rs.getString("user_text"));
87                      vo.setUserType(rs.getString("user_type"));
88                  }
89              } catch (Exception e) {
90                  e.printStackTrace();
91              }
92              return vo;
93          }
94      }
```

例 10-10 主要实现了 UserDao 接口中定义的方法：add()、list()和 login()，它们分别实现对数据库中用户表 t_user 的增、查操作和用户登录。其中，第 21～69 行代码的 list()方法根据传入的参数 params，拼接 SQL 查询语句，查询用户表中的数据，并将查询结果封装到一个 Map 集合中返回，list()方法中的参数 params 包括了查询关键字、查询字段、查询起始位置和每页显示记录数等信息；第 70～93 行代码的 login()方法根据用户名和密码查询用户表中的数据，并返回查询结果。

10.4.2 用户管理模块

微课视频

用户管理模块的功能是对与用户相关的信息（如用户名、密码、姓名、性别、手机号码、备注、类型等）进行增加、删除、编辑、查询列表、显示详情等管理操作，普通用户可以进行检索和查看，管理员可以对信息进行增加、编辑和删除。用户管理模块效果如图 10.10 所示。

图 10.10　用户管理模块效果

1．用户列表页面

在 pet 项目的 web 目录下新建 user_info.jsp 页面，用于显示用户列表，关键代码如例 10-11 所示。

【例 10-11】user_info.jsp

```
<body>
<div class="container-fluid">
    <ul class="nav nav-tabs">
        <li><a href="UserServlet?action=list">用户列表</a></li>
    </ul>
    <br/>
    <form class="form-horizontal" role="form" action="#" method="post">
        <input type="hidden" class="form-control" id="id" name="id" value="${vo.id}"/>
        <div class="form-group">
            <label class="col-sm-3 control-label">用户名：</label>
            <div class="col-sm-5" style="padding-top: 7px;">
                ${vo.username}
            </div>
        </div>
        <div class="form-group">
            <label class="col-sm-3 control-label">姓名：</label>
            <div class="col-sm-5" style="padding-top: 7px;">
```

```
                ${vo.realName}
            </div>
        </div>
        <div class="form-group">
            <label class="col-sm-3 control-label">性别：</label>
            <div class="col-sm-5" style="padding-top: 7px;">
                ${vo.userSex}
            </div>
        </div>
        <div class="form-group">
            <label class="col-sm-3 control-label">手机号码：</label>
            <div class="col-sm-5" style="padding-top: 7px;">
                ${vo.userPhone}
            </div>
        </div>
        <div class="form-group">
            <label class="col-sm-3 control-label">备注：</label>
            <div class="col-sm-5" style="padding-top: 7px;">
                <textarea rows="3" class="form-control" id="userText" name="userText" disabled="disabled">${vo.userText}</textarea>
            </div>
        </div>
        <div class="form-group">
            <label class="col-sm-3 control-label">类型：</label>
            <div class="col-sm-5" style="padding-top: 7px;">
                ${vo.userType}
            </div>
        </div>
        <div class="form-group">
            <label class="col-sm-3 control-label"></label>
            <div class="col-sm-5" style="padding-top: 7px;">
            </div>
        </div>
    </form>
</div>
</body>
```

例 10-11 的主要功能是展示用户详细信息的表单，具体解释如下。

- <div class="container-fluid">：使用 Bootstrap 框架定义一个全屏的容器。
- <ul class="nav nav-tabs">：使用 Bootstrap 定义一个带标签页的导航菜单。
- <li><a href="UserServlet?action=list">用户列表</a></li>：定义一个菜单项，单击后跳转到用户列表页面。
- <form class="form-horizontal" role="form" action="#" method="post">：定义一个表单，使用 Bootstrap 的水平表单样式。
- <input type="hidden" class="form-control" id="id" name="id" value="${vo.id}"/>：定义一个隐藏的表单元素，用于存储用户 id。

- <div class="form-group">：定义一个表单组，用于存放表单元素。
- <label class="col-sm-3 control-label">用户名：</label>：定义一个标签元素，用于显示文本。
- <div class="col-sm-5" style="padding-top: 7px;">${vo.username}</div>：定义一个 div 元素，用于显示用户名。其他表单组的代码类似，只是显示的内容不同。

该页面通过表单的方式展示了用户的详细信息，同时还提供了一个“返回”按钮，方便用户返回到之前的页面。

2．用户信息编辑界面

用户信息编辑页面如图 10.11 所示。

图 10.11　用户信息编辑页面

在 pet 项目的 web 目录下新建 user_edit.jsp 页面，关键代码如例 10-12 所示。

【例 10-12】user_edit.jsp

```
<body>
<div class="container-fluid">
    <ul class="nav nav-tabs">
        <li><a href="UserServlet?action=list">用户列表</a></li>
        <li class="active"><a href="#">编辑</a></li>
    </ul>
    <br/>
```

```
        <form class="form-horizontal" role="form" action="UserServlet?action=edit" method="post" onsubmit="return check()">
            <input type="hidden" class="form-control" id="id" name="id"
            value="${vo.id}"/>
                <div class="form-group">
                    <label class="col-sm-3 control-label">用户名：</label>
                    <div class="col-sm-5">
                        <input type="text" class="form-control" id="username" name="username" value="${vo.username}">
                    </div>
                </div>
                <div class="form-group">
                    <label class="col-sm-3 control-label">密码：</label>
                    <div class="col-sm-5">
                        <input type="text" class="form-control" id="password" name="password" value="${vo.password}">
                    </div>
                </div>
                <div class="form-group">
                    <label class="col-sm-3 control-label">姓名：</label>
                    <div class="col-sm-5">
                        <input type="text" class="form-control" id="realName" name="realName" value="${vo.realName}">
                    </div>
                </div>
            <div class="form-group">
                <label class="col-sm-3 control-label">性别：</label>
                <div class="col-sm-5">
                     <input name="userSex" type="radio" value="男" ${vo.userSex=='男'?'checked':''}/>   男    
                     <input name="userSex" type="radio" value="女" ${vo.userSex=='女'?'checked':''}/>   女    
                </div>
            </div>
                <div class="form-group">
                    <label class="col-sm-3 control-label">手机号码：</label>
                    <div class="col-sm-5">
                        <input type="text" class="form-control" id="userPhone" name="userPhone" value="${vo.userPhone}">
                    </div>
                </div>
            <div class="form-group">
                <label class="col-sm-3 control-label">备注：</label>
                <div class="col-sm-5">
                    <textarea rows="3" class="form-control" id="userText" name="userText" placeholder="请输入内容……">${vo.userText}</textarea>
                </div>
            </div>
            <div class="form-group">
                <label class="col-sm-3 control-label">类型：</label>
                <div class="col-sm-5">
```

```
                          <input name="userType" type="radio" value="管理员" ${vo.userType=='管理员'?'checked':''}/>   管理员    
                          <input name="userType" type="radio" value="普通用户" ${vo.userType=='普通用户'?'checked':''}/>   普通用户    
                </div>
            </div>
            <div class="form-group">
                <label class="col-sm-3 control-label"></label>
                <div class="col-sm-5">
                    <input type="submit" class="btn btn-grad btn-warning btn-sm" value="保存">
                    <input type="button" class="btn btn-grad btn-info btn-sm" value="返回" onclick="javascript:history.back(-1);">
                </div>
            </div>
        </form>
    </div>
    </body>
```

例 10-12 包含一个用户详情页面的表单，显示了该用户的基本信息。页面中包含一个导航栏、表单元素以及“返回”“保存”按钮。其中，表单元素包括一个隐藏的输入框用于存储用户的 id，以及一些文本框和文本域，用于显示用户名、密码、姓名、性别、手机号码、备注和类型等信息。除了备注信息以外，所有的表单元素都是只读的，用户不能对其进行修改。在页面底部，还有一个“返回”按钮，用于返回到上一个页面。

3. 用户管理模块的 Servlet 层

在 pet 项目的 src 目录下的 com.demo.servlet 包中新建 UserServlet 类的代码，负责接收页面传过来的请求参数，根据 action 参数的值来确定页面要执行的具体操作，再调用 UserService 业务层的方法来处理具体的业务，最后将处理完成的结果返回或跳转至相应页面。UserServlet 中关键代码如例 10-13 所示。

【例 10-13】UserServlet.java

```
public void doPost(HttpServletRequest request, HttpServletResponse response) throws ServletException, IOException {
        //过滤编码
        request.setCharacterEncoding("UTF-8");
        response.setCharacterEncoding("UTF-8");
        String action = CommonUtils.decode(request, "action");
        if ("add".equals(action)) {//增加
            User vo = new User();
            //取出页面传进来的各个数据，并设置到 User 对象的属性里
            vo.setUsername(CommonUtils.decode(request, "username"));
            vo.setPassword(CommonUtils.decode(request, "password"));
            vo.setRealName(CommonUtils.decode(request, "realName"));
            vo.setUserSex(CommonUtils.decode(request, "userSex"));
            vo.setUserPhone(CommonUtils.decode(request, "userPhone"));
            vo.setUserText(CommonUtils.decode(request, "userText"));
```

```
            vo.setUserType(CommonUtils.decode(request, "userType"));
            UserService userService = new UserServiceImpl();
            //调用 Service 层的增加方法（add()），增加记录
            userService.add(vo);
            this.redirectList(request, response);
        } else if ("delete".equals(action)) {//删除
            //取出表要删除的用户记录的主键
            long id = Long.parseLong(CommonUtils.decode(request, "id"));
            UserService userService = new UserServiceImpl();
            //调用 Service 层的删除方法（delete()），将对应的记录删除
            userService.delete(id);
            this.redirectList(request, response);
        } else if ("edit".equals(action)) {//修改
            //取出页面传进来的各个数据，并设置到 User 对象的属性里
            User vo = new User();
            vo.setId(Long.valueOf(CommonUtils.decode(request, "id")));
            vo.setUsername(CommonUtils.decode(request, "username"));
            vo.setPassword(CommonUtils.decode(request, "password"));
            vo.setRealName(CommonUtils.decode(request, "realName"));
            vo.setUserSex(CommonUtils.decode(request, "userSex"));
            vo.setUserPhone(CommonUtils.decode(request, "userPhone"));
            vo.setUserText(CommonUtils.decode(request, "userText"));
            vo.setUserType(CommonUtils.decode(request, "userType"));
            UserService userService = new UserServiceImpl();
            //调用 Service 层的更新方法（update()），更新记录
            userService.update(vo);
            this.redirectList(request, response);
        } else if ("get".equalsIgnoreCase(action) || "editPre".equalsIgnoreCase(action)) {
            Serializable id = CommonUtils.decode(request, "id");
            UserService userService = new UserServiceImpl();
            User vo = userService.get(id);
            request.getSession().setAttribute("vo", vo);
            String to = "get".equalsIgnoreCase(action) ? "info" : "edit";
            response.sendRedirect("user_" + to + ".jsp");
        } else {//默认跳转列表页面
            this.redirectList(request, response);
        }
    }
```

例 10-13 中，UserServlet 的 doPost()方法处理了用户提交的 POST 请求。首先对请求和响应的编码进行了设置，然后根据请求参数中的“action”参数的不同值，判断用户要进行的操作类型，具体如下。

- 如果参数值为“add”，则从请求参数中获取用户信息，将其封装为一个 User 对象，调用 UserService 的 add()方法将其添加到数据库中。
- 如果参数值为“delete”，则从请求参数中获取要删除用户的 id，调用 UserService 的 delete()方法将其从数据库中删除。
- 如果参数值为“edit”，则从请求参数中获取用户信息和要修改用户的 id，将其封装为一个 User 对象，调用 UserService 的 update()方法将其更新到数据库中。

- 如果参数值为“get”或“editPre”，则从请求参数中获取要查询用户的 id，调用 UserService 的 get()方法查询用户的详细信息，并将其放入 Session 域中，最后定向到用户详情页面或用户编辑页面。
- 如果没有指定“action”参数，则默认重定向到用户列表页面。

例 10-13 中实现页面跳转的 redirectList()方法，其具体代码如下所示。

```
private void redirectList(HttpServletRequest request, HttpServletResponse response) throws IOException {
        //查询列和关键字
        String searchColumn = CommonUtils.decode(request, "searchColumn");
        String keyword = CommonUtils.decode(request, "keyword");
        Map<String, Object> params = new HashMap();
        //用来保存控制层传进来的参数(查询条件)
        params.put("searchColumn", searchColumn);//查询的列
        params.put("keyword", keyword);//查询的关键字
        UserService userService = new UserServiceImpl();
        Map<String, Object> map = userService.list(params);
        request.getSession().setAttribute("list", map.get("list"));
        Integer totalRecord = (Integer) map.get("totalCount");
        //根据查询条件取出对应的总记录数，用于分页
        String pageNum = CommonUtils.decode(request, "pageNum");//封装分页参数
        com.demo.util.PageBean<Object> pb = new com.demo.util.PageBean(Integer.valueOf(pageNum != null ? pageNum : "1"), totalRecord);
        params.put("startIndex", pb.getStartIndex());
        params.put("pageSize", pb.getPageSize());
        List list = (List) userService.list(params).get("list");
        //根据分页参数 startIndex、pageSize 查询出来的最终结果 list
        pb.setServlet("UserServlet");
        pb.setSearchColumn(searchColumn);
        pb.setKeyword(keyword);
        pb.setList(list);
        request.getSession().setAttribute("pageBean", pb);
        request.getSession().setAttribute("list", pb.getList());
        response.sendRedirect("user_list.jsp");
    }
```

上述代码中，私有方法 redirectList()用于实现用户列表的查询和分页展示。在方法内部，首先通过 CommonUtils 工具类获取前端传来的查询列和关键字，然后将这些参数封装到 params 变量中，用于调用 UserService 的 list()方法进行列表查询，查询结果保存到 map 变量中。接着，从 map 中取出列表结果 list，并获取总记录数（totalRecord），然后将其封装到分页工具类 PageBean 中。最后，将 PageBean 中的信息和列表结果 list 保存到 Session 域中，然后通过 response.sendRedirect()方法跳转到用户列表页面。

4. 用户管理模块的 Service 层

编辑 src 目录下 com.demo.service 包中的 UserService 接口（具体代码查看本章源代码包）和实现类 UserServiceImpl，UserServiceImpl 类的添加代码如下所示。

```
public void add(User vo) {
        userDAO.add(vo);
```

```
    }
    public void delete(long id) {
        userDAO.delete(id);
    }
    public void update(User vo) {
        userDAO.update(vo);
    }
    public User get(Serializable id) {
        return userDAO.get(id);
    }
```

上述代码中包含删除用户、更新用户和获取用户等操作的方法，这些方法需要调用UserDao对应的方法来实现。

5. 用户管理模块的 Dao 层

编辑src目录下com.demo.dao目录下的UserDao接口和实现类UserDaoImpl，UserDaoImpl类的添加代码如下所示。

```
    public void add(User vo) {
        String sql = "insert into 't_user' ('username','password','real_name','use
r_sex','user_phone','user_text','user_type') values(?,?,?,?,?,?,?)";
        try {
            Connection c = DataSourceUtils.getConnection();
            PreparedStatement ps = c.prepareStatement(sql);
            ps.setString(1, vo.getUsername());
            ps.setString(2, vo.getPassword());
            ps.setString(3, vo.getRealName());
            ps.setString(4, vo.getUserSex());
            ps.setString(5, vo.getUserPhone());
            ps.setString(6, vo.getUserText());
            ps.setString(7, vo.getUserType());
            ps.execute();
            ps.close();
            c.close();
        } catch (Exception e) {
            e.printStackTrace();
        }
    }
    public void update(User vo) {
        String sql = "update 't_user' set 'username' = ? ,'password' = ? ,'real_n
ame' = ? ,'user_sex' = ? ,'user_phone' = ? ,'user_text' = ? ,'user_type'
 = ?  where 'id' = ?";
        try {
            Connection c = DataSourceUtils.getConnection();
            PreparedStatement ps = c.prepareStatement(sql);
            ps.setString(1, vo.getUsername());
            ps.setString(2, vo.getPassword());
            ps.setString(3, vo.getRealName());
            ps.setString(4, vo.getUserSex());
            ps.setString(5, vo.getUserPhone());
            ps.setString(6, vo.getUserText());
```

```
            ps.setString(7, vo.getUserType());
            ps.setLong(8, vo.getId());
            ps.execute();
            ps.close();
            c.close();
        } catch (Exception e) {
            e.printStackTrace();
        }
    }
    public boolean delete(long id) {
        try {
            Connection c = DataSourceUtils.getConnection();
            Statement s = c.createStatement();
            String sql = "delete from `t_user` where id = " + id;
            s.execute(sql);
            s.close();
            c.close();
            return true;
        } catch (Exception e) {
            e.printStackTrace();
            return false;
        }
    }
    public User get(Serializable id) {
        User vo = null;
        try {
            Connection c = DataSourceUtils.getConnection();
            Statement s = c.createStatement();
            String sql = "select * from `t_user` where id = " + id;
            ResultSet rs = s.executeQuery(sql);
            if (rs.next()) {
                vo = new User();
                vo.setId(rs.getLong("id"));
                vo.setUsername(rs.getString("username"));
                vo.setPassword(rs.getString("password"));
                vo.setRealName(rs.getString("real_name"));
                vo.setUserSex(rs.getString("user_sex"));
                vo.setUserPhone(rs.getString("user_phone"));
                vo.setUserText(rs.getString("user_text"));
                vo.setUserType(rs.getString("user_type"));
            }
            c.close();
        } catch (Exception e) {
            e.printStackTrace();
        }
        return vo;
    }
```

上述代码中包含针对用户表的增、删、改、查操作，采用了 JDBC API 进行数据库操作，使用了数据库连接池技术管理数据库连接。其中，add()方法实现了将 User 对象插入用户表中的操作；update()方法实现了更新用户表中某个用户的信息的操作；delete()方法实现了删除用户表中某个用户的操作；get()方法实现了根据 id 获取用户信息的操作。

10.4.3 宠物管理模块

宠物管理模块的功能是对与宠物相关的信息（如编号、昵称、类型、备注、性别等）进行增加、删除、编辑、查询列表、显示详情等管理操作，普通用户可以进行检索和查看，管理员可以对信息进行增加、编辑和删除。宠物列表页面如图 10.12 所示。

微课视频

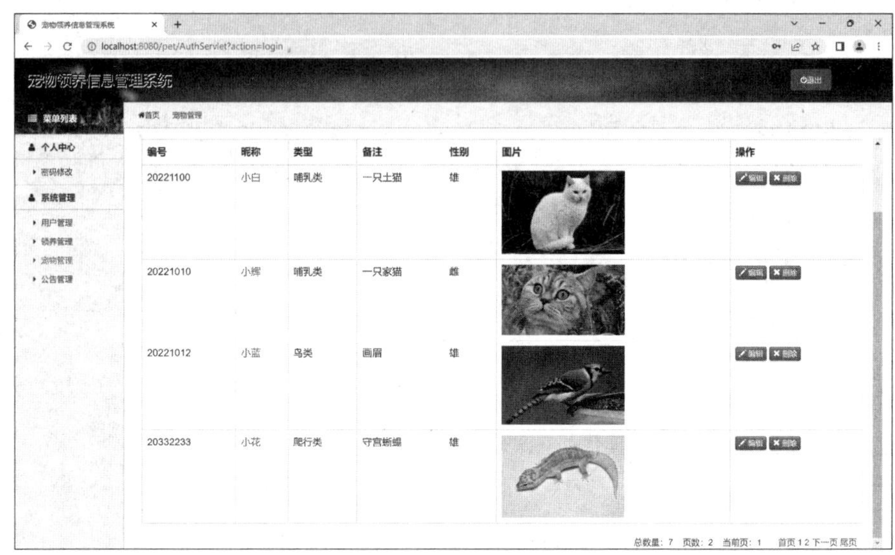

图 10.12　宠物列表页面

1. 宠物列表页面

在 pet 项目的 web 目录下新建 pet_info.jsp 页面，用于显示宠物列表，关键代码如例 10-14 所示。

【例 10-14】user_info.jsp

```
<body>
<div class="container-fluid">
    <ul class="nav nav-tabs">
        <li class="active"><a href="PetServlet?action=list">宠物列表</a></li>
        <c:if test="${loginUser.userType == '管理员'}">
            <li><a href="pet_add.jsp">添加</a></li>
        </c:if>
    </ul>
    <br/>
    <form class="form-inline" id="searchForm" action="PetServlet?action=list" method="post">
        <div class="form-group">
            <input type="text" class="form-control" name="keyword" id="keyword" placeholder="昵称">
            <input type="hidden" id="searchColumn" name="searchColumn" value="pet_name"/>
```

```
        </div>
        <button class="btn btn-grad btn-danger btn-sm"><span
        class="glyphicon glyphicon-search"aria-hidden="true"></span>查询
        </button>
    </form>
    <br/>
    <table class="table table-hover table-bordered">
        <thead>
        <tr>
            <th>编号</th>
            <th>昵称</th>
            <th>类型</th>
            <th>备注</th>
            <th>性别</th>
            <th>图片</th>
            <th>操作</th>
        </tr>
        </thead>
        <tbody>
        <c:forEach items="${list}" var="vo">
            <tr>
                <td>${vo.petNo}</td>
                <td><a href="PetServlet?action=get&id=${vo.id}">${vo.petName}</a></td>
                <td>${vo.petType}</td>
                <td title="${vo.petText}">
                    <c:choose>
                        <c:when test="${fn:length(vo.petText)> 19}">
                            <c:out value="${fn:substring(vo.petText, 0, 19)}..."/>
                        </c:when>
                        <c:otherwise>
                            <c:out value="${vo.petText}"/>
                        </c:otherwise>
                    </c:choose>
                </td>
                <td>${vo.petSex}</td>
                <%--<td>${vo.petFile}</td>--%>
                <td>  <img src="<%=path %>${vo.petFile}"
                style="max-width: 200px;max-height: 150px"> </td>
                <td>
                    <button onclick="window.location.href='PetServlet?action=editPre&id=${vo.id}'"
                            class="btn btn-grad btn-danger btn-xs"
                            <c:if test="${loginUser.userType != '管理
                            员'}">disabled="disabled"title="没有权限!!!"</c:if>
                    >
                        <span class="glyphicon glyphicon-pencil"
                        aria-hidden="true"></span>编辑
                    </button>
```

```
                                <button onclick="if(window.confirm('将要删除: ${vo.petName}?'))window.location.href='PetServlet?action=delete&id=${vo.id}'"
                                        class="btn btn-grad btn-danger btn-xs"
                                        <c:if test="${loginUser.userType != '管理
                                        员'}">disabled="disabled"title="没有权限!!!"</c:if>>
                                    <span class="glyphicon glyphicon-remove"
                                    aria-hidden="true"></span>删除
                                </button>
                            </td>
                        </tr>
                    </c:forEach>
                    </tbody>
                </table>
                <div style="float: right;padding-right: 10px;color: #515151;">
                    <jsp:include page="split.jsp"/>
                </div>
            </div>
            </body>
```

2. 宠物信息添加页面

宠物信息添加页面如图 10.13 所示。

图 10.13　宠物信息添加页面

在 web 目录下新建 pet_add.jsp 页面，关键代码如例 10-15 所示。

【例 10-15】pet_add.jsp

```
<body>
<div class="container-fluid">
    <ul class="nav nav-tabs">
        <li><a href="PetServlet?action=list">宠物列表</a></li>
        <li class="active"><a href="#">添加</a></li>
    </ul>
```

```
    <br/>
    <form class="form-horizontal" role="form" action="PetServlet?action=add" method="post" onsubmit="return check()" enctype="multipart/form-data">
        <div class="form-group">
            <label class="col-sm-3 control-label">编号：</label>
            <div class="col-sm-5">
                <input type="text" class="form-control" id="petNo" name="petNo">
            </div>
        </div>
        <div class="form-group">
            <label class="col-sm-3 control-label">昵称：</label>
            <div class="col-sm-5">
                <input type="text" class="form-control" id="petName" name="petName">
            </div>
        </div>
        <div class="form-group">
            <label for="petFile" class="col-sm-3 control-label">动物图片：</label>
            <div class="col-sm-6">
                <input class="input-file uniform_on" id="petFile" name="petFile" type="file">
            </div>
        </div>
        <div class="form-group">
            <label class="col-sm-3 control-label">类型：</label>
            <div class="col-sm-5">
                <select name="petType" style="width:15%;height:30px">
                    <option value="爬行类">爬行类</option>
                    <option value="哺乳类">哺乳类</option>
                    <option value="鸟类">鸟类</option>
                    <option value="两栖类">两栖类</option>
                    <option value="鱼类">鱼类</option>
                </select>
            </div>
        </div>
        <div class="form-group">
            <label class="col-sm-3 control-label">备注：</label>
            <div class="col-sm-5">
                <textarea rows="3" class="form-control" id="petText" name="petText"
                          placeholder="请输入内容……"></textarea>
            </div>
        </div>
        <div class="form-group">
            <label class="col-sm-3 control-label">性别：</label>
            <div class="col-sm-5">
                <input name="petSex" type="radio" value="雄" checked="checked"/>   雄    
                <input name="petSex" type="radio" value="雌"/>   雌    
            </div>
```

```
        </div>
        <div class="form-group">
            <label class="col-sm-3 control-label"></label>
            <div class="col-sm-5">
                <input type="submit" class="btn btn-grad btn-warning
            btn-sm" value="保存"><input type="button" class="btn btn-grad
            btn-info btn-sm" value="返回"onclick="javascript:history.back(-1);">
            </div>
        </div>
    </form>
</div>
</body>
```

例 10-15 的主要功能是实现添加宠物信息的页面。添加宠物信息的表单中包括宠物的编号、昵称、类型、性别、图片以及备注等信息，用户需要填写这些信息并选择一张宠物图片进行上传。表单最后提供了“保存”按钮和“返回”按钮。单击“保存”按钮，表单数据将以 POST 方法传输到 PetServlet 中的 add()方法中进行处理。同时，表单还通过 onsubmit 事件绑定了一个名为 check 的 JavaScript 函数，用于在提交表单之前对表单数据进行检查。

例 10-15 中对列表内容做非空校验的 check()函数，其具体代码如下所示。

```
<script type="text/javascript">
  //提交之前进行检查，如果执行 return false，则不允许提交
  function check() {
    //根据 id 获取值
    if (document.getElementById("petNo").value.trim().length === 0) {
      alert("编号不能为空!");
      return false;
    }
    if (document.getElementById("petName").value.trim().length === 0) {
      alert("昵称不能为空!");
      return false;
    }
    if (document.getElementById("petType").value.trim().length === 0) {
      alert("类型不能为空!");
      return false;
    }
    if(document.getElementById("petFile").files.length == 0){
      alert("图片不能为空! ");
      return false;
    }
    return true;
  }
</script>
```

3. 宠物管理模块的 Servlet 层

在 src 目录下的 com.demo.servlet 包中新建 PetServlet 类，关键代码如例 10-16 所示。

【例 10-16】PetServlet.java

```
public class PetServlet extends HttpServlet {
```

```
    public void doPost(HttpServletRequest request,
    HttpServletResponse response)throws ServletException, IOException {
        request.setCharacterEncoding("UTF-8");
        response.setCharacterEncoding("UTF-8");
        String action = CommonUtils.decode(request, "action");
        if ("add".equals(action)) {//增加
            Pet vo = new Pet();
            //取出页面传进来的各个数据，并设置到 Pet 对象的属性里
            vo.setPetNo(CommonUtils.decode(request, "petNo"));
            vo.setPetName(CommonUtils.decode(request, "petName"));
            vo.setPetType(CommonUtils.decode(request, "petType"));
            vo.setPetText(CommonUtils.decode(request, "petText"));
            vo.setPetSex(CommonUtils.decode(request, "petSex"));
            Part petFilePart = request.getPart("petFile");
            String filename = getServletContext().getRealPath("uploads/") +
            petFilePart.getSubmittedFileName();
            vo.setPetFile("/uploads/" + petFilePart.getSubmittedFileName());
            petFilePart.write(filename);
            PetService petService = new PetServiceImpl();
            //调用 Service 层的增加方法（add()），增加记录
            petService.add(vo);
            this.redirectList(request, response);
        } else if ("delete".equals(action)) {//删除
            //取出表要删除的宠物记录的主键
            long id = Long.parseLong(CommonUtils.decode(request, "id"));
            PetService petService = new PetServiceImpl();
            //调用 Service 层的删除方法（delete()），将对应的记录删除
            petService.delete(id);
            this.redirectList(request, response);
        } else if ("edit".equals(action)) {//修改
            //取出页面传进来的各个数据，并设置到 Pet 对象的属性里
            Pet vo = new Pet();
            vo.setId(Long.valueOf(CommonUtils.decode(request, "id")));
            vo.setPetNo(CommonUtils.decode(request, "petNo"));
            vo.setPetName(CommonUtils.decode(request, "petName"));
            vo.setPetType(CommonUtils.decode(request, "petType"));
            vo.setPetText(CommonUtils.decode(request, "petText"));
            vo.setPetSex(CommonUtils.decode(request, "petSex"));
            vo.setPetFile(CommonUtils.decode(request, "petFile"));
            PetService petService = new PetServiceImpl();
            //调用 Service 层的更新方法（update()），更新记录
            petService.update(vo);
            this.redirectList(request, response);
        } else if ("get".equalsIgnoreCase(action) ||
        "editPre".equalsIgnoreCase(action)) {
        //根据主键 id，查询详情信息并跳转到详情页面或编辑页面
            Serializable id = CommonUtils.decode(request, "id");
        //取出页面传入的主键，用于查询详情
            PetService petService = new PetServiceImpl();
            Pet vo = petService.get(id);
            request.getSession().setAttribute("vo", vo);
```

```
51              String to = "get".equalsIgnoreCase(action) ? "info" : "edit";
                                //判断是跳转到详情页面还是跳转到编辑页面
52              response.sendRedirect("pet_" + to + ".jsp");
53          } else {//默认跳转到列表页面
54              this.redirectList(request, response);
55          }
56      }
57      private void redirectList(HttpServletRequest request,
58      HttpServletResponse response)throws IOException {
59          //查询列和关键字
60          String searchColumn = CommonUtils.decode(request, "searchColumn");
61          String keyword = CommonUtils.decode(request, "keyword");
62          Map<String, Object> params = new HashMap();
            //用来保存控制层传进来的参数(查询条件)
63          params.put("searchColumn", searchColumn);//查询的列
64          params.put("keyword", keyword);//查询的关键字
65          PetService petService = new PetServiceImpl();
66          Map<String, Object> map = petService.list(params);
67          request.getSession().setAttribute("list", map.get("list"));
68          Integer totalRecord = (Integer) map.get("totalCount");
            //根据查询条件取出对应的总记录数，用于分页
69          String pageNum = CommonUtils.decode(request, "pageNum");
            //封装分页参数
70          com.demo.util.PageBean<Object> pb = new
71          com.demo.util.PageBean(Integer.valueOf(pageNum != null ? pageNum
: "1"), totalRecord);
72          params.put("startIndex", pb.getStartIndex());
73          params.put("pageSize", pb.getPageSize());
74          List list = (List) petService.list(params).get("list");
75              //根据分页参数startIndex、pageSize查询出来的最终结果list
76          pb.setServlet("PetServlet");
77          pb.setSearchColumn(searchColumn);
78          pb.setKeyword(keyword);
79          pb.setList(list);
80          request.getSession().setAttribute("pageBean", pb);
81          request.getSession().setAttribute("list", pb.getList());
82          response.sendRedirect("pet_list.jsp");
83      }
84  }
```

在例 10-16 的 doPost()方法中，首先对请求和响应进行编码过滤，然后通过 CommonUtils 类对请求中的参数进行解码获取请求的 action 参数，再根据 action 参数的不同值，分别执行不同的操作。需要注意的是，第 16～19 行代码是 Java Web 中处理文件上传的代码，具体解释如下。

（1）使用 getServletContext().getRealPath（"uploads/"）获取上传文件的保存路径，并且使用 petFilePart.getSubmittedFileName()获取上传文件的文件名。

（2）将上传文件的路径和文件名保存到 JavaBean 对象 vo 中，这里是将文件保存在/uploads 路径下。

（3）调用 petFilePart.write(filename)将上传的文件写入指定路径的文件中。

4．宠物管理模块的 Service 层

在 src 目录下的 com.demo.service 包中新建 PetService 接口和 PetServiceImpl 类，

PetServiceImpl 类的关键代码如例 10-17 所示。

【例 10-17】PetServiceImpl.java

```
public class PetServiceImpl implements PetService {
    public void add(Pet vo) {
        PetDAO petDAO = new PetDAOImpl();
        petDAO.add(vo);
    }
    public void delete(long id) {
        PetDAO petDAO = new PetDAOImpl();
        petDAO.delete(id);
    }
    public void update(Pet vo) {
        PetDAO petDAO = new PetDAOImpl();
        petDAO.update(vo);
    }
    public Pet get(Serializable id) {
        PetDAO petDAO = new PetDAOImpl();
        return petDAO.get(id);
    }
    public Map<String, Object> list(Map<String, Object> params) {
        PetDAO petDAO = new PetDAOImpl();
        return petDAO.list(params);
    }
}
```

5. 宠物管理模块的 Dao 层

在 src 目录下的 com.demo.dao 包中新建 PetDao 接口和 PetDaoImpl 实现类，PetDaoImpl 类的关键代码如例 10-18 所示。

【例 10-18】PetDaoImpl.java

```
public class PetDAOImpl implements PetDAO {
    public void add(Pet vo) {
        String sql = "insert into `t_pet` (`pet_no`,`pet_name`,`pet_type`,`pet_text`,`pet_sex`,`pet_file`) values(?,?,?,?,?,?)";
        try {
            Connection c = DataSourceUtils.getConnection();
            PreparedStatement ps = c.prepareStatement(sql);
            ps.setString(1, vo.getPetNo());
            ps.setString(2, vo.getPetName());
            ps.setString(3, vo.getPetType());
            ps.setString(4, vo.getPetText());
            ps.setString(5, vo.getPetSex());
            ps.setString(6, vo.getPetFile());
            ps.execute();
            ps.close();
            c.close();
        } catch (Exception e) {
            e.printStackTrace();
        }
    }
    public Map<String, Object> list(Map<String, Object> params) {
        List<Pet> list = new ArrayList();
```

```
        int totalCount = 0;
        String condition = "";
        String sqlList;
        if (params.get("searchColumn") != null && !"".equals(params.get("searchColumn"))) {
            condition += " and `" + params.get("searchColumn") + "` like '%" + params.get("keyword") + "%'";
        }
        try {
                Connection c = DataSourceUtils.getConnection();
                PreparedStatement ps;
                ResultSet rs;
                String limit = (params.get("startIndex") != null && params.get("pageSize") != null) ? " limit " + params.get("startIndex") + "," + params.get("pageSize") : "";
                sqlList = "select * from `t_pet` where 1=1 " + condition + " order by id asc " + limit + ";";
                ps = c.prepareStatement(sqlList);
                rs = ps.executeQuery();
                while (rs.next()) {
                    Pet vo = new Pet();
                    vo.setId(rs.getLong("id"));
                    vo.setPetNo(rs.getString("pet_no"));
                    vo.setPetName(rs.getString("pet_name"));
                    vo.setPetType(rs.getString("pet_type"));
                    vo.setPetText(rs.getString("pet_text"));
                    vo.setPetSex(rs.getString("pet_sex"));
                    vo.setPetFile(rs.getString("pet_file"));
                    list.add(vo);
                }
            String sqlCount = "select count(*) from `t_pet` where 1=1 " + condition;
            ps = c.prepareStatement(sqlCount);
            rs = ps.executeQuery();
            if (rs.next()) {
                totalCount = rs.getInt(1);
            }
            rs.close();
            ps.close();
            c.close();
        } catch (Exception e) {
            e.printStackTrace();
        }
        Map<String, Object> result = new HashMap();
        result.put("list", list);
        result.put("totalCount", totalCount);
        return result;
    }
}
```

10.4.4 领养管理模块和公告管理模块

微课视频

领养管理模块和公告管理模块的模式与用户管理模块的模式类似，读者可参照效果图来尝试进行开发。

（1）领养管理模块的功能是对与领养相关的信息（如领养人、电话、性别、地址、宠物编号、领养时间、是否同意、备注等）进行增加、删除、编辑、查询列表、显示详情等管理操作，普通用户可以进行检索和查看，管理员可以对信息进行增加、编辑和删除。领养列表页面和领养信息添加页面分别如图 10.14 和图 10.15 所示。

图 10.14 领养列表页面

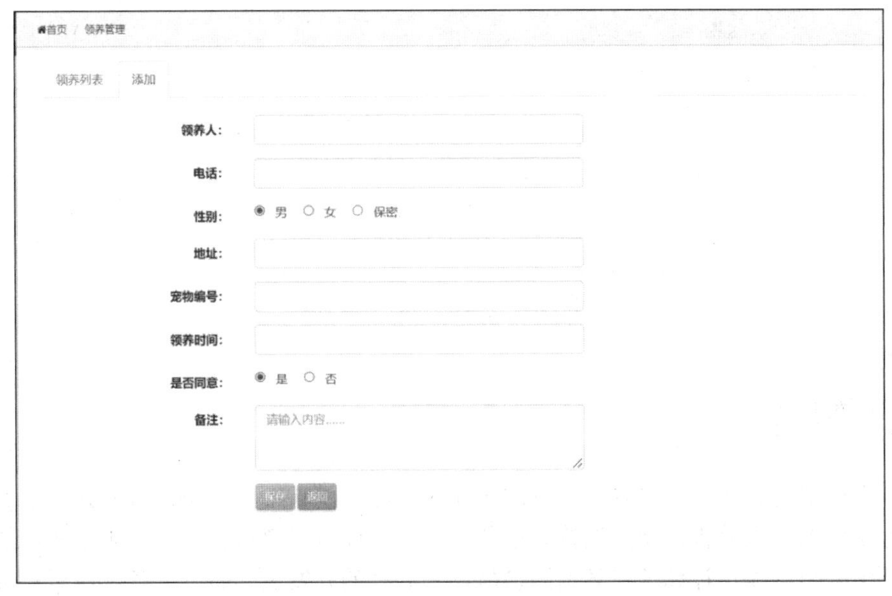

图 10.15 领养信息添加页面

（2）公告管理模块的功能是对公告相关的信息（如标题、内容、类型、创建时间等）进行增加、删除、编辑、查询列表、显示详情等管理操作，普通用户可以进行检索和查看，管理员可以对信息进行增加、编辑和删除。公告列表页面和公告信息添加页面分别如图 10.16 和图 10.17 所示。

图 10.16　公告列表页面

图 10.17　公告信息添加页面

10.5　本章小结

本章主要对宠物领养信息管理系统的程序设计进行了详细的讲解。首先介绍了宠物领养信息管理系统的需求分析、功能结构和业务流程，使读者对该项目有了初步了解，然后讲解了该项目中的数据库设计和项目环境的搭建，为后续的开发工作做好准备，最后实现了宠物领养信息管理系统的注册和登录模块、用户管理模块和宠物管理模块，并对领养管理模块和公告管理模块进行了效果展示。通过对本章的学习，读者可以掌握使用 JSP+Servlet+Bootstrap+JDBC 架构对宠物领养信息管理系统部分功能模块的实现，以及在思考这些功能模块的业务逻辑的过程中，培养一定的系统设计能力，并且通过自主实现领养管理模块和公告管理模块，提高学习能力。